Lean Production für die variantenreiche Einzelfertigung

Reinhard Koether · Klaus-Jürgen Meier
(Hrsg.)

Lean Production für die variantenreiche Einzelfertigung

Flexibilität wird zum neuen Standard

 Springer Gabler

Herausgeber
Prof. Dr.-Ing. Dipl.-Wirt.-Ing. Reinhard Koether
Hochschule München
München, Deutschland

Prof. Dr.-Ing. Klaus-Jürgen Meier
Hochschule München
München, Deutschland

ISBN 978-3-658-13968-1   ISBN 978-3-658-13969-8   (eBook)
DOI 10.1007/978-3-658-13969-8

Die Deutsche Nationalbibliothek verzeichnet diese Publikation in der Deutschen Nationalbibliografie; detaillierte bibliografische Daten sind im Internet über http://dnb.d-nb.de abrufbar.

Springer Gabler
© Springer Fachmedien Wiesbaden GmbH 2017
Das Werk einschließlich aller seiner Teile ist urheberrechtlich geschützt. Jede Verwertung, die nicht ausdrücklich vom Urheberrechtsgesetz zugelassen ist, bedarf der vorherigen Zustimmung des Verlags. Das gilt insbesondere für Vervielfältigungen, Bearbeitungen, Übersetzungen, Mikroverfilmungen und die Einspeicherung und Verarbeitung in elektronischen Systemen.
Die Wiedergabe von Gebrauchsnamen, Handelsnamen, Warenbezeichnungen usw. in diesem Werk berechtigt auch ohne besondere Kennzeichnung nicht zu der Annahme, dass solche Namen im Sinne der Warenzeichen- und Markenschutz-Gesetzgebung als frei zu betrachten wären und daher von jedermann benutzt werden dürften.
Der Verlag, die Autoren und die Herausgeber gehen davon aus, dass die Angaben und Informationen in diesem Werk zum Zeitpunkt der Veröffentlichung vollständig und korrekt sind. Weder der Verlag noch die Autoren oder die Herausgeber übernehmen, ausdrücklich oder implizit, Gewähr für den Inhalt des Werkes, etwaige Fehler oder Äußerungen. Der Verlag bleibt im Hinblick auf geografische Zuordnungen und Gebietsbezeichnungen in veröffentlichten Karten und Institutionsadressen neutral.

Lektorat: Susanne Kramer

Gedruckt auf säurefreiem und chlorfrei gebleichtem Papier

Springer Gabler ist Teil von Springer Nature
Die eingetragene Gesellschaft ist Springer Fachmedien Wiesbaden GmbH
Die Anschrift der Gesellschaft ist: Abraham-Lincoln-Str. 46, 65189 Wiesbaden, Germany

Vorwort

Die Studie „The Machine that Changed the World" beschreibt nicht nur, wie das Auto die Welt verändert hat, sie beschreibt vor allem, wie das japanische Produktionsmanagement die Automobilproduktion verändert. In dieser weltweiten Benchmarkstudie hat das Massachusetts Institute of Technology (MIT) nachgewiesen, dass die japanischen Methoden auch in anderen Kulturkreisen außerhalb Japans eine kostengünstigere Automobilproduktion ermöglichen, als die konventionelle Massenproduktion. Da diese japanischen Methoden mit minimalem Ressourceneinsatz auskommen, wurde von den Autoren dieser Studie der Begriff Lean Production gewählt. Entwickelt wurde die Lean Production bei Toyota, heute dem nach Stückzahl größtem Autohersteller der Welt. Das Toyota-Produktionssystem hat sich zum weltweiten Standard für das Management von Großserienproduktion entwickelt. Daraus wurden ein Volkswagen-Produktionssystem, ein Mercedes-Produktionssystem, ein Bosch- Produktionssystem und viele andere Produktionssysteme abgeleitet.

In all diesen bekannten Anwendungsfällen werden große Stückzahlen produziert. Viele moderne Produzenten beliefern heute aber Käufermärkte, in denen die Kunden aus einer Vielzahl von Angeboten auswählen können. Um im Geschäft zu bleiben, müssen die Produzenten auf die vielfältigen Wünsche und Anforderungen der internationalen Kunden eingehen und diese möglichst gut erfüllen. Die Variantenvielfalt nimmt entsprechend zu und die Produktionsstückzahlen je Variante nehmen ab. Außerdem gibt es Investitionsgüter, die nur in kleinen Stückzahlen vermarktet werden können. Gerade der deutsche, österreichische und schweizerische Maschinenbau trägt erfolgreich zum Exportüberschuss der Heimatländer bei, weil die weltweiten Kunden diese Spezialmaschinen nachfragen.

In diesem Buch wird gezeigt, wie die Methoden der Lean Production auch auf eine variantenreiche Kleinserienfertigung angewendet werden können. Die Darstellung stellt dazu jeweils Theorie und industrielle Anwendung gegenüber. So werden im ersten Teil die Methoden beschrieben, im zweiten und umfangreicheren Teil werden industrielle Anwendungsbeispiele vorgestellt. Die Beiträge sind übersichtlich und für sich lesbar. Sie wurden von erfahrenen Fachautoren und Praktikern erstellt.

Wir Herausgeber danken den Industriepraktikern für ihre Beiträge, die neben dem anstrengenden Arbeitsalltag im Produktionsmanagement erstellt wurden. Weiterhin danken wir dem Verlag Springer Gabler, der dieses Buchprojekt geduldig unterstützt hat und freuen uns auf Anregungen und Kommentare der Leser.

München, Deutschland   Reinhard Koether
im April 2017   Klaus-Jürgen Meier

Inhaltsverzeichnis

Teil I   Grundlagen

1   **Lean Production – Weltstandard für Serienfertigung**   3
    Reinhard Koether

2   **Lean Warehouse, oder: Die vergessenen Potenziale im Unternehmen**   29
    Klaus-Jürgen Meier

3   **Produktionsassessment 4.0 – Integrierte Bewertung variantenreicher
    Einzel- und Kleinserienfertigung in den Bereichen Lean
    Management und Industrie 4.0**   45
    Dieter Spath, Sebastian Schlund, Bastian Pokorni und Maik Berthold

4   **Industrie 4.0 – Konsequenzen für das Produktionsmanagement**   69
    Anita Klotz, Thomas Felberbauer, Thomas Moser und Mario Moser

5   **Quick Response Manufacturing – Eine zeitbasierte
    Wettbewerbsstrategie**   89
    Klaus-Jürgen Meier und Manuel Fuchs

6   **Lean QRM 4.0 – Das Beste aus Lean Production, QRM und Industrie
    4.0 vereint in einem gemeinsamen Managementansatz**   119
    Klaus-Jürgen Mcier

**Teil II   Anwendung der Lean- und QRM-Methoden für die Einzel- und
           Kleinserienfertigung**

7   **Getaktete Fließfertigung in der Einzelteilfertigung von Press- und
    Umformwerkzeugen im Automobilbau**   139
    Dorothee Behnert

8   **TPM – Effektive Instandhaltung nicht nur für die Großserie**   163
    Klaus Pischeltsrieder

9   Kaizen und Verbesserungsvorschläge in der Produktion optischer
     Spezialitäten. 185
     Reinhard Koether

10   Shopfloor-Management – Potenziale durch Transparenz heben 199
     Stephan Dichtl und Nadine Patermann

11   Ergonomie in der Klein- und Serienfertigung 215
     Johannes Brombach und Michael Leisgang

12   Arbeitszeitmodelle flexibel und bedarfsorientiert gestalten 231
     Arno Reitmayer

13   Realisierung des Lean Warehouse bei den Stadtwerken
     München GmbH 245
     Peter Weiss und Marcel Leurpandeur

14   Durchlaufzeiten oder Auslastung am Beispiel der UNICCOMP GmbH,
     einem Unternehmen der BAUER GROUP, München 267
     Roland Beckert

Teil I
Grundlagen

Lean Production – Weltstandard für Serienfertigung

1

Reinhard Koether

1.1   Ein weltweiter Produktivitätsvergleich macht alles klar

Man hätte in den europäischen und amerikanischen Autofabriken auch schon vor 1991 wissen können, wie japanische Autohersteller kostengünstig produzieren und damit den etablierten Herstellern in ihren Heimatmärkten und auf den weltweiten Exportmärkten so erfolgreich Konkurrenz machen (z. B. [4]). Spätestens seit 1991, als die weltweite Vergleichsstudie des MIT (Massachusetts Institute of Technology) The Machine that Changed the World [6] veröffentlicht wurde, weiß man, dass das Toyota-Produktionssystem, von den Autoren Lean Production genannt, produktivere Serienfertigung ermöglicht als die bisher übliche Massenproduktion, die auf die Prinzipien von Henry Ford zurückgeht. Das System der Lean Production funktioniert nicht nur in Japan, wo disziplinierte Arbeiter von den großen Firmengruppen lebenslang angestellt wurden. Es funktioniert auch in den USA und Europa, wo japanische Hersteller teilweise bestehende Automobilfabriken übernommen und neue Fabriken gebaut hatten.

So ist es nicht verwunderlich, dass zunächst die Automobilfirmen und ihre Zulieferer die Methoden der Lean Production in ihre Produktionssysteme eingeführt und angepasst haben. So entstand z. B. ein Volkswagen-Produktionssystem (vgl. [5]), ein Mercedes-Produktionssystem, ein Bosch-Produktionssystem oder das wertschöpfungsorientierte Produktionssystem von BMW. Die Unternehmen haben ihre Variante der Lean Production weiterentwickelt und an ihre Erfordernisse angepasst. Alle diese Produktionssysteme gehen aber auf das System der Lean Production zurück.

R. Koether (✉)
München, Deutschland
E-Mail: koether@hm.edu

© Springer Fachmedien Wiesbaden GmbH 2017
R. Koether und K.-J. Meier (Hrsg.), *Lean Production für die variantenreiche Einzelfertigung*, DOI 10.1007/978-3-658-13969-8_1

1.2   Flache Hierarchien und Eigenverantwortung

Die Frage, ob Führungskräfte wertschöpfend tätig sind, wird immer wieder thematisiert. Auf Baustellen sieht man einen „Schaff" und einen „Guck", Brecht ließ den lesenden Arbeiter fragen: „Wer baute das siebentorige Theben? In den Büchern stehen die Namen von Königen. Haben die Könige die Felsbrocken herbeigeschleppt?" Ein Schlüssel zur Konzentration auf wertschöpfende Arbeit ist deshalb eine flache Führungsstruktur mit relativ großer Leitungsspanne (= Anzahl Mitarbeiter pro Vorgesetzten) mit

- Zielvorgabe statt Tätigkeitsvorgabe,
- Ergebniskontrolle statt Verhaltenskontrolle,
- Eigenverantwortung statt Verantwortung durch Führungskräfte.

Dazu gehört auch, dass die Werker ausdrücklich befugt und in die Lage versetzt werden, einen Teil der unterstützenden Tätigkeiten selbst auszuführen. Da auch Kommunikation nicht wertschöpfend ist, wird dadurch der Kommunikationsbedarf zwischen der ausführenden Stelle (direkte Tätigkeit, wertschöpfend) und der unterstützenden Stelle (indirekt tätig, nicht wertschöpfend) reduziert. Daneben können Entscheidungen schneller gefällt werden, weil Schnittstellen und damit Kommunikationsprozesse reduziert werden, die sonst immer eine Verzögerung verursachen.

1.3   Gruppenarbeit

Ein zweiter Schlüssel, um sich auf die wertschöpfende Arbeit zu konzentrieren und nicht wertschöpfende Tätigkeiten möglichst zu reduzieren, ist die Gruppenarbeit. Übliche Arbeits- und Projektgruppen werden gebildet, damit Mitarbeiter mit verschiedenen Fähigkeiten, Kompetenzen und Erfahrungen für eine Aufgabe zusammenarbeiten. In der Gruppe ist die Kommunikation einfacher und schneller, man kann sich leichter koordinieren und man kann auf den Arbeitsfortschritt einzelner Gruppenmitglieder Rücksicht nehmen und diesen für die eigene Arbeit einplanen. Außerdem sind Gruppen bei der Problemlösung kreativer als Einzelpersonen.

Die Gruppenarbeit der Lean Production nutzt diese kommunikativen und kreativen Vorteile von Gruppen auch. Zusätzlich

- kann jeder Mitarbeiter einer Gruppe mehrere Tätigkeiten übernehmen und übernimmt diese auch,
- können sich die Mitarbeiter teilweise ersetzen,
- können sich die Mitarbeiter gegenseitig anlernen und weiterqualifizieren (Abb. 1.1).

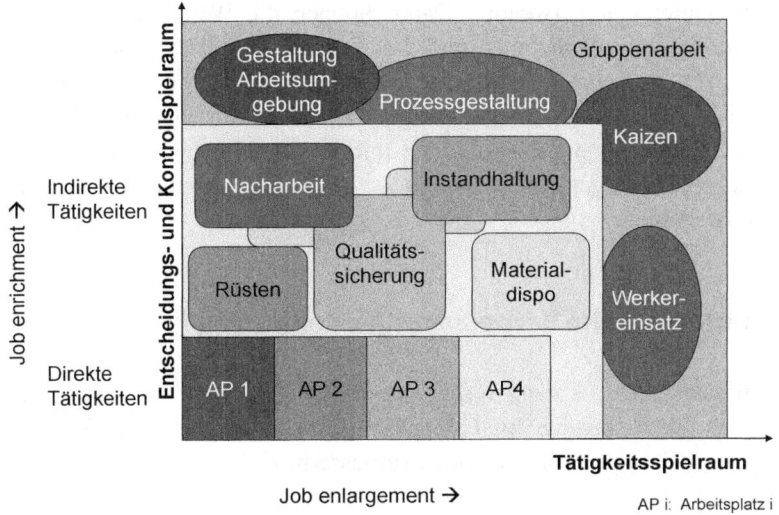

Abb. 1.1 In der Lean Production wird der Aufgaben- und Verantwortungsbereich der Mitarbeiter vergrößert

Job Enlargement und Job Enrichment wurden entwickelt, um die Monotonie einer Fließbandarbeit zu reduzieren, bei der ein Werker während seines Arbeitstages mehrere hundert Mal dieselbe Tätigkeit ausführt. Beide Prinzipien wurden in die Lean Production übernommen, hier jedoch, um Flexibilität und Produktivität zu erhöhen. Ein Werker, der mehrere Arbeitsplätze beherrscht (Job Enlargement),

- kann flexibel eingesetzt werden, sodass z. B. Engpassmaschinen immer besetzt sind,
- versteht den gesamten Produktionsprozess besser, weil er nicht nur seine Tätigkeit sieht.

Durch die Übernahme von indirekten Tätigkeiten (Job Enrichment) wie

- Rüsten und Werkzeugvorbereitung,
- Maschinenwartung,
- Materialdisposition,
- Materialbereitstellung,
- Qualitätssicherung,
- Nacharbeit,
- Prozessgestaltung und -verbesserung

werden die Werker ganzheitlich für ihren Produktionsprozess zuständig und verantwortlich. Sie können die meisten Probleme und Störungen selbst schnell lösen. Warten auf Hilfe und Kommunikation mit Planern, Instandhaltern oder Qualitätssicherung ist nur noch in Ausnahmefällen notwendig. Damit können die Werker der Gruppe auch die Ergebnisverantwortung übernehmen und ihre Ergebnisse mit den Zielvorgaben vergleichen.

Damit die Mitarbeiter in ihrer Arbeitsgruppe diese indirekten Tätigkeiten übernehmen können, müssen sie die notwendigen Informationen haben und es müssen geeignete Methoden zur Verfügung stehen, um diese planenden und unterstützenden Aufgaben übernehmen zu können.

1.4 Kontinuierliche Verbesserung oder Kaizen

„Jeder (Fertigungs-)Prozess kann verbessert werden" steht als These über der Idee der kontinuierlichen Verbesserung. Im Fabrikalltag gibt es jedoch viele Gründe, Prozesse nicht infrage zu stellen und damit nicht zu verbessern, z. B.:

- Man ist froh, dass der Prozess überhaupt läuft.
- Der Standard-Prozess, der im Arbeitsplan dokumentiert ist, darf nicht verändert werden.
- Es gibt Wichtigeres zu tun.
- Der Prozess ist nicht so schlecht, dass man ihn infrage stellen müsste, der Leidensdruck ist nicht so groß.
- Man bringt nicht genug Energie auf, den Prozess infrage zu stellen und zu verbessern.

Andererseits werden durch kontinuierliche Verbesserung in kleinen Schritten langfristig Erfolge erreicht, die sonst ausgeblieben wären (Abb. 1.2). Dies wird erreicht durch Aktivierung der Mitarbeiter und durch gezielte Auswahl der Kaizen-Aktivitäten:

- Verbesserung der eigenen Arbeitsumgebung, denn nur dort kennen die Mitarbeiter den Fertigungsablauf, die Maschinen und kritischen Prozessschritte,
- Verbesserung durch kleine, einfach zu realisierende Maßnahmen, die keine oder geringe Investitionen erfordern,
- zeitlich befristete Aufgabenstellung: Die Kaizen-Maßnahme sollte in ca. drei Monaten bearbeitet und umgesetzt sein können.

Kaizen ist auf die Verbesserung bestehender Prozesse, also auf die Serienbetreuung konzentriert. Die Serienbetreuung wird von der Fertigungsplanung häufig vernachlässigt, weil der Anlauf neuer Produkte terminlich gebunden und damit dringend ist und weil Investitionen sorgfältig geplant werden müssen, damit nicht zu viel Geld ausgegeben wird. Mit Kaizen können also Planungsaufgaben zur Prozessverbesserung an die Werker delegiert werden. Dazu müssen diese Voraussetzungen geschaffen werden:

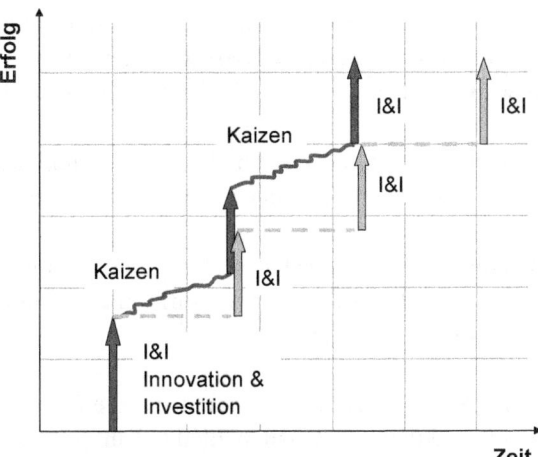

Abb. 1.2 Durch Kaizen (Kontinuierliche Verbesserung) können Erfolge schneller und mit geringerer Investition erreicht werden

- Die Mitarbeiter kennen den Fertigungsprozess,
- die Mitarbeiter wissen, was erreicht werden soll,
- die Mitarbeiter sind motiviert, dieses Ziel zu erreichen,
- die Mitarbeiter haben die Zeit für Kaizen-Aktivitäten,
- die Mitarbeiter kennen die (einfachen) Planungsmethoden und können sie anwenden.

Durch die Jobrotation haben die Mitarbeiter verschiedene Tätigkeiten im Fertigungsablauf kennengelernt und kennen daher den gesamten Prozess. Die Aufgabe muss durch den Vorgesetzten beschrieben werden. Sie wird abgeleitet aus den übergeordneten Zielen des Unternehmens oder der Abteilung. Die Aufgabe muss aber auch so beschrieben werden, dass sie innerhalb eines überschaubaren Zeitraums, z. B. von drei Monaten erfüllt werden kann. Bei längeren Bearbeitungsdauern besteht die Gefahr, dass sich Prioritäten verschieben oder dass die Motivation nachlässt, weil kein Erfolg erkennbar ist. Sie stellt auch sicher, dass sich die Arbeitsgruppe auf Maßnahmen konzentriert, die schnell und damit in der Regel mit geringen Investitionen und zu geringen Kosten realisierbar sind.

Deshalb ist die geringe Bearbeitungsdauer auch die wichtigste Einflussgröße auf die Motivation der Werker durch

- den Reiz der neuen Aufgabe,
- die Chance auf einen Erfolg in überschaubarem Zeitraum,
- die Chance, diesen Erfolg selbst, ohne große Unterstützung von außen (und ohne Bedenken von anderen) herbeizuführen, denn die Maßnahmen sollen zumindest als Prototyp von der Arbeitsgruppe selbst realisiert werden.

Zusätzlich kann auch noch ein Wettbewerb motivieren, wenn mehrere Arbeitsgruppen die gleiche Aufgabe bekommen, z. B. Rüstzeiten reduzieren, Maschinenverfügbarkeit verbessern oder Ausschuss verringern, und am Ende des Zeitraums das erfolgreichste Team ausgezeichnet wird.

Zur Motivation gehört auch, demotivierende Effekte weitgehend zu vermeiden. Dazu gehört, dass es keine Misserfolge gibt. Wenn der Vorgesetzte die Kaizen-Ergebnisse bewertet, könnte solch eine Bewertung im deutschen Schulnotensystem so aussehen:

- Note 4: Die Gruppe hat nichts gemacht und damit auch nichts erreicht.
- Note 3: Die Gruppe hat Verbesserungen gesucht, diese blieben aber ohne messbaren Erfolg.
- Note 2: Die Gruppe hat Verbesserungen entwickelt, mit denen das Ziel erreicht wurde.
- Note 1: Die Gruppe hat so wirksame Verbesserungen entwickelt, dass mehr erreicht wurde als erwartet.

Bemerkenswert ist, dass das schlechteste Ergebnis der bestehende Zustand ist, der ohne Kaizen-Aktivitäten erhalten bleibt. Ein Scheitern oder eine Verschlechterung (Note 5 oder 6) kann nicht vorkommen.

Ein weiterer Demotivator ist mangelnde Unterstützung. Ein – nach Meinung der Arbeitsgruppe – hervorragender Vorschlag wird nicht weiter verfolgt, weil kein Budget vorhanden ist, weil der Entscheider vom Vorschlag nicht so überzeugt ist wie das Team oder weil der Entscheider keine Zeit hat. Nach mehreren derartigen Erfahrungen werden die Mitarbeiter den Eindruck gewinnen, dass sowieso alles sinnlos ist, und nichts mehr unternehmen. Da aber die Maßnahmen (zumindest prototypenhaft) vom Team selbst realisiert werden, muss man keine Entscheider überzeugen oder auf eine Entscheidung warten. Der messbare Erfolg ist objektiv nachweisbar und zählt. Bis der Erfolg messbar ist, hat die Arbeitsgruppe die Möglichkeit, ihre Maßnahmen zu erproben und zu modifizieren.

Kaizen beschreibt eine organisierte und gesteuerte Aktivität zur Verbesserung. Diese Aktivität kann ergänzt werden durch Verbesserungsvorschläge. Die Verbesserungsvorschläge entstehen ohne konkrete Aufgabenstellung und werden von einzelnen Mitarbeitern oder Teams eingereicht. Die Erfahrung aus dem Brainstorming kann auf Verbesserungsvorschläge übertragen werden: Man braucht viele Ideen oder Vorschläge, um wenige gute Ideen (oder Vorschläge) zu bekommen. Wenn im Toyota-Konzern wesentlich mehr Vorschläge eingereicht werden als in den meisten westlichen Organisationen, kann es sich lohnen, das Regelwerk bei Toyota genauer anzusehen:

- Jeder Vorschlag wird mit einem Anerkennungsbetrag (z. B. 2 bis 5 €) angekauft.
- Ein Vorschlag wird vom direkten Vorgesetzten bewertet, der wiederum das Ziel hat, eine Mindestanzahl von Vorschlägen in seinem Verantwortungsbereich zu generieren.
- Vorschläge sollen möglichst realisiert werden.
- Die Prämie für Vorschläge ist begrenzt, z. B. auf 1500 €, egal wie hoch die erzielte Einsparung ist.
- Für Patente und große Investitionen gelten Sonderverfahren.

Gründe für diese Regeln sind wiederum Motivation und Schnelligkeit. Wenn möglichst viele Vorschläge erzeugt werden sollen, müssen die Mitarbeiter durch Erfolge und schnelle Entscheidungen über den Vorschlag motiviert sein. Wenn jeder Vorschlag angekauft wird, drückt das einerseits Wertschätzung aus. Andererseits vermeidet es Diskussionen um die Sinnhaftigkeit des Vorschlags. Diese Diskussionen kosten bei den üblichen Stundensätzen sehr schnell mehr als die Anerkennungsprämie.

Der Vorgesetzte kennt den Mitarbeiter und das Arbeitsumfeld. Er kann schnell rückfragen und kann damit auch schnell bewerten. Eine Konkurrenzsituation zwischen Planung und Fertigung besteht nicht. Damit liegt auch die Entscheidung zum Vorschlag schnell vor.

Die Deckelung der Prämie dient auch der Beschleunigung. Die meisten eingereichten Vorschläge betreffen kleinere Verbesserungsmaßnahmen, vorwiegend im Arbeitsbereich des Mitarbeiters, denn hier kennt er oder sie sich aus. Verbesserungen mit jährlichen Einsparungsbeträgen von 100.000 € oder mehr sind so selten wie Lottogewinne gleicher Höhe und werden ebenso wie die seltenen Lottogewinne in der (betriebsinternen) Presse groß herausgestellt. In den meisten Fällen greift die Deckelung deshalb nicht. Damit aber weder Neid noch Konkurrenz zwischen dem Mitarbeiter und der Planungsabteilung aufkommt, die den Vorschlag normalerweise bewertet, wird die Prämie begrenzt. Ein sehr wirkungsvoller Vorschlag hat damit bessere Chancen, realisiert zu werden. In solchen seltenen Fällen kann der Vorgesetzte auch andere Wege finden, die Anerkennung auszudrücken.

1.5   Effizienz durch Vermeiden von Verschwendung

Die Lean Production betrachtet alles als Verschwendung, was nicht unmittelbar wertschöpfend ist, also alle Tätigkeiten oder Investitionen, die dem (internen oder externen) Kunden keinen Mehrwert bieten, die also keinen höheren Preis rechtfertigen.

Die von Toyota (vgl. [2, S. 288 ff.]) ursprünglich geschriebenen sieben Arten der Verschwendung sind:

- Überproduktion,
- Bestände,
- Warten,
- Bewegung,
- Transporte,
- überflüssige Tätigkeit,
- Nacharbeit, Reparatur, Ausschuss.

Natürlich wird die Systematik dieser Aufzählung diskutiert und man kann fragen, ob nicht Überproduktion automatisch zu Beständen führt. Man kann auch fragen, ob nicht Bewegungen und Transport im Prinzip das gleiche Phänomen beschreiben. Manche

Weiterentwicklung modifiziert die Verschwendungen oder ergänzt die Liste. Im Audi-Produktionssystem finden sich z. B. zwei weitere Arten von Verschwendung: Verschwendung durch schlechte Ergonomie, die zu Ermüdung führt und langfristig die Gesundheit der Werker beeinträchtigen kann, und Verschwendung durch ineffizienten Transfer von Informationen, die dann zu falschen Aktivitäten führt, die selbst wiederum Verschwendung darstellen (Abb. 1.3).

Trotzdem sind diese sieben Arten der Verschwendung anerkannt und dienen als Leitfragen, wenn Prozesse effizient gestaltet werden sollen:

- Wo erkennt man Verschwendung?
- Welche Art von Verschwendung entsteht?
- Wie lässt sich diese Verschwendung verringern oder beseitigen?

Häufig lässt sich die eine Verschwendung nur reduzieren, indem die andere erhöht wird. Bestände lassen sich reduzieren, wenn die Losgröße verkleinert wird. Eine kleinere Losgröße erfordert häufigeres Rüsten, was wiederum als überflüssige Tätigkeit betrachtet werden kann.

Abb. 1.3 Die neun Arten von Verschwendung des Audi-Produktionssystems können auch auf indirekte Tätigkeiten angewendet werden. (Quelle: Audi)

Produktionsprozesse ohne Verschwendung sind in der Realität kaum vorstellbar, der Idealzustand ist also nicht erreichbar. In der Prozessgestaltung und -verbesserung werden die sieben Arten der Verschwendung deshalb verwendet, um Schwachstellen schon in der Planung abzufragen und zu erkennen, und als Leitlinie, damit Produktionsprozesse gestaltet werden, die möglichst wenig Verschwendung verursachen.

1.6   Methoden der Lean Production

Wenn Werker auch indirekte Aufgaben übernehmen sollen (Job Enrichment), für die sie nicht ausgebildet sind, müssen sie trainiert werden. Üblicherweise übernimmt das die Gruppe selbst, indem Mitarbeiter durch ihre Kolleginnen und Kollegen angeleitet werden. Dies kann unterstützt werden durch formale Weiterbildung. Da die Aufgaben jedoch umfangreich sind (Disposition, Qualitätssicherung, Instandhaltung usw.), würde eine vertiefte Aus- oder Weiterbildung recht lange dauern und auch den einen oder anderen Werker überfordern.

Also müssen die Methoden so weit vereinfacht werden, dass die Mitarbeiter sie schnell anwenden können. Diese Vereinfachung kann am Beispiel der statistischen Prozesskontrolle dargestellt werden: Den mathematischen Hintergrund mit zufällig auftretenden Prozessvariationen, zentralem Grenzwertsatz (die Summe von vielen unabhängigen Zufallsvariablen ist selbst eine normal verteilte Zufallsvariable), Normalverteilung, Stichprobentheorie, Schätzverfahren für Erwartungswert und Standardabweichung mit Konfidenzintervallen sind die Grundlage der Qualitätssicherung mit statistischen Methoden. Man muss diese mathematischen Grundlagen aber nicht kennen oder verstehen, um ein SPC-Diagramm auszufüllen. Damit man keine Standardabweichung mit Quadratwurzel ausrechnen muss, wird als Streuungsmaß die Spannweite (Differenz zwischen größtem und kleinstem Wert in der Stichprobe) verwendet. Auch die Handlungsanweisung ist leicht verständlich: Der Werker muss eingreifen und seine Prozessparameter nachstellen, wenn der Mittelwert oder die Spannbreite seiner Stichprobe außerhalb des zulässigen Bereichs liegen (Abb. 1.4).

Beispiele für Schwierigkeitsgrade sind in Tab. 1.1 aufgelistet. Voraussetzung für die Übertragung von indirekten Tätigkeiten an die Werkerinnen und Werker ist, dass eine Methode mit mittlerem oder besser noch einfachem Schwierigkeitsgrad verwendet wird.

Damit die Mitarbeiterinnen und Mitarbeiter nicht im Methodenhandbuch nachsehen müssen, hilft häufig eine Aufzählung wie ein Abzählreim. Die meisten Erwachsenen wissen z. B., aus welchen Zutaten ein Kuchen besteht, egal ob sie einen Kuchen backen können oder nicht, weil fast alle als Kinder das Lied „Backe, backe Kuchen…" gelernt haben. Auch wer sich nicht für Geschichte interessiert, weiß vielleicht trotzdem, zu welcher Zeit Alexander der Große die Welt erobert hat, denn „3-3-3 war bei Issos Keilerei" kann man sich leichter merken als z. B. die Jahreszahl der Seeschlacht bei Trafalgar, mit der die mehr als ein Jahrhundert dauernde britische Vorherrschaft zur See begann (1805). Genauso können die Mitarbeiter bei der Analyse von möglichen Ursachen eines

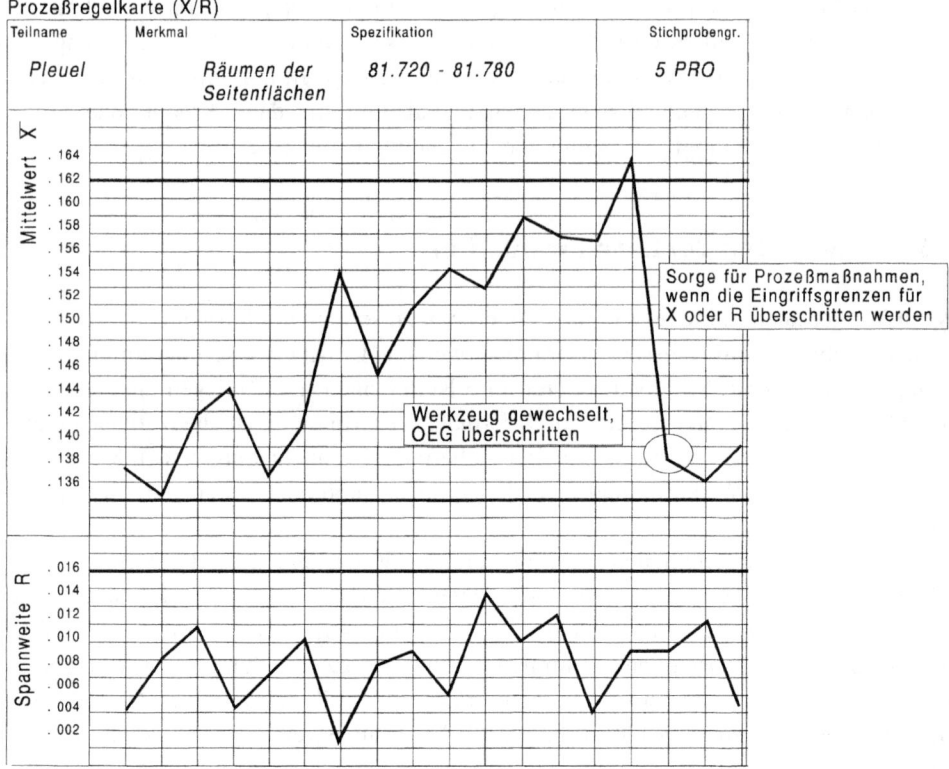

Abb. 1.4 Fiktives Beispiel einer Prozessregelkarte. (OEG: Obere Eingriffsgrenze)

Tab. 1.1 Beispiele für Schwierigkeitsgrade

Schwierigkeit	Bewegung	Mathematik	Management
Einfach	Kriechen Gehen Laufen	Ganze Zahlen $1 + 1$ 2×4	Haushalt führen Standardabläufe beachten SPC anwenden Probleme identifizieren
Mittel	Rad fahren Auto fahren	$3{,}141592\ (\pi)$ $3(X + 5Y)$ Winkelfunktionen (sin x, cos x, tan x)	Problemlösende Methoden im Team anwenden Jugendtraining im Sportverein organisieren
Schwierig	Containerfrachter führen Flugzeug fliegen	dx/dt $\frac{1}{\sqrt{2\pi}}e^{-0,5x^2}$	Eine Fertigungsinsel leiten Ein Unternehmen leiten Die Steuerabteilung eines internationalen Großunternehmens leiten

Qualitätsproblems die Einflussparameter den Überschriften Mensch – Maschine – Material – Methode – Mitwelt zuordnen. Mithilfe des Stabreims können sie ein Ursache-Wirkungs-Diagramm erstellen und damit sicherstellen, dass nichts Wichtiges vergessen wurde.

1.6.1 Visible Management

Wissen ist Macht – nach dieser Maxime sind Führungskräfte oft darauf bedacht, mehr und vollständige Informationen zu haben als ihre Mitarbeiter. Wenn aber Aufgaben und Verantwortung delegiert werden sollen, damit sich eine Produktion in flachen Hierarchien auf wertschöpfende Tätigkeiten konzentrieren kann, muss Information auch den Mitarbeitern zur Verfügung stehen. Damit dies nicht nur ein Formalismus bleibt, werden diese Informationen anschaulich präsentiert und auf das Notwendige beschränkt, auf das zur Erfüllung der Aufgabe Notwendige. Meterweise Ordner in Regalen können von den Mitarbeitern allein aus Zeitgründen ebenso wenig genutzt werden wie Festplatten voll mit Dateien. Aushänge an Anschlagtafeln sind zwar leicht zugänglich, aber wer hat das Interesse, hier längere Texte zu lesen?

Die Informationen werden also möglichst am konkreten Anwendungsfall visualisiert. Beispiele kann man in jedem Betrieb sehen, der nach den Prinzipien der Lean Production organisiert ist:

- Namensschilder für die Werker,
- Übersichtsbild mit Name und Bild der Gruppenmitglieder,
- Grafische Darstellung des Produktionsprozesses,
- Bildschirme mit aktuellen Störungen, bisher erreichter Stückzahl, Soll-Stückzahl und Prognose der Schicht-Stückzahl (Abb. 1.6),
- Lichtsignal des Maschinenzustandes, Andon (jap.: Laterne): rot: Maschine hat Störung, gelb: Maschine hat ein Problem, das zu Stillstand führen kann, grün: Maschine läuft ohne Probleme (Abb. 1.10),
- Foto oder grafische Darstellung der richtigen Ausführung einer Tätigkeit (Abb. 1.5),
- Markierungen am Arbeitsplatz, im Aufbewahrungsfach oder am Boden, wo ein Teil, ein Behälter oder ein Werkzeug abzustellen oder abzulegen ist,
- Markierung von Gefahrenstellen, gefährlichen Stoffen oder beweglichen Maschinenteilen,
- Ausstellung von fehlerhaften Einbauteilen oder Produkten,
- Aushang der aktuellen Prozessregelkarte bzw. des aktuellen SPC-Diagramms (SPC: Statistische Prozesskontrolle),
- Ausstellung von erfolgreichen Prozessverbesserungen,
- Kennzeichnung von Sicherungs- und Rettungsmitteln wie Verbandskasten oder Feuerlöscher,
- Kennzeichnung von Fluchtwegen und Notausgängen.

Abb. 1.5 An der Arbeitsstation sind alle notwendigen Informationen und Beschreibungen ausge-stellt. (Foto: Opel – General Motors)

Abb. 1.6 Durch die Informationstafel können alle Mitarbeiter im Ford-Werk Valencia den aktuel-len Stand der Produktion erkennen. (Foto: Ford)

Diese vielen Beispiele können zusammengefasst werden in

- Vorstellung der Arbeitsgruppe und ihrer Mitglieder,
- Informationen zur richtigen Ausführung eines Produktionsprozesses,
- Informationen zum aktuellen Zustand in der Produktion,

- Informationen zu Unfallschutz und Arbeitssicherheit,
- Darstellung von Erfolgen der Arbeitsgruppe.

Erfolge, z. B. welche Verbesserungen umgesetzt wurden, wie lange die Gruppe ohne Arbeitsunfall gearbeitet hat, welche Qualitätsprobleme gelöst wurden und wie gut Ziele erreicht oder übertroffen wurden, werden dokumentiert und präsentiert. Diese vergangenheitsbezogenen Informationen sind streng genommen nicht notwendig, um zukünftige Herausforderungen zu meistern. Erfolg ist aber ein starker Motivator und durch Erfolg werden die Mitarbeiter in der Gruppe motiviert, sich auch zukünftig einzusetzen, damit die Gruppe ihre Ziele erreicht oder möglichst sogar übertrifft.

1.6.2 Aufgabenverteilung an die Gruppenmitglieder

In der Gruppenarbeit der Lean Production soll sich die Gruppe selbst organisieren. Nicht der Meister oder Vorarbeiter „befiehlt" wer heute welche Aufgabe übernimmt, sondern die Gruppe soll sich selbst organisieren. Damit der Diskussionsprozess schnell und zügig abläuft, koordiniert der von der Gruppe gewählte Gruppensprecher diese Aufgabe. Dabei sind ein paar Regeln zu beachten:

- Jobrotation ist zwingend erforderlich.
- Damit das Mengenziel erreicht wird, muss die Engpassmaschine möglichst dauerhaft besetzt sein.
- Alle arbeiten für das Gruppenziel (Menge an guten Stücken) und helfen sich gegenseitig aus.

Die Verpflichtung, den Arbeitsplatz zu wechseln, hat mehrere Gründe:

- Kenntnis des Fertigungsprozesses,
- Flexibilität,
- gerechte Verteilung von beliebten und unbeliebten Tätigkeiten,
- Besetzung des Engpasses,
- gemeinsame Problemlösung.

Durch Wechsel der Tätigkeiten und Arbeitsplätze entsteht bei jedem Werker ein besseres Verständnis des gesamten Herstellungsprozesses, seiner Einflussgrößen und seiner Abhängigkeiten. Diese Prozesskenntnis wird gebraucht, wenn Prozessverbesserungen geplant werden sollen oder wenn Qualitätsprobleme zu lösen sind. Die Qualifikation, an mehreren Arbeitsplätzen zu arbeiten, bietet außerdem Flexibilität bei wechselndem Produktionsprogramm oder wechselnder Anwesenheit. Auch ohne Urlaub oder Krankheit von Kolleginnen und Kollegen können z. B. auch flexible Arbeitszeitmodelle mit Teilzeitarbeit oder gleitender Arbeitszeit zu wechselnder Besetzung über den Tag führen.

Außerdem gibt es in jeder Abteilung oder Kostenstelle beliebte und unbeliebte Arbeiten. Beliebte Arbeiten sind relativ bequem, mit großzügiger Vorgabezeit ohne größere Anstrengung auszuführen. Üblicherweise besetzen die starken Mitglieder einer Arbeitsgruppe, die schon längere Zeit in der Abteilung arbeiten, diese guten Plätze. Neue Mitarbeiter beginnen zunächst auf den weniger beliebten Arbeitsplätzen. Durch Jobrotation kommt jeder einmal in den Genuss einer beliebten Aufgabe. Muss ein Kollege die unbeliebtere Aufgabe übernehmen, weiß er aber auch, dass dies zeitlich begrenzt ist, und wird diesen Nachteil damit eher akzeptieren, als wenn ihm der schlechte Arbeitsplatz dauerhaft zugewiesen würde.

In den meisten Fertigungsabläufen gibt es einen Engpass, der die produzierte Menge pro Stunde begrenzt. Je nach Auftragslage kann sich die Engpassmaschine ändern. Wenn eine Maschine die produzierte Menge bestimmt, sollte diese Maschine möglichst lange, dauerhaft und störungsfrei laufen. Bei wechselnder Anwesenheit der Werker aufgrund von flexiblen Arbeitszeiten oder wegen Pausen sollte der Engpass immer produzieren. Da mehrere Werker an der Engpassmaschine arbeiten können, können die Aufgaben so zugeordnet werden, dass der Engpass immer besetzt ist und dort produziert wird.

Der Engpass ist auch ein Beispiel dafür, wie die Gruppenmitglieder zusammenarbeiten sollen, um das Gruppenziel, z. B. die Tagesstückzahl, zu erreichen. Müsste der Mitarbeiter an der Engpassmaschine die Produktion anhalten, z. B. um neues Material zu holen, um produzierte Werkstücke zu verpacken, um Teile zu kontrollieren oder um eine kleine Störung in der Teilezuführung zu beseitigen, kann er Hilfe anfordern, z. B. durch den Andon, ein Lichtsignal, das er für die Engpassmaschine auf „gelb" stellt. Ein anderes Mitglied der Gruppe ist dann verpflichtet, seine Tätigkeit zu unterbrechen, um am Engpass auszuhelfen. Häufig ist diese Aushilfe auch als Tätigkeit in der Gruppe definiert und ein Springer hilft, wo er gebraucht wird. Voraussetzung dafür ist wieder, dass der Springer die Tätigkeiten an mehreren Arbeitsplätzen beherrscht.

1.6.3 Qualifikation und Qualifizierung der Gruppenmitglieder

Eine wichtige Eigenschaft von Gruppenarbeit in der Lean Production ist, dass die Gruppenmitglieder mehrere direkte und indirekte Tätigkeiten beherrschen, was durch Job Enlargement und Job Enrichment beschrieben wird. Da Ausbildung und Erfahrung nicht bei allen Mitgliedern einer Gruppe gleich sein können, werden die Aufgaben und Tätigkeiten in einer Gruppe auch nicht von allen gleich gut beherrscht und müssen auch nicht von allen gleich gut beherrscht werden. Das Instrument zur Visualisierung ist die Qualifikationsmatrix (fiktives Beispiel in Tab. 1.2).

In den Zeilen der Qualifikationsmatrix sind die Namen der Gruppenmitglieder aufgelistet, in den Spalten die Tätigkeiten. In den Zellen stehen zwei Zahlen, die die Ist- und die Soll-Qualifikation des Mitarbeiters für diese Tätigkeit darstellen. In wie viele Stufen die Qualifikation unterteilt wird, ist nicht so wichtig. Wichtig ist aber, dass auch in

Tab. 1.2 Qualifikationsmatrix (fiktives Beispiel)

Tätigkeiten Personen	Drehen		Fräsen		Material disponieren		Werkstücke messen		Teamarbeit moderieren	
Schwarz (Dreher)	6	*7*	3	*4*	3	*4*	6	*7*	3	*5*
Müller (Logistikerin)	2	*4*	2	*4*	5	*7*	1	*3*	5	*7*
Blau (Qualitätssicherer)	4	*6*	4	*6*	2	*2*	7	*7*	2	*3*
Schulz (junger Werker)	4	*6*	4	*6*	1	*3*	3	*6*	1	*3*

linke Zahl: Ist-Qualifikation, *rechte Zahl: Soll-Qualifikation*
Stufe 1: kann den Arbeitsplatz sauber halten
Stufe 2: kann einfache Tätigkeiten mit Anleitung ausführen
.
.

Stufe 6: kann auch schwierige Tätigkeiten selbstständig ausführen
Stufe 7: kann andere Mitarbeiter anlernen und weiterqualifizieren

der untersten Qualifikationsstufe produktiv gearbeitet werden kann und dass die höchste Qualifikationsstufe die Kompetenz ausdrückt, Kolleginnen und Kollegen anzulernen.

Der Dreher Schwarz in der Beispielmatrix (Tab. 1.2) hat fachlich die höchste Qualifikation an der Drehmaschine und beim Messen der Werkstücke erreicht. Er hat Grundkenntnisse im Fräsen, beherrscht die einfachen Vorgänge der Materialdisposition und kann Routinebesprechungen mit anderen Teammitgliedern leiten. Damit die Qualifikationen in der Gruppe zukünftig gleichmäßig und mehrfach besetzt sind, soll er sich weiter qualifizieren, damit er auch an der Drehmaschine anlernen und Kollegen weiterbilden kann. Diese didaktischen Fähigkeiten soll er auch für die Weiterqualifizierung im Bereich der Qualitätssicherung einsetzen, und er soll seine Kenntnisse beim Fräsen, in der Materialdisposition und bei der Moderation von Teamarbeit vertiefen.

Mithilfe der Qualifikationsmatrix wird zunächst transparent, welche Fähigkeiten in der Gruppe für direkte und indirekte Tätigkeiten gebraucht werden. Fehlen – nach Einschätzung der Gruppenmitglieder oder des Vorgesetzten – Kompetenzen, müssen sie ergänzt werden. Weiterhin wird durch die Qualifikationsmatrix erreicht, dass transparent ist, wer welche Fähigkeiten hat. Ist ein Problem zu lösen, kann man sich an einen Experten der Gruppe wenden und ihn um Hilfe bitten – wenn man weiß, wer was kann. Das geht schneller und ist unter Kollegen einfacher, als externen Experten zu offenbaren, dass man etwas nicht kann oder nicht weiß (Abb. 1.7). Schließlich werden für jedes Gruppenmitglied individuelle Ziele formuliert, welche Fähigkeiten zu vertiefen sind. Wie dieses Ziel erreicht wird, bleibt der Initiative des Mitarbeiters überlassen. In der Qualifikationsmatrix kann er sehen, wer ihn für eine bestimmte Tätigkeit oder ein zu erreichendes Qualifikationsniveau weiterbilden kann. Die Jobrotation unterstützt die Einübung der erlernten Fähigkeiten.

Der Vorgesetzte wird zunächst mit dem Mitarbeiter die Ziele und den Zeitraum der Umsetzung vereinbaren. Er muss aber nicht die Umsetzung organisieren. Trotzdem wird

Abb. 1.7 Die Weiterqualifizierung der Mitarbeiter ist Aufgabe der Arbeitsgruppe. (Foto: Bosch)

er sich natürlich nach den Maßnahmen erkundigen, die der Mitarbeiter geplant oder schon umgesetzt hat, um sein Qualifikationsziel zu erreichen, und er wird, wenn notwendig, bei der Umsetzung helfen. Schließlich hat auch der Vorgesetzte seinerseits Ziele zu erfüllen, und die Verfügbarkeit von qualifizierten Mitarbeitern gehört normalerweise dazu.

1.6.4 Planung der Fertigungsprozesse

In einer konventionellen Fertigung wird in planende und ausführende Aufgaben unterschieden. Planer sind besser ausgebildet und haben größere Erfahrung. Durch diese Arbeitsteilung sollen ungelernte Werker schneller am Arbeitsplatz angelernt werden können. Der Planer ist dafür verantwortlich, dass der Fertigungsprozess qualitätssicher und mit geringen Herstellkosten auf den vorhandenen Maschinen ausgeführt werden kann. Der Werker muss sich an diese Prozessvorschrift halten.

Im modernen Industriebetrieb bringen die Werker aber auch gute Qualifikationen mit. Ein Facharbeiter hat eine mehrjährige Ausbildung absolviert und häufig auch Erfahrungen in der Produktion gesammelt. Auch kann beobachtet werden, dass Mitarbeiterinnen und Mitarbeiter, denen im Betrieb jeder Handgriff vorgeschrieben wird, im Privatleben planerische und organisatorische Fähigkeiten nutzen und z. B. ein Haus bauen oder renovieren, eine Jugendgruppe leiten, eine Sportmannschaft trainieren oder die Finanzen eines Vereins zusammenhalten. In der Lean Production werden diese beruflichen und außerberuflichen Fähigkeiten genutzt, und die Mitarbeiter sollen Fertigungsabläufe gestalten und verbessern.

Unter der Bezeichnung Qualitätszirkel oder Kontinuierliche Verbesserung (KVP) bzw. Kaizen werden die Arbeitsgruppen aufgefordert, innerhalb eines überschaubaren Zeitraums Qualitätsprobleme zu lösen oder zu verringern, die Produktivität zu steigern, Bestände zu senken oder die ergonomische Arbeitsbelastung zu verringern. Gemeinsamkeiten dieser Aufgaben sind:

- Gestaltung und Veränderung bestehender Fertigungsprozesse,
- Zielvorgabe,
- überschaubarer Zeitraum,
- Realisierung durch die Arbeitsgruppe mit einfachen Mitteln,
- einfache, anschauliche Methoden.

Die Planer werden dadurch nicht überflüssig, sondern konzentrieren sich auf

- neue Produkte,
- größere Investitionen,
- Unterstützung der Arbeitsgruppen durch Vorbereitung der Aufgaben und Methoden.

Für eine Layout-Planung können die Werker z. B. die Grundflächen der Maschinen und Arbeitsplätze aus großen Papierbögen ausschneiden und auf dem Boden auslegen. Man kann dann ausprobieren, ob der Hubwagen mit Palette genügend Platz hat, ob sich die Türen des Schaltschranks öffnen lassen, ob Fluchtwege eingehalten werden, wie lang die Laufwege sind etc. Damit können einfach und anschaulich Planungsalternativen verglichen werden, und die Arbeitsgruppe kann sich dann für die beste Lösung entscheiden. Wenn die Grundflächen nicht ausreichen, kann man mit Pappkartons Maschinen und Arbeitsplätze nachbauen und die Arbeitshaltung oder den Zugang zu einem Werkzeug überprüfen (Cardboard-Engineering). Die Werker können auch Vorrichtungen aus Karton mit Klebstoff herstellen und ausprobieren, wie gut die Vorrichtung ihren Zweck erfüllt. Wurde ein wirksamer Prototyp entwickelt, kann der Vorrichtungskonstrukteur nach diesem Prototyp eine dauerhafte Vorrichtung konstruieren, beschaffen und erstellen lassen.

Die Vorgehensweise folgt damit dem PDCA-Zyklus: Plan – Do – Check – Action (vgl. [1, S. 7]). Geplant wird mit Schere und Klebstoff (Plan), und die Vorrichtung wird als Prototyp gebaut (Do). Es wird überprüft, ob die Vorrichtung die Produktion verbessert (Check). Im Erfolgsfall wird die Vorrichtung als dauerhafte Vorrichtung eingeführt und der verbesserte Prozess zum neuen Standard (Action); sonst muss ein neuer Versuch gestartet werden.

Ähnlich wie für Prozessverbesserungen gibt es Vorgehensweisen

- zur Verringerung von Rüstzeiten: SMED – Single Minute Exchange of Dies;
- zur Qualitätssicherung:
  - FMEA (Failure Mode and Effect Analysis oder Fehlermöglichkeiten-und-einfluss-Analyse),

- SPC (Statistical Process Control oder Statistische Prozesskontrolle),
- Poka Yoke (Fehlhandlungssicherheit, einen manuellen Prozess so gestalten, dass man keinen Fehler machen kann),
- Ursache-Wirkungs-Diagramm oder Ishikawa-Diagramm, ordnet die Parameter eines Fertigungsprozesses den 5 Gruppen Mensch, Maschine Material, Methode und Mitwelt zu,
- Statistische Versuchsplanung nach Taguchii oder DOE – Design of Experiments.

1.6.5   Materialdisposition

Materialien können nach Bedarf oder nach Bestand disponiert werden. Eine bedarfsorientierte Materialplanung für variantenreiche Materialien ist für Werkergruppen nicht geeignet, denn sie erfordert

- einen Produktionsplan,
- eine Stückliste mit einer entsprechenden Stücklistenstruktur,
- eine Netto-Bedarfsplanung mit Berücksichtigung der Lagerbestände
- und damit eine Lagerbestandsverwaltung.

Diese Aufgabe übernimmt im Unternehmen das ERP-System (Enterprise Ressource Planning), mit dem wiederum nur geschulte Logistiker umgehen.

Einfacher anzuwenden ist die bestandsorientierte Disposition. Man folgt hier dem Supermarktprinzip: Entnommene Ware wird wieder aufgefüllt. Es wird also das bestellt und produziert, was verbraucht wurde. Ein Lagerbestand garantiert die Materialverfügbarkeit zwischen dem Zeitpunkt der Entnahme und dem Auffüllen des Bestandes. Der Kanban, eine Karte mit allen Informationen zum Artikel (z. B. Teile-Nummer, Lagerort, Füllmenge im Behälter etc.) ist am Behälter befestigt. Wird der Behälter dem Pufferlager entnommen, wird der Kanban an den externen Lieferanten oder die liefernde Abteilung geschickt. Dort werden die Kanbans gesammelt. Je mehr Kanbans eines Artikels beim internen oder externen Lieferanten sind, desto geringer ist der Bestand im Pufferlager. Wird ein Mindestbestand unterschritten, sind also genügend Kanbans beim Lieferanten, ist das das Signal, den Pufferbestand wieder aufzufüllen. Die gefüllten Behälter werden zusammen mit den Kanbans im Pufferlager bereitgestellt (Abb. 1.8, ausführliche Darstellung in [3], Abschn. 2.6).

Die Höhe der Bestände und die Dringlichkeit der Nachlieferung sind für die beteiligten Werker des Lieferanten sichtbar, sodass die Materialdisposition so einfach ist, dass die Mitarbeiterinnen und Mitarbeiter sie selbst ausführen können. Ebenso einfach ist die Entnahme beim Kunden: Wie im Supermarkt wird die Ware aus dem Lagerplatz entnommen. Anstatt an der Supermarktkasse zu bezahlen, wird der Kanban in den Briefkasten geworfen. Materialentnahmescheine und Bestandsbuchungen entfallen (Abb. 1.9).

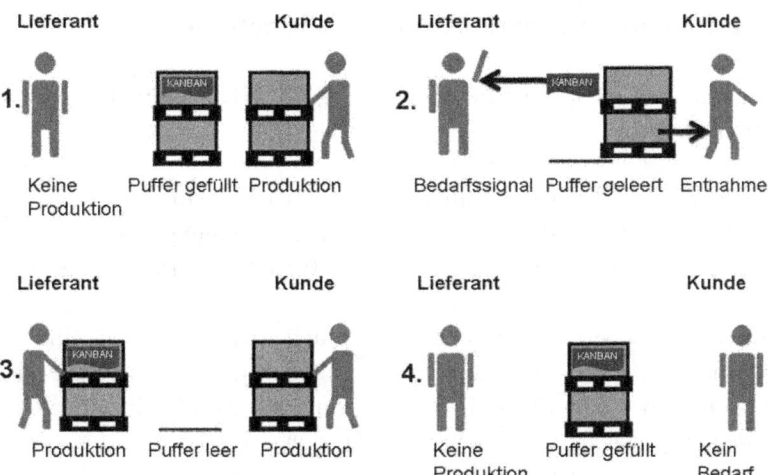

Abb. 1.8 Kanban-Kreislauf mit internen und externen Lieferanten

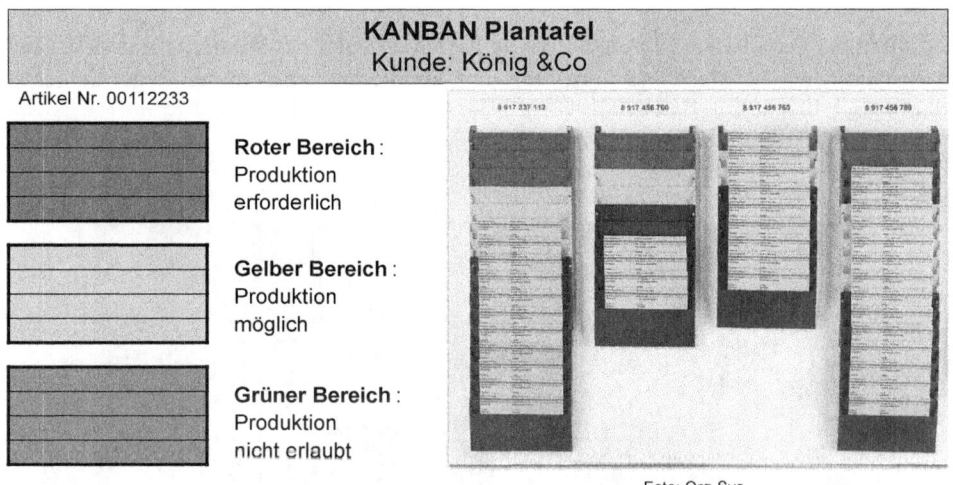

Abb. 1.9 Plantafel zur KANBAN-Steuerung. (Foto rechts: ORG-SYS)

Anstatt Karten hin und her zu schicken, können elektronische Kanbans auch mit einem Scanner erfasst werden. Die Bestellinformation wird dann beim Lieferanten auf dem Bildschirm ausgegeben. Beim Auffüllen des Pufferlagers wird wieder der Kanban gescannt, als Signal, dass das Pufferlager wieder gefüllt ist.

1.6.6 Maschinenverfügbarkeit und Instandhaltung

Argumente, warum Werker keine Instandhaltungs- oder Reparaturaufgaben übernehmen sollten, sind häufig:

- Die Mitarbeiter sind für Instandhaltungsaufgaben nicht qualifiziert.
- Die Mitarbeiter in der Produktion sind für einfache Reinigungsarbeiten zu teuer.
- Die Mitarbeiter sollen sich auf wertschöpfende Produktionsarbeiten konzentrieren.

Da die Mitarbeiter jedoch mit ihren Maschinen und Anlagen vertraut sind, kennen sie typische Störungen aus Erfahrung ganz gut und können schnell den Fehler oder die Störung beseitigen. Außerdem erhöht die Verantwortung für die Maschine auch die Identifikation mit dem Arbeitsplatz und damit die Motivation (Abb. 1.10).

Analysen von Störungen zeigen häufig eine ungleiche Verteilung:

- Kleine Störungen, die schnell zu beheben sind, kommen häufig vor.
- Große Störungen, die lange, schwierige Reparaturarbeiten erfordern, sind selten.

Vor allem bei den kleinen Störungen ist die Reparaturzeit kurz. Wenn nur ein qualifizierter Instandhalter die Maschine reparieren darf, ist die Wartezeit in der Regel länger als die Reparaturzeit.

Abb. 1.10 Mithilfe der Andon-Signale erkennen die Maschinenbediener schnell, wenn eine Störung auftritt. (Foto: Bosch)

In der Lean Production mit Gruppenarbeit können die Werker deshalb kleinere Instandhaltungsaufgaben übernehmen, um Zeitverluste durch Störungen zu minimieren:

- Vermeiden von Störungen durch Aussortieren von schlechten Teilen oder beschädigten Werkzeugen vor Produktionsbeginn,
- Reinigung und Inspektion der Maschine als Voraussetzung für vorbeugende Instandhaltung,
- Beseitigung kleinerer Störungen, z. B. verklemmte Teile in der Zuführung, Beseitigung einer Überlastung (Überlastsicherung hat ausgelöst) oder Ersatz des Werkzeugs nach Werkzeugbruch,
- Vermeidung von Folgeschäden durch schnelle Reaktion bei Störungen oder Bruch,
- Identifikation der Fehlerart, z. B. elektrisch, mechanisch oder hydraulisch, um den richtigen Instandhalter zu rufen,
- Information über Dringlichkeit der Reparatur an den Instandhalter, z. B. „sehr dringlich" an Engpassmaschinen oder „weniger dringlich" an Nicht-Engpassmaschinen.

1.6.7 Systematische Vorgehensweise

Damit die Werker indirekte Aufgaben effizient und systematisch ausführen können, werden auch Methoden trainiert und angewendet, die eine systematische Vorgehensweise unterstützen. Eine systematische Vorgehensweise beginnt mit der Ermittlung von Ursachen für Fehler, Störungen oder Qualitätsprobleme. Die Ursachen sollten durch Zahlen, Daten und Fakten (ZDF) beschrieben werden, nicht mit subjektiven Eindrücken oder anekdotischen Erlebnissen. Entsprechend enthält die Methodensammlung einfache Darstellungen in sieben statistischen Werkzeugen (vgl. [1, S. 14 ff.]), um die statistisch erfassbaren Phänomene zu visualisieren:

- Strichliste oder Zählkarte,
- Datenerfassung,
- Histogramm oder Häufigkeitsverteilung,
- Pareto-Diagramm oder ABC-Analyse,
- Ursache-Wirkungs-Diagramm,
- Korrelationsdiagramm,
- SPC oder Qualitätsregelkarte.

Um Problemursachen zu ermitteln, sollte tiefer nachgefragt werden, damit nicht nur Symptome kuriert werden. Fünf Mal „Warum?" zu fragen, ist zwar lästig und mühsam, führt aber zur Ursache des Problems, die dann verändert werden kann.

Die fünf S stehen für Ordnung und Sauberkeit. Ausgehend von fünf japanischen Worten, die mit S beginnen, wurden diese Begriffe ins Englische und Deutsche übersetzt. Um den Stabreim zu erhalten, wird in Deutsch dann aufgelistet:

Abb. 1.11 Da jedes
Werkzeug einen definierten
Platz hat, ist es sofort
griffbereit und man erkennt
sofort, wenn ein Werkzeug
fehlt

- Sortieren,
- Stellen (Aufräumen, jedes Ding an seinen Platz),
- Säubern,
- Sauberkeit bewahren,
- Selbstdisziplin, um die Ordnung immer zu erhalten.

Die Ordnung wird unterstützt durch markierte und reservierte Flächen oder Bereiche, die für einzelne Gegenstände wie Werkzeuge, Messmittel oder Material vorgesehen sind (Abb. 1.11, vgl. auch Abschn. 1.6.1).

1.7   Eignung der Lean Production für Kleinserie

Durch die Individualisierung von Produkten, durch marktspezifische Präferenzen globaler Kunden, die Anforderungen anderer exportstarker Branchen wie des Maschinenbaus, Projektgeschäft oder die Produktion in mittelständischen Betrieben werden Serien kleiner. Damit entsteht die Frage, ob die Kostenvorteile der Lean Production auch für Kleinserien- oder Einzelfertigung genutzt werden können.

In Kleinserienproduktion kann nicht alles so genau und präzise vorausgeplant werden wie in der Großserie, weil ein hoher Planungsaufwand nicht über die hohe Stückzahl amortisiert werden kann. Das heißt, dass in der Kleinserienproduktion mehr Verantwortung für Qualität und Termine in der Fertigung verbleibt. Voraussetzung dafür sind qualifizierte Mitarbeiter, die im deutschen Sprachraum durch die duale Ausbildung meist zur Verfügung stehen.

In diesem Umfeld sind die grundsätzlichen Ideen übertragbar auf die industrielle Produktion von kleinen Serien und Projekten:

- Flache Hierarchien und Gruppenarbeit,
- Zielvorgaben,
- Vermeiden von Verschwendung,
- Jobrotation, indirekte Tätigkeiten.

Verantwortung und indirekte Tätigkeiten zu übernehmen, fällt qualifizierten Mitarbeitern leicht. So wird z. B. bei Sondermaschinenbauern häufig kein expliziter Verlegungsplan für Hydraulikleitungen und Elektro- und Datenkabel erstellt. Der Facharbeiter in der Montage kann den Schaltplan lesen und verstehen, fasst die benötigten Teile aus oder bekommt sie nach Stückliste beigestellt und installiert an der Maschine Leitungen und Ventile bzw. Kabel und (End-)Schalter in eigener Verantwortung. Dazu muss er die Leitung anpassen, z. B. ablängen und biegen, und an das Hydrauliksystem anschließen. Wenn der Monteur mit seiner Arbeit zufrieden ist und den Funktionstest erfolgreich durchgeführt hat, wird die Installation an Ort und Stelle mit der Konstruktion durchgesprochen, ggf. angepasst und dann fotografisch dokumentiert.

In der Regel arbeiten die Werker bei der Produktion komplexer oder schwer zu handhabender Produkte zusammen. Man stimmt sich durch Zuruf ab, wann ein Einbauteil fertig ist, hilft sich bei der Handhabung schwerer Teile z. B. mit dem Hallenkran oder meldet auch ungenaue Arbeit oder Mängel direkt an den verursachenden Kollegen zurück. Gruppenarbeit wird gelebt und braucht nur noch einen organisatorischen Rahmen, um auch andere Vorteile wie gruppeninternes Anlernen und Weiterbilden, systematisches Lösen von Qualitätsproblemen oder gemeinsame Projekte zur kontinuierlichen Verbesserung zu nutzen. Wenn die Gruppe z. B. bei Verbesserungsprojekten stecken bleibt, hilft auch hier die Systematik, zuerst die Ursachen klären, dann nach Lösungen suchen und schließlich diese Lösungen auszuprobieren. Auch hoch qualifizierten Facharbeitern helfen Abzählreime (Mensch, Maschine, Material, Methode, Mitwelt), um keine Einflussfaktoren zu vergessen, wenn immer wieder ähnliche Qualitätsmängel auftreten. Schließlich hilft auch bei Kleinserienfertigung die 5S-Systematik, Ordnung und Übersicht zu bewahren, Suchzeiten zu minimieren und Werkzeuge und Messmittel pfleglich zu behandeln.

Die Idee der Lean Production entspricht weitgehend den Abläufen in einer Kleinserienproduktion. Grundsätzlich können auch die meisten der Methoden aus dem Werkzeugkasten der Lean Production übernommen werden:

- Flache Hierarchien mit Werker-Selbstverantwortung,
- Gruppenarbeit mit Übernahme indirekter Tätigkeiten und Jobrotation,
- Kontinuierliche Verbesserung im Rahmen von Verbesserungsprojekten,
- Bewusstsein für Verschwendung und Konzentration auf wertschöpfende Tätigkeiten,
- Informationen bereitstellen durch Visualisierung,
- Qualifizierung und Weiterbildung innerhalb der Arbeitsgruppe,
- Prozessplanung und -verbesserung mit vereinfachten Planungsmethoden,
- Materialdisposition (mit Einschränkungen),
- Maschinenverfügbarkeit und Instandhaltung.

Einschränkungen in der Übertragung von Methoden der Lean Production auf Kleinserienfertigung sind jedoch immer dann notwendig, wenn eine Methode größere Produktionsstückzahlen voraussetzt. So sind statistische Methoden zur Qualitätssicherung und zur Null-Fehler-Produktion häufig nicht einsetzbar, weil die Produktionsstückzahl, also die Grundgesamtheit, für statistische Aussagen zu klein ist. Die Methoden zur Prozesssicherung bei manuellen Prozessen durch Fehlhandlungssicherheit (Poka Yoke) lassen sich jedoch auf allgemeinerer Ebene übertragen.

Ebenso eingeschränkt nutzbar ist die Materialdisposition und Materialbereitstellung durch Kanban. Nachdem das Kanban-System von wiederholtem Teilebedarf ausgeht, kann Kanban nur für Wiederholteile eingesetzt werden. Wenn das Produkt modular aufgebaut ist, können dann auch die Baugruppen in größeren Mengen nach

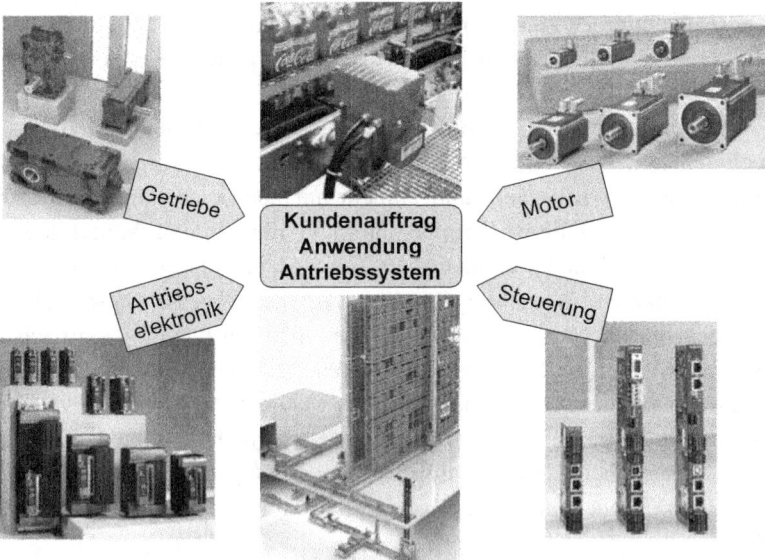

Abb. 1.12 Die Baugruppen eines modularen Produkts werden bei SEW EURODRIVE mit Kanban disponiert, das Endprodukt nach Kundenkonfiguration in Losgröße 1 gefertigt

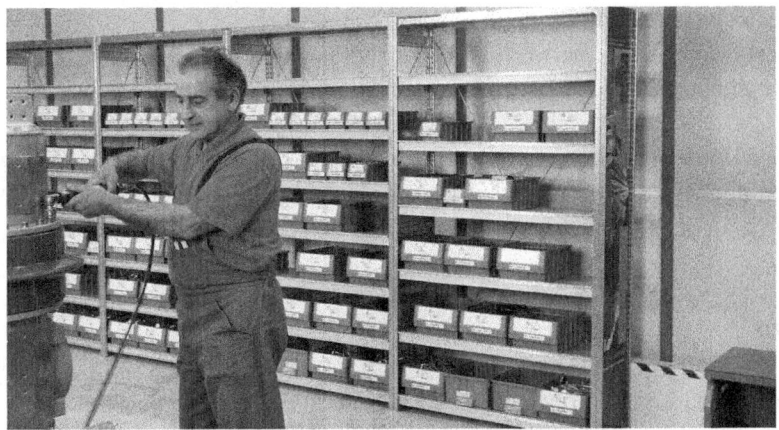

Abb. 1.13   Klein- und Normteile werden in der Werkstatt bereitgestellt und durch Kanban disponiert. (Quelle: Keller & Kalmbach)

Verbrauch disponiert und nach Kundenkonfiguration montiert und geliefert werden. Bei SEW Eurodrive werden z. B. Antriebslösungen aus einem Baukasten aus Motor, Getriebe, Steuerung und Antriebselektronik kundenspezifisch in Losgröße 1 konfiguriert (Abb. 1.12). Motoren und Getriebe werden dabei in einem Kanban-Kreislauf kundenneutral gefertigt (Details in [3], Abschn. 10.7).

Auch C-Teile, wie Normteile, Befestigungsmaterial, persönliche Schutzausrüstung etc. können mit Kanban disponiert und bereitgestellt werden (Abb. 1.13). Hier bieten Dienstleister im Rahmen eines C-Teile-Managements eine Versorgung zu günstigen Prozesskosten, die auch für Kleinserienproduktion und für das Projektgeschäft anwendbar ist. Auch bei auftragsbezogenen Kleinteilen oder speziellen Kleinteilen, z. B. Wendeplatten in der spanenden Fertigung, kann die Fertigung selbst im Rahmen des Catalogue Procurement effizient, d. h. ohne große Verschwendung durch bürokratische Beschaffungsprozesse, Material eigenverantwortlich disponieren und bestellen. Große, teure Teile müssen aber auftragsbezogen beschafft und in der Produktion bereitgestellt werden (vgl. [3], Abschn. 2.7).

1.8   Zusammenfassung

Obwohl die Lean Production für die Großserienfertigung in der Automobilindustrie entwickelt wurde, sind die grundsätzliche Idee und die meisten Methoden auch für Kleinserienfertigung anwendbar. Besonders der deutsche Sprachraum, wo häufig gut ausgebildete Fachkräfte in der Produktion tätig sind, bietet gute Voraussetzungen, um die Grundsätze einer Lean Production

- Vermeiden von Verschwendung,
- hohes Maß an Eigenverantwortung in der Produktion,
- Mitgestaltung der Produktionsprozesse und der Produktionsumgebung –

umzusetzen. Die daraus entstehenden Produktivitätsvorteile und die Einsparung indirekter Kosten können auch in der Kleinserienproduktion und in der Einzelfertigung eines Projektgeschäfts genutzt werden.

Literatur

1. Brunner, J.F.: Japanische Erfolgsrezepte. 3., überarbeitete Auflage. Hanser, München (2014)
2. Koether, R.: Technische Logistik. 3., aktualisierte und erweiterte Auflage. Hanser, München (2007)
3. Koether, R.: Distributionslogistik. Effiziente Absicherung der Lieferfähigkeit. 2., aktualisierte Auflage. Springer, Wiesbaden (2014)
4. Shingo, S.: Study Of The ‚TOYOTA‘ Production System From Industrial Engineering Viewpoint. Japan Management Association, Tokyo (1981)
5. Waltl, H., Wildemann, H.: Modularisierung der Produktion in der Automobilindustrie. TCW-Transfer-Centrum, München (2014)
6. Womack, J.P., Jones, D.T., Roos, D.: The Machine That Changed The World. Harper Perennial, New York (1991)

Über den Autor

Prof. Dr.-Ing. Reinhard Koether ist Wirtschaftsingenieur und lehrt Produktion und Logistik an der Hochschule München und der Christ University Bangalore/Indien. Außerdem ist er in diesen Gebieten als vereidigter Sachverständiger und Managementberater tätig.

Lean Warehouse, oder: Die vergessenen Potenziale im Unternehmen

2

Klaus-Jürgen Meier

2.1 Wie viel Lager braucht ein Unternehmen wirklich?

Die Anzahl der Lagerstufen und deren Dimensionierung sind die wesentlichen Treiber für den Lageraufwand, den ein Unternehmen aufzubringen hat. Dabei ist es unerheblich, ob der Aufwand laufend in Form von Personenstunden und Instandhaltung oder einmalig als Investition aufgebracht werden muss. Aus diesem Grund macht es Sinn, zunächst die Notwendigkeit und den Umfang einer Lagerung zu hinterfragen [5]. Lagerstufen sind prinzipiell immer nur dann erforderlich, wenn

- ein vorausgehender Prozess nicht in der geforderten Wiederbeschaffungszeit die nachfolgenden Prozesse mit Material versorgen kann oder
- die Zuverlässigkeit der Materialversorgung nicht sichergestellt ist oder
- die Losgröße des vorausgehenden Prozesses nicht übereinstimmt mit der Losgröße des Folgeprozesses oder
- Material aus unterschiedlichen und nicht synchronisierten Prozessen für einen anschließenden Prozess – also z. B. Montage – benötigt wird oder
- die Nachfragemenge sehr stark schwankt und damit ohne Bedarfsglättung die Produktionskapazität nicht wirtschaftlich bereitgestellt werden kann oder
- der Produktionsprozess dies erfordert. Dies gilt u. a. für Reifung (z. B. Käse, Wein oder Whiskey), Aushärtung (z. B. Klebungen) und Temperaturkurven (z. B. zur Festlegung der Materialeigenschaften von metallischen Werkstoffen).

K.-J. Meier (✉)
München, Deutschland
E-Mail: klaus-juergen.meier@hm.edu

© Springer Fachmedien Wiesbaden GmbH 2017

29

R. Koether und K.-J. Meier (Hrsg.), *Lean Production für die variantenreiche Einzelfertigung*, DOI 10.1007/978-3-658-13969-8_2

Auch wenn mindestens eine der vorstehenden Randbedingungen erfüllt ist und somit ein Lager als gerechtfertigt erscheint, so bedeutet dies jedoch noch lange nicht, dass das Lager unabdingbar ist. Was damit gemeint ist, zeigen zwei Beispiele.

Beispiel 1

In den letzten Jahren hat sich bei deutschen Unternehmen ein Trend zum Offshoring abgezeichnet – also zur Vergabe von Beschaffungsaufträgen in weit entfernte Niedriglohnländer – und in der Folge zum Aufbau von Lagerbestand in Deutschland. Hintergrund ist die hohe zur Überbrückung der geografischen und kulturellen Distanz erforderliche Wiederbeschaffungszeit. Materialbestände werden nötig zur Kompensation von Transportzeiten, Versorgungsunsicherheiten und Qualitätsrisiken. Zudem werden zur Minimierung der Transportkosten sogenannte „Full Container Loads" (also komplett gefüllt Container) bevorzugt, deren Füllmengen damit oftmals über den aktuell vorliegenden Bedarf hinausgehen. Damit erfüllt dieser Beschaffungsfall sogar drei der sechs genannten Gründe für den Aufbau eines Lagers. Stellt man die Strategie des Offshoring jedoch infrage und bezieht seine Produkte von einem lokal ansässigen Lieferanten, so kann unter Umständen auf Lagerbestand sogar komplett verzichtet werden. Kapitalbindung und zahlreiche (Folge-)Prozesse werden nicht benötigt. Ein Strategiewechsel macht es möglich.

Welches Vorgehen ist kostengünstiger? Die Antwort auf diese Frage ist alles andere als eindeutig. Nur unter Berücksichtigung aller Folgekosten (z. B. in einem Total-Cost-of-Ownership-Ansatz) und der übergeordneten Unternehmensstrategie kann eine Aussage abgeleitet werden. Die Vor- und Nachteile einer veränderten Beschaffungsstrategie sind also quantitativ und qualitativ sorgfältig gegenüberzustellen und abzuwägen.

Beispiel 2

Der Planungshorizont für die Betrachtung der Kundennachfrage, die Festlegung der Fertigungstechnologie und die Preisbindung von Lieferanten endet häufig mit dem Auslauf der Serienproduktion. Die Nachfrage nach Ersatzteilen geht jedoch nach Einstellung der Serienproduktion weiter und muss häufig noch mehr als zehn Jahre danach mit kurzer Lieferzeit gedeckt werden. Weil mit Einstellung der Serienproduktion auch die hohen Stückzahlen nicht mehr gegeben sind, ist die Aufrechterhaltung der unter Serienbedingungen wirtschaftlich und qualitativ optimalen Fertigungstechnologie nicht mehr sinnvoll möglich. Um die nun eigentlich erforderliche Neu-Pilotierung für ein auslaufendes Produkt zu vermeiden, greifen viele Unternehmen auf eine alternative Vorgehensweise zurück und produzieren ein geschätztes Volumen auf Lager, welches den gesamten finalen Ersatzteilbedarf abdecken soll. Eine hohe Lagerhaltung und extrem lange Liegezeiten sind die zwingende Konsequenz aus diesem Vorgehen. Je nach Material wirken sich die langen Liegezeiten häufig negativ auf die Produktqualität aus. Da zudem die Nachfrage über einen Zeitraum von oft mehr als zehn Jahren nicht prognostiziert werden kann, ist die reale Nachfrage immer kleiner oder größer als die vorausproduzierte Planzahl. Abschreibungen oder die letztendlich nun doch erforderliche Nachproduktion des Produkts nach einem langen Zeitraum offenbaren jetzt, dass das ursprüngliche Problem nicht gelöst, sondern nur in die Zukunft verschoben wurde. Neben Abschreibungen oder Nach-Produktionskosten fallen die Lagerhaltungskosten während der gesamten Zeit also nur zusätzlich an.

Die beiden Beispiele machen es deutlich – die erste Fragestellung auf dem Weg zu einem schlanken Lager ist: Wie lässt sich ein (schon bestehendes) Lager vermeiden? Mögliche Handlungsalternativen sind unter strategischen und taktischen Gesichtspunkten zu bewerten. Die Lösungsansätze leiten sich aus den aufgeführten Gründen zur Lagerbildung ab:

- Reduktion der Wiederbeschaffungszeit
- Stückzahlmäßige und qualitative Sicherstellung der Materialversorgung zum Solltermin
- Vereinheitlichen der Losgröße in allen Prozessschritten an den Kundenbedarf
- Synchronisierung der Prozesse oder alternativ die Einführung von selbststeuernden Kanban-Regelkreisen
- Flexible Anpassung der Produktionskapazität und -leistung
- Ausweichen auf andere Produktionstechnologien oder Nutzung anderer Materialien

Selbst wenn es nicht gelingt, die vorstehende Zielsetzung vollständig zu erfüllen und damit Lagerstufen komplett zu vermeiden, so bewirkt bereits jede Veränderung in Richtung der Zielsetzung eine Senkung des erforderlichen Lagerbestands. Da die Höhe des Lagerbestands die Ausdehnung eines Lagers maßgeblich bestimmt, trägt jede Bestandsreduzierung gleichzeitig dazu bei, den Aufwand im Lager zu senken. Der Bestandshöhe kommt nicht nur eine wertbindende (Kosten-)Wirkung zu. Sie beeinflusst auch wesentlich die Investitionen und die Prozesskosten in einem Lager. Jede Bestandsminimierung weist einen verschlankenden Effekt auf.

Der Ort der Entscheidung über den Umfang der gelagerten Bestände je Lagerstufe liegt jedoch nicht bei den ausführenden Logistikern im Lager, sondern in den vorgelagerten Abteilungen. Es handelt sich dabei unternehmensabhängig um Abteilungen wie Disposition, Fertigungssteuerung oder Auftragszentrum. Die Wahl eines überhöhten Bestands führt dort nicht zu einem höheren Aufwand, sondern – ganz im Gegenteil – wirkt zumeist aufwandsreduzierend. So lassen sich Versorgungsengpässe und damit kurzfristige Notfallmaßnahmen leichter umgehen, wenn tendenziell mit mehr Bestandsreserven geplant wird. Auch das Management reagiert mit Zufriedenheit, wenn keine Engpässe im Tagesgeschäft auftreten und die Kunden nicht mit unangenehmen Informationen bezüglich Terminverzug oder gar Allokation konfrontiert werden müssen. Die Festlegung der Zielbestände stellt in den genannten Abteilungen also vielfach einen Kompromiss dar aus unterschiedlichen Überlegungen, Erfahrungen und Einflüssen, wie Abb. 2.1 zeigt:

Selbst wenn im Einzelfall neben den in   Abb. 2.1 aufgeführten Einflüssen weitere
Auslöser für überhöhte Bestände vorliegen, zeigt sich dennoch, dass sich viele Ursachen eines hohen Zielbestands auf mangelnde Kompetenzen in den Bereichen Methodik und Management zurückführen lassen. So werden in vielen Unternehmen die Werte
für Zielbestände nicht fundiert hergeleitet und berechnet, sondern von den Mitarbeitern
gefühlsmäßig abgeschätzt. Selbst wenn der Vorschlag für einen Bestandswert aus einem
ERP-System vorliegt, so besteht sehr häufig Unkenntnis über die Berechnungsweise
und damit eine gefühlte Unsicherheit. Diese mag sogar berechtigt sein, wenn die im
ERP-System hinterlegte Berechnungsvorschrift nicht dem jeweiligen Geschäftsmodell
entspricht und in der Praxis bereits zu fehlerhaften Vorschlägen geführt hat. Managementkompetenz ist auch gefordert bei der Auswahl der richtigen Kennzahl für Zielvereinbarungen und bei der Festlegung des richtigen Zielwerts. So sind Beschaffungskosten,
Lieferfähigkeit und Bestandshöhe keine voneinander unabhängigen Kennzahlen. Die
Wechselwirkung der genannten Größen wird jedoch zumeist nicht beachtet.

Die Managementkompetenz nimmt daneben auch Einfluss auf die Verhaltensweise
von Mitarbeitern. Dies verstärkt die „psychologisch" begründeten Effekte bei der Entscheidungsfindung. So stellt sich die Frage: Wie wird in den Unternehmen mit individuellen Dispositionsfehlern oder Problemen bei der Materialversorgung umgegangen?
Je strikter die zu erwartenden Konsequenzen für die Einzelperson ausfallen, desto höher
wird zukünftig die eingeplante Bestandssicherheit ausfallen.

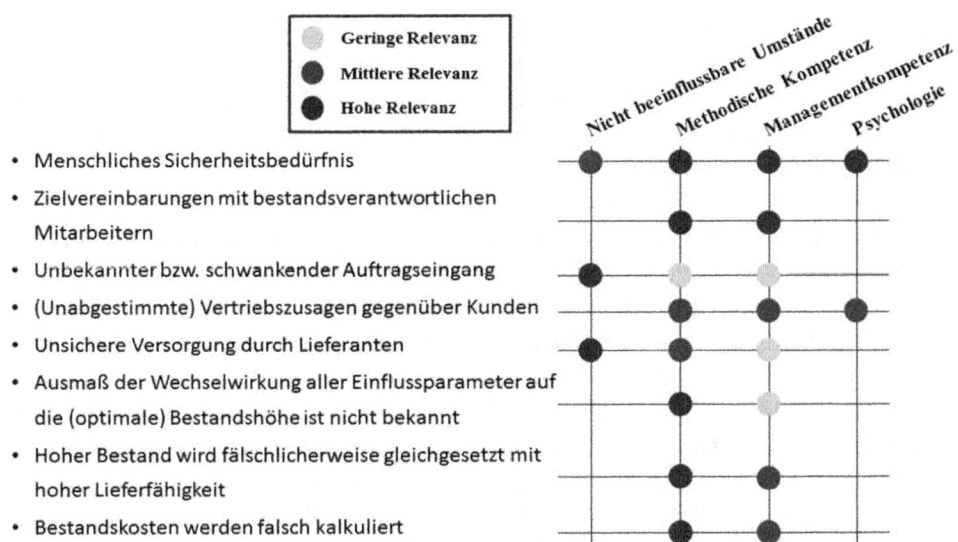

Abb. 2.1 Die Entscheidungsfindung über die (falsch) gewählte Höhe der Zielbestände unterliegt
unterschiedlichen Einflüssen. In vielen Fällen kann Bestandsreduzierung aber „gelernt" werden

Die Schlussfolgerung aus der vorstehenden Diskussion ist einfach: Mehr Kompetenz im Unternehmen im Umgang mit der Bestandsdisposition senkt die Bestandshöhe nachhaltig. Die Unternehmen profitieren nicht nur von einer geringeren Kapitalbindung und mehr Liquidität. Weniger Bestand macht es zudem einfacher, die Prozesse im Lager zu verschlanken.

2.2   Lean in der Fertigung entspricht Lean im Lager – oder gibt es Unterschiede?

Die klassischen Methoden der Lean-Production-Philosophie sind ausgerichtet auf die Optimierung von Prozessen in der Fertigung und Montage [4]. Die Übertragbarkeit der in der Fertigung und Montage erprobten Methoden auf den Lagerbereich ist damit nicht per se gewährleistet [1, 2, 6], zu unterschiedlich sind die Randbedingungen in den beiden Teilbereichen eines Betriebs. So geht es in einem Lager nicht darum, Wertschöpfung an einem Produkt zu erbringen. Die Wertschöpfung in einem Lager beruht alleine auf der Bereitstellung des Produkts gemäß benötigtem Ort, in der benötigten Stückzahl und zum gewünschten Zeitpunkt. Dazu werden im Allgemeinen keine speziellen Arbeitsplätze bzw. Maschinen benötigt. Ausnahmen stellen im Einzelfall u. a. Kontroll-, Kommissionier- oder Verpackungsarbeitsplätze dar, die jedoch nicht flächendeckend in jedem Lager anzutreffen sind. Wird nicht in einem Just-in-Sequence-System gearbeitet, so kann auch die Reihenfolge innerhalb der Auftragsbearbeitung oftmals durch den Lagermitarbeiter geändert werden. Letzteres wäre in einer Fertigung undenkbar. So stellt in der Fertigung beispielsweise die Lackierung einen abschließenden Arbeitsgang dar und kann nicht bereits zu Auftragsbeginn und damit vor eine nachfolgende mechanische Bearbeitung gestellt werden. Weitere Unterschiede ergeben sich häufig auch in der Auftragssteuerung und in der Mitarbeiterqualifikation. Arbeitspläne mit Stückzeiten zur Kalkulation der planerisch anzusetzenden Prozesszeiten liegen im Lager nicht vor. Hauptaufwandstreiber im Lager sind die Wege- und Suchzeiten, welche benötigt werden zur Überbrückung der Distanzen zwischen zwei Lagerorten. Gerade bei der chaotischen Lagerplatzvergabe ergeben sich damit ständig neue Randbedingungen.

Es verwundert deswegen nicht, dass bereits andere Autoren die prinzipielle Eignung von Lean-Methoden aus Fertigung und Montage für das Lager untersucht haben. Abb. 2.2 zeigt zusammenfassend die Einschätzung in Anlehnung an [6] sowie [1].

Der direkte Vergleich von Lean Production im Lager und in der Produktion (in Abb. 2.2) belegt, dass sich zahlreiche Methoden trotz der bestehenden Unterschiede problemlos übertragen lassen. Lediglich die maschinennahen Vorgehensweisen wie Chaku-Chaku und Autonomation weisen aufgrund des geringen Einsatzes maschineller Arbeitsplätze im Lager nur eine geringe Eignung auf. Fließprinzipien existieren zwar im Lagerumfeld, sind jedoch aufgrund des zumeist breiten Sortiments nur schwer zu realisieren. Auch hier beweist sich die oben hergeleitete These, dass durch eine Reduktion

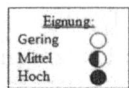

Eignung:	
Gering	○
Mittel	◐
Hoch	●

Gestaltungsprinzip	Lean Methode	Eignung	Gestaltungsprinzip	Lean Methode	Eignung
Standardisierung	5S	●	Kontinuierlicher Verbesserungsprozess	Audit	●
	Prozessstandardisierung	●		Benchmarking	●
Null-Fehler-Prinzip	5W	●		Cardboard Management	●
	8D-Report	●		Ideenmanagement	●
	Autonomation	○		PDCA	●
	Ishikawa-Diagramm	●	Mitarbeiterorientierung und –führung	Hancho	●
	Kurze Regelkreise	●		Zeitmanagement	●
	Poka Yoke	◐	Fließprinzip	FiFO	●
	Six Sigma	●		One Piece Flow	◐
	Statistische Prozesskontrolle	◐		SMED	◐
	Werkerselbstkontrolle	●		Wertstromdesign	◐
Visuelles Management	Andon	●		U-Layout	◐
	Shopfloor Management	●	Lean Steuerung	JIT / JIS	●
Vermeidung von Verschwendung	Chaku-Chaku	○		Kanban	●
	Low Cost Automation	●		Nivellierung	●
	TPM	●		Milkrun	●
	Verschwendungsbewertung	●		Supermarkt	●

Abb. 2.2 Prinzipielle Eignung der aus Fertigung und Montage bekannten Lean-Methoden für das Lager. (Eigene Darstellung in Anlehnung an [6, S. 56]; [1, S. 10])

der lagerhaltigen Sachnummern – und damit des Bestands – die Prozesse einfacher verschlankt werden können. Methoden zur Vermeidung von Verschwendung, kontinuierlichen Verbesserung, Standardisierung und Lean-Steuerung können übernommen werden und bilden damit die Basis für einen methodischen Rahmen zur Prozessverbesserung im Lager. Ebenso ist es nachvollziehbar, nur qualitativ einwandfreie Ware zu lagern [5]. Die inhaltliche Ausgestaltung der Ansätze muss jedoch aufgrund der unterschiedlichen Vorgehensweisen in der Planung, der Steuerung und der Wertschöpfung innerhalb einer Fertigung bzw. Montage gegenüber einem Lager angepasst werden.

2.3 Identischer Ansatz – andere Ausprägung

Die Vielzahl unterschiedlicher Geschäftsmodelle und, daraus resultierend, auch Abläufe in einem Lager macht es unmöglich, die inhaltlichen Ausprägungen der Lean-Methoden allgemeingültig zu beschreiben. In der Folge sollen deswegen nur stellvertretend einige exemplarische Gestaltungsansätze beschrieben werden, die jedoch im konkreten Anwendungsfall zu überprüfen, ggf. anzupassen und zu erweitern sind. Die nachstehenden Beispiele verstehen sich also nur als Gedankenanstoß, wie eine Übertragung der Lean-Methoden auf das Lager aussehen könnte. Als Bezugsrahmen sollen die bekannten sieben Arten der Verschwendung (Muda) dienen [6]. Es handelt sich um:

- Überproduktion
- Ungeeignete Arbeitsprozesse
- Unnötige Bewegungen

- Lagerhaltung
- Teiletransport
- Fehlerhafte Teile
- Warte- und Stillstandszeiten

2.3.1 Überproduktion

Da in einem Lager keine Teile produziert werden, kann auch keine Überproduktion erfolgen – könnte man glauben. Zweifelsfrei trägt das Lager jedoch die Konsequenzen einer Überproduktion in der Form überhöhter Bestände. Die Folge kann im Extremfall sein, dass die bestehende Lagerkapazität erschöpft ist und anderweitig ausgewichen werden muss. Nicht selten führt dies zur Blockade von Wegen, Nutzung von Freiflächen im Werksgelände oder zur Anmietung von Lagerflächen bei nah gelegenen Logistikdienstleistern. Vermehrte Handhabungstätigkeiten, längere Transportwege und Suchaufwand in der innerbetrieblichen oder sogar überbetrieblichen Logistik sind dann unvermeidbar. Sie erhöhen die Prozesskosten, fordern einen längeren Vorlauf für die Bereitstellung von Material und beeinflussen damit die interne Durchlaufzeit negativ.

Eine Form der Überproduktion im Lager liegt vor, wenn die Materialbereitstellung im Warenausgang lange Zeit vor dem Abtransport der Waren stattfindet und Fläche blockiert. Auch in diesem Fall ergibt sich ein hoher Bestand, welcher die Übersichtlichkeit im Kommissionier- oder Ausgangsbereich senkt und ein wiederholtes Aufnehmen und Bewegen der Waren erfordert. Neben den vorstehend genannten Nachteilen steigert dies sowohl die Beschädigungs- als auch die Verwechslungsgefahr.

Die beschriebene Situation macht klar, dass Überproduktion in jedem Fall zu vermeiden ist. Dies gilt auch, wenn die Ursachen der Überproduktion teilweise in den vorausgehenden Planungs- und Steuerungsprozessen liegen. Die Beweggründe der Verantwortlichen für eine Überproduktion können unterschiedlicher Natur sein. So sind es vielfach kurze Lieferzeiten zum Kunden bei einer gleichzeitig ungenauen Absatzprognose, hohe Rüstzeiten oder andere fertigungsprozessbedingte Einflüsse, welche den Ausschlag geben. Überproduktion stellt sich gegenüber einer drohenden Lieferunfähigkeit als die vermeintlich bessere Alternative dar. Leider kuriert die Überproduktion nur die Symptome, aber nicht die Ursachen – genauso wie in Fertigung und Montage.

2.3.2 Ungeeignete Arbeitsprozesse

Das Lager stellt ein Bindeglied zwischen unternehmensexternen und -internen Prozessen sowie zwischen unterschiedlichen unternehmensinternen Prozessen dar. Damit nimmt die Festlegung der Schnittstellen einen zentralen Aspekt für die Prozessgestaltung ein. Nur wenn Vereinbarungen bezüglich Ladungsträger, Verpackungsmaterial, Verpackungslosgröße, Qualität und Informationsübergabe unter allen Beteiligten geklärt und auch verlässlich eingehalten werden, besteht die Voraussetzung zur Gestaltung geeigneter Prozesse im Lager. Ziel sollte die Einführung von Standards sein, wie es in der Fertigung in analoger Weise gebräuchlich ist.

Auch wenn Lean Production den Anspruch hat, Prozesse einfach zu gestalten, so ist ab einer gewissen Lagergröße die sichere Ausführung der Prozesse heute ohne IT-Unterstützung und Technik nicht mehr denkbar. Unter anderem die Vergabe und Registrierung von Lagerorten, die zeitnahe Erfassung der vorhandenen Lagerbestände, die Übergabe der Kommissionieraufträge sowie die Erstellung von Lieferscheinen erfordern Softwareunterstützung. Sind jedoch Lagerlayout, Endgeräte, Kommissionierhilfen, Fördertechnik und Software nicht aufeinander abgestimmt, so ist eine einfache und problemlose Prozessführung nicht möglich. Es zeigt sich, dass die schrittweise Optimierung der einzelnen Gewerke deswegen nicht zielführend ist, sondern vielmehr eine gesamtheitliche Planung gefordert ist. Wird alleine die Einführung halb automatischer Verfahren, wie beispielsweise Pick-by-Voice, in einem Lager ohne Anpassung der Prozessführung (inkl. Layout und Technik) durchgeführt, so bleibt der erhoffte Produktivitätssprung oftmals aus. Projekte mit einer ablauforganisatorischen Zielsetzung, wie Fließprinzipien oder Milkruns, einzuführen, erweist sich häufig als vorteilhafter. Auch im Rahmen derartiger Projekte kann sich die Anwendung von moderner Soft- und Hardware als sinnvoll erweisen. Es steht jedoch die Prozessführung und nicht die Einführung einer speziellen Technik im Vordergrund. Hierbei zeigt es sich auch, ob die Optimierung eines Prozesses ohne Beachtung der vorangegangenen bzw. der nachfolgenden Prozesse erfolgt ist. Medienbrüche oder unabgestimmte Vorgehensweisen führen zu unnötigen Bewegungen, Teiletransporten oder Kommissionierfehlern.

2.3.3 Unnötige Bewegungen

Je nach Lagerlayout nehmen die Wegezeiten bis zu ca. 70 % der Prozesszeiten in manuellen und halb automatischen Lagern ein. Damit wird das Potenzial klar, welches in der Vermeidung unnötiger Bewegungen liegt.

Eine erste und wesentliche Entscheidung über die zurückzulegenden Wegstrecken wird bereits mit der Lagerplatzvergabe getroffen. Liegen die Artikelnummern eines Kommissionierauftrages weit verstreut im Lager, so sind Wege unvermeidbar. Die häufig anzutreffende ABC-Verteilung im Lager, also schnell drehende Teile in Ausgangsnähe und langsam drehende Teile in größerer Entfernung vom Ausgang abzulegen, unterstützt diese negative Entwicklung. Da sich die Pickliste eines Auftrags zumeist aus A-, B- und C-Teilen zusammensetzt, ist dann der Gang in die weit entfernten Lagerbereiche für fast jeden Auftrag unausweichlich. Als wesentlich sinnvoller erweisen sich Verbundstrategien im Rahmen der Lagerplatzvergabe, welche gemeinsam nachgefragte Teile in örtlicher Nähe zueinander ablegen. Hierbei kann es unter Umständen sogar vorteilhaft sein, denselben Artikel auf mehrere Orte verteilt zu lagern. Bewirkt dies eine deutliche

Verschlechterung der Raumauslastung im Lager und in der Folge also auch die Notwendigkeit von erheblich mehr Lagerplätzen, so muss ein wirtschaftlicher Kompromiss zwischen Prozesskosten und Investitionen bestimmt werden.

Einen weiteren Aufwandstreiber für Wegstrecken stellt die Datenqualität dar. Stimmen die in der Lagerverwaltung geführten Lagerorte oder Lagerbestände nicht, so werden in der Kommissionierung zahlreiche Wege ohne Ergebnis zurückgelegt. Dies ist dann der Fall, wenn unter der Zieladresse nicht die gewünschte Artikelnummer anzutreffen ist oder der tatsächlich vorhandene Lagerbestand unerwarteterweise die geforderte Entnahmemenge nicht abdeckt. Ungeplantes Suchen oder das Anlaufen eines weiteren Lagerfachs ist genauso die Folge wie die verspätete Materialbereitstellung im Warenausgang. Eventuell müssen unvollständig ausgeführte Aufträge auch geparkt und zu einem späteren Zeitpunkt erneut aufgegriffen werden, sobald die Voraussetzungen zur endgültigen Erfüllung geregelt sind. Es resultieren unnötige Hilfsprozesse und Auswirkungen auf sämtliche anschließenden Prozesse.

Ähnlich verhält es sich, wenn Waren (insbesondere Paletten) aus Platzmangel in den Wegen abgestellt werden. Der Zugriff auf die dahinterliegenden Lagerfächer wird erst durch ein zeitaufwendiges Rangieren möglich. Zudem sind eine Kennzeichnung und die Verfolgung des exakten Lagerortes von Waren auf Wegeflächen nicht möglich. Dies bedeutet, dass ein Suchen der dort abgestellten Waren im Bedarfsfall erforderlich wird. Letzteres gilt in gleichem Maße für viele Blocklager, für die in der Lagerverwaltung nur eine Flächenbezeichnung, aber keine exakte Lagerplatzerfassung hinterlegt ist. Befindet sich das Blocklager im Freien, so verlängern sich nicht nur die zurückzulegenden Wege. Zumeist erhöht sich auch der Suchaufwand nochmals deutlich, da die zur Lagerung genutzten Bereiche vielfach wesentlich verteilter, großflächiger und schlecht gekennzeichnet sind. Ausgelöst durch jahreszeitliche und wetterbedingte Schwankungen ergeben sich aus der Nutzung von Freiflächen weitere Folgeproblem. Es handelt sich dabei u. a. um schlechte Lichtverhältnisse beim Identifizieren der Ware, die erforderliche Temperierung der Waren für die nachfolgende mechanische Bearbeitung oder ungewollte Materialalterung bedingt durch UV-Einstrahlung und andere Witterungseinflüsse. Alle genannten Folgen machen also eine mehrfache Handhabung der Waren erforderlich.

Ein Nebeneffekt der Nutzung von Freiflächen ist der laufende Wechsel von Staplern oder Personal vom Halleninneren ins Freie. Dies trägt wesentlich zur Verschmutzung der Hallen bei durch (mit-)transportierten Schmutz und Feuchtigkeit. Der erhöhte Abrieb einer dem Betrieb im Freien angepassten Fahrzeugbereifung verstärkt dies zusätzlich. Die Nutzung von Freiflächen als Lager erscheint vor diesem Hintergrund eher als eine zu vermeidende Notlösung.

Ein generisches Wachstum ist für Unternehmen eine wünschenswerte Situation. Um mit dem Wachstum Schritt zu halten, ohne dabei Investitionen für Lagerneubauten tätigen zu müssen, werden häufig nicht „produktiv" nutzbare Flächen als Lager genutzt. Oftmals sind diese sogar auf unterschiedliche Stockwerke verteilt. Die Konsequenz sind unzusammenhängende Lagerzonen, zudem ohne Zutrittskontrolle. Lagerführung, wie

Ein- und Auslagerung, wird extrem erschwert. Die Such- und Wegzeiten steigen überproportional. Das Lagerlayout hat also einen unmittelbaren Einfluss auf die Anzahl, Länge und damit Dauer der Bewegungen.

Gleiches gilt für die Organisation der Entnahmestrategie, wie Abb. 2.3 anhand eines Beispiels zeigt. Es sind die resultierenden Wege für einen identischen Kommissionierauftrag dargestellt, welcher einmal in einer Stichgang- und einmal in einer Durchgangstrategie bedient wird. Klar ersichtlich ist, dass mit der Stichgangstrategie in diesem Fall eine Wegersparnis von ca. 33 % gegenüber der Durchgangstrategie erzielt werden kann. Eine Verallgemeinerung dieser Erkenntnis ist jedoch nicht zulässig. Vielmehr sollte offenkundig werden, dass durch eine echte, auftragsbezogene Wegeoptimierung große Wegstrecken eingespart werden können. Selbst die in vielen Lagerverwaltungssystemen hinterlegte Sortierung der Lagerfächer in Richtung aufsteigender Gassennummern löst das Problem nur unzureichend.

Als unnötige Bewegung kann auch bezeichnet werden, wenn identische Wegstrecken wiederholt zurückgelegt werden. Dies ist beispielsweise dann der Fall, wenn derselbe Artikel aus demselben Lagerfach in aufeinander folgenden Kommissionieraufträgen enthalten ist. Werden bei der Sequenzierung der Aufträge die Auftragsinhalte nicht erfasst und gleichartige Entnahmen damit nicht erkannt und berücksichtigt, so steigt die Wiederholhäufigkeit. Aufwandsminimierend ist es, Kommissionieraufträge gemäß ihrer Ähnlichkeit in Bezug auf anzulaufende Lagerorte zusammenzuführen, um auf diese Weise

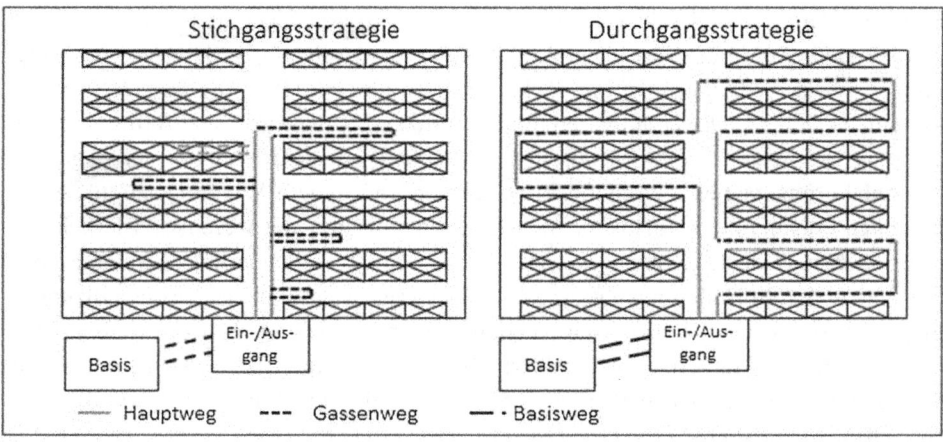

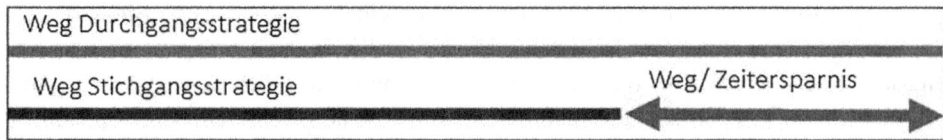

Abb. 2.3 Beispielhafter Vergleich der Weglängen unterschiedlicher Strategien

innerhalb eines Rundgangs gleich mehrere Aufträge zu erfüllen. Voraussetzung für dieses Vorgehen ist der Einsatz geeigneter Kommissionierwagen, welche die Kommissionierenden beim Transport der tendenziell höheren Materialmenge unterstützen und helfen, die Aufträge getrennt zu halten und damit eine falsche Zuordnung von Artikeln zu Kundenbehältern zu verhindern. Das Auseinandersortieren nach Abschluss der Materialentnahme – also die zweistufige Kommissionierung – kann so vermieden werden.

2.3.4 Lagerhaltung

Aus Lean-Gesichtspunkten stellt jede Form von Lagerhaltung eine Verschwendung dar. Die Notwendigkeit einer Lagerhaltung wurde deswegen eingangs bereits prinzipiell infrage gestellt. Ist die Lagerhaltung jedoch wirklich unvermeidbar, so gilt es, die Lagerhaltung aufwandsarm zu gestalten. Dazu muss der Fokus der Verschwendungsart „Lagerhaltung" bei der Übertragung von der Fertigung und Montage auf das Lager erweitert werden. Es soll als Verschwendung bezeichnet werden, falls neben einer unnötigen Lagerhaltung der Ressourceneinsatz zur Lagerung eines vorgegebenen Bestands unnötig erhöht ist. Ressourcen im Rahmen der Lagerhaltung sind Mitarbeiter, Regale bzw. Fläche, Ladungsträger sowie Informations- und Fördertechnik.

Zur Vermeidung von Verschwendung beim Ressourceneinsatz trägt entscheidend bei, wenn die zum Einsatz kommenden Ladungsträger auf das zu lagernde Gut abgestimmt sind. Gleichzeitig sind die Regale und die Fördertechnik auf die Ladungsträger auszurichten. Steigt jedoch die Vielfalt der in einem Lager vorhandenen Ladungsträger an, so schränkt dies die Volumenflexibilität in einem Lager stark ein. Das heißt, die plötzliche Nachfrage nach einem Produkt führt zu einem gestiegenen Bedarf nach dem zugeordneten Ladungsträger und daraus resultierend nach einem spezifischen Lagerort. Je granularer die Anpassung der Ladungsträger an das Lagergut ist, desto geringer sind die Lagerkapazitäten für diesen Ladungsträger und desto schneller wird die Lagerkapazität erschöpft sein. Das geschilderte Beispiel zeigt, dass ein Kompromiss zwischen der Ausrichtung am Lagergut und der Standardisierung der Ladungsträger angestrebt werden muss. Idealerweise sollten sich Ladungsträger an die stückzahl- und volumenbedingten Anforderungen anpassen lassen, z. B. durch das Einschieben von Abtrennungen. Ein Ladungsträger kann dann im Bedarfsfall ein, zwei oder mehr unterschiedliche Artikel aufnehmen. Die äußeren Abmessungen des Ladungsträgers bleiben dabei jedoch unverändert. Das übergeordnete Lagerverwaltungssystem muss in der Lage sein, die sich dynamisch verändernden Lagereinheiten zu verfolgen.

Der Mitarbeitereinsatz steigt über ein erforderliches Maß an, wenn die Mitarbeiter mit den Prozessen im Lager nicht oder nicht ausreichend vertraut sind. Dies ist dann der Fall, wenn ihre primäre Aufgabe nicht bei der Verrichtung von Lagertätigkeiten liegt, sondern wenn sie z. B. für die Fertigung zuständig sind. Die fehlende Erfahrung und das fehlende Bewusstsein bzgl. der Relevanz einer fehlerfreien Lagerführung führen im Allgemeinen zu Folgeproblemen und damit Zeitverschwendung. Da während des Aufenthaltes von Fertigungsmitarbeitern im Lager die Arbeitsinhalte in der Fertigung liegen bleiben, kommt es auch dort zu einem Zeitverzug. Zusätzlich sind die Qualifikationsprofile der in Lager und Produktion eingesetzten Mitarbeiter unterschiedlich, wodurch eine weitere Form der Verschwendung entsteht.

Empfehlenswert ist es deswegen, den Zutritt zum Lager auf autorisiertes und eingearbeitetes Personal zu beschränken. Die Erfahrungskurve beschleunigt die Prozessverarbeitung und reduziert gleichzeitig die Fehler im Rahmen der Lagerführung. Fertigungsmitarbeiter erhalten benötigtes Material am Arbeitsplatz bereitgestellt und müssen sich nicht von ihrem Arbeitsplatz entfernen, was auch in der Fertigung die Anzahl unnötiger Bewegungen reduziert.

2.3.5 Teiletransport

Die Verschwendungsart Teiletransport umfasst nicht nur die Bewegung eines Lagerguts von einem Ort zu einem anderen. Auch die wiederholte Handhabung zum Zweck der Materialentnahme (z. B. Doppelspiele beim Ware-zur-Person-Prinzip), der Verpackung, des Auflösens von Verpackungseinheiten, der mehrstufigen Kommissionierung usw. ist darunter zu verstehen.

Welchen Umfang damit die Verschwendung in dieser Kategorie häufig aufweist, wird klar, wenn man den Weg eines Artikels durch das Lager, angefangen von Warenannahme bis Warenauslieferung, verfolgt. Nachfolgend ist dies am Beispiel eines Handelslagers dargestellt:

1. Entladung des Lkw und Abstellen im Wareneingangsbereich
2. Sicht- und Zählkontrolle sowie Registrierung der Ware
3. Auflösen der lieferantenseitigen Verpackung und Ablage in werkseigene Ladungsträger
4. Einlagerung
5. Umlagerungen gemäß Veränderung der Nachfragehäufigkeit (für ABC-Verteilung im Lager) oder Umlagerung in geeignete Griffhöhe zur Kommissionierung
6. Kommissionierung
7. Bei zwei- oder mehrstufiger Kommissionierung: Ablage in Kommissionierzone und nochmalige Kommissionierung
8. Lieferscheinerstellung und Versandverpackung
9. Ablage in Warenausgangsbereich
10. Beladung des abholenden Lkws

Weitere Verfahrensschritte, wie Qualitätsprüfungen, das Einlegen in Geschenkverpackungen oder das Hinzufügen von Beilagen, verlängern die Liste im Einzelfall noch zusätzlich. Bedenkt man, dass der Kunde keinen dieser Schritte als wertschöpfend empfindet und deswegen auch nicht bereit ist, Geld dafür zu bezahlen, so ist das Ziel klar:

Jeder Verfahrensschritt muss hinsichtlich seiner Notwendigkeit hinterfragt werden. Im Idealfall besteht dann der Ablauf nur noch aus den Schritten

1. Entladung des Lkw (inkl. Identifizierung der Ware) und Einlagerung,
2. Kommissionierung in die Versandverpackung (Pick and Pack),
3. Lieferscheinerstellung,
4. Beladung des abholenden Lkws bzw. der bereitgestellten Ladebrücke.

Jeder entfallende Handhabungsschritt vermindert zusätzlich auch das Risiko, die Ware zu beschädigen oder zu verwechseln.

Zur Umsetzung der skizzierten Vermeidung von Transporten und Handhabungen müssen der Lieferant und ggf. der Kunde in den Prozess integriert werden. Nur durch eine dauerhafte und vertrauensvolle Zusammenarbeit ist dies in dem angeführten Umfang möglich.

2.3.6 Fehlerhafte Teile

Qualitätsprobleme am Lagergut entstehen, wenn die Transporte oder die Lagerung unsachgemäß erfolgen. Typische Beispiele hierfür gibt es zahlreiche. Genannt seien die in Tab. 2.1 aufgeführten Ursachen:

Zur Vermeidung von Transport- und Lagerschäden sind Mitarbeiterschulungen und präventive Arbeitsanweisungen sowie deren konsequente Verfolgung unerlässlich. Daneben können Poka-Yoke-Maßnahmen generiert werden, welche der Schadensentstehung vorbeugen. So lassen sich Überlastsicherungen genauso installieren wie die Verwendung formschlüssiger Ladungsträger und eine durch Software überwachte Einhaltung von Lagerplatzvorgaben – in Abhängigkeit der Materialbeschaffenheit und Artikelabmessungen.

Im Gegensatz zur Fertigung und Montage äußern sich Fehler im Lager aber nicht nur in der Produktqualität, sondern auch in der fehlerhaften Ausführung von Aufträgen und in der Lagerführung. Die resultierenden Folgekosten aufgrund fehlerhafter oder nicht

Tab. 2.1 Mögliche Ursachen für Schäden am Lagergut

Transporte	Lagerung
• Ungesichertes Heben mit Krananlagen • Überschreiten des maximal zulässigen Transportgewichts • Exzentrischer Schwerpunkt • Rutschendes Lagergut auf Paletten • Kollision mit Regaleinrichtungen beim Transport von überstehender Ware	• Deformation von Teilen • Schäden aus UV-Einstrahlung bei Freiluftlagerung • Austrocknung von Kunststoffen nach langer Lagerzeit oder großen Temperaturschwankungen • Korrosion bei Feuchtigkeit • Überschreitung von Verfallsdaten

auffindbarer Lagerbestände sind hoch, wenn dadurch Kundenaufträge nicht termingerecht ausgeführt werden können. Gleiches gilt, werden aufgrund einer Falschentnahme die falschen Teile an einen Kunden versendet oder im Endprodukt verbaut. Führt man eine lückenlose und insbesondere zeitnahe Buchungssystematik im Lager ein, so können die genannten Fehler weitgehend vermieden werden. Dazu sind Menge und Art des Lagerguts einem Ladungsträger sowie der Ladungsträger einem Lagerort eindeutig zuzuordnen. Verändern sich die genannten Parameter, so ist die Information im Lagerverwaltungssystem abzulegen. Die Technik bietet heute neben dem Barcode weitere Methoden, welche es ermöglichen, die Buchungen unmittelbar und aufwandsarm durchzuführen. Hierzu zählen u. a. Quick-Response-(QR)-Codes, optische Verfahren, RFIDs, Smart Labels oder eine automatische Wiege- und Zählkontrolle.

2.3.7   Warte- und Stillstandszeiten

Zur Bearbeitung eines Auftrags ist die synchrone Verfügbarkeit aller zur Auftragserfüllung benötigten Produktionsfaktoren erforderlich. Als Produktionsfaktoren im Lager können bezeichnet werden: Lagereinrichtungen (wie Lagerorte, Fördertechnik und ggf. weitere Anlagen), Mitarbeiter, Lagergut und Information. Ist alleine ein einziger Faktor zum benötigten Zeitpunkt nicht verfügbar, kommt es zu Warte- oder Stillstandszeiten. Die Wahrscheinlichkeit der Verfügbarkeit für einen neuen Auftrag steigt, je kürzer die Belegung eines Faktors durch einen vorhergehenden Auftrag ausfällt. Damit liegt eine Wechselbeziehung der Verschwendungsart Warte- und Stillstandszeiten mit den vorstehenden Verschwendungsarten vor. Alle jene Verschwendungen führen in der Folge zu einer unnötig verlängerten Belegung. Dies verdeutlicht nochmals die Relevanz der Verschwendungsvermeidung in den oben genannten Kategorien.

Die Verfügbarkeit eines Produktionsfaktors im Lager hängt aber von weiteren Einflüssen ab. Als solche sind zu nennen:

- Umfang einer Instandhaltung und Instandhaltungsintervalle
- Ungeplante Ausfallzeiten
- Umfang des Ressourceneinsatzes (wie u. a. Mitarbeiter je Schicht und deren Leistungsgrad, Anzahl und Typ von Gabelstaplern, Lagerkapazität)
- Auslastung der Ressourcen

Zur Vorhersage und Planung der Verfügbarkeit wäre damit ein strukturierter Planungsprozess erforderlich. Im Gegensatz zur Fertigung und Montage wird im Lager im Allgemeinen jedoch keine fundierte Kapazitätsplanung durchgeführt. Ein Grund hierfür ist die Unkenntnis der auftragsbezogenen Grunddaten und deren Schwankung von Auftrag zu Auftrag. Dies ist insbesondere auf den dominierenden Einfluss der Wegezeiten zurückzuführen und deren Abhängigkeit von den jeweils zu bedienenden Lagerorten. Die Konsequenz ist eine hohe Unsicherheit unter den Verantwortlichen bzgl. der termingerechten

Auftragserfüllung. Dies führt im Weiteren zur Einplanung von Sicherheitsreserven in Form einer vorzeitigen Auslösung der Aufträge oder Überdimensionierung der Kapazitäten. Es entstehen Warte- und Stillstandszeiten.

Möchte man diesen Teufelskreis durchbrechen, so bleibt nur, durch gezielte Maßnahmen die auftragsbezogene Verfügbarkeit der Produktionsfaktoren zu erhöhen. Dazu gehört ein detaillierter Instandhaltungs- und Wartungsplan (analog einer Total Productive Maintenance). Kurze Zyklen mit kurzen Unterbrechungen sind dabei wenigen, aber großen Instandhaltungsunterbrechungen vorzuziehen. Auf diese Weise sollten sich zudem ungeplante Ausfallzeiten (nahezu) komplett vermeiden lassen. Mithilfe einer einzuführenden Kapazitätsplanung ist die Auslastung der Produktionsfaktoren in einem vernünftigen Maß zu halten. Liegen keine gesicherten Aussagen zum auftragsbezogenen Zeitbedarf vor, helfen Näherungen auf der Grundlage ausgeführter Aufträge. Je besser die Einlagerungsstrategie gestaltet ist, desto homogener ist der Zeitbedarf in der Kommissionierung und desto geringer fällt der Planungsfehler aufgrund der Näherungslösung aus. Zur Vermeidung einer Überlast kann die Kapazitätsplanung entweder die Auftragshöhe oder den Ressourceneinsatz anpassen. Lean Production bezeichnet die Vorgehensweise als Vermeidung von Muri (Überbeanspruchung) und Mura (Unausgeglichenheit).

2.4   Lean – ein starker Methodenbaukasten zur Leistungssteigerung im Lager

Die vorstehende Diskussion der Verschwendungsarten anhand einiger Beispiele hat gezeigt, wie die Anwendung der aus Fertigung und Montage bekannten Erkenntnisse auch im Lager zur Leistungssteigerung beitragen. Welche Methoden konkret in einem bestehenden Lager und mit welcher Priorität durchzuführen sind, hängt von den situativen Gegebenheiten ab [1]. Dies herauszuarbeiten, ist die Aufgabe von Kaizen. Die methodischen Rahmen liefern u. a. Six Sigma, 5W oder auch die Werkerselbstkontrolle – vgl. Abb. 2.2. Wichtig ist auch im Lager die Integration der beteiligten Mitarbeiter. Sie verfügen über einen wertvollen Erfahrungsschatz und können die Relevanz der in einem konkreten Fall vorliegenden Probleme bzw. Ursachen zumeist sehr gut einschätzen. Zudem wird sich ohne Akzeptanz der Mitarbeiter jeder noch so gute Verbesserungsansatz innerhalb kürzester Zeit als Fehler erweisen. Soll sich Lean Warehouse als Erfolg präsentieren, so gelten noch heute die Leitgedanken von Edwards Deming, dem Urvater des Total Quality Managements [3]. Als Auszug daraus soll hier nur genannt werden:

- Schafft eine ganzheitliche, moderne Philosophie: Das Management übernimmt die Führerschaft zur Veränderung.
- Verbessert unablässig alle Prozesse in Führung, Planung, Herstellung und Dienstleistung.

- Brecht die Barrieren zwischen den Abteilungen ab: Die Leute in allen Bereichen müssen als Team zusammenarbeiten, sodass sie Chancen und Risiken in Verwirklichung und Verwendung frühzeitig erkennen und darauf reagieren können.
- Veränderung ist jedermanns Aufgabe. Schafft die Voraussetzung dafür, dass alle dies erkennen und ständig danach handeln.
- Entfernt die Hindernisse, welche Mitarbeiter in allen Funktionen daran hindern, auf ihre Arbeit stolz zu sein, sie gerne zu tun.

Diese Leitgedanken sind unabhängig davon, an welchem Ort im Unternehmen eine Verbesserung durchgeführt werden soll. Sie unterscheiden nicht zwischen der Fertigung und Montage oder dem Lager. Damit kann der in der Produktion schon lange und inzwischen weltweit verbreitete Methodenbaukasten mit kleinen Anpassungen sehr gut auf die Lagerumgebung übertragen werden. Für die inhaltliche Ausgestaltung der Maßnahmen wurde eine Reihe von Vorschlägen exemplarisch genannt, Abschn. 1.3.

Literatur

1. Augustin, H.: Lean Warehousing: Mit Six Sigma und Lean Management Lagerprozesse erfolgreich gestalten. Huss, München (2010)
2. Dehdari, P., Müller, A., Wlcek, H.: Wertstromanalyse und -design. In: Furmans, K., Wlcek, H. (Hrsg.) Lean Management in Lägern, S. 28–33. DVV Media Group, Bremen (2012)
3. Deming, W.E.: Leadership principles from the father of quality. In: Orsini, J.N. (Hrsg.) McGraw-Hill Education, New York (2013)
4. Dickmann, P.: Schlanker Materialfluss – mit Lean Production, Kanban und Innovationen. Springer, Berlin (2007)
5. Liker, J.K.: Der Toyota Weg: Erfolgsfaktor Qualitätsmanagement, 9. Aufl. Finanz Buch Verlag, München (2014)
6. Spee, D., Beuth, J.: Lagerprozesse effizient gestalten: Lean Warehousing in der Praxis erfolgreich anwenden. Huss, München (2012)

Über den Autor

Prof. Dr.-Ing. Klaus-Jürgen Meier lehrt Produktionsmanagement, Logistik, Supply Chain Management und Global Sourcing und leitet das Institut für Produktionsmanagement und Logistik (IPL) an der Hochschule München.

Produktionsassessment 4.0 – Integrierte Bewertung variantenreicher Einzel- und Kleinserienfertigung in den Bereichen Lean Management und Industrie 4.0

3

Dieter Spath, Sebastian Schlund, Bastian Pokorni und Maik Berthold

3.1 Lean Management und Industrie 4.0 integriert betrachten

Die Diskussion, ob und wann Lean Management als dominantes Gestaltungsparadigma der industriellen Wertschöpfung abgelöst wird, beschäftigt Unternehmen, Berater und Forschungsinstitutionen seit Langem. Seit Jahren werden mögliche Entwicklungsrichtungen, Erweiterungen und auch alternative konträre Ansätze und Methoden „Beyond Lean" diskutiert. Neuen Schwung bekommt die Diskussion seitdem unter der Überschrift „Industrie 4.0". Unter diesem Schlagwort sollen wieder mehr IT-getriebene Lösungen in Unternehmen einziehen. Alte und neue Lösungsansätze echtzeitnaher Vernetzung von Mensch, Maschinen und Betriebsmitteln halten Einzug in die Prozesse der Auftragsabwicklung und somit auch in die Fabriken. Immer mehr Anwendungsfälle werden entwickelt, prototypisch realisiert und ausgerollt, s. [1–3]. Seit Beginn dieser Entwicklung stellt sich die Frage, wie durch diese neue IT-Welle der bestehende Entwicklungsstand des Lean Managements in Unternehmen beeinflusst wird und wie zusätzlicher unternehmerischer Mehrwert geschaffen werden kann.

D. Spath (✉) · S. Schlund · B. Pokorni · M. Berthold
Stuttgart, Deutschland
E-Mail: Dieter.spath@iao.fraunhofer.de

S. Schlund
E-Mail: Sebastian.Schlund@iao.fraunhofer.de

B. Pokorni
E-Mail: Bastian.pokorni@iao.fraunhofer.de

M. Berthold
E-Mail: Maik.Berthold@iao.fraunhofer.de

© Springer Fachmedien Wiesbaden GmbH 2017
R. Koether und K.-J. Meier (Hrsg.), *Lean Production für die variantenreiche Einzelfertigung*, DOI 10.1007/978-3-658-13969-8_3

Während einige Lean-Apologeten einen grundsätzlichen Widerspruch zu Industrie 4.0 sehen, betont der Mainstream der Praktiker die Möglichkeiten einer sinnvollen Ergänzung der beiden Konzepte. Diese Einschätzung basiert auf der erwarteten Überwindung traditioneller Grenzen der Lean-Umsetzung, beispielsweise im Bereich der Planung und Steuerung variantenreicher Einzel- und Kleinserienfertigung. Etablierte Konzepte der Glättung und Nivellierung greifen hier aufgrund der Unterschiedlichkeit und Kurzfristigkeit der Kundenbedarfe oftmals zu kurz. Zudem erschwert eine hohe Produkt- und Prozessvarianz die Gestaltung der richtigen Standardisierungsebene, die gleichzeitig reproduzierbare Prozesse und eine sehr kurzfristige Berücksichtigung von Kundenwünschen zulässt. Eine integrierte Betrachtung von Lean Management und Industrie 4.0 verspricht vor dem Hintergrund dieser Herausforderungen die Nutzbarmachung von Transparenz und echtzeitnahen Informationen an unterschiedlichen Orten der inner- und außerbetrieblichen Wertschöpfungskette.

Aus der Sicht möglicher Industrie-4.0-Projekte hat sich wiederum die Einschätzung durchgesetzt, dass ein bereits vorhandener Lean-Reifegrad im Bereich definierter und standardisierter Prozesse genauso als Voraussetzung angesehen werden kann wie die Ausrichtung der betrieblichen Aktivitäten an der erzielbaren Wertschöpfung und an den zu erfüllenden Kundenbedarfen.

Beim Blick auf die derzeit laufenden Prozessoptimierungsprojekte sowie den momentanen technologischen Entwicklungsstand kommt der Frage, an welcher Stelle und mit welchem konkreten Projekt Prozessverbesserungen erzielt werden können, eine entscheidende Rolle zu. Dies gilt erst recht vor dem Hintergrund des erweiterten Gestaltungsspielraums durch innovative Lösungen aus den Bereichen der Digitalisierung und Automatisierung von Produktionsprozessen. Eine integrierte Betrachtung organisatorischer und technologischer Verbesserungspotenziale wird vor diesem Hintergrund immer wichtiger. Diese sollte folgende Ziele erfüllen:

- Realistische Einschätzung des momentanen Entwicklungsstandes eines Unternehmens bzw. Unternehmensbereichs hinsichtlich der wichtigsten Gestaltungskriterien exzellenter Produktionsprozesse
- Abbildung der relevanten Dimensionen für die Erfüllung der Unternehmensziele (Zeit, Kosten, Qualität, aber auch übergeordnete Themen wie Innovation, Flexibilität und Wandlungsfähigkeit)
- Aufzeigen der Entwicklungsmöglichkeiten (Potenziale) sowie definierter Migrationspfade zu operativer Exzellenz
- Hinreichende Konkretisierung der potenzialreichsten Umsetzungsprojekte
- Vergleichbare, reproduzierbare und skalierbare Grundstruktur der zu bewertenden Themen und Bereiche

Im Folgenden wird mit dem „Produktionsassessment 4.0" ein Analyseinstrumentarium vorgestellt, in dem Gestaltungsregeln aus dem Lean Management mit Ansätzen intelligenter Vernetzung (Industrie 4.0) kombiniert werden, um die Prozessfähigkeit produzierender Unternehmen zu bewerten.

3.2 Industrie 4.0 – Schlagwort für eine neue Welle der Digitalisierung industrieller Wertschöpfung

Digitalisierung verändert unser Leben, unsere Wirtschaft und unsere Arbeit. Viele Bereiche des Alltags sind bereits heute stark durch Informations- und Kommunikationstechnologien geprägt. Mobiles Internet, Smartphones, Cloud und verteilte Zusammenarbeit haben hier in den letzten Jahren zu großen Veränderungen geführt. Der flächendeckende Einzug von Informations- und Kommunikationstechnologien in die Industrie ist bereits in vollem Gange. Er führt durch den vielschichtigen Einsatz des Internets der Dinge, mobiler Vernetzung, flexibler Robotik und dem Einsatz maschinellen Lernens zu einer Neugestaltung von Wertschöpfungsketten, die sich an der wirtschaftlichen Fertigung der „Losgröße 1" orientiert. In diesem Kontext verfolgt das von der Bundesregierung im Jahr 2011 gestartete Zukunftsprojekt Industrie 4.0 das Ziel, Deutschland als Leitanbieter und Leitmarkt für Lösungen intelligenter Vernetzung zu entwickeln. Dies bietet eine Chance für die mittelständische, exportorientierte Industrie des deutschen Maschinen- und Anlagenbaus und andere Branchen, sich als Vorreiter neuer innovativer Lösungen weltweit zu positionieren. Es wird vielerorts erwartet, dass, durch das Internet getrieben, die reale und virtuelle Welt immer weiter zu einem Internet der Dinge zusammenwachsen.

Studien zeigen, dass das Schlagwort Industrie 4.0 eine Vielzahl an Technologien zur Digitalisierung von Geschäftsprozessen, Produkten und Maschinen umfasst. Eine Übersicht gibt Abb. 3.1; [4]. Teilweise befinden sich die unter dem Überbegriff „Industrie 4.0" diskutierten Technologien noch in der Entwicklung, teilweise haben die Technologien industrielle Reife erreicht und sind kostengünstig verfügbar. Letzteres gilt vor allem

	Basistechnologien	Schlüsseltechnologien	Schrittmachertechnologien
Kommunikation	• Echtzeitfähige Bustechnologie • Mobile Kommunikationskanäle	• Drahtgebundene Hochleistungs-Kommunikation • IT-Sicherheit	• Echtzeitfähige drahtlose Kommunikation • Selbstorganisierende Kommunikationsnetze
Sensorik		• Miniaturisierte Sensorik • Intelligente Sensorik • Sensorfusion	• Vernetzte bzw. vernetzbare Sensorik • Neuartige Sicherheitssensorik
Eingebettete Systeme	• Identifikationsmittel	• Intelligente eingebettete Systeme • Miniaturisierte eingebettete Systeme • Energy Harvesting	
Aktorik		• Intelligente Aktoren • Sichere Aktorik	• Vernetzte Aktoren
Mensch-Maschine-Schnittstelle	• Inklusive Bedienelemente	• Sprachsteuerung • Gestensteuerung • Fernwartung • Augmented Reality • Virtual Reality	• Wahrnehmungsgesteuerte Schnittstellen • Verhaltensmodelle des Menschen • Kontextbasierte Informationspräsentation • Semantikvisualisierung
Software-Systemtechnik	• Web-Services bzw. Cloud-Dienste • Ontologien	• Multi-Agenten-Systeme • Maschinelles Lernen und Mustererkennung • Big-Data-Speicher und Analyseverfahren • Cloud-Computing (inkl. Speicher und Zugriffsverfahren)	• Simulationsumgebung • Multikriterielle Simulationsbewertung

Abb. 3.1 Industrie-4.0-Technologien. (Quelle: [4, 5])

für die Bereiche mobiler Kommunikation, Augmented Reality und vernetzter Aktorik. Hier wurden in den letzten Jahren große Fortschritte erzielt, gerade im Endgerätemarkt und im Bereich der intuitiven Nutzerführung. Typische Industrie-4.0-Projekte sind beispielsweise:

- Verknüpfung und Nutzung echtzeitnaher Informationen über betriebliche Zustände und Prozessstatus (Shopfloor-Transparenz)
- Kontextadaptive Werkerassistenzsysteme
- Feingranulare Produktionssteuerung auf der Basis von MES (Manufacturing Execution Systems) und digitale Planungstafeln
- Situationsbasierte Produktionslogistik und fahrerlose Transportsysteme
- Einsatz von Mobilgeräten zur Effizienzsteigerung in Instandhaltung und Störungsmanagement
- Physische Assistenzsysteme aus dem Bereich der Mensch-Roboter-Interaktion
- Direkte Einsteuerung von Kundenaufträgen in die Produktion mittels Variantenkonfiguratoren

In einer Studie des ITK-Branchenverbandes BITKOM e. V. und des Fraunhofer IAO wird das volkswirtschaftliche Potenzial von Industrie 4.0 in Deutschland auf circa 78 Mrd. € bis 2025 geschätzt [6]. Großunternehmen und Konzerne haben das Thema „Industrie 4.0" bereits aufgenommen und treiben die Digitalisierung ihrer Wertschöpfungsketten und ihres Leistungsangebots voran. Anwendungsfälle, innovative industrielle Umsetzungslösungen, neue Produkt/Service-Kombinationen und Geschäftsmodelle sind im Entstehen oder teilweise bereits im Einsatz [7], [8]. Übergreifende Aufgaben wie die Schaffung von Standards [9], IT-Sicherheit [10], rechtliche Rahmenbedingungen [10], die Auswirkungen auf Arbeitsgestaltung [11], Arbeitsorganisation [12] sowie Qualifikation und Beschäftigung [13] werden bereits vor diesem Hintergrund diskutiert und teilweise auch schon ausgestaltet.

Im Gegensatz zu den großen, global agierenden Konzernen, die meist Industrie-4.0-Verantwortliche im oder direkt unterhalb des Vorstandes angesiedelt haben, sind im Mittelstand die Bedeutung, die Möglichkeiten und die Risiken der Digitalisierung noch nicht flächendeckend angekommen [14]. Vielfach wurden die bestehenden Lösungen stark technologiegetrieben entwickelt. Eine anwendungsnahe und mittelstandsgerechte Zusammenführung, Aufbereitung und Vermittlung der Ergebnisse existiert bis heute noch nicht, insbesondere nicht bezogen auf die dezidierten Wertschöpfungsketten, in denen mittelständische Unternehmen eingebunden sind [4] und die sich hieraus ergebenden spezifischen Bedarfe. Bezogen auf den Mittelstand in Deutschland und seinen Weg zur Digitalisierung industrieller Wertschöpfung lässt sich heute Folgendes konstatieren [4]:

1. Die umfassende Digitalisierung sowie vertikale und horizontale Integration unterschiedlicher Bereiche im Unternehmen und über Unternehmensgrenzen hinweg hat besonders in kleinen und mittleren Unternehmen gerade erst begonnen.
2. Digitale Technologien und Anwendungen einer Industrie 4.0 können einen wertvollen Beitrag zur Stärkung der Wettbewerbsfähigkeit des Mittelstands leisten.
3. Viele Industrie-4.0-Anwendungen und -Technologien sind zwar grundsätzlich für den Einsatz in kleinen und mittleren Unternehmen bereit, werden aber noch nicht hinreichend genutzt.
4. Der Mittelstand kann von der Digitalisierung profitieren und muss für die Vorteile von Industrie 4.0 sensibilisiert werden.
5. Der Mittelstand hat große Chancen, seine Wettbewerbsfähigkeit zu stärken, wenn er eine aktive Rolle einnimmt und bereit ist, neue Wege in Form agiler Geschäftsmodelle zu gehen.

Um diese Herausforderungen angehen zu können, werden geeignete Ressourcen benötigt, um Unternehmen über die Digitalisierung bestehender und neuer Wertschöpfungsketten zu informieren, sie hierfür zu sensibilisieren und zu qualifizieren. Einer aufwandsarmen und verlässlichen Abbildung der Ausgangssituation in Unternehmen kommt hierbei eine zentrale Rolle zu.

3.3 Lean und Industrie 4.0? Die Richtung muss stimmen!

Inzwischen existieren die ersten Erfahrungswerte aus Umsetzungsprojekten von Unternehmen, die insbesondere in den Bereichen Durchlaufzeitreduzierung, Steigerung der Prozessqualität und Kostensenkung konkrete wirtschaftliche Nutzenbestandteile im zweistelligen Prozentbereich ausweisen konnten. Neben den direkt monetär bewertbaren Ergebnissen wurden durch die durchgeführten Projekte signifikante Verbesserungen im Bereich der Transparenz von Zustandsdaten, einer besseren Informationsbereitstellung und effizienterer Prozesse nachgewiesen [3].

Trotzdem herrscht immer noch bei der Mehrzahl der Unternehmen Unsicherheit über die zu erwartenden Effekte und die notwendigen Voraussetzungen für die Einführung von Industrie 4.0. Dies schlägt sich auch in aktuellen Einschätzungen zu den größten Hemmnissen für die Implementierung von IT-Innovationen in der Produktion nieder. Eine aktuelle Befragung ergibt folgendes Bild (Abb. 3.2).

Für die Einführung und Implementierung von Industrie 4.0 stehen interessierten Unternehmen Leitfäden und Handreichungen zur Verfügung. Für den Maschinenbau existiert seit 2015 mit dem „Werkzeugkasten Industrie 4.0" des VDMA eine schnell anwendbare Einschätzung der betrieblichen Reife in jeweils sechs Dimensionen für die beiden Bereiche Produkte und Produktion [15]. Ähnliche, auf die Einführung von Industrie 4.0 abzielende Checklisten, Reifegradeinschätzungen und Assessments, werden von weiteren Verbänden, Beratungen und Forschungseinrichtungen angeboten [16–19].

Abb. 3.2 Hemmnisse für die Implementierung von IT-Innovationen in der Produktion. (Quelle: [3]) (N=441)

Den existierenden Ansätzen gemein ist eine starke Fokussierung auf die Implementierung von Industrie-4.0-Technologien. Diese Perspektive erklärt sich aus dem Grundgedanken, dass der Einsatz innovativer Technologien, insbesondere aus den Bereichen Digitalisierung und Automatisierung, bestehende Produktionsprozesse schneller, günstiger und reproduzierbarer werden lässt. In der ursprünglichen Diskussion um Industrie 4.0, die sehr innovationsgetrieben geführt wurde, lag der Fokus demzufolge nicht auf der Umsetzung auf dem betrieblichen Hallenboden und in der Migration heute bestehender Prozesse auf eine neue, stärker digitalisierte Stufe. Anfangs wurden vor allem

Entwicklungen hin zu einem Produktionsumfeld diskutiert, das aus intelligenten, sich selbst steuernden Objekten besteht. Beispiele [...] sind Anlagen, Behälter, Produkte und Materialien. In einer Vision der flächendeckenden Durchdringung dieses Ansatzes steuern sich Aufträge selbstständig durch ganze Wertschöpfungsketten, buchen ihre Bearbeitungsmaschinen und ihr Material und organisieren ihre Auslieferung zum Kunden [12, S. 22].

Bereits damals stand die Frage im Raum, wie anschlussfähig diese technikgetriebene Vision an die Realität einer heute hohen Durchdringung produzierender Unternehmen mit schlanken Prozessen auf der Basis des Lean Managements ist. „Die Konzepte können sich sehr wohl ergänzen, gehen allerdings nicht in allen Details konform. In der weiteren Forschung und Umsetzung wird daher auf die Abstimmung der Ansätze und verwendeten Elemente zu achten sein" [12, S. 104].

Diesem Gedanken folgend, sehen wir heute definierte und stabile Prozesse im Sinne des Lean Managements als Grundlage an, um durch innovative Lösungsbausteine aus den Bereichen Digitalisierung und Automatisierung weiteres Potenzial einer noch besseren Erfüllung von Kundenbedürfnissen nutzbar zu machen. Hier bedarf es einer aktuellen, echtzeitnahen und belastbaren Zustandsinformation betrieblicher Abläufe. Diese ist für viele Unternehmen heute noch nicht vorhanden [11]. Sie bildet jedoch die Basis für darauf aufbauende Planungs- und Steuerungsmaßnahmen. Hierbei gilt es, darauf zu achten, dass diese Stufe und der damit verbundene Aufwand nicht mit einem kurzen Verweis auf bestehende ERP-Systeme (Enterprise Ressource Planning) übersprungen werden. Erfahrungsgemäß erfüllt die dort abgebildete Datenqualität zwar die Erfordernisse des ERP-Systems selbst; fundamentale Prozessparameter wie Durchlauf-, Rüst- und Wiederbeschaffungszeiten bilden aber oftmals einen statischen Durchschnittswert ab.

Zudem werden Positionsangaben relevanter Objekte im Wertstrom (Auftrag, Material, Werkzeuge) häufig nur indirekt über Buchungsvorgänge erfasst und beinhalten dadurch einen räumlichen und zeitlichen Versatz zur aktuellen Situation auf dem betrieblichen Hallenboden. Aus diesem Grund ist ein proaktives Eingreifen auf minimalinvasive Weise in den Wertstrom häufig nicht möglich. Des Weiteren ist es auf dieser Stufe notwendig, die erforderliche zeitliche Aktualität der zu erhebenden Daten zu definieren. Die immer wieder aufkommende Diskussion um eine „echtzeitfähige" Steuerung betrieblicher Prozesse verdeutlicht die damit verbundene Herausforderung. Je nach Gesprächspartner variiert die Definition von Echtzeit von Millisekunden bis in den Sekundenbereich. Wichtig bei der Zielstellung ist hier vor allem der Nutzungskontext. So reichen für Planungsaufgaben weitaus längere Aktualisierungsintervalle aus als für Eingriffe in die Maschinensteuerung.

Auf der Grundlage belastbarer, aktueller und echtzeitnaher Informationstransparenz können Interaktionen zwischen Menschen, Maschinen, weiteren Objekten (bspw. Betriebsmittel) und ihrer Umgebung stattfinden. Dies umfasst Lösungen aus den folgenden Bereichen:

- Mensch-Mensch-Interaktion, bspw. durch die Nutzung mobiler Endgeräte und betrieblicher Social Media Tools zur Vernetzung von Shopfloor-Mitarbeitern mit prozessbezogenen Experten
- Maschine-Maschine-Interaktion, bspw. in der echtzeitnahen Vernetzung von Maschinendaten

- Mensch-Maschine- und Mensch-Objekt-Interaktion, bspw. in Form von Mensch-Roboter-Interaktion oder Augmented-Reality-Anzeigen von Arbeits- und Reparaturanleitungen auf Maschinen und Werkzeugen
- Maschine-Objekt-Interaktion, bspw. in Form eines prädiktiven Werkzeugmanagements
- Objekt-Objekt-Interaktion, bspw. durch selbstorganisierende FTS (Fahrerlose Transportsysteme) oder ablaufbezogene Vernetzung von unterschiedlichen Produktionsressourcen

Der Großteil der heute unter „Industrie 4.0" laufenden Umsetzungslösungen in Unternehmen ist im Bereich „Interaktion" zu finden. Gemein ist den Ansätzen, dass sie bestehende Prozesse, Logiken und Informationen nutzen, um diese zu optimieren. Die grundsätzlichen Steuerungsparadigmen bleiben jedoch bestehen. In der darauf aufbauenden Vision der sich selbst steuernden Fabrik werden Steuerungs- und Planungsprozesse datenbasiert übernommen. Die dafür notwendigen Hilfsmittel aus dem Bereich der Künstlichen Intelligenz entstehen gerade, bedürfen aber einer Verknüpfung mit dem notwendigen Domänen- und Prozessverständnis als Voraussetzung für sinnvolle Anwendungen in Produktionsprozessen. Ein zielführender Einsatz setzt Fortschritte auf den davorliegenden Stufen voraus. Die Stufe der „Intelligenz" spielt in der praktischen Anwendung außerhalb von Forschungslaboren und sehr abgegrenzter Bereiche der Prozessindustrie heute kaum eine Rolle. Mit zunehmender Entwicklung der Unternehmen entlang der einzelnen Stufen wird jedoch der Ersatz menschlicher Entscheidungen durch datengetriebene Verfahren künstlicher Intelligenz immer erfolgsversprechender.

3.4   Das Produktionsassessment 4.0

Auf dem Grundgedanken einer integrierten Betrachtung von Lean Management und Industrie 4.0 setzt das vom Fraunhofer-Institut für Arbeitswirtschaft und Organisation entwickelte Produktionsassessment 4.0 auf. Ziel des Assessments ist die Erweiterung bestehender Produktionssysteme durch Industrie 4.0. In diesem Sinne sollen mit der Durchführung heutige Schwachstellen im Produktionssystem erkannt und übergeordnet zu schaffende Rahmenbedingungen zum Gelingen der Transformation identifiziert werden. Das Vorgehen leitet sich somit stark vom unternehmerischen Bedarf der Prozessverbesserung ab, weniger aus den technologischen Möglichkeiten digitaler Vernetzung. Hintergrund für diesen Ansatz waren die folgenden, immer wiederkehrenden, Fragen im Rahmen von Optimierungsprojekten an der Schnittstelle klassischer Lean-Ansätze [20–22] und neuer Technologien aus den Bereichen Digitalisierung und Automatisierung:

- Welches Projekt zur Optimierung der betrieblichen Prozesse sollte als nächstes durchgeführt werden?
- Durch welches Projekt realisiere ich den größten Mehrwert für Unternehmen und Mitarbeiter?

- Welche Lösungen für die Realisierung meiner betrieblichen Herausforderungen stehen heute und in Zukunft zur Verfügung?
- Auf welchem Transformationspfad lässt sich mein heutiges Produktionssystem verbessern?
- Welche Voraussetzungen werden in der (betrieblichen) Organisation benötigt?

Diese Fragen werden in der Regel ohne konkreten Bezug zu einer Lösungsrichtung (Lean bzw. Industrie 4.0) gestellt. Erfahrungsgemäß erweist sich in einem Optimierungsprojekt meist eine Kombination sowohl organisatorischer als auch technischer Maßnahmen als besonders sinnvoll. Eine integrierte Betrachtung auf der Grundlage der unternehmensspezifischen Besonderheiten und Herausforderungen erscheint hierbei wesentlich zielführender als die Durchführung einzelner Lean- und Industrie-4.0-Assessments.

Kern des Assessments bildet deshalb eine Reifegradbetrachtung, die sich an der operativen Exzellenz von Produktionsprozessen orientiert. Sie integriert die wesentlichen Themenbereiche des Lean Managements und den Bereich intelligenter Vernetzung bzw. Industrie 4.0. Im Einzelnen beinhaltet das Assessment 33 Hauptkriterien, in denen jeweils ein spezifischer Reifegrad ermittelt wird. Jedes der Hauptkriterien beinhaltet bis zu acht Unterkriterien, für die jeweils vier Fertigkeitsgrade definiert sind. Aus der Einordnung des betrachteten Unternehmens bzw. des Produktionsbereichs in die Fertigkeitsgrade der einzelnen Kriterien ergibt sich eine transparente Darstellung des jeweiligen Reifegrads sowie des Gesamtreifegrads des Untersuchungsbereichs (Abb. 3.3).

Die einzelnen Kriterien lassen sich zur besseren Übersichtlichkeit in fünf Bereiche einordnen, die zentral für die Gestaltung einer zukunftsfesten Produktion sind (Abb. 3.4). Der Bereich *Strategie* bestimmt die zukünftige und langfristige Ausrichtung der Produktion und des Auftragsdurchlaufs. Die Orientierung am Kundenbedarf stellt hierbei das primäre Ziel dar. Dazu bedarf es schneller, schlanker und robuster Wertströme im Unternehmen, die im Bereich *Prozesse/Wertstrom* betrachtet werden. Die dafür notwendigen

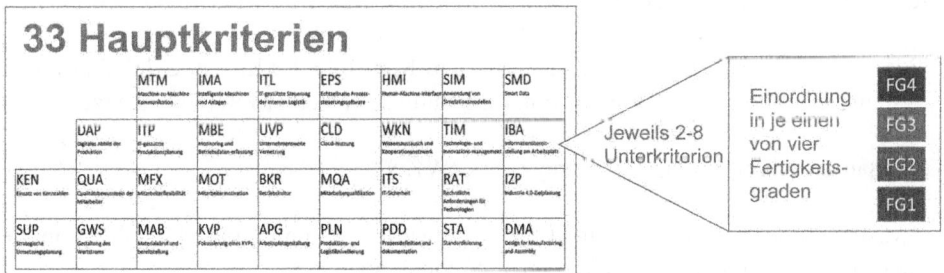

Abb. 3.3 Bewertung der Kriterien

Abb. 3.4 Betrachtungsbereiche des Assessments

Strukturen, die Organisation, Kooperationen und Maßnahmen zum Wissenstransfer werden im Bereich *Organisation* betrachtet. Strukturierte Planungs- und Steuerungshilfsmittel und Vorgehensweisen finden sich im Bereich *Methoden & Tools* wieder, Maßnahmen der Personalentwicklung und -einsatzplanung im Bereich *Personal*.

Im Einzelnen teilen sich die 33 Hauptkriterien des Assessments wie folgt auf die fünf Bereiche auf:

Kriterien zur Einschätzung des Reifegrads im Bereich Strategie
Strategische Umsetzungsplanung (SUP)

- Definition und Beschreibung eines Lean- und Industrie-4.0-Implementierungsvorgehens und Akquisition notwendiger Ressourcen

Industrie-4.0-Zielplanung (IZP)

- Positionierung, Priorisierung, Umsetzung und Kontrolle der Industrie-4.0-Zielstellungen im Unternehmensverständnis unter Beachtung relevanter Interdependenzen

Wissensaustausch und Kooperationsnetzwerk (WKN)

- Aktiver Wissensaustausch zum Thema Industrie 4.0 und Vorreiterstellung in der Industrie-4.0-Entwicklung im Vergleich zu Wettbewerbern

Technologie- und Innovationsmanagement (TIM)

• Umfassende Beachtung von Industrie-4.0-Ansätzen in strategischen Unternehmens-
  entwicklungen

Kriterien zur Einschätzung des Reifegrads im Bereich Prozesse und Wertstrom
Gestaltung des Wertstroms (GWS)

• Betrachtung, Gestaltung und Optimierung des Wertstromes

Materialabruf und -bereitstellung (MAB)

• Beschreibung des Umfangs und der Ausgestaltung der Materialabrufcharakteristik mit
  dem Ziel einer kundenbedarfsgerechten Bereitstellung des Materials sowie der Abrufe
  entlang der Versorgungskette

Produktions- und Logistiknivellierung (PLN)

• Bereichsübergreifende, unternehmensweite Einführung einer dezidierten Produktions-
  und Logistiknivellierung unter Einbeziehung der Mitarbeiterperspektive

Monitoring und Betriebsdatenerfassung (MBE)

• Monitoring und Betriebsdatenerfassung für effizientes Fehler- und Störungsmanagement

Informationsbereitstellung am Arbeitsplatz (IBA)

• Unmittelbare Bereitstellung und empfängerorientierte Darstellung der Informationen
  am Arbeitsplatz

Maschine-zu-Maschine-Kommunikation (MTM)

• Selbstständiger Daten- und Informationsaustausch durch Maschinen

Intelligente Maschinen und Anlagen (IMA)

• Einsatz von vernetzen Maschinen und Anlagen in den Produktions- und Logistikpro-
  zessen zur echtzeitnahen Erfassung und Übermittlung von Informationen

Echtzeitnahe Prozesssteuerungssoftware (EPS)

• Einsatz ganzheitlicher IT-Systeme in der Produktion mit dem Ziel der Führung, Lenkung, Steuerung oder Kontrolle der Produktionsprozesse in Echtzeit

Human-Machine-Interface (HMI)

- Schnittstellengestaltung zwischen Mensch und Maschine mit dem Ziel erfolgreicher Zusammenarbeit

Kriterien zur Einschätzung des Reifegrads im Bereich Organisation
Fokussierung eines Kontinuierlichen Verbesserungsprozesses (KVP)

- Ausgestaltung von KVP-Strukturen und Etablierung eines ganzheitlichen KVPs auf allen Unternehmensebenen

Arbeitsplatzgestaltung (APG)

- Strukturierung, Gestaltung und Konfiguration mitarbeiter- und produktionsadäquater, adaptier- und rekonfigurierbarer Arbeitsstationen

Rechtliche Anforderungen und Technologien (RAT)

- Identifikation, Analyse und Berücksichtigung von Kriterien für den rechtsgemäßen Einsatz neuer Technologieansätze

Kriterien zur Einschätzung des Reifegrads im Bereich Methoden und Tools
Prozessdefinition und -dokumentation (PDD)

- Unternehmensweite Definition, Dokumentation, Aktualisierung und Etablierung von standardisierten Prozessen

Standardisierung (STA)

- Vereinheitlichung von Abläufen und Materialien zur Reduzierung der Verschwendungsarten und Prozesskosten

Design for Manufacturing and Assembly (DMA)

- Realisierung einer ganzheitlichen, produktions- und logistikoptimierten Produktgestaltung

Einsatz von Kennzahlen (KEN)

- Effektiver und effizienter Einsatz von Kennzahlen zur unternehmensweiten einheitlichen Steuerung der Unternehmensbereiche

IT-Sicherheit (ITS)

- Proaktiver Aufbau von Schutzstrukturen zur Sicherstellung der Betriebssicherheit und Vermeidung von Sicherheitsproblemen und schnelle Reaktionszeiten bei Auftritt von Sicherheitsproblemen

Digitales Abbild der Produktion (DAP)

- Digitales Abbild der Maschinen, Materialflüsse und Fertigungsaufträge mit dem Ziel vollständiger Transparenz der Fertigungsaufträge und Produktionsmittel

IT-gestützte Produktionsplanung (ITP)

- Einsatz von Systemen und Methoden zur zielgerichteten, effizienten und anpassungsfähigen Produktionsprogrammplanung und -steuerung

Unternehmensweite Vernetzung (UVP)

- Ganzheitliche Betrachtung und Bewertung von Produktionsprozessen

Cloud-Nutzung (CLD)

- Nutzung von Cloud Computing und Bewusstsein möglicher Risiken

IT-gestützte Steuerung der internen Logistik (ITL)

- Einsatz von Technik und IT zur Steuerung der internen Logistik

Anwendung von Simulationsmodellen (SIM)

- Beherrschung komplexer Systeme durch die Entwicklung und den Einsatz von Planungs- und/oder Erklärungsmodellen

Smart Data (SMD)

- Einsatz von Methoden und Werkzeugen zur Analyse von großen Datenmengen

Kriterien zur Einschätzung des Reifegrads im Bereich Personal
Qualitätsbewusstsein der Mitarbeiter (QUA)

- Realisierung eines Qualitätsmanagementsystems und Entwicklung eines ganzheitlichen Qualitätsverständnisses auf allen Hierarchieebenen

Mitarbeiterflexibilität (MFX)

- Schaffung einer Balance zwischen zentralistischer und spezialisierter Aus- und Weiterbildung sowie Implementierung von unternehmens- und mitarbeiteradäquaten Arbeitszeitmodellen

Mitarbeitermotivation (MOT)

- Einbindung der Mitarbeiter und Akzeptanz von Industrie-4.0-Themen

Betriebskultur (BKR)

- Bewusstsein der Unternehmensziele und -philosophie

Mitarbeiterqualifikation (MQA)

- Entwicklung eines hoch qualifizierten und hoch motivierten Mitarbeiterpools, der regelmäßig Qualifizierungs- und Weiterbildungsmaßnahmen erfährt

3.5 Durchführung des Assessments und Bewertung

Die vorgestellte Reifegradbetrachtung bildet den Kern des Assessments. Sie wird eingebettet in ein systematisches Vorgehen, welches neben der Darstellung des Istzustands im Unternehmen auch mögliche Maßnahmen zur Verbesserung definiert.

Die Durchführung startet mit einem Zielfindungsworkshop zur Definition strategischer Fabrikziele, den im Betrachtungsbereich fokussierten KPI- Bereichen bzw. weiterer Kriterien. Zusätzlich werden aktuelle Probleme abgefragt, um später gezielt darauf zu achten, ob diese sich bestätigen lassen. Auch bereits identifizierte aktuelle und zukünftige Herausforderungen werden aufgenommen und abschließend auch positive Abläufe und kulturelle Elemente abgefragt. Danach werden die unternehmerischen Projektziele festgelegt. Auf der Grundlage dieser Vorbereitungen wird im Rahmen einer ausführlichen Produktionsbegehung der Wertstrom produktionsbereichsübergreifend aufgenommen. Ergänzend zur klassischen Wertstrombeschreibung werden die wesentlichen Informationsflüsse inklusive der verwendeten IT-Systeme dokumentiert. Zusätzlich zur Produktionsbegehung werden Interviews bzw. Workshops mit den Prozessverantwortlichen genutzt, um das Gesehene zu plausibilisieren.

Auf der Basis dieses Analyseschrittes werden die bestehenden Defizite und die Reifegradeinordnung ermittelt. Dies bietet die Basis für die Beschreibung und Priorisierung in Handlungsfeldern und Ableitung von möglichen Lösungsszenarien. Hierbei werden sowohl organisatorische als auch technologische Maßnahmen berücksichtigt. Eine beispielhafte Reifegradabbildung zeigt Abb. 3.5.

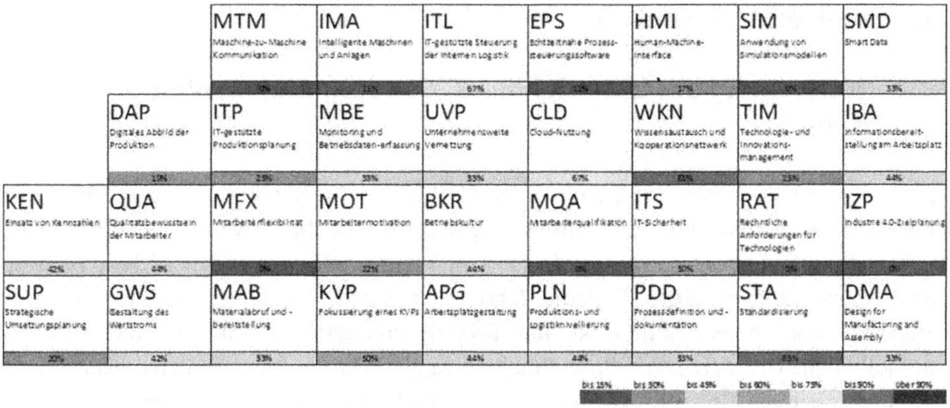

	MTM Maschine-zu-Maschine Kommunikation	IMA Intelligente Maschinen und Anlagen	ITL IT-gestützte Steuerung der Internen Logistik	EPS Echtzeitnahe Prozess-steuerungssoftware	HMI Human-Machine-Interface	SIM Anwendung von Simulationsmodellen	SMD Smart Data
		15%	67%	62%	27%	0%	33%

DAP Digitales Abbild der Produktion	ITP IT-gestützte Produktionsplanung	MBE Monitoring und Betriebsdaten-erfassung	UVP Unternehmensweite Vernetzung	CLD Cloud-Nutzung	WKN Wissensaustausch und Kooperationsnetzwerk	TIM Technologie- und Innovations-management	IBA Informationsbereit-stellung am Arbeitsplatz
19%	25%	33%	33%	67%	83%	33%	44%

KEN Einsatz von Kennzahlen	QUA Qualitätsbewusstsein der Mitarbeiter	MFX Mitarbeiterflexibilität	MOT Mitarbeitermotivation	BKR Betriebskultur	MQA Mitarbeiterqualifikation	ITS IT-Sicherheit	RAT Rechtliche Anforderungen für Technologien	IZP Industrie 4.0-Zielplanung
42%	44%	22%	44%	0%	50%	33%	33%	

SUP Strategische Umsetzungsplanung	GWS Gestaltung des Wertstroms	MAB Materialabruf und -bereitstellung	KVP Fokussierung eines KVPs	APG Arbeitsplatzgestaltung	PLN Produktions- und Logistiknivellierung	PDD Prozessdefinition und -dokumentation	STA Standardisierung	DMA Design for Manufacturing and Assembly
20%	42%	33%	50%	44%	42%	33%	83%	33%

bis 15% | bis 30% | bis 45% | bis 60% | bis 75% | bis 90% | über 90%

Abb. 3.5 Vollständig bewertete Reifegradbetrachtung

Aufbauend auf dieser Analyse des bestehenden Istzustands werden passende Ansatzpunkte für Verbesserungsprojekte erarbeitet. Dazu werden bildhafte „Poster-Workshops" zur Definition und Entwicklung der notwendigen Elemente für die späteren Industrie-4.0-Anwendungsfälle (Use Cases) durchgeführt. Use Cases beschreiben die wesentlichen Funktionen und Abläufe, die innerhalb eines definierten Prozesses von definierten Rollen durchgeführt werden. Innerhalb der Poster-Workshops werden daher die zu betrachtenden Rollen, der durchzuführende Prozess, technologische Realisierungsbausteine, arbeitsorganisatorische Rahmenbedingungen sowie prozessuale Voraussetzungen diskutiert und dokumentiert. Im Anschluss werden Anforderungen und detaillierter Ablauf der Use Cases konkretisiert und (technologisch) lösungsoffen anhand der identifizierten Defizite beschrieben.

Um aus den einzelnen Elementen derartige Use Cases zu entwickeln, gilt es, in jedem Poster-Workshop einen „Paten" aus dem beteiligten Bereich zu finden, der von den Problemen in diesem Themencluster betroffen ist. Dieser ist nun von Unternehmensseite die treibende Kraft, um für diesen Teilbereich Use Cases zu entwickeln. Durch dieses Vorgehen haben die entwickelten Ideen eine höhere Chance auf die notwendige Akzeptanz der betroffenen Mitarbeiter. Da die zu entwickelnden Use Cases (technologisch) lösungsoffen sein können und sich am Ablauf eines Prozesses orientieren, lassen sie sich dezentral durch die Paten und ihre betroffenen Kollegen entwickeln.

Anschließend erfolgen die Bewertung der identifizierten Use Cases hinsichtlich quantitativer und qualitativer Nutzenpotenziale sowie eine Priorisierung. In der Folge werden die Use-Case-Beschreibungen detailliert ausgearbeitet. Im letzten Schritt des Assessments erfolgt die Entwicklung arbeitsorganisatorischer und technologischer Migrationspfade für die Use Cases samt der Beschreibung der notwendigen Voraussetzungen zur Umsetzung (Daten-/Informationsanforderungen; IT-Bebauung; Arbeitsorganisation; Prozesse). Ziel ist die Erarbeitung eines Wertstroms mit dem Ziel-Reifegrad und einer Umsetzungs-Roadmap in unterschiedlichen Projektkategorien und jeweiligen Migrationspfaden. Abschließend werden die Realisierungsabhängigkeiten aufgezeigt, um das zur Realisierung notwendige Projekt-Set-Up zu definieren und zu verabschieden.

3.6   Anwendungsbeispiel

3.6.1   Vorstellung des Unternehmens „Sondermaschinenbau GmbH"

Das Unternehmen „Sondermaschinenbau GmbH" stellt Sondermaschinen für unterschiedliche Branchen und Bearbeitungsvorgänge für die Metallverarbeitende Industrie her. Das Familienunternehmen wurde im Jahr 1932 gegründet und wird bereits in der vierten Generation geführt. Über die Jahre konnte sich das Unternehmen eine breite Kompetenz und ein hohes Produkt- und Produktionsverständnis in der Metallverarbeitung aufbauen. Die derzeitige Produktpalette reicht von Umform-/Schneidewerkzeugen und -maschinen bis hin zu Elektrowerkzeugen und Elektronikkomponenten.

Das Unternehmen hat seinen Hauptsitz in Baden-Württemberg und beschäftigt über 1000 Mitarbeiter. Die aktuellen Herausforderungen der Branche spiegeln sich vor allem in der rasant steigenden Variantenzahl sowie in immer größerem Druck nach sinkenden Lieferzeiten wieder. Zusätzlich wird das Unternehmen zunehmend mit komplexen und zahlreichen Änderungen von Kundenaufträgen konfrontiert. Besonders die produktionsverantwortlichen Bereiche können den Anforderungen hier trotz einer hohen Lean-Reife kaum noch nachkommen und benötigen neue Ansätze zur weiteren Optimierung ihrer Prozesse und Organisation. Es wird erwartet, dass Verbesserungen in Teilbereichen der Produktion den genannten Herausforderungen nicht mehr gerecht werden und mehr gesamtwertstrombezogene Verbesserungsmöglichkeiten identifiziert und umgesetzt werden müssen. Um diesen neuen Anforderungen an Verbesserungsprozessen zu begegnen, entschied die Unternehmensführung, mit dem Produktionsassessment 4.0 eine derartige erweiterte Optimierung durchzuführen und transparent zu machen, wie sich das momentane ganzheitliche Produktionssystem durch Industrie 4.0 erweitern lässt.

3.6.2   Erfassung der Ist-Situation

Zielfindungsworkshop und Kick-off
Zu Beginn des Produktionsassessments 4.0 wurde gemeinsam mit dem Top-Management aus den Bereichen Vertrieb, Fertigung, Produktion, IT sowie dem Betriebsrat des Unternehmens der Projekt-Kick-off durchgeführt. Innerhalb eines gemeinsamen Zielfindungsworkshops wurde dabei ein generelles Zielbild diskutiert und die Zielrichtung des Unternehmens hinsichtlich Industrie 4.0 diskutiert und festgehalten (siehe hierzu Abb. 3.6).

Durch die so entstandene funktionsübergreifende Diskussion konnten unterschiedliche Zielvorstellungen von Industrie 4.0 im eigenen Unternehmen offen angesprochen werden und boten somit die Grundlage für ein gemeinsam verabschiedetes Zielbild.

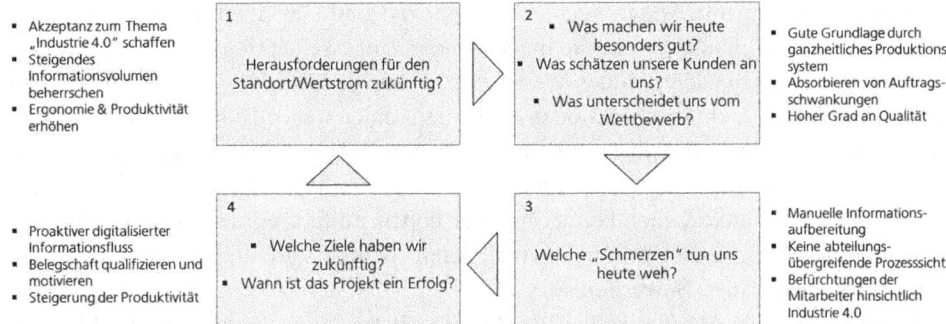

Abb. 3.6 Auszug Zielfindungsworkshop der Sondermaschinenbau GmbH

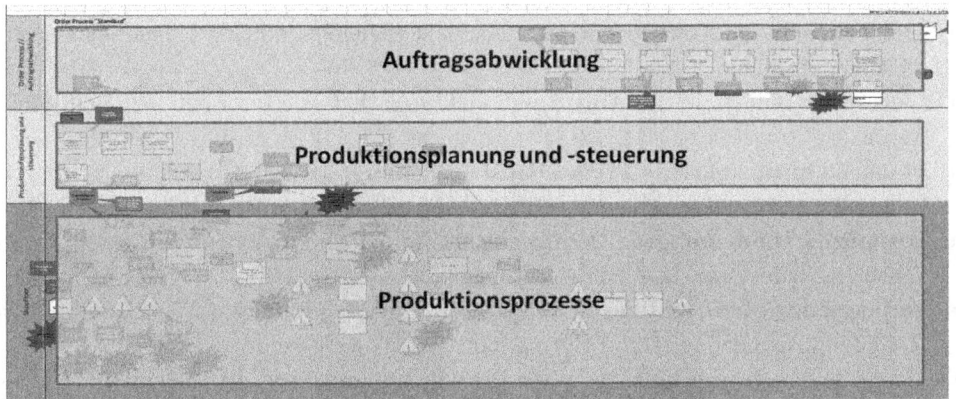

Abb. 3.7 Wertstrom 4.0

Reifegradbetrachtung

Start der Ist-Analyse bildet die Produktionsbegehung vor Ort. Wie in Abb. 3.7 dargestellt, wurde im Kontext des Produktionsassessments 4.0 eine erweiterte Wertstromdarstellung verwendet. Die Erweiterung betrifft die Aufnahme der indirekten Vertriebs- und Auftragsabwicklungsprozesse mit den jeweils verwendeten IT-Systemen sowie die detaillierte Darstellung der Informationsflüsse in Produktionsplanung/-Steuerung und Produktion, ebenfalls mit den dort verwendeten IT-Systemen und Informationsobjekten. Die Darstellung aller Prozesse im Wertstrom bietet eine Grundlage, wertstromweite Verbesserungspotenziale sichtbar zu machen und Verständnis für die heute definierten Informationsflüsse und deren Verschwendungspotenzial im Materialfluss zu erlangen.

In der Sondermaschinenbau GmbH beinhaltete die Wertstromaufnahme ausgehend vom Vertrieb die Bereiche Produktionsplanung und -steuerung, Produktion und Versand. Schwerpunkte im vorliegenden Beispiel lagen neben den klassischen materialflussorientierten Betrachtungsbereichen in der Identifizierung der Art von verwendeten Medien und eingesetzten Systemen, Medienbrüchen, Art und Weise der Produktionsplanung und

-steuerung, Umgang mit Änderungen, Umplanungen und sonstigen Turbulenzen sowie der Informationsbereitstellung für die innerhalb der Prozesse beteiligten Nutzer.

Die Betrachtung hinsichtlich des Wertstroms wurde durch Interviews in Gruppen mit verschiedenen Unternehmensfunktionen und -hierarchien vervollständigt und im Reifegradmodell dokumentiert. Abb. 3.8 zeigt die erstellte Reifegradbetrachtung für die Sondermaschinen GmbH. Es ist zu erkennen, dass die Grundlagen von Lean Management vom betrachteten Unternehmen bereits in einer hohen Reife umgesetzt werden. Themen aus dem Bereich Industrie 4.0 sind aktuell kaum thematisiert und bilden aus diesem Grund noch eine geringe Bewertung ab.

Der vorliegende Wertstrom sowie die Reifegradbetrachtung bieten nun die Möglichkeit, Handlungsfelder abzuleiten. Auszugsweise Ergebnisse der Ist-Analyse beinhalten unter anderem folgende Handlungsfelder:

- **Medienbrüche im Auftragseingang:** manuelle, zeitaufwendige Pflegeaufwände verschiedener Systeme.
- **Liegezeiten innerhalb der Auftragsabwicklung:** fehlende Informationen und Rückfragen.
- **Manuelle intransparente Produktionsfeinplanung:** logischer Bruch zwischen systemgestützter Produktionsplanung (ERP) und papierbasierter Produktionssteuerung.
- **Turbulente Umplanungen:** Umplanungen erfordern hohen manuellen Eingriff und können nur schwer in einzelnen Abteilungen realisiert werden.
- **Verlangsamte Informationsflüsse:** Papierbasierte Informationsflüsse verhindern minimalinvasive und proaktive Eingriffe ins Produktionssystem.
- **Manuelle Synchronisation zwischen Produktion und Produktionslogistik:** papierbasiert und aufwendig auf Zuruf.
- **Schlechte Informationsbereitstellung am Arbeitsplatz:** häufige Suchzeiten aufgrund fehlender Informationen und dadurch entstehende Produktionsstopps.

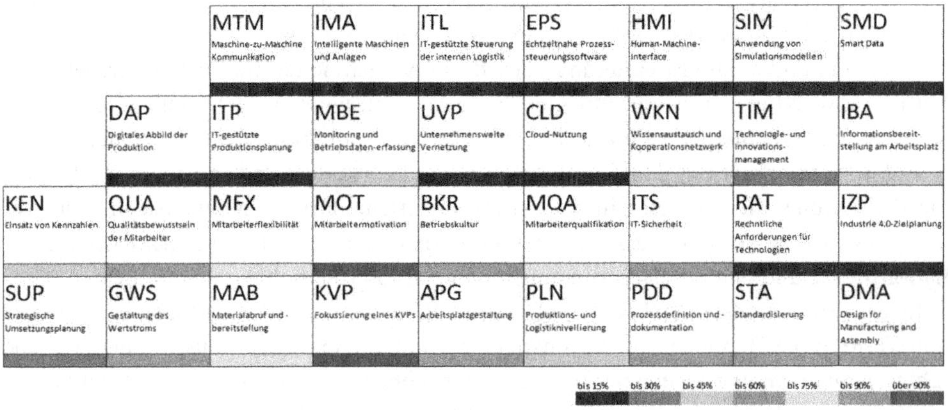

Abb. 3.8 Vollständig bewertete Reifegradbetrachtung Sondermaschinen GmbH

Bereich - Teilbereich	Prozesse & Wertstrom - Informationsbereitstellung am Arbeitsplatz - IBA					
Definition	Verfügbarkeit von Informationen am Arbeitsplatz					
Spezifisches Ziel	Unmittelbare Bereitstellung und empfängerorientierte Darstellung der Informationen					
Unterkriterium	Bezeichnung	Beschreibung	FG 1	FG 2	FG 3	FG 4
1	Arbeitsanweisungen	Zugang und Qualität der Arbeitsanweisungen	Es existieren keine detaillierten bedarfsgerechten Arbeitsanweisungen und Sicherheitshinweise für alle Arbeitsplätze.	Arbeitsanweisungen und Sicherheitshinweise liegen in Papierform vor, die Informationsqualität ist teilweise mangelhaft und chaotisch, z.T. liegen nicht benötigte Informationen vor, benötigte Informationen fehlen teilweise.	Arbeitsanweisungen und Sicherheitshinweise liegen in einfacher, vollständiger und strukturierter Form vor. Diese werden manuell erstellt und teilweise digital bereitgestellt.	Arbeitsanweisungen und Sicherheitshinweise sind auch sowohl mobil als auch vom Arbeitsplatz aus eingesehen werden. Die Darstellung der Informationen passt sich den aktuellen Aufgaben an. Die Informationen unterstützen den Mitarbeiter bei der Ausführung seiner Tätigkeit.

Abb. 3.9 Auszug Reifegradbetrachtung „Informationsbereitstellung am Arbeitsplatz" für die Sondermaschinen GmbH

Innerhalb eines Workshops mit der Sondermaschinenbau GmbH wurden die abgeleiteten Handlungsfelder mittels qualitativer und quantitativer Bewertungen priorisiert. Beispielhaft soll nachfolgend das Handlungsfeld „Informationsbereitstellung am Arbeitsplatz" skizziert werden.

Aufgrund der in den letzten Jahren gestiegenen Varianten und der zunehmenden Komplexität durch kundenseitige Sonderwünsche möchte die Sondermaschinen GmbH unter anderem im Bereich der Informationsbereitstellung und Assistenzsysteme im Bereich der Montage Lösungen implementieren.

In dem untersuchten Unternehmen werden die Informationen innerhalb der Montage zum Zeitpunkt der Analyse papierbasiert bereitgestellt (siehe hierzu Abb. 3.9). Die für den Mitarbeiter vorliegenden Informationen sind dabei häufig unvollständig oder missverständlich und erzeugen damit Suchaufwände oder Rückfragen, wodurch weitere Mitarbeiter gebunden werden und die Montage zum Stillstand kommt. Die Einarbeitung neuer Mitarbeiter sowie die effiziente Unterstützung von Leihkräften und Ferienbeschäftigten der Sondermaschinen GmbH werden ebenso erschwert. Zielsetzung einer modernen Werkerführung ist die Verfügbarkeit der notwendigen auftrags- und mitarbeiteradaptiven Informationen am Arbeitsplatz je nach Qualifikationsniveau der Mitarbeiter.

3.6.3   Konzeption und Bewertung von Anwendungsfällen

Nachdem das Thema Informationsbereitstellung am Arbeitsplatz als zu priorisierendes Thema definiert wurde, erfolgte die Erarbeitung der Funktionsumfänge des Themas in partizipativen und interdisziplinären Poster-Workshops.

Abb. 3.10 zeigt einen beispielhaften Einstieg in einen solchen Workshop. Hierin wurden zunächst die Rollen die in dem Use Case zu betrachten sind, definiert und mit einigen Vorschlägen vorab befüllt. Die Vorschläge innerhalb der einzelnen Kategorien helfen dabei, die Teilnehmer zu aktivieren und eine konstruktive Atmosphäre zu schaffen. Im weiteren Verlauf des Workshops wurden die generellen Aufgabengebiete für eine zukünftige Informationsbereitstellung abgegrenzt. Abschließend galt es, notwendige arbeitsorganisatorische und technologische Voraussetzungen zu diskutieren. Die erfolgreiche

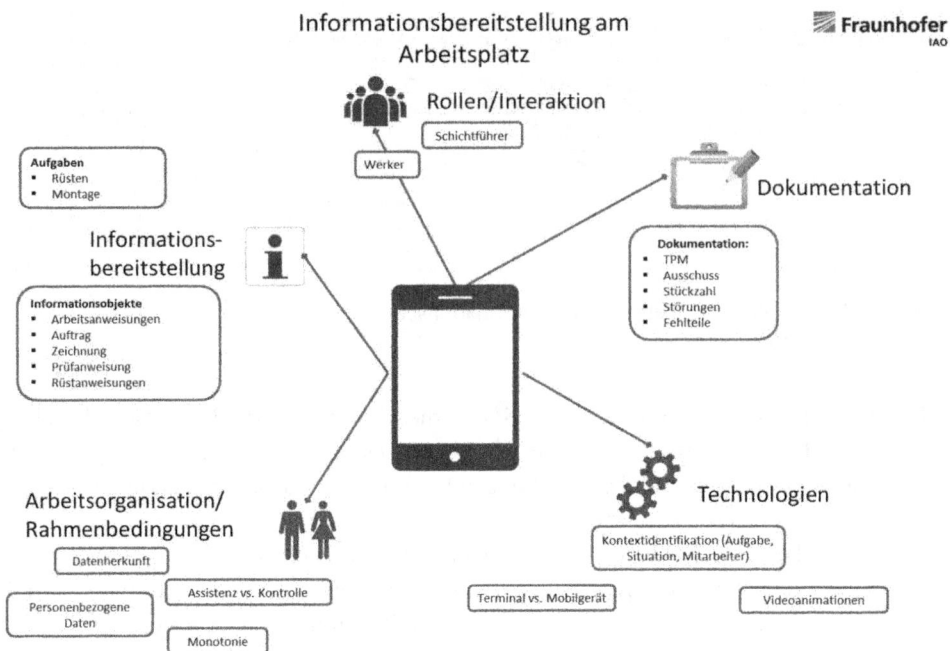

Abb. 3.10 Poster-Workshop „Informationsbereitstellung am Arbeitsplatz"

Durchführung des Poster-Workshops bildete die Grundlage für ein gemeinsames Verständnis des Themas und dient als Input für die nachfolgend zu erstellenden Use Cases.

In Iterationen mit der Sondermaschinen GmbH wurden im Anschluss auf Basis der Workshopergebnisse detaillierte Dokumentationen in Form von Use Cases erstellt. Abb. 3.11 zeigt eine beispielhafte Use-Case-Beschreibung inklusive Aufwand-Nutzen-Bewertung.

Die Use-Case-Beschreibung enthält die jeweiligen Anforderungen und Funktionen sowie die zu erfüllenden Voraussctzungen. Ebenfalls wurde in einem ersten Bewertungsschritt abgeschätzt, welchen Nutzen der Use Case realisieren kann. Diese Bewertungen bieten die Grundlage für eine erste Einschätzung der erarbeiteten Use Cases und für die Gestaltung des Use-Case-Portfolios sowie der abschließenden Roadmap.

3.6.4 Roadmap-Gestaltung

Auf Basis der bewerteten Use Cases wurde für die Sondermaschinenbau GmbH ein Use-Case-Portfolio erstellt, welches die Basis zur unternehmensspezifischen Roadmap bietet (siehe hierzu Abb. 3.12). Innerhalb des Portfolios werden die bewerteten Use Cases nach Aufwand und Nutzen sowie deren Abhängigkeiten untereinander visualisiert. Bei

Mitarbeiterunterstützung
Use Case "Werkerführung"

Use Case Ablauf

1. MA loggt sich ein
- MA meldet sich mit mobilem Gerät an Station an
- Identifikation der MA-Kompetenzen bzw. Erfahrungen durch hinterlegte Qualifikations-Matrix
- Aktuelle Informationen und Änderungen anzeigen und von MA quittieren lassen

2. Arbeitsvorrat anzeigen
- Alle relevanten Informationen zum Fertigungsauftrag in digitaler Form anzeigen

3. Auftrags-/Vorgangsauswahl und Start
- Manuelle Auswahl eines Auftrages
- Proaktive Anzeige und Bestätigung von Änderungsständen (Erfahrungsaufnahme)
- Automatischer Start der Bearbeitung

4. Auftrags-/Vorgangsbearbeitung
- Anzeige von relevanten Auftragsinformationen
- Informationstiefe gemäß Qualifikationsmatrix abgestuft
- Systematische Prozessführung bzw. Arbeitsanweisung mit Bildern und 3D-Animationen
- Darstellung von auftragsrelevanten Informationen
- Möglichkeit den Echtzeit-Status des Auftrags zu erfassen

5. Auftrags-/Vorgangsabschluss
- Bereitstellung relevanter Informationen für nachgelagerten Prozessschritt (Synchronisierung)
- Synchronisierung mit Feinplanung bzw. Steuerung

Ziele/Verbesserungen KPIs/sonstige
- Aufwandsreduzierung bei Informationsbereitstellung
- Wegfall von manuellen Aufwänden zur Vorbereitung der Aufträge
- Transparente Darstellung von Änderungen
- Sichere Prozessführung für Mitarbeiter unterschiedlicher Qualifikationsniveaus

Pilotbereiche
- Endmontage
- Vormontage Baugruppen

Technische Voraussetzungen
- Hardware (Geräte zum Einloggen und Anzeige von Informationen, wie bspw. Handheld, Bildschirme, RFID)
- Identifikation der notwendigen Informationen und in welcher Qualität diese heute bereits digital vorliegen
- Integration erforderlicher Informationen aus Systemen
- Datenherkunft + Maschinenvoraussetzungen definieren

Prozessuale Voraussetzungen
- Definition von Integrationspfaden
- Schnittstellenbetrachtung unterschiedlicher Systeme zur Informationsbereitstellung
- Definition der Darstellungsweise der Informationen
- Qualifikationsmatrix definieren

Arbeitsorg. Voraussetzungen
- Umgang mit personenbezogenen Daten mit Betriebsrat klären
  - Qualifikationsmatrix
  - Identifikation Werker an Arbeitsstation
- Möglichkeiten der Leistungsmessung, da Werker mit Prozesszeiten identifiziert wird

Sonstiges/Offene Fragen
- -

Bewertung

Nutzen

Erhöhung der Transparenz		▼
gering	mittel	**hoch**

Reduzierung der Komplexität	▼	
gering	mittel	**hoch**

Steigerung der Produktionsflexibilität ▼		
gering	mittel	**hoch**

Steigerung der Produktivität ▼		
gering	mittel	**hoch**

Skalierbarkeit		▼
gering	mittel	**hoch**

Veränderung für direkt betroffene Mitarbeiter		▼
gering	mittel	**hoch**

Aufwand

Zeitaufwand zur Umsetzung	▼	
gering	mittel	**hoch**
6Mon.	1Jahr	2Jahre

Invest	▼	
gering	mittel	**hoch**

Sonstige laufende Kosten ▼		
gering	mittel	**hoch**

Chancen / Risiken

Chancen	Risiken
• Mehr Übersicht durch Digitale Information und Dokumentation	• Informationsüberflutung
	• Visualisierung-möglichkeiten
• Reduzierung von manuellen Aufwänden	• Kompentenzen der Mitarbeiter in Mediennutzung und Analyse

Nutzen-/Aufwandverhältnis

	▼	
gering	mittel	**hoch**

Abb. 3.11 Use-Case-Beschreibung

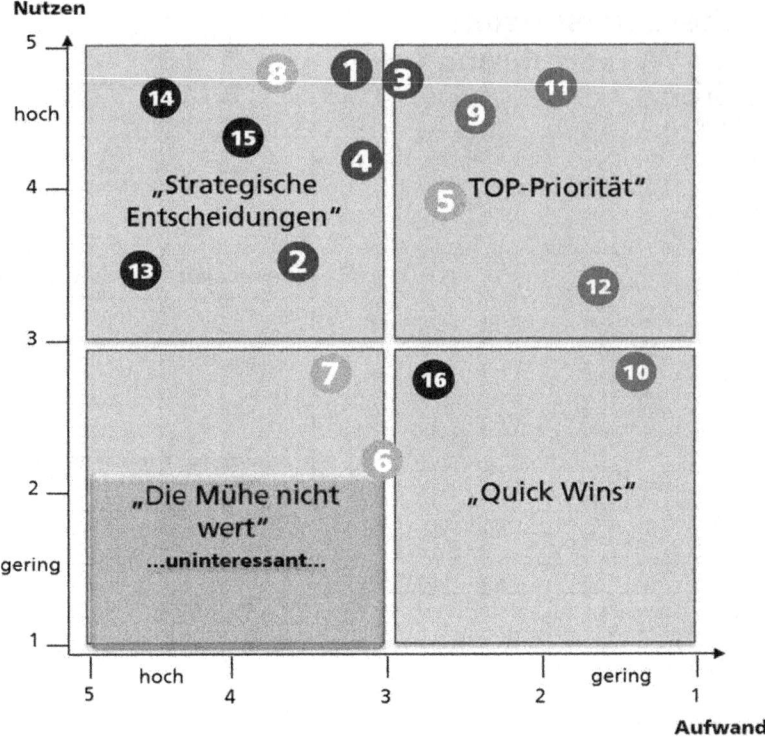

Abb. 3.12 Use-Case-Portfolio für die Sondermaschinenbau GmbH

der Sondermaschinen GmbH ergaben sich Use Cases, die einen erheblichen Implemen-
tierungsaufwand bedeuten, da eine Vielzahl an technischen, prozessualen und organisatorischen Voraussetzungen zur Realisierung geschaffen werden muss. Gleichzeitig können
diese zukünftig einen erheblichen Nutzen für das Unternehmen bieten und müssen daher
als strategische Entscheidung getroffen werden. Daneben wurden im Rahmen des Produktionsassessments 4.0 Use Cases identifiziert, die als „Quick Win" implementierbar
sind, da alle notwendigen Voraussetzungen bereits vorhanden sind oder aufwandsarm
geschaffen werden können. Use Cases in der Kategorie „TOP-Priorität" wurden bei der
Sondermaschinen GmbH als Umsetzungsprojekte angestoßen.

Für jeden Use Case können somit auch spezifische Migrationspfade erstellt werden.
Dabei ist wichtig, dass nicht rein technologische, funktionale Aspekte berücksichtigt
werden, sondern auch Migrationspfade zu Prozessen und der Unternehmensorganisation
definiert werden, um die Mitarbeiter bestmöglich auf dem Weg zum Produktionssystem
4.0 mitzunehmen.

3.7   Zusammenfassung

Um in einem Umfeld steigender Komplexität und sinkender Losgrößen weiterhin wettbewerbsfähig produzieren zu können, bedarf es neben der Ausrichtung der Unternehmensprozesse an den Grundprinzipien des Lean Managements der zielgerichteten Integration neuer Technologien. Digitalisierung und Automatisierung betrieblicher Wertströme bieten aufgrund der heute verfügbaren technologischen Reife und wirtschaftlichen Einsetzbarkeit vielfältiger Werkzeuge (bspw. Mobilgeräte, Shopfloor-Apps, Leichtbauroboter) einen Stellhebel zur Effizienzsteigerung, der, richtig eingesetzt, bestehende schlanke Prozesse erweitert und optimiert. Für den Einstieg in das Thema Industrie 4.0, das Schaffen von Bewusstsein in der gesamten Organisation auf allen Ebenen und die Bestimmung des richtigen Aufsatzpunktes für Industrie-4.0-Projekte wurde das Produktionsassessment 4.0 entwickelt. Es bietet eine transparente Einstufung der betrachteten Produktionsbereiche in den wichtigsten Lean- und Industrie-4.0-Reifegraden und erlaubt die qualitative Einschätzung des Produktivitätspotenzials möglicher Optimierungsprojekte. Auf der Grundlage der Darstellung der momentanen Situation des Wertstroms sowie der Informations- und Datenflüsse in der Produktion können Ansatzpunkte zur Prozessverbesserung sowie zur strategischen Weiterentwicklung identifiziert werden. In gemeinsamen Workshops mit den relevanten Prozessbeteiligten entstehen auf dieser Grundlage ein Bild der betrieblichen Soll-Prozesse sowie eine Transformations-Roadmap potenzialreicher Umsetzungsprojekte.

Literatur

1. Plattform Industrie 4.0: Landkarte Industrie 4.0. http://www.plattform-i40.de/I40/Navigation/DE/In-der-Praxis/Karte/karte.html. Zugegriffen: 25. Sept. 2016
2. Allianz Industrie 4.0 Baden-Württemberg: 100 Orte für Industrie 4.0 in Baden-Württemberg. http://www.i40-bw.de/100_places/__100-Orte.html. Zugegriffen: 25. Sept. 2016
3. Schlund, S., Pokorni, B.: Industrie 4.0 – Wo steht die Revolution der Arbeitsgestaltung? Ingenics AG, Stuttgart (2016)
4. agiplan et al.: Erschließen der Potenziale der Anwendungen von Industrie 4.0 im Mittelstand. agiplan GmbH, Berlin (2015)
5. Pfeiffer, S., Schlund, S., Suphan, A., Korge, A.: Zukunftsprojekt Arbeitswelt 4.0 Baden-Württemberg – Vorstudie Bd. 1, Zusammenführung zentraler Ergebnisse für den Maschinenbau. Fraunhofer IAO und Universität Stuttgart, Stuttgart (2016)
6. BITKOM/Fraunhofer IAO.: Industrie 4.0 – Volkswirtschaftliches Potenzial für Deutschland. Bitkom, Berlin (2014)
7. Wieselhuber & Partner und Fraunhofer IPA: Geschäftsmodell-Innovation durch Industrie 4.0. Wieselhuber & Partner und Fraunhofer IPA, München (2015)
8. acatech. Promotorengruppe Kommunikation der Forschungsunion Wirtschaft und Wissenschaft (Hrsg.): Umsetzungsempfehlungen für das Zukunftsprojekt Industrie 4.0. Abschlussbericht des Arbeitskreises Industrie 4.0. Springer, Berlin (2013)

9. Bauernhansl, T., ten Hompel, M., Vogel-Heuser, B. (Hrsg.): Industrie 4.0 in Produktion, Automatisierung und Logistik. Springer, Berlin (2014)
10. VDI/VDE GMA: Glossar Cyber-Physical Systems: Chancen und Nutzen aus Sicht der Automation. http://www.iosb.fraunhofer.de/servlet/is/48960/Begriffsdefinitionen%20des%20VDI%20GMA%20FA7%2021.pdf?command=downloadContent&filename=Begriffsdefinitionen%20des%20VDI%20GMA%20FA7%2021.pdf
11. Schlund, S., Hämmerle, M., Strölin, T.: Industrie 4.0 – Eine Revolution der Arbeitsgestaltung. Ingenics AG, Stuttgart (2014)
12. Spath, Dieter. (Hrsg.): Produktionsarbeit der Zukunft – Industrie 4.0. Fraunhofer-Verlag, Stuttgart (2013)
13. Hirsch-Kreinsen et al. (Hrsg.): Digitalisierung industrieller Arbeit – Die Vision Industrie 4.0 und ihre sozialen Herausforderungen. Nomos, Berlin (2015)
14. GfK Enigma: „Umfrage in mittelständischen Unternehmen zum Thema Digitalisierung – Bedeutung für den Mittelstand im Auftrag der DZ Bank" (2014)
15. VDMA: Leitfaden Industrie 4.0 – Orientierungshilfe zur Einführung in den Mittelstand. VDMA, Frankfurt a. M. (2015)
16. Fraunhofer ISI.: Benchmarking Readiness I 4.0 – Beschreibung der Indikatoren und Kennzahlen
17. IMPULS-Stiftung: INDUSTRIE 4.0-READINESS
18. PricewaterhouseCoopers: PwC Industrie 4.0 Self Assessment
19. Roland Berger Strategy Consultants: Industry 4.0 – The new Industrial Revolution
20. Buker, Inc.: Lean Manufacturing Assessment. Buker, Inc., Antioch (2010)
21. Goodson, E.: Read a plant – fast. Harv. Bus. Rev. **76**(4), 105–113 (2002)
22. Spath, D. (Hrsg.): Ganzheitlich produzieren: Innovative Organisation und Führung. LOGIS, Stuttgart (2003)

Über die Autoren

Prof. Dieter Spath ist Leiter des Instituts für Arbeitswissenschaft und Technologiemanagement der Universität Stuttgart und des Fraunhofer-Instituts für Arbeitswirtschaft und Organisation.

Dr.-Ing. Sebastian Schlund ist Mitarbeiter des Instituts für Arbeitswissenschaft und Technologiemanagement der Universität Stuttgart, bis 2012 als wissenschaftlicher Mitarbeiter und seitdem als Akademischer Rat. Zusätzlich leitet er das Competence Center „Produktionsmanagement" am Fraunhofer-Institut für Arbeitswirtschaft und Organisation (IAO).

Bastian Pokorni ist wissenschaftlicher Mitarbeiter des Competence Centers „Produktionsmanagement" am Fraunhofer-Institut für Arbeitswirtschaft und Organisation (IAO) Stuttgart. Zuvor arbeitete er als wissenschaftlicher Mitarbeiter am Institut für Arbeitswissenschaft und Technologiemanagement der Universität Stuttgart.

Maik Berthold ist Mitarbeiter des Instituts für Arbeitswissenschaft und Technologiemanagement der Universität Stuttgart. Er arbeitet aktuell im Competence-Team „Production Excellence" am Fraunhofer-Institut für Arbeitswirtschaft und Organisation (IAO).

Industrie 4.0 – Konsequenzen für das Produktionsmanagement

4

Wie verändert Industrie 4.0 das Produktionsmanagement der kundenauftragsgetriebenen Klein- und Einzelserienfertigung von KMUs?

Anita Klotz, Thomas Felberbauer, Thomas Moser und Mario Moser

4.1 Einleitung

Die Klein- und Einzelserienfertigung unterliegt oftmals einem kundenauftragsgetriebenen Prozess, und die produzierenden Unternehmen sind kleine und mittlere Unternehmen, kurz KMUs (z. B. [14]). Die Anforderung dieser Kundenauftragsfertiger zeichnet sich vor allem durch die *Produktion kleiner Stückzahlen* aus, wobei die *Produktvielfalt sehr umfassend* ist. Die Produkte bestehen häufig aus einer Kombination von standardisierten Komponenten und kundenspezifischen Komponenten (z. B. [12]).

Das Produktionsmanagement für die kundenauftragsgetriebene Klein- und Einzelserienfertigung benötigt ein hohes Maß an Flexibilitätspotenzial, da Dynamik und Komplexität der Leistungserstellung sehr hoch sind (siehe Grundzusammenhänge der Flexibilität in [5]). Dem Produktionsmanagement obliegt die unmittelbare Lenkung des Produktionssystems beziehungsweise der Prozesse der Leistungserstellung (siehe Abb. 4.1). Das Produktionssystem kann als soziotechnisches System betrachtet werden, das Input

A. Klotz (✉)
Management Center Innsbruck, Innsbruck, Österreich
E-Mail: anita.klotz@mci.edu

T. Felberbauer
Fachhochschule St. Pölten, St. Pölten, Österreich
E-Mail: thomas.felberbauer@fhstp.ac.at

T. Moser
Fachhochschule St. Pölten, St. Pölten, Österreich
E-Mail: thomas.moser@fhstp.ac.at

M. Moser
LISEC Holding GmbH, Innsbruck, Österreich
E-Mail: mario.moser@prozesse.at

© Springer Fachmedien Wiesbaden GmbH 2017
R. Koether und K.-J. Meier (Hrsg.), *Lean Production für die variantenreiche Einzelfertigung*, DOI 10.1007/978-3-658-13969-8_4

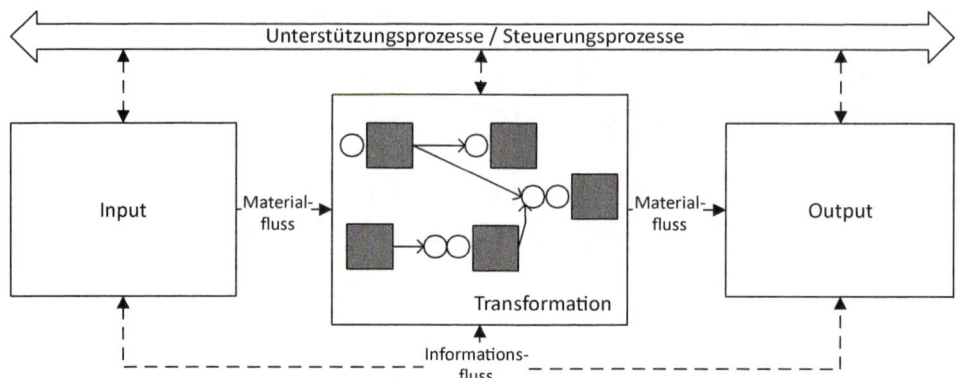

Abb. 4.1 Der Produktionsprozess als Input/Output-System. (Quelle: In Anlehnung an die konzeptionelle Beschreibung von [27])

durch wertschöpfende Prozesse zu Output (z. B. Produkte) transformiert, wobei zentrale Aufgaben sowie die Informationsversorgung von einem System zur *Produktionsplanung und -steuerung (PPS)* unterstützt werden können (z. B. [24], [32]).

Eine prozessuale Betrachtung der Auftragsabwicklung verdeutlicht die Rahmenbedingungen, welche zur Komplexität und Dynamik der Produktionsplanung und -steuerung beitragen. Ausgangspunkt für unsere Überlegungen ist die Auftragsannahme. Es wird bei näherer Betrachtung deutlich, dass zunächst nur eine Prognose der gesamten, in einer bestimmten Periode zu fertigenden Aufträge erfolgen kann (z. B. [12]). Für die operative Planung ist es schwer abzuschätzen, welche Kundenanfragen eingehen und welche Aufträge angenommen werden sollen beziehungsweise welches Lieferdatum kundenseitig garantiert werden kann. Bis zur Auftragsannahme und der damit verbundenen Übermittlung von Kundenauftragsdaten bleibt es unsicher, wie die Auftragsspezifikationen ausgestaltet sind. Diese Spezifikationen beeinflussen den gesamten, in einer bestimmten Periode zu fertigenden Produktmix und damit einhergehend den Fertigungsablauf erheblich. Der Produktmix kann ausgeprägten Schwankungen unterliegen und möglicherweise variiert mit ihm die operative Zielsetzung, Priorisierung und Rahmenbedingung der Planung (z. B. [12]).

Dem Produktionsprozess gehen typische Planungsaufgaben wie die Programmplanung, die Mengenplanung (z. B. Materialbedarfsplanung, engl. material requirements planning, MRP) oder die Termin- und Kapazitätsplanung voraus. Da es Unsicherheiten hinsichtlich der Prognose von Kundenaufträgen (z. B. [2]) und dem Produktmix gibt, unterliegen alle Produktionsplanungsaufgaben erheblichen Unsicherheiten. Beispielsweise ist die Materialbedarfsplanung und -beschaffung ein kritischer Prozess, der unmittelbar mit der Auftragsspezifikation und der Produktentwicklung in Zusammenhang steht. Wird bei der Produktentwicklung auf die Verwendung von Gleichteilen besonderen Wert gelegt, können größere Stückzahlen von einem Material (Input für die nachfolgende Produktion, siehe Abb. 4.1) bei dem jeweiligen Zulieferer geordert werden, und dies hat wiederum einen positiven Einfluss auf Lieferzeit und Kosten (z. B. [14]). Nachdem Fertigungsaufträge und deren Start- und Endtermine definiert wurden, erfolgen im nächsten Schritt der unmittelbare Produktionsvorgang und die notwendige -steuerung der Fertigung.

Die Produktion (der Transformationsprozess, siehe Abb. 4.1) einer kundenauftragsgetriebenen Klein- und Einzelserienfertigung ist häufig gekennzeichnet durch ein funktionales Layout (Werkstattfertigung). Erhebliche Unsicherheit im Produktionsprozess entsteht durch einen Fertigungsablauf, welcher durch eine nicht repetitive Abfolge von Produktionsschritten definiert wird. Für jeden kundenspezifischen Auftrag und den daraus abgeleiteten Produktionsauftrag muss u. a. definieren werden,

- welche Arbeitsschritte für die Auftragsfertigung notwendig sind,
- auf welchen Ressourcen die Arbeitsschritte effizient durchgeführt werden können und
- wie die Fertigungsdurchlaufzeit, unter den Bedingungen der Unsicherheit, antizipiert werden kann (z. B. [9]).

Die Komplexität wird zudem durch knappe Ressourcen und Engpässe, welche sich über die Zeit und durch den variablen Produktmix verschieben, erhöht. Die Enderzeugnisse (Output vom Produktionsprozess, siehe Abb. 4.1) sind eindeutig einem Kunden zugeordnet und können bei Bedarf unmittelbar ausgeliefert werden. Eine Liefertermbestimmung erfolgt meist bereits bei Auftragsannahme. Die Lagerhaltung für Enderzeugnisse hat somit eine geringere Bedeutung für eine kundenauftragsgetriebene Klein- und Einzelserienfertigung als für die anonyme Lagerfertigung.

Damit die Komplexität und Dynamik der Klein- und Einzelserienfertigung handhabbar gemacht werden kann, unterstützen PPS-Systeme die skizzierten Aufgaben des Produktionsmanagements sowie der Informationsversorgung (z. B. [32]). Seit Langem (z. B. [26]) sind die Vorteile von computerunterstützten PPS-Systemen (z. B. Computer Integrated Manufacturing, CIM) bekannt. Von zentraler Bedeutung für CIM ist die integrative Unterstützung der Informationsverarbeitung von technischen wie auch betriebswirtschaftlichen Aufgaben im Rahmen der Leistungserstellung (u. a. betreffend Konstruktion, Produktionsplanung und Fertigung; vgl. [11] und [26]). *Industrie 4.0* geht hier noch einen Schritt weiter und hat zum Ziel, möglichst einfach die Produktionsanlagen und logistischen Abläufe zu vernetzen sowie eine dezentral gesteuerte Produktion und Materiallogistik zu ermöglichen (z. B. [11]). Neben der vom CIM-Ansatz geforderten Datenintegration und der Integration von Vorgangsketten [26] zeichnet sich Industrie 4.0 besonders durch die heute sehr weitreichenden Automatisierungstechniken in Kombination mit Internetlösungen aus, welche eine dezentral gesteuerte Produktion und Logistik ermöglichen (z. B. [11]).

Vor dem Hintergrund der skizzierten Problematik der kundenauftragsgetriebenen Klein- und Einzelserienfertigung und der damit einhergehenden Anforderungen an ein PPS-System kann abgeleitet werden, dass möglicherweise die hochkomplexe und ressourcenintensive Implementierung, sowie der Serienbetrieb jener Systeme, die KMUs bislang von einer Verwendung abhält.

Wesentliche Charakteristika von KMUs (siehe z. B. [16]) und der Einfluss auf das Produktionsmanagement und die Implementierung und Anwendung von PPS-Systemen werden nachfolgend kurz beschrieben:

- KMUs sind oftmals familiengeführt, bzw. es obliegt wenigen Anteilseignern die Unternehmensführung. Diese wenigen Personen beeinflussen das Produktionsmanagement und damit zentrale Entscheidungen wie jene der Implementierung von PPS-Systemen. Allerdings ist zu erwähnen, dass gerade in KMUs die notwendigen Entscheidungswege viel kürzer sind als in großen Unternehmen. Beschlossene Entscheidungen können daher erheblich schneller umgesetzt werden, wodurch das Flexibilitätspotenzial der PPS wesentlich erhöht wird.
- KMUs haben eine geringere Strategieverankerung (z. B. werden Ziele nicht explizit formuliert) als große Unternehmen und daher fehlt häufig das Fundament für eine langfristige Ausrichtung des Produktionsmanagements und damit auch für die PPS.
- KMUs haben eine bedeutend geringere Verfügbarkeit von liquiden Mitteln, und der Zugang zum Kapitalmarkt ist beschränkt. Damit ist die Finanzierung von Investitionen, um PPS-Systeme oder Technologien zur Unterstützung des Produktionsmanagements zu implementieren, eine große Herausforderung.
- KMUs müssen im Vergleich zu großen Unternehmen mit weniger Ressourcen ihre Leistungserstellung betreiben. Hierbei sind nicht nur finanzielle Engpässe, sondern auch personelle und zeitliche Ressourcen zu berücksichtigen. Ein weiterer Engpass ist das Know-how der Mitarbeiter. Besonders die Planungstools, -methoden und die Modelle der Produktionsplanung sind häufig komplex und nicht oder nur teilweise in den KMUs verankert. Durch die funktionsübergreifenden Tätigkeiten der KMU-Mitarbeiter ist beispielsweise eine Spezialisierung auf das Teilgebiet Planung nicht möglich und somit kann auch langfristig kein anforderungsspezifisches Know-how aufgebaut werden.
- KMUs und ihre Leistungsprozesse werden durchaus – wie auch in großen Unternehmen üblich – durch den vielseitigen Einsatz von Informationssystemen unterstützt. Die Softwarelandschaft von KMUs ist allerdings viel heterogener als in großen Unternehmen. Die computerunterstützte PPS als voll integriertes System, welches in einer umfangreichen Standardanwendungssoftware implementiert ist (z. B. Advanced Planning System, APS, auch von SAP als Advanced Planning and Optimization angeboten), findet sich in KMUs seltener als in Großunternehmen. Häufig führen die Voraussetzungen in KMUs dazu, dass ein erheblicher Anteil der Planung und Steuerung durch das Tabellenkalkulationsprogramm MS Excel erfolgt. Eine weitere Schwierigkeit für KMUs im Zusammenhang mit dem Einsatz voll integrierter PPS-Systeme ist eine fehlende Datenverfügbarkeit und -integration.

Auf die Besonderheiten von KMUs, bei der Implementierung eines Managementsystems wird in der Studie von Mackau (2003) eingegangen. Die zentralen Anforderungen dabei sind u. a.: 1) Einfachheit, 2) Transparenz und 3) Fokus auf Mitarbeiter [20]. Zusammenfassend kann festgehalten werden, dass KMUs nach einem Kompromiss zwischen umfangreicher Standardsoftware und manueller und flexibler Planung in isolierten Subsystemen (z. B. nicht ineinandergreifende Kapazitäts- und Auftragsfreigabeplanung in unterschiedlichen Tabellenkalkulationsprogrammen) suchen.

Das Streben nach Einfachheit [30] wie auch die zentrale Zielsetzung der Schwankungsreduktion (z. B. variabler Ankünfte, Durchsatz und Bestand) ist im Lean-Ansatz verankert (z. B. [29]). Dem Lean-Ansatz folgend repräsentiert *Workload Control* ein einfaches und in entsprechender Ausgestaltung vielversprechendes dezentrales PPS-System für KMUs mit kundenauftragsgetriebene Klein- und Einzelserienfertigung [19], [29]. Besonders eignet sich hierfür die Bestandsregelung mit aggregiertem Belastungsmaß, eingebettet in ein hierarchisches Konzept mit regelbasierter Auftragsannahme und -freigabe [13]. Um mit Workload Control das Produktionsmanagement umfassend zu unterstützen, wird als zentrales Entscheidungskriterium der Bestand im System herangezogen. Zum einen handelt es sich um den Bestand in der Fertigung (WIP) und zum anderen um den Bestand resultierend aus der Auftragsannahme (z. B. akzeptierte Aufträge). Der Bestand wird aktiv gesteuert und damit einhergehend auch die Durchlaufzeit (z. B. [33]). Zusammenfassend kann das Vorgehen der Auftragsfreigabe auf Basis von Workload Control wie folgt dargestellt werden (siehe [19] für eine umfassende Verfahrensbeschreibung):

- Akzeptierte Aufträge werden in einem Auftragspool zurückgehalten und eine Liste aller noch freizugebenden Aufträge wird erstellt.
- Welche Aufträge freigegeben werden und der entsprechende Freigabetermin, hängt u. a. von der Auftragsspezifikation, der Bestandssituation im Fertigungssystem und der Bestandsgrenze ab.
- Für jedes Arbeitssystem gibt es ein Bestandskonto. Nach Freigabe eines Auftrages werden die Bestandskonten der – für die Fertigstellung des Auftrages notwendigen – Arbeitssysteme aktualisiert (zum aktuellen Bestand wird die Auftragszeit hinzuaddiert). Wird ein Auftrag an einem Arbeitssystem fertiggestellt, erfolgt wiederum eine Aktualisierung des Bestandskontos.
- Zum Zeitpunkt der Auftragsfreigabe wird der Gesamtbestand der Bestandsgrenze eines Arbeitssystems gegenübergestellt. Nur wenn die Bestandsgrenzen aller – für die Fertigstellung des Auftrags notweniger – Arbeitssysteme eine Freigabe zulassen, erfolgt diese auch und der Produktionsprozess kann angestoßen werden.
- Der Gesamtbestand eines Arbeitssystems setzt sich aus direktem Bestand (WIP vor/in einem Arbeitssystem) und indirektem Bestand (Bestand, der sich noch an einem vorgelagerten Arbeitssystem befindet) zusammen.

Die skizzierte regelbasierte Auftragsfreigabe kann in verschiedenen Ausgestaltungen angewendet werden, wie beispielsweise mit Unterschieden hinsichtlich der Auslösungslogik (periodisch, kontinuierlich oder ereignisbezogen) [19]. Für Workload Control – im Besonderen gilt das für das „Lancaster University Management School order release (LUMS OR)" – konnte gezeigt werden, dass dieser Lean-Ansatz besonders für die Klein- und Einzelserienfertigung von KMUs geeignet ist. Er zeichnet sich durch Einfachheit aus, die Bestände und Durchlaufzeiten können gesteuert werden, und er führt besonders in der Fertigung zu einer erhöhten Transparenz [29]. Die Folge ist ein schlankes Produktionssystem, das die erforderliche Flexibilität der dezentralen Fertigungssteuerung, wie bei Industrie 4.0 gefordert, erfüllt.

Trotz der positiven Eigenschaften von Workload Control wird dieses PPS-System bislang in den KMUs nur selten eingesetzt. Möglicherweise liegt dies in den KMU-spezifischen Charakteristika begründet. Nachfolgend wird erläutert, wie die neuen Möglichkeiten der Industrie 4.0 einen positiven Beitrag zum Produktionsmanagement der Klein- und Einzelserienfertigung von KMUs leisten. Der Fokus der folgenden Betrachtung liegt dabei auf der Konzeption eines schlanken PPS-Systems.

4.2   Industrie 4.0 – ein Kurzüberblick

Der Begriff Industrie 4.0 [1] wurde entwickelt, um mit einem möglichst kurzen und symbolischen Stichwort die intelligenten Fabriken und Maschinen sowie vernetzten Prozesse *(cyber-physisches System, CPS)* betiteln zu können. Die Bezeichnung sieht sich in der Tradition des Begriffs der industriellen Revolution und soll deren vierte Stufe zum Ausdruck bringen. Die erste industrielle Revolution bestand in der Mechanisierung mit Wasser- und Dampfkraft, die zweite industrielle Revolution umfasste die Massenfertigung mithilfe von elektrischer Energie. Als dritte Stufe kann die digitale Revolution angesehen werden, die den Einsatz von Elektronik und IT zur weiteren Automatisierung der Produktion beinhaltet. Der Wandel hin zu einer nun prognostizierten Industrie 4.0 wird eine der wesentlichen Entwicklungen in den nächsten Jahren und Jahrzehnten darstellen [18].

Für produzierende Unternehmen mit Klein- und Einzelserienfertigung gibt es aus unserer Sicht – neben der Notwendigkeit eines kundenorientierten Geschäftsmodells – zwei weitere wesentliche Perspektiven auf das Thema Industrie 4.0: die Produktperspektive und die Prozessperspektive. Nachfolgend wird kurz auf beide Perspektiven eingegangen.

Produzierende Unternehmen mit Klein- und Einzelserienfertigung – wobei dies für die Gesamtheit der Unternehmen und branchenübergreifend gilt – stehen seit ca. einem Jahrzehnt vor einer neuen Wettbewerbssituation. Diese neue Situation ist das Resultat einer *IT-getriebenen Transformation* mit gesamtgesellschaftlichem Einfluss und entstand durch die Nachfrage und Entwicklung *smarter Produkte* ([25]). Smarte Produkte basieren im Wesentlichen auf Informationstechnologie und zeichnen sich durch Intelligenz (Sensoren) sowie Vernetzung (Schnittstellen) aus. Daraus resultiert ein Funktionsumfang, welcher für smarte Produkte erheblich umfassender ist als jener von klassischen Produkten. Die smarten Produkte erzeugen zudem Daten, welche völlig neue Produktkategorien und -spektren eröffnen. Diese Eigenschaften sind es, welche als revolutionäre Veränderung bezeichnet werden und bereits die gesamte Wettbewerbssituation produzierender Unternehmen nachhaltig verändert haben.

Diese Veränderung wurde durch Entwicklungen und Fortschritt in der Informationstechnik vorangetrieben, wobei zwei wesentliche Vorgänge durch die Gesetze von *Metcalfe* [10] und *Moore* [23] beschrieben werden können. Beide Gesetze sind eine Beschreibung von empirischen Beobachtungen in der Vergangenheit und gelten nicht als unumstößliche Wahrheiten [6]. Das Gesetz von *Metcalfe* „[…] zeigt auf, dass der Wert eines Netzes für Teilnehmer exponentiell zur steigenden Mitgliederzahl des Netzwerkes wächst" [17, S. 223]. Kurz gesagt, mit jedem neuen Netzwerkmitglied steigt der potenzielle Nutzen eines jeden Teilnehmers im Netz überproportional (vgl. [17, S. 223]). Dieser Zusammenhang ist eine wesentliche Beschreibung einer empirischen Beobachtung im Internetzeitalter und damit von erheblicher Bedeutung für die Industrie 4.0. Der Industrie 4.0 vorausgegangen sind außerdem zahlreiche technische Entwicklungen, wie beispielsweise der anhaltende Fortschritt in der Mikroelektronik und die Effizienz- und Leistungssteigerung von Computern und anderer Technologien (z. B., effiziente Methoden für die Softwareherstellung; für eine ausführliche Beschreibung siehe [22]). Eine treibende Kraft ist die vergangene Entwicklung der Leistungsfähigkeit von Prozessoren, welche häufig durch das *Gesetz von Moore* beschrieben wird „[…] welches besagt, dass sich die Zahl der auf einen Chip integrierbaren elektronischen Komponenten (wie z. B. Transistoren) alle 18 bis 24 Monate verdoppelt" [22, S. 42]. Auch wenn das Ende von Moores Gesetz diskutiert wird (z. B. SIA, die Semiconductor Industry Association), sind weitere Entwicklungen der Mikroelektronik zentral für die Industrie 4.0. Die elektronischen Komponenten werden nämlich nicht nur kleiner, sondern auch billiger in der Herstellung und leistungsfähiger, da beispielsweise Verbesserungen der Architektur- und Verarbeitungsprinzipien entwickelt wurden. Diese anderen zahlreichen technischen Entwicklungen (z. B. Bandbreite von Glasfaserverbindungen, Entwicklung bei Speichern etc.) haben es möglich gemacht, dass selbst Alltagsgegenstände mit Sensoren, Prozessoren und Speichern ausgestattet werden können und mit integrierten und eingebetteten Systemen ein wesentliches Merkmal der smarten Produkte darstellen. Von herausragender Bedeutung ist – neben der Informationsverarbeitung – die Fähigkeit der Kommunikation. Smarte Produkte werden durch Kommunikationsmodule ergänzt und bislang isolierte Datensilos werden zu einem vernetzten System (*Internet der Dinge*). Es ist zu erwarten, dass sich diese zunehmende Vernetzung der smarten Produkte und der daraus resultierende Produktivitätszuwachs analog zur digitalen Wirtschaft und der Nutzung von Computern vor und nach der Internetverfügbarkeit entwickeln wird (z. B. [15]).

Neben diesen smarten Produkten wird auch die Umwelt zunehmend mit Computertechnik ausgestattet, und es entsteht beispielsweise ein *Sensornetz*, um eine Überwachung zu ermöglichen beziehungsweise Zusatznutzen für Produktanwender zu stiften [22]. In Zukunft wird zum Beispiel kaum ein Ladungsträger ohne Umgebungssensor, GPS, lernfähige und intelligente Assistenz- sowie Kommunikationsmodule verkauft werden. Die angeführten Voraussetzungen – von den technischen Komponenten über die Entwicklung smarter Produkte hin zu vernetzten CPS – bilden die Basis für die *Prozessorientierung* der Industrie 4.0. Hierbei stehen vor allem die *Mensch-Maschine-Interaktion* und die autonome *Maschine-zu-Maschine-Kommunikation (M2M)* im Vordergrund.

Mensch-Maschine-Interaktion

Als eine zentrale Herausforderung von Industrie 4.0 und innovativer Arbeitsgestaltung erweist sich die Mensch-Maschine-Interaktion. Hierbei ergibt sich das Problem, inwieweit die Mitarbeiter in der Lage sind, Systeme oder Maschinen zu steuern und damit die Verantwortung über den Systembetrieb übernehmen können [8]. Grundsätzlich kann nicht davon ausgegangen werden, dass die überwachenden Personen in jedem Fall diesen Funktionen nachgehen können, da die funktionale und informationelle Distanz zum Systemablauf oftmals zu groß ist. Folgen daraus wären eine unzutreffende Einschätzung des Bedienungspersonals über die Anlagenzustände und unter Umständen falsche Entscheidungen in Hinblick auf Eingriffe in den automatischen Prozess [18]. Daher ist vor allem auf die Grenzen der technischen Beherrschbarkeit der neuen Systeme aufgrund ihrer ausgeprägten Komplexität und ihrer inhärenten Unberechenbarkeiten zu verweisen. Die Automationsforschung spricht in diesem Zusammenhang von der „Ironie der Automation", wonach automatisierte Prozesse wegen des hohen Routinecharakters bei Störungen nur schwer zu bewältigende Arbeitssituationen erzeugen [3].

M2M-Kommunikation

Aufgrund ständig steigender Anforderungen werden Produktionssysteme immer heterogener, u. a. durch verschiedene Produktgenerationen bzw. verschiedene Hersteller von Maschinen und Steuerungssystemen. Für die erfolgreiche Integration heterogener Maschinen und Anlagen werden M2M-Kommunikationsprotokolle benötigt, wie beispielsweise die OPC Unified Architecture, kurz OPC UA, ein industrielles M2M-Kommunikationsprotokoll. Die aktuelle OPC-Spezifikation der OPC Foundation inkludiert auch die Fähigkeit, Maschinendaten (Prozesswerte, Messwerte, Parameter etc.) nicht nur zu transportieren, sondern auch maschinenlesbar semantisch zu beschreiben. Weitere wichtige Bereiche von OPC UA sind erhöhte Verfügbarkeit und nicht-invasive Anbindung existierender Maschinen mittels Mobilnetz (GSM, UMTS, LTE), bei gleichzeitiger Erhöhung der Sicherheit, Qualitätssicherung und Zuverlässigkeit. Die Einsatzmöglichkeiten von OPC UA erstrecken sich dabei nicht nur auf die PC-Ebene. Dank der Flexibilität des Standards können Anwendungen auch für nicht-Windows-basierte Plattformen wie Linux oder für *Embedded-Systems* entwickelt werden, die in RTOS-Umgebungen (Real Time Operating System) oder in *Bare-Metal*-Umgebungen (die über gar kein Betriebssystem verfügen) verwendet werden können. Der Datenaustauschstandard ermöglicht die Auswertung einer Vielzahl an Sensordaten und Daten von Low-Level-Geräten.

Für produzierende Unternehmen mit Klein- und Einzelserienfertigung sind es CPS, die auf Basis von Mensch-Maschine-Interaktion und Maschine-zu-Maschine-Kommunikation, bei entsprechender Integration in die Prozesse der Leistungserstellung, eine zunehmende Automatisierung und dezentrale Steuerung ermöglichen und damit zur Effizienzsteigerung beitragen. Jedoch sind für KMUs – wie bereits skizziert – besondere

Anstrengungen notwendig, um eine Industrie 4.0 oder auch die „integrierte Industrie" erfolgsversprechend realisieren zu können. Dabei ergibt sich ein neues Geschäftsfeld für innovative Start-up-Unternehmen. Die Start-ups integrieren häufig CPS in ein smartes Produkt und erweitern dieses um eine Dienstleistung. Damit wird eine Unterstützung zur Realisierung von Industrie 4.0 für KMUs geboten. Beispielsweise werden smarte Produkte für die KMUs entwickelt, um Teile des Leistungserstellungsprozesses zu automatisieren oder bessere Entscheidungen im Produktionsmanagement zu treffen.

Die folgenden zwei Praxisbeispiele sollen anschaulich das Realisierungspotenzial von Industrie 4.0 für die kundenauftragsgetriebene Klein- und Einzelserienfertigung von KMUs, mit Fokus auf der Unterstützung des Produktionsmanagements durch CPS, aufzeigen.

4.3 Praxisbeispiele

In beiden Praxisbeispielen wurden von Start-up-Unternehmen CPS entwickelt, welche Informationen an eine Cloud übermitteln. Serviceorientiert und basierend auf Echtzeitdaten der Unternehmen werden in der Cloud-Dienstleistungen angeboten. Der Fokus von Praxisbeispiel 1 liegt dabei auf der effizienten Gestaltung des Materialversorgungsprozesses durch eine sensorunterstützte lieferantengeführte Lagerbestandsüberwachung. In Praxisbeispiel 2 werden Möglichkeiten zur effizienteren Gestaltung des Leistungserstellungsprozesses durch mobilfunkunterstützte Erfassung und Analyse von Sensordaten aufgezeigt. Beide Systeme ermöglichen KMUs durch Verwendung innovativer Kommunikationstechnologien den Zugang zu den vielversprechenden Konzepten des Produktionsmanagements, die in der Vergangenheit nur durch hohe Investitionskosten und hohes Risiko in KMUs realisiert werden konnten.

4.3.1 Sensorunterstützte lieferantengeführte Lagerbestandsüberwachung

Dieses Kapitel behandelt den Anwendungsfall des Dienstleistungsunternehmens TeDaLoS aus dem Bereich der sensorunterstützten lieferantengeführten Lagerbestandsüberwachung. TeDaLoS ist ein KMU mit Hauptsitz in Biedermannsdorf (Österreich). Das Unternehmen wurde im Jahr 2016 mit dem Hintergrund der Gründer aus IT, Großhandel und Industrie unter Federführung von Thomas Tritremmel gegründet. Die Hauptgeschäftsaktivitäten von TeDaLoS sind im Bereich *Smart Logistics,* mit einem Fokus auf *Vendor Managed Inventory (VMI)* bzw. der mobilen Überwachung von verteilten Lagerbeständen, angesiedelt. Das Geschäftsmodell von TeDaLoS basiert auf dem Komplettangebot einer VMI Dienstleistung.

VMI ist auch bekannt als ein System mit lieferantengesteuertem Bestand (z. B. [11]) und wird sehr häufig in der Industrie eingesetzt (Beispiele: Barilla, Proctor and Gamble, Wal-Mart[1]; siehe für Fallbeispiele [31, 21, 28]). Besonders die Konsumgüterindustrie und die notwendige Planungsunterstützung des Einzelhandels haben diese Systeme etabliert und eine Verbreitung für die gesamte industrielle Lieferkettenplanung initiiert. VMI unterstützt die Koordination in einer Lieferkette umfassend mit Fokus auf Materialflüssen (z. B. [4]). Bei einem VMI-System wird das Lagerbestandsmanagement eines Kunden (wie etwa die Bestimmung von Bestellmengen und Definition von Bestellzeitpunkt) vollständig durch den in der Lieferkette vorgelagerten Lieferanten übernommen. Voraussetzung hierfür ist, dass der Lieferant jederzeit die Höhe der Lagerbestände seines Kunden kennt [11].

Ein VMI-System birgt in der Anwendung erhebliches Rationalisierungspotenzial. Bei Einsatz einer geeigneten Lagerhaltungspolitik mit adäquater Parametrisierung, sind die optimalen Lagerbestände analytisch bestimmbar. In der Praxis hat sich gezeigt, dass ohne Einbußen beim Servicegrad eine Bestandsreduktion von 30–50 % möglich ist. Die aktuell verfügbaren APS-Systeme bieten Module an, um ein VMI-Konzept zum Bestandsmanagement heranzuziehen (vgl. [11]).

Generell lässt sich zusammenfassen, dass ein VMI-System für alle Teilnehmer der Lieferkette mehrwertbringenden ist (z. B. [31]), jedoch gibt es für KMUs bislang *hohe Eintrittsbarrieren,* welche nachfolgend aus Kundensicht dargestellt werden:

- Für KMUs übersteigen die Errichtungs- und laufenden Kosten in IT-Infrastruktur und Systemen den Nutzen von VMI, beziehungsweise ist die Amortisationszeit für die Investition zu lang und somit oft mit einem hohen Projektrisiko verbunden.
- Wird ein VMI-System implementiert, müssen Unternehmensprozesse in erheblichem Umfang angepasst werden (z. B. Bestellprozess). Die Integration von Systemen ist besonders für KMUs schwierig, weil das notwendige Know-how nicht im Unternehmen vorhanden ist und die notwendigen technischen Einrichtungen erst angeschafft werden müssen.
- Auch die oftmals notwendige Bindung der Güter an stationäre Lagerflächen repräsentiert eine Barriere, da das Flexibilitätspotenzial der KMUs dadurch eingeschränkt wird.
- Das Produktdesign (z. B. betreffend der physikalischen Eigenschaften eines Produktes) und damit einhergehend die vorgesehenen Ladungsträger müssen vorab definiert werden und können bei Bedarf nicht ohne Berücksichtigung des VMI-Prozesses

---

[1]**Beispiel VMI im Einzelhandel**
Die Verkaufsregale des Einzelhandels werden vom jeweiligen Hersteller der Produkte, welche für den Verkauf vorgesehen sind, überwacht. Der Hersteller entscheidet über die Nachlieferzeitpunkte und die Wiederauffüllmengen. VMI wurde in dieser Form beispielsweise von Wal-Mart eingesetzt (z. B. [7]).

verändert werden. Das hemmt die starke Innovationskraft der KMUs und es erhöht die Abhängigkeit vom Lieferanten.

- Eine weitere Barriere entsteht durch die langfristige Vertragsbindung an den Lieferanten. Diesem muss außerdem Zugriff auf Unternehmenssysteme, -daten und -infrastruktur gewährt werden.

Unter Berücksichtigung moderner Technologien können diese Eintrittsbarrieren erheblich reduziert werden. Eine innovative technische Lösung zur Ermöglichung der VMI-Dienstleistung muss für eine Mehrheit der Unternehmen unterschiedlichster Branchen mit höchstmöglicher Flexibilität einsetzbar sein und zudem hinsichtlich Kosten oder Geschäftstätigkeit einen Wettbewerbsvorteil herstellen können. Deshalb ist die VMI-Dienstleistung Teil des Themas *Smart Logistics* und eine Komponente von Industrie 4.0. Transparente, effiziente und schnell reagierende Lieferketten werden auch für Unternehmen möglich, welche nicht bereits über hohe Marktanteile und Automatisierungsgrade verfügen.

Die VMI-Lösung von TeDaLoS setzt an den genannten Eintrittsbarrieren an und ist daher gerade für KMUs ein interessantes Lösungskonzept zur Implementierung einer automatisierten Materialversorgung:

- Das VMI-System kann beinahe ohne Einschulung in Betrieb genommen werden und eine aufwendige Systeminstallation ist nicht notwendig.
- Montagetätigkeiten und der Einsatz eines Scanners zur Datenerfassung entfallen.
- Die Projektvorlaufzeit und Kapitalbindung sind erheblich geringer als bei marktüblichen VMI-Systemen (Pay per use).
- Der Einsatz beim Kunden ist nicht ortsgebunden (z. B. flexibles Lager).
- Der Kunde kann erheblich leichter den Lieferanten wechseln als mit den marktüblichen, in Standardsoftware implementierten VMI-Systemen.

Eingesetzte Industrie-4.0-Technologien

Die zentrale Komponente von TeDaLoS ist eine drahtlose Sensoreinheit, auf der Produkte transportiert und gelagert werden. Diese überträgt Informationen (z. B. Temperatur, Position, Erschütterung und Menge) an die TeDaLoS-Cloud. In der Cloud werden die Daten weiterverarbeitet, und so können in Echtzeit vorhandene Mengen und Verbrauchswerte eines Produktes angezeigt bzw. die Reichweite der Produkte berechnet werden. Analog zum eingestellten Meldebestand „triggert" das intelligente System automatisch die Nachbestellung beim Lieferanten. Die Abb. 4.2 zeigt schematisch den VMI-Kreislauf mithilfe der TeDaLoS-Dienstleistung.

Die drahtlose sensorbestückte Einlageplatte wird zwischen Ladungsträger, z. B. einer regulären Europoolpalette, und den darauf enthaltenen Waren platziert. Der eingebettete Gewichtssensor berechnet aufgrund der getätigten Basiseinstellungen die genaue Anzahl der gelagerten Menge pro Produkt und stellt diese Informationen in der TeDaLoS-Cloud sowohl Kunden als auch Lieferanten zur Verfügung. Basierend auf dieser Information

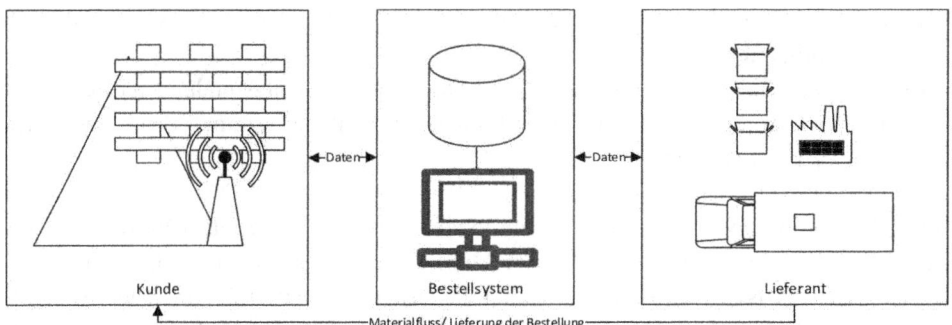

Abb. 4.2 VMI-Kreislauf der TeDaLoS

und den eingestellten Planungsparametern wird dann computerunterstützt automatisiert im richtigen Moment nachbestellt. Das System schafft Transparenz in der gesamten Lieferkette, da sowohl der Lieferant als auch der Kunde in Echtzeit einen genauen Überblick über den aktuellen Lagerstand haben. Die Transparenz in Kombination mit der Echtzeitinformation sollte zur Erhöhung der Materialverfügbarkeit bei gleichzeitiger Reduktion des Gesamtlagerbestandes führen. Analog zum klassischen VMI-System übernimmt der Lieferant die Verantwortung für den beim Kunden vorhandenen Lagerstand. Zusätzlich gibt es weitere Möglichkeiten, den automatischen und intelligenten Bestellprozesses durch die Integration zusätzlicher Sensoren zu verbessern. Diese können z. B. verwendet werden, um eine genaue Positionsbestimmung der Produkte zu erreichen oder den Schwund zu orten, oder sie ermöglichen die durchgängige Überwachung der Temperatur der in Auslieferung befindlichen Produkte (verderbliche Güter).

TeDaLoS bietet eine nahtlose Überwachung des Lagerbestandes in Echtzeit, wodurch der Lager- und Materialversorgungsprozess in erheblichem Umfang unterstützt werden kann. Die Lösung der webbasierten sensorunterstützten Lagerbestandsüberwachung reduziert die genannten Eintrittsbarrieren von KMUs für eine VMI-Implementierung und ermöglicht so auch kleinen Unternehmen, die folgenden, seit Langem bekannten Potenziale eines VMI-Systems zu nutzen:

• Der Lieferant kann die Lagerbestände an den tatsächlichen Verbrauch des Kunden anpassen.
• Das Ergebnis umfasst eine Reduktion der benötigten Lagerkapazitäten.
• Es wird eine Reduktion der CO_2-Emissionen erreicht, da weniger, aber effektivere Lieferfahrten benötigt werden.
• Die erhöhte Transparenz in der Lieferkette ermöglicht die Minderung des sogenannten Peitscheneffekts (engl. bullwhip effect).

Auswirkungen auf die Klein- und Einzelserienfertigung
Da KMUs oftmals mit knappen Personal- und Kapitalressourcen wirtschaften müssen, kann ein VMI-System basierend auf Industrie-4.0-Technologien – wie jenes der

TeDaLoS – zu einer positiven Kosten-Nutzen-Bilanz führen. Zunächst ist ein nicht unerheblicher positiver Impuls für das Produktionsmanagement zu erwarten, da der Fokus auf die Kernkompetenzen des Unternehmens gelenkt werden kann. Die Implementierung dieses Systems erfordert außerdem keine vollumfassende Standardanwendungssoftware (wie z. B. von SAP), sondern das als *Software as a Service* cloudbasierte VMI-System kann beinahe ohne Einschulung und Installationsaufwand in Betrieb genommen werden. Auch der Einsatz von Hardware beschränkt sich auf die drahtlose, sensorbestückte Einlageplatte (Scanner zur Datenerfassung werden nicht benötigt). Das Projektrisiko der TeDaLoS-Einführung kann durch die geringe Projektlaufzeit, beinahe keine Kapitalbindung (Pay per use) und den geringen Personalaufwand für die Implementierung auf ein Minimum reduziert werden. Gleichzeitig hält der Einsatz der drahtlosen sensorbestückten Einlageplatte die volle Flexibilität eines KMUs aufrecht, und bei Bedarf sind Produkte nicht an eine stationäre Lagerflächen gebunden. Da KMUs häufig eine schwächere Position auf dem Beschaffungsmarkt haben als große Unternehmen, ist ein weiterer erheblicher Vorteil des TeDaLoS-VMI-Systems, dass keine langfristige Bindung mit dem Lieferanten eingegangen werden muss und die vertraulichen Bedarfsdaten, ohne Zugriff auf firmeninterne Systeme, über die Cloud ausgetauscht werden können. In Bezug auf die Servicelösung von TeDaLoS können nun auch KMUs ohne das bislang notwendige Expertenwissen zur Verwendung von Lagerhaltungspolitiken die damit einhergehenden Einsparungspotenziale im Bestellprozess realisieren. Die erhöhte Transparenz und die automatisierten Nachbestellungen resultieren simultan in geringere Lagerbestände und erhöhter Materialverfügbarkeit. Zusammenfassend lassen sich die Vorteile wie folgt beschreiben: Ein KMU kann sich auf seine Kernkompetenzen fokussieren, der Leistungserstellungsprozess wird schlanker sowie effizienter und dies erhöht die Wertschöpfung des Unternehmens.

4.3.2 Mobilfunkunterstützte Erfassung von Sensordaten

Dieses Kapitel behandelt den Anwendungsfall eines Dienstleistungsunternehmens aus dem Bereich der automatisierten und mobilfunkunterstützten Erfassung von Messwerten. Das österreichische Start-up-Unternehmen, die LineMetrics GmbH, wurde im Mai 2012 von Reinhard Nowak und Wolfgang Hafenscher gegründet. LineMetrics steht für Einfachheit und Vielseitigkeit und ist somit unter anderem auch für KMUs der ideale Partner, um schnell und flexibel den Leistungserstellungsprozess zu optimieren. Aktuell werden die Dienstleistungen und Produkte von LineMetrics von mehr als 100 Kunden in 8 Ländern eingesetzt, und das Unternehmen wurde von Wirtschaft und Politik mit mehreren Preisen für Innovation und Internationalisierung prämiert. Hervorzuheben ist dabei der Nutzen ihrer Produkte für unterschiedlichste Branchen (z. B. Agrarbereich, Prozessindustrie, Stückgutfertigung). Ihre Produkte können als CPS bezeichnet werden, die es sehr einfach ermöglichen, den Leistungserstellungsprozess zu überwachen und zu steuern. Die Produkte liefern somit einen wesentlichen Beitrag zur innovativen *M2M-* und *Mensch-zu-Maschine-Interaktion.*

Eingesetzte Industrie-4.0-Technologien

Aus der technischen Perspektive bietet LineMetrics intelligente Datenlogger an, die über das Mobilfunknetz Sensordaten zur LineMetrics-Cloud senden. Der klassische Dantelogger, die LineMetrics-Box, wird über das Stromnetz versorgt. Um auch in exponierten Lagen (z. B. in einem Hochregallager) Daten erfassen zu können, gibt es ebenfalls eine stromnetzautarke Variante, die als LineMetrics-Wireless bezeichnet wird. Nach dem Prinzip von CPS verbinden sich die Datenlogger untereinander zu einem intelligenten und theoretisch unbegrenzten Sensornetz, welches in Echtzeit Daten sendet und so den aktuellen Systemzustand widerspiegelt. Die Daten werden über das Mobilfunknetz in der LineMetrics-Cloud gespeichert und können dort analysiert werden. Bei Ausfall des Mobilfunknetzes sorgt der intern verbaute Speicher dafür, dass keine Daten verloren gehen. Die LineMetrics-Cloud wird als *Software as a Service* angeboten und bietet vielseitige Möglichkeiten:

- Alarmierung bei der Überschreitung eines Schwellenwertes
- Verwendung einer eigenen Benutzerverwaltung
- Darstellung von interaktiven Charts

Diese Möglichkeiten unterstützen das Produktionsmanagement, da der Leistungserstellungsprozess überwacht werden kann, um bei Bedarf einzugreifen. Zusätzlich können die Daten über Export-Funktionen bzw. auch über eine eigene Programmierschnittstelle (API) oder eine standardisierte Schnittstelle, wie zum Beispiel OPC UA, mit anderen Systemen ausgetauscht werden. In dieser Form dienen die Daten aus der LineMetrics-Cloud nicht nur der Analyse, sondern auch anderen Systemen, die etwaige Planungs- und Steuerungsaufgaben unterstützen. Auf der LineMetrics-Box stehen 8 Universal Eingänge zur Verfügung. Diese unterstützen einerseits 1–10 V Analog- und andererseits auch 0–24 V Digitalsignale, die über die LineMetrics-Cloud konfiguriert werden können. Zusätzlich können über das standardisierte Modbus-Protokoll Anlagen und Maschinen schnell und einfach über eine RS-485-Schnittstelle mit der LineMetrics-Box verbunden werden. Die universellen Eingänge ermöglichen eine flexible Anbindung von Sensoren, durch die in der Cloud unterschiedlichste Kennzahlen wie z. B. Anlagenverfügbarkeiten (Overall Equipment Effectiveness – OEE), Energieverbrauch, Qualitätsdaten etc. überwacht werden können, und somit wird ein Unternehmen unterstützt, die richtigen Entscheidungen im Produktionsmanagement zu treffen. In Bezug auf *Mensch-Maschine-Interaktion* stehen dem Benutzer durch die verwendeten Internettechnologien die Informationen und die Auswertungen der Cloud-Daten auf allen mobilen Geräten in Echtzeit zur Verfügung.

Auswirkungen auf die Klein- und Einzelserienfertigung

LineMetrics vereinfacht die Optimierung des Leistungserstellungsprozesses in Unternehmen (z. B. Bestandssenkung ohne negative Auswirkung auf Durchsatz). Besonders für KMUs ermöglicht LineMetrics, die ohnehin sehr limitierten internen Personalressourcen effektiv zur Verbesserung des Leistungserstellungsprozesses einzusetzen. Durch die geringen Anschaffungskosten und den gewählten *Software-as-a-Service*-Ansatz der LineMetrics-Cloud werden das Risiko und einhergehend die Eintrittsbarrieren zur Implementierung minimiert. Selbst ein bereits etwas älterer Maschinenpark kann mit Sensoren nachgerüstet werden, da kein wesentlicher Eingriff in deren Steuerung notwendig ist. Durch das *Plug-and-Play*-Konzept lässt sich das System ohne Installationsaufwand implementieren und verursacht auch keine zusätzlichen Infrastrukturkosten. So wird es auch für KMUs mit begrenzten finanziellen Mitteln möglich, neueste M2M- und Mensch-Maschine-Lösungen zu verwenden.

Durch die Analyse der Sensordaten können Optimierungspotenziale erkannt und priorisiert werden. Die interaktive Visualisierung der Maschinen- und Umgebungsdaten in der LineMetrics-Cloud ist die Grundlage für faktenbasiertes Analysieren, wobei der Anwendungsbereich sehr vielseitig ist, wie folgende Punkte zeigen:

- Identifikation von Problemen und Verschwendung
- Proaktive Instandhaltung (predictive maintenance)
- Überwachung der Qualitätsanforderungen
- Steigerung der Energieeffizienz

Die Lösung von LineMetrics birgt enormes Potenzial für die Steigerung von Effizienz, einhergehend mit der Senkung von Kosten. Zwei Anwendungsbeispiele machen dies greifbarer:

Beispiel

In einer Fertigungshalle mit Mehrmaschinenbedienung fällt eine Maschine aus. Sensoren erfassen den Stillstand der Anlage und können die Störung sofort erfassen. Das System sendet über das Mobilfunknetz eine Alarmmeldung an den zuständigen Mitarbeiter, welcher sich unverzüglich um die Behebung des Fehlers kümmert. Die Stillstandszeiten werden dementsprechend sinken.

Ein weiteres Beispiel ist die kontinuierliche Überwachung der Spindeltemperaturen. Vor allem bei älteren Anlagen kann die Information über den Verlauf der Spindeltemperatur für die proaktive, vorausschauende Instandhaltung interessant sein. Analog den Erfahrungswerten kann die Wartung der Spindel dementsprechend geplant werden und wichtige gewinnbringende Produktionskapazität geht somit nicht verloren.

Für große Unternehmen repräsentieren diese Beispiele keine große Errungenschaft, jedoch gestattet die Lösung von LineMetrics vor allem KMUs neue Möglichkeiten, um den Leistungserstellungsprozess wesentlich schlanker und effizienter zu gestalten.

Generell kann durch LineMetrics der Systemzustand (z. B. eines Fertigungsbereichs) in Echtzeit dargestellt werden. Diese Informationen können auch zur Verbesserung der Produktionsplanung und -steuerung – wie etwa mit Workload Control – beitragen. So wird es durch die LineMetrics-Lösung für KMUs einfacher, Workload Control zur Produktionsplanung und -steuerung einzusetzen. Wichtige Steuerungsparameter, wie z. B. der Bestand im Produktionssystem, der Produktionsdurchsatz und die Durchlaufzeiten, stehen dem Produktionsplaner in Echtzeit zur Verfügung. Ohne LineMetrics könnten diese Daten nur durch ein umfassendes ERP- bzw. Betriebsdatenerfassungssystem ermittelt werden, welches zum Teil in KMUs nicht vorhanden ist. Auch zur Auftragsfreigabe stehen dem Produktionsplaner nun einfacher Daten zur Verfügung (z. B.: Es befindet sich zu viel Bestand im System, d. h., es wurde etwas ohne freigegebenen Auftrag produziert; es befindet sich zu wenig Bestand im System, d. h., es wurde ein neuer Auftrag freigegeben, aber dieser befindet sich nicht in der Produktion). Wie bereits erwähnt, ist es auch möglich, über die programmierbare Schnittstelle andere Datenquellen zu integrieren. So könnten dem Produktionsplaner zusätzlich zum Systemzustand auch Lieferplaninformation bereitgestellt werden. Die Integration der Lieferplandaten ermöglicht demnach, über die Analyse der Verteilungen der Durchlaufzeit und der Verteilung der kundengeforderten Lieferzeit, eine Abschätzung logistischer Leistungskennzahlen (z. B. Verspätung und Liefertreue). Zusätzlich könnten die Analysen des Systemzustands und der Lieferplandaten zur Anpassung der Workload-Control-Parametrisierung verwendet werden. Auch bei der Auftragsannahmeentscheidung helfen die Echtzeitinformationen (z. B. über Output, Bestand, Maschinenverfügbarkeit) dem Produktionsplaner bei der Entscheidung, ob ein Auftrag zum gewünschten Liefertermin angenommen, der Liefertermin verschoben oder gar der Auftrag abgelehnt werden soll.

4.4 Zusammenfassung und Ausblick

In diesem Beitrag sind wir der Frage nachgegangen, inwieweit Industrie 4.0 das operative Produktionsmanagement der kundenauftragsgetriebenen Klein- und Einzelserienfertigung von KMUs verändern bzw. verbessern kann. Dazu wurden zunächst die speziellen Charakteristika von KMUs und die Problematik der kundenauftragsgetriebenen Klein- und Einzelserienfertigung erläutert. Dabei stellten wir fest, dass die hochkomplexe und ressourcenintensive Implementierung sowie der Serienbetrieb von innovativen Konzepten zum Produktionsmanagement (z. B. VMI oder Workload Control) der Grund für den nur sehr eingeschränkten Einsatz in KMUs sind. Neue Möglichkeiten der Informations- und Kommunikationstechnologien initiierten die Initiative Industrie 4.0. Diese neuen Möglichkeiten nutzen innovative Start-up-Unternehmen, um smarte Produkte zu entwickeln, die sich unter anderem durch Vernetzung auszeichnen. Produzierende Unternehmen mit Klein- und Einzelserienfertigung können diese CPS nutzen, um auf Basis von Mensch-Maschine-Interaktion und Maschine-zu-Maschine-Kommunikation den Leistungserstellungsprozess durch eine zunehmende Automatisierung und dezentrale Steuerung effizienter zu gestalten.

Die beiden Praxisbeispiele zeigen Start-up-Unternehmen, die als Produkte CPS anbieten, mit welchen sehr einfach Daten analysiert und aufgezeichnet werden können. Beide zeichnen sich durch ihre Einfachheit in der Implementierung und das *Software-as-a-Service*-Geschäftsmodell aus, wodurch die Eintrittsbarrieren für KMUs minimiert werden. Beide Produkte ermöglichen KMUs durch die Verwendung innovativer Kommunikationstechnologien den Zugang zu vielversprechenden Konzepten des Produktionsmanagements, wie zum Beispiel *VMI* zur Materialversorgung oder *Workload Control* zur Produktionssteuerung. Diese Konzepte waren in der Vergangenheit für KMUs nur schwierig umzusetzen. Durch beide Konzepte wird der Leistungserstellungsprozess eines KMUs schlanker und effizienter, was positiv zur Wertschöpfung beiträgt.

Ein weiterer wichtiger Aspekt dieses Beitrages ist die Darstellung der notwendigen Flexibilität der kundenauftragsgetriebenen Klein- und Einzelserienfertigung von KMUs (z. B. kurzfristig auf Auftragsschwankungen oder Kundenwünsche reagieren). KMUs verfügen oftmals über ein großes Potenzial an Flexibilität, um *proaktiv und reaktiv* mit Veränderungstreibern umzugehen. Jedoch gibt es eine Vielzahl von Maßnahmen, um die *Unternehmensflexibilität* weiter zu erhöhen. Diese Maßnahmen können durch den Einsatz von Industrie-4.0-Technologien (Echtzeitinformationen und Transparenz als reaktives Potenzial) in Kombination mit einem geeigneten System zur Produktionsplanung und -steuerung (z. B. Workload Control als proaktives Potenzial) erhebliche Unterstützung erfahren.

Literatur

1. Acatech: Cyber-Physical Systems – Innovationsmotor für Mobilität, Gesundheit, Energie und Produktion. Springer, Berlin (2011)
2. Altendorfer, K., Felberbauer, T., Jodlbauer, H.: Effects of forecast errors on optimal utilization in aggregate production planning with stochastic customer demand. Int. J. Prod. Res. **54**(12), 3718–3735 (2016)
3. Bainbridge, L.: Ironies of automation. Automatica **19**, 775–779 (1983)
4. Bause, F.: Kaczmarek, M: Modellierung und Analyse von Supply Chains. Wirtschaftsinformatik **43**(6), 569–578 (2001)
5. Brehm, C.R.: Organisatorische Flexibilität in Wertschöpfungsnetzwerken. In: Bach, N., Buchholz, W., Eichler, B. (Hrsg.) Geschäftsmodelle für Wertschöpfungsnetzwerke, S. 79–100. Springer, Berlin (2003)
6. Briscoe, B., Odlyzko, A., Tilly, B.: Metcalfe's law is wrong-communications networks increase in value as they add members but by how much? IEEE Spectrum **43**(7), 34–39 (2006)
7. Çetinkaya, S., Lee, C.: Stock replenishment and shipment scheduling for vendor-managed inventory systems. Manag. Sci. **46**(2), 217–232 (2000)
8. Deuse, J., Weisner, K., Hengstebeck, A., Busch, F.: Gestaltung von Produktionssystemen im Kontext von Industrie. In: Botthof, A., Hartmann, A.E. (Hrsg.) Zukunft der Arbeit in Industrie, S. 99–109. Springer, Berlin (2015)
9. Franck, B., Neumann, K., Schwindt, C.: A capacity-oriented hierarchical approach to single-item and small-batch production planning using project-scheduling methods. Operations-Research-Spektrum **19**(2), 77–85 (1997)

10. Gilder, G.: Metcalfe's law and legacy. Forbes ASAP, **13**, (1993)
11. Günther, H., Tempelmeier, H.: Produktion und Logistik: Supply Chain und Operations Management. Books on Demand, Norderstedt (2014)
12. Hans, E.W.: Resource loading by branch-and-price techniques. PhD thesis, University of Twente (2001)
13. Hendry, L., Kingsman, B.: A decision support system for job release in make-to-order companies. Int. J. Oper. Prod. Man. **11**(6), 6–16 (1991)
14. Hendry, L.C.: Applying world class manufacturing to make-to-order companies: problems and solutions. Int. J. Oper. Prod. Man. **18**(11), 1086–1100 (1998)
15. Hitt, L.M., Brynjolfsson, E.: Productivity, business profitability, and consumer surplus: Three different measures of information technology value. MIS quarterly **20**(2), 121–142 (1996)
16. Lanninger, V.: Prozessmodell zur Auswahl betrieblicher Standardanwendungssoftware für KMU. Josef EUL, Lohmar (2009)
17. Laudon, K.C., Laudon, J.P., Schoder, D.: Wirtschaftsinformatik: Eine Einführung. Pearson Deutschland GmbH, München (2010)
18. Lee, J.D., Seppelt, B.D.: Human factors in automation design. In: Nof, Y.S. (Hrsg.) Springer Handbook of Automation, S. 417–436. Springer, Berlin (2009)
19. Lödding, H.: Verfahren der Fertigungssteuerung: Grundlagen, Beschreibung, Konfiguration. Springer, Berlin (2008)
20. Mackau, D.: Sme integrated management system: a proposed experiences model. TQM Mag **15**(1), 43–51 (2003)
21. Marquès, G., Thierry, C., Lamothe, J., Gourc, D.: A review of vendor managed inventory (VMI): from concept to processes. Prod. Plan. Control **21**(6), 547–561 (2010)
22. Mattern, F.: Die technische Basis für das Internet der Dinge. In: Fleisch, E., Friedemann, M. (Hrsg.) Das Internet der Dinge, S. 39–66. Springer, Berlin (2005)
23. Moore, G.E.: Cramming more components onto integrated circuits. Electron. Mag. **38**(8), 114–117 (1965)
24. Nyhuis, P.: Beiträge zu einer Theorie der Logistik. Springer, Berlin (2008)
25. Porter, M.E., Heppelmann, J.E.: Wie smarte Produkte den Wettbewerb verändern. Harv. Bus. Manag. **12**, 34–60 (2014)
26. Scheer, A.: CIM Computer Integrated Manufacturing. Der computergesteuerte Industriebetrieb. Springer, Berlin (1990)
27. Starr, M.K.: Evolving concepts in production management. Acad. Manag. Proc. **1**, 128–133 (1964)
28. Thonemann, U.: Operations Management: Konzepte, Methoden und Anwendungen. Pearson Studium, München (2010)
29. Thürer, M., Stevenson, M., Silva, C., Land, M.J., Fredendall, L.D.: Workload control and order release: A lean solution for make-to-order Companies. POM **21**(5), 939–953 (2012)
30. Womack, J.P., Jones, D.T., Roos, D.: The machine that changed the world: The story of lean production. Simon and Schuster, New York (1990)
31. Yao, Y., Evers, P.T., Dresner, M.E.: Supply chain integration in vendor-managed inventory. Decision support systems **43**(2), 663–674 (2007)
32. Zäpfel, G.: Grundzüge des Produktions- und Logistikmanagement. Oldenbourg, München (2001)
33. Zäpfel, G., Missbauer, H.: New concepts for production planning and control. Eur. J. Oper. Res. **67**(3), 297–320 (1993)

Über die Autoren

Anita Klotz ist wissenschaftliche Mitarbeiterin des „MCI MANAGEMENT CENTER INNS-BRUCK – DIE UNTERNEHMERISCHE HOCHSCHULE®". Sie ist im Studiengang Wirtschafts-ingenieurwesen (BSc, MSc) in der Lehre tätig. Ihre Forschungsinteressen liegen vor allem im Bereich Produktionsplanung und „Behavioral Operations Management/Research" mit Fokus auf verhaltenstheoretische Implikationen für die Produktionsplanung.

Thomas Felberbauer ist stellvertretender Studiengangsleiter im Bachelor-Studiengang Smart Engineering der Fachhochschule St. Pölten. Er lehrt u. a. Produktionsplanung, Datenanalyse, Visu-alisierung und Simulation. Seine Forschungsinteressen sind Diskrete-Event-Simulation und exakte und heuristische Lösungsmethoden zur Optimierung des Produktionsprozesses.

Thomas Moser ist als Senior Researcher im Bereich „Industrie 4.0" an der Fachhochschule St. Pölten tätig. Neben seiner Beteiligung am neuen Bachelor-Studiengang „Smart Engineering" leitet er die Industrie 4.0-Forschungsgruppe „Digital Technologies" mit den Hauptforschungsbereichen Mensch-Maschine-Schnittstelle, Industrial Security und kontinuierliche Integration.

Mag. (FH) Mario Moser, MSc trägt die Gesamtverantwortung für den Bereich Prozess- und Qualitätsmanagement bei dem internationalen Maschinenbauunternehmen LiSEC (www. lisec.com). Außerdem ist er externer Lehrbeauftrager des MCIs, der School of Management (Klagenfurt) sowie der Hamburger Fern-Hochschule und ist Vorstand der Gesellschaft für Prozessmanagement in Österreich. Zuvor war er Fachbereichsleiter im Bereich Process- and Sup-ply-Chain-Management an der Hochschule MCI – Management Center Innsbruck.

Quick Response Manufacturing – Eine zeitbasierte Wettbewerbsstrategie

5

Klaus-Jürgen Meier und Manuel Fuchs

5.1 Produktionsstrategien im Wandel der Zeit

Der Preis ist im Fertigungssektor traditionell der dominierende Wettbewerbsfaktor. In vielfach gesättigten Märkten ist die Reduktion der Kosten die einzige Stellschraube, um Umsätze zu erhöhen und Gewinne zu maximieren. Kostenreduktionen werden in der Regel durch Economies of Scale (Mengendegressionseffekte), eine erhöhte Ressourcenauslastung und die Elimination indirekter Arbeit angestrebt. Der Mensch wird dabei, wie jede andere Ressource, als Kostenfaktor betrachtet, den es im Zuge einer Automatisierung zu minimieren gilt. Als Paradebeispiel traditioneller Organisationsformen und Steuerung kann das Taylor-Modell betrachtet werden. Zentraler Aspekt im Taylor-Modell ist die vertikale und horizontale Teilung von geistiger und physischer Arbeit. Die Koordination erfolgt durch viele zentrale Entscheidungsgremien (vgl. [8, S. 107]). Auf dem Weg zu dieser Organisationsform wird der Fertigungsprozess zunächst in kleine und möglichst einfache Arbeitsschritte eingeteilt, die dann durch spezifische Mitarbeiter, mit den dafür gerade ausreichenden Qualifikationen, besetzt werden. Lohnkosten sollen so minimiert werden. Mitarbeiter, die innerhalb einer Abteilung arbeiten, können voneinander lernen und durch aufgebautes Spezialwissen ihre Effizienz erhöhen. Die Koordination der einzelnen Arbeitsschritte erfolgt im Zuge einer funktionalen und hierarchischen

K. J. Meier (✉)
München, Deutschland
E-Mail: klaus-juergen.meier@hm.edu

M. Fuchs
Neubiberg, Deutschland
E-Mail: manuel.fuchs@i-p-l.de

© Springer Fachmedien Wiesbaden GmbH 2017
R. Koether und K.-J. Meier (Hrsg.), *Lean Production für die variantenreiche Einzelfertigung*, DOI 10.1007/978-3-658-13969-8_5

Organisation, da die Mitarbeiter weder die Expertise noch die Verantwortung haben, um komplexe Probleme zu beheben. Auch Ziele werden einzeln für jede funktionale Abteilung gesetzt, da zumeist ein abteilungsübergreifendes Wissen fehlt. Als Folge werden die Abteilungen durch eine zentrale Planungs-, Steuerungs- und Kontrolleinheit koordiniert. Da ein hoher Auftragsüberhang in der Regel positiv bewertet wird – führt er doch zu einer hohen Auslastung –, werden die Fertigungskapazitäten auf die durchschnittlich benötigte Leistung abgestimmt. Auch in Situationen geringer Auftragslage fertigen traditionelle Unternehmen auf Lager. Fertigungsleiter blicken oft mehrere Monate in die Zukunft, um Ressourcen beschäftigt zu halten (vgl. [14, S. 35–47]).

5.1.1 Traditionelle Leistungsmessung

Eine Hauptursache für die Entstehung traditioneller Fertigungssysteme nach dem Taylor-Muster ist die Art und Weise, wie Leistung im Unternehmen gemessen wird. Abteilungsleistungen werden anhand von Effizienz, Ressourcennutzung und der Lieferperformance gemessen. Verallgemeinert können sämtliche Effizienzkennzahlen in der Art beschreiben werden, dass Zeit, die für die direkte Produktion von Produkten aufgewendet wird, ins Verhältnis gesetzt wird zur Zeit, die in demselben Zeitraum an die Mitarbeiter bezahlt wird. Der Verlust, sollte die Kennzahl kleiner 100 % sein, kann unter anderem Rüstzeiten, Verzögerungen in der Bearbeitung oder zu spät verfügbaren Werkzeugen oder Materialien zugeschrieben werden. Effizienzkennzahlen nach dem oben beschriebenen Muster führen immer zu langen Durchlaufzeiten, da sie (vgl. [13, S. 191 ff.]):

- eine Maximierung der Auslastung von Mitarbeitern und Maschinen fördern, Abschn. 5.5.1; in der Regel wird versucht, noch möglichst viele Arbeitsstunden innerhalb einer Zeitperiode zu generieren, um der vereinbarten Effizienzkennzahl nahezukommen;
- Mitarbeiter dazu motivieren, große Lose zu fahren, um Rüstzeiten zu minimieren und so viele Teile wie möglich in einer Periode zu produzieren; bei geringer Auftragslage führt die gewünschte Vorfertigung dazu, dass Kapazität von einem später eintreffenden Kundenauftrag abgezogen wird, welche diesem dann nicht mehr zur Verfügung steht;
- nicht berücksichtigen, dass die Losgröße eines Produktes Einfluss auf die Lieferperformance anderer Produkte hat

Im Gegensatz zur Effizienz beschreibt die Produktivität den simplen Zusammenhang zwischen Output (Ausbringung) und Input (Einsatz). Beide Faktoren der Produktivitätsformel können in ganz unterschiedlichen Maßeinheiten bemessen werden. Der statistische Zusammenhang zwischen Effizienz und Produktivität ist dabei oft nicht signifikant, wie Studien belegen. Selbst negative Korrelationen werden festgestellt. Die Arbeitseffizienz ist damit keine adäquate Messzahl für die Produktivität (vgl. [8, S. 76 ff.]).

5.1.2   Traditionelles Rechnungswesen

Bei der häufig angewandten Verrechnungsmethode der Zuschlagskalkulation für Produktkosten werden sämtliche Gemeinkosten des Unternehmens auf die Abteilungen verteilt. Die abteilungsbezogenen Gemeinkosten werden durch deren Produktionskapazität dividiert und auf die beanspruchte Kapazität der Produkte aufgeschlagen. Standardprodukte, die in der Regel einen höheren Output in der Fertigung generieren als kundenindividuelle Produkte, tragen somit auch einen höheren Anteil der Gemeinkosten. In der Realität dürften es vor allem die wenigen kundenindividuellen Produkte sein, die den Großteil des Overheads ausmachen, vor allem da für definierte Standards oftmals gut funktionierende Software- oder organisatorische Lösungen existieren.

Gegenüber Stakeholdern erfolgt die Leistungsmessung ausschließlich über die so entstandenen finanziellen Bewertungsgrößen. Da die gesamten Produktkosten maßgeblich durch die direkten Kosten (Material- und Fertigungseinzelkosten) bestimmt werden, lässt sich seit langer Zeit ein Trend erkennen, eben diese Kosten durch Global Sourcing in BRIC-Staaten oder durch eine Reduzierung von Bearbeitungszeiten im Sekundenbereich zu senken. Mitarbeiter haben keinen Anreiz, langfristig wirksame Problemlösungen zu entwickeln. Dringend benötigte Investitionen in zusätzliche Maschinenkapazitäten, um im umkämpften Ersatzteilemarkt kürzere Lieferzeiten anbieten zu können, werden abgelehnt, da sich aus der Sicht des traditionellen Rechnungswesens nur die direkten Kosten und damit auch die Gemeinkostenzuschläge erhöhen. Der Möglichkeit, dass sich nicht nur der Dispositions- und Steuerungsaufwand auf lange Sicht erheblich reduzieren wird, sondern auch Durchlaufzeiten drastisch abnehmen und das abgegriffene Marktvolumen im besten Fall wächst, wird keine Rechnung getragen.

In einer Zeit, in der direkte Fertigungskosten nur noch 5–15 % der Gesamtkosten der Fertigung ausmachen, wohingegen der Gemeinkostenanteil an den Gesamtkosten bei ca. 40 % liegt, muss die Frage erlaubt sein, ob die Verteilung von Gemeinkosten auf der Basis von Fertigungseinzelkosten gerechtfertigt ist (vgl. [8, S. 88]).

5.1.3   Kritik am traditionellen Paradigma

Das heutige Wettbewerbsumfeld steht mit seiner Dynamik und Varianz einem starren und inflexiblen Taylor-Modell entgegen. Der Taylorismus funktioniert in einem kostengetriebenen Umfeld mit geringer Marktvielfalt, überschaubarem Wettbewerb und hohem Absatzvolumen. Auf kurzfristige Marktveränderungen kann nur bedingt reagiert werden. Ein Preisfokus muss heute um andere Faktoren, wie Qualität, Produktvielfalt und Lieferperformance, erweitert werden. Im Taylorismus wird angenommen, dass in kleine Teile heruntergebrochene Probleme isoliert betrachtet und gelöst werden können. Die Optimierung der Einzelkomponenten führt in diesem Gedankenzug zu einem Gesamtoptimum. Das dadurch entstandene monodisziplinäre Denken kann allerdings zu einer Entfremdung des Personals von seinen Tätigkeiten führen, das in der Folge keine Verantwortung für seine Handlungen übernehmen will.

Wichtige Nachteile einer aus dem skalen- und kostenbasierten Denken resultierenden funktionalen Organisation stellen lange Wege (auch im administrativen Bereich) durch das Unternehmen dar. Indirekte Kommunikationswege bei auftretenden Problemen, die durch hoch spezialisierte Fachkräfte nicht allein gelöst werden können und den Umweg über die vertikale Hierarchie nehmen, sind die Regel. Effizienzkennzahlen zwingen Mitarbeiter zu höherem Durchsatz. Als Folge sinken Qualität und Motivation, während Nacharbeit und Ausschuss zunehmen. Effizienzgetriebene Planung führt zu einer Bevorzugung von großen Losgrößen, die wiederum lange Durchlaufzeiten und steigende Qualitätskosten zur Folge haben. Fehler im Bearbeitungsprozess führen bei großen Losgrößen zu beträchtlich größerem Schaden. Auch wird der Fehler durch das große Los erst lange nach seiner Ursache bemerkt. Weitere negative Auswirkungen einer funktional aufgestellten Organisation sollen in nachfolgender Tabelle dargestellt werden (vgl. [13, S. 76 ff.]) (Tab. 5.1).

Tab. 5.1 Abteilungsspezifische Aktionen kostenbasierter Strategien und ihre Auswirkungen. (Quelle: Eigene Darstellung in Anlehnung an [14, S. 395])

Abteilung	Aktion	Auswirkung
Produktentwicklung	Entwicklung neuer Produkte, Module oder Teile statt einer Orientierung an bereits Existierendem: „Not-invented-here-Syndrom"	Zusätzlicher Aufwand in der weiteren Bearbeitung
Einkauf	Auswahl des kostengünstigsten Zulieferers	Weite Entfernung zum Lieferanten erfordert große Bestellmengen, ggf. mit schlechter Qualität und verlängerten Produktentwicklungszeiten
Fertigung und Montage	Effizienz- und Auslastungsorientierung, um Stückkosten zu minimieren	Lange Durchlaufzeiten und hoch spezifische Mitarbeiter mit geringem Lohnniveau. Geringere Flexibilität aufgrund hoher Auslastung
Marketing	Permanente Entwicklung neuer Marketingkampagnen durch die Überarbeitung von Produktspezifikationen oder die Einführung neuer Modelle	Bei mangelnder Absprache mit der Entwicklung oder der Fertigung entsteht ein überproportionaler Mehraufwand
Vertrieb	Annahme aller Auftragseingänge	Bei fehlender Kapazität in der Fertigung sind Eilaufträge, kurzfristige Lösungen und Terminkontrollmaßnahmen die Folge

5.1.4   Japanische Erfolgsstrategien

Eine Erweiterung des klassischen Produktionsansatzes auf neue Kundenanforderungen war erstmals in Japan zu erkennen. Auf der Basis zahlreicher amerikanischer Impulse wurde dort kurz nach dem Zweiten Weltkrieg ein Total Quality Management entwickelt (TQM). Damit wurde der Erkenntnis Rechnung getragen, dass allein über Stückzahlen keine Wettbewerbsvorteile mehr erzielt werden konnten, sondern nur über zusätzliche Qualität und Produktdifferenzierung. Eine erfolgreiche Einführung in der Automobil- sowie einigen High-Tech-Branchen führte dazu, dass Konkurrenten weltweit ebenfalls Qualitätskonzepte entwickelten. Zentraler Aspekt im TQM ist bis heute ein umfassender Qualitätsbegriff, bei dem nicht nur die Produktqualität, sondern auch die Qualität des Leistungserstellungsprozesses und die Qualität der Mitarbeiter und Mitarbeiterinnen im Mittelpunkt stehen. Im Gegensatz zum Business Process Reengineering (BPR) wird im TQM eine ständige evolutionäre Verbesserung angestrebt, während das BPR auf radikale revolutionäre Veränderungen der wettbewerbsrelevanten Unternehmensprozesse setzt. Die Anwendung beider Konzepte schließt sich allerdings nicht aus. So bietet es sich etwa an, abgeschlossene Reengineering-Projekte durch kontinuierliche Verbesserungsprozesse des TQM, in einem iterativen Prozess, zu ergänzen.

Die viel beachtete Studie des MIT (Massachusetts Institute of Technology) „Die zweite Revolution in der Automobilindustrie" Anfang der 1990er-Jahre stellt den Beginn der Lean-Management-Philosophien dar und erweitert den TQM-Ansatz vor allem um den Effizienzgedanken. Die Autoren James P. Womack, Daniel T. Jones und Daniel Roos hatten als Wissenschaftler des Massachusetts Institute of Technology fünf Jahre lang im Rahmen des International Motor Vehicle Program (IMVP) die Unterschiede in den Entwicklungs- und Produktionsbedingungen der Automobilindustrie untersucht. Dabei wurden die Prinzipien eines im Hinblick auf Effizienz und Qualität überlegenen Entwicklungs- und Produktionssystems herausgearbeitet und als „Schlanke Produktion (Lean Production)" bezeichnet.

Weltweiter Benchmark für Schlanke Produktion war das „Toyota-Produktionssystem". Durch den Abbau unnötiger Arbeitsschritte und durch die Reduktion von Komplexität ist es das angestrebte Ziel, ein Unternehmen schlank zu machen. Als „schlank" wird Lean Management deshalb bezeichnet, weil es vor allem weniger Ressourcen einsetzt als etwa die Massenfertigung: weniger Rohstoffe, weniger Personal, weniger Zeit. Lean Management wird deshalb mit dem Produktivitätsbegriff verbunden, also der Fähigkeit, die Unternehmensressourcen effizient zu nutzen, zu optimieren sowie eine Harmonisierung des Durchsatzes in der Batch-Fertigung zu erreichen. Erreicht werden diese Ziele im Lean Management durch die Vermeidung von Muda (Verschwendung), Mura (Unausgeglichenheit) und Muri (Überbeanspruchung). Verschwenderische Aktivitäten und lange Durchlaufzeiten werden etwa durch Just-in-time (JIT), Auftragsnivellierung, verbesserte Lieferanten- und Kundenbeziehungen, Poka Yoke und Pull-Steuerungen reduziert [1].

So erfolgreich Lean Management mit seinen Methoden in vielen Branchen bereits eingeführt ist, stößt es doch bei zunehmender Kundenspezifikation und Varianz an seine Grenzen, da viele Lean-Ansätze, wie etwa eine Kanban-Steuerung, vor allem für eine vorhersagbare und standardisierbare Umwelt geschaffen wurden (vgl. [17, S. 5 ff.]).

5.1.5 Postmoderne Produktionsstrategien

Die Rahmenbedingungen der Wertschöpfung, unter denen eine auf Wiederholung ausgerichtete Produktion ihre Stärken entfalten kann, sind heute in vielen traditionellen Industriegruppen nicht mehr gegeben. Trotzdem finden sich in der gegenwärtigen Realität häufig noch verkrustete Wertschöpfungsstrukturen nach dem Konzept, wie sie zu Beginn des letzten Jahrhunderts von Taylor erdacht und von Ford umgesetzt wurden. Die Wettbewerbsrealität der Wertschöpfung fordert heute eine rasche Reaktions- und Anpassungsfähigkeit sowie die Befriedigung individueller Kundenwünsche. Am Kunden orientierte Unternehmen müssen demnach ihre Wertschöpfungsstrategien kontinuierlich anpassen und immer wieder neu erfinden. Vor diesem Hintergrund reihen sich in die Arena der postmodernen Produktionsstrategien zahlreiche neuartige Konzepte und Ideen ein und weisen dabei eine Reihe von Gemeinsamkeiten auf. Das Wissen, die Fähigkeiten und das Kreativitätspotenzial der Mitarbeiter sollen durch weniger Hierarchie und mehr Verantwortung verstärkt in Entscheidungsprozesse eingebunden werden. Die Produktion soll sich vermehrt prozess- und ergebnisorientiert aufstellen. Die Organisationseinheiten eines Wertschöpfungssystems sollen wiederum in sich selbst dynamisch stabile Organisationen sein. Tab. 5.2 stellt die wesentlichen Unterschiede zwischen einer klassischen Organisationsform nach Taylor und einer modernen Organisationsform gegenüber.

Drei Konzepte, welche die vorstehenden Defizite frühzeitig erkannt haben, leiten die Stoßrichtung einer neuen und zeitgemäßen Produktionsstrategie aus theoretischen Überlegungen ab: das Fraktale Unternehmen, das Agile Manufacturing sowie das Bionic Manufacturing. Sie stellen die Wandlungsfähigkeit, also die Kombination aus Reaktionsvermögen und Flexibilität, in den Vordergrund. Damit erweitern sie die bekannten

Tab. 5.2 Gegenüberstellung vertikaler und horizontaler Organisationsformen. (Quelle: Eigene Darstellung in Anlehnung an [10, S. 25])

Organisation nach Taylor (vertikal)	Moderne Organisation (horizontal)
Hohe Arbeitsteilung	Breiter Aufgabenzuschnitt
Viele Hierarchieebenen	Wenig Hierarchieebenen
Ungelernte Mitarbeiter/innen mit spezialisierten Aufgaben	Fachlich breit ausgebildete Mitarbeiter/innen mit kundenorientierten Aufgaben
Stabile und überschaubare Rahmenbedingungen	Dynamisches und komplexes Wettbewerbsumfeld

Ansätze aus Lean Production, der flexiblen Fertigung oder dem CIM (Computer Integrated Manufacturing). Ferner stimmen die Konzepte in einer Ablehnung von komplexitätsreduzierenden Lösungen überein. Gefordert wird vielmehr die Fähigkeit zur Beherrschung der Komplexität.

Das Fraktale Unternehmen, ein deutscher Ansatz, gründet auf der Übertragung von Vorbildern der Naturwissenschaften, insbesondere der Chaostheorie und der fraktalen Geometrie, auf das gesamte Unternehmen. Zentrales Gestaltungsprinzip, nach dem Vorbild der Fraktale, ist die Selbstähnlichkeit, Selbstorganisation und Dynamik. Durch die Übertragung dieser Prinzipien auf das gesamte Unternehmen soll ein offenes und lebendiges System mit eigenständig handelnden Mitarbeitern gestaltet werden. Fraktale Unternehmen sollen sich so an dynamische Wertschöpfungsaufgaben selbstständig anpassen.

Das aus Japan stammende Bionic Manufacturing basiert demgegenüber auf dem Transfer von biologischen Vorbildern auf das Unternehmen. Es wird davon ausgegangen, dass das Zusammenspiel der diversen Subsysteme der Produktion mit dem Zusammenwirken der Organe im menschlichen Körper vergleichbar ist. Kernelement im Bionic Manufacturing stellt ein neuartiges Kommunikations- und Informationssystem dar. Wie die Steuerung der Organe nicht zentral erfolgt, handelt es sich auch bei der Produktion um autonome Subsysteme, die über einen Harmonisierungsmechanismus ein perfektes Zusammenspiel der einzelnen Tätigkeiten bewirken. Sämtliche relevanten Informationen zur Bewältigung von Aufgaben sind nicht nur an wenigen Orten gespeichert, sondern in jedem Subsystem permanent und ständig abrufbereit vorhanden. Auch hier wird dadurch die Fähigkeit zur Selbstorganisation und Evolution gesichert, um flexibel und schnell auf sich wandelnde Umwelteinflüsse reagieren zu können.

Zentrales Element des aus den USA stammenden Agile Manufacturing ist die Integration von Technologie, Organisation und Mitarbeitern zu einem koordinierten und selbstständigen Fertigungssystem. Konsequent wird auch im administrativen Bereich ein interdisziplinärer Planungsprozess zwischen Technikern, Organisations- und Arbeitswissenschaftlern gefordert. Herkömmlichen Methoden des Rechnungswesens und der Investitionsbeurteilung wird vorgeworfen, sich zu einseitig an Finanz- und Kostendaten zu orientieren und deshalb Methoden des Activity Based Costing vorgeschlagen (vgl. [3, S. 163–207]).

Ungeachtet der unterschiedlichen Grundlagen haben es die vorgestellten Ansätze bis heute kaum über den theoretischen Status hinausgeschafft. Es fehlen vor allem für die Praxis verwertbare Methoden und Implementierungsschritte für ein durchgängiges Produktionssystem nach dem Vorbild von Taylor und Lean Production.

5.2   Quick Response Manufacturing – Definition und Abgrenzung

Eine erste umfassende Veröffentlichung zu den wichtigsten Grundsätzen des Quick Response Manufacturing (QRM) erscheint im Jahr 1998 in den USA. Im Quick Response Manufacturing (QRM) findet sich ebenfalls ein postmodernes Fertigungsparadigma, das auf neue, dynamische Marktanforderungen reagiert und die Idee des Lean Managements um Reaktionsfähigkeit und Flexibilität erweitert. Im Gegensatz zu den bereits vorgestellten Konzepten aus Abschn. 5.1.5 bietet QRM ebenso wie Lean Production die Grundlagen für ein durchgängiges Produktionssystem, welches sich bereits erfolgreich in Unternehmen bewährt hat.

QRM ist jedoch nicht nur eine Produktionsstrategie. Es liefert die Grundlagen für einen organisatorischen Ansatz im gesamten Unternehmen, um auf Grundlage der Time-Based-Competition die Prozessgeschwindigkeit im Unternehmen zu erhöhen. Im Zentrum von QRM steht also die schnelle Reaktion auf Bedarfsschwankungen und Variantenreichtum sowie eine individuelle Auftragsfertigung. Geeignet ist die Anwendung von QRM für Unternehmen, die mit einer Vielzahl von Varianten, geringen Losgrößen und kundenspezifischen Merkmalen konfrontiert sind.

QRM greift diese Variabilität durch organisatorische Flexibilität und Verständnis der Systemdynamik, durch neue Konzepte wie Time-Slicing und durch die Nutzung der Warteschlangentheorie zum Management von Kapazität und Losgrößen in prozessorientierten QRM-Zellen auf.

▶ **Quick Response Manufacturing** „Quick Response Manufacturing ist eine unternehmensweite Strategie zur Reduzierung von Durchlaufzeiten. QRM verfolgt die Verringerung von Durchlaufzeiten in allen Aspekten der Arbeitsabläufe im Unternehmen, sowohl intern als auch extern. Aus Sicht der Kunden bedeutet QRM insbesondere, dass auf seine Nachfrage reagiert wird, indem auf diese Ansprüche zugeschnittene Produkte schnell entwickelt und hergestellt werden. Dies ist der externe Aspekt von QRM. Hinsichtlich der innerbetrieblichen Arbeitsabläufe konzentriert sich QRM auf die Verringerung der Durchlaufzeit aller Aufträge im gesamten Unternehmen. Dies ist der interne Aspekt von QRM" ([15, S. 2]).

Im Nachfolgenden sollen nun die bestehenden Produktionsmanagementansätze gegenüber QRM abgegrenzt werden.

5.2.1 QRM und Lean Management

QRM ist eine Corporate Strategy, die nicht nur den Shopfloor betrifft, sondern das gesamte Unternehmen einbezieht. Hat ein Unternehmen bereits ein funktionierendes Lean-Produktionssystem eingeführt, so unterstützt und beschleunigt dies die Weiterentwicklung zum QRM. Die Philosophien von Lean und QRM widersprechen sich nicht grundlegend. Wird mit Lean Management erreicht, die Verschwendung und Komplexität in einem Unternehmen zu reduzieren und die Konzentration auf wertschöpfende Tätigkeiten zu stärken, so wird mit QRM zusätzlich der bedeutende Wettbewerbsfaktor „responsiveness to the customer" entscheidend gestärkt oder gar erst ermöglicht. Bekannte Methoden aus dem Lean Management, wie etwa SMED (Single Minute Exchange of Die), 5S, Poka Yoke oder Visualisierungstechniken stellen auch eine Voraussetzung des QRM dar. Sie helfen, nicht vom Kunden erzeugte Komplexität bzw. schädliche Variabilität wie Fehler und Informationsverluste zu vermeiden. Im Unterschied zum Lean

Abb. 5.1 QRM und Lean
Management im Vergleich

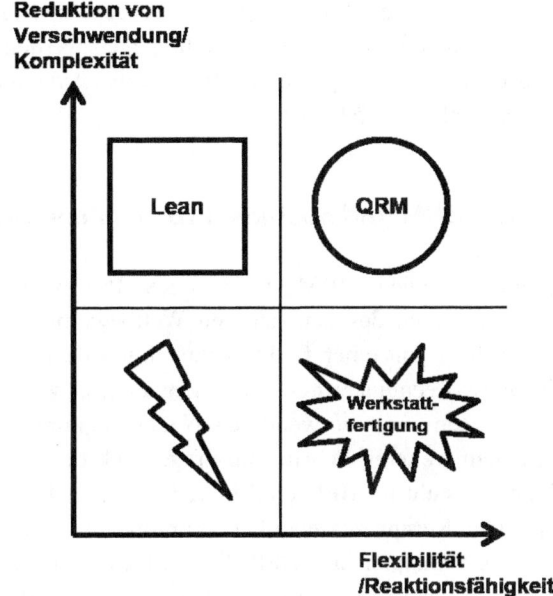

Management wird mit QRM jedoch eine Form der strategischen Variabilität erst ermöglicht, die ein Unternehmen einsetzt, um seinen Wettbewerbsvorteil am Markt aufrecht zu erhalten. Die Fähigkeit, unerwarteten Nachfrageänderungen ohne Serviceverschlechterungen gerecht zu werden, das Anbieten von maßgeschneiderten Produkten für individuelle Anwendungen sowie das Anbieten einer großen Optionsvielfalt sind Beispiele für strategische und damit gewollte Variabilität (Abb. 5.1).

5.2.2 QRM und Agile Manufacturing

QRM und Agile Manufacturing (AM) sind vor dem Hintergrund derselben historischen Entwicklung entstanden, weg vom traditionellen Fertigungsparadigma, hin zu einer Unternehmensstrategie, die reaktionsschnell variable Kundenwünsche befriedigt. Economies of Scope rücken in den Vordergrund, während Economies of Scale zunehmend unbedeutend werden. Viele Strategien und Methoden der beiden Konzepte stimmen dabei überein. Nach dem Begründer des QRM-Gedankens, Rajan Suri, stellt die Implementierung von QRM eine gute Grundlage für ein Unternehmen dar, welches letztendlich nach Agilität strebt. Eine Analyse der zahlreichen Ziele von AM und der sehr allgemein gehaltenen Begrifflichkeiten zeigt, dass QRM als eine auf ein konkretes Ziel hin ausgerichtete Umsetzungsmöglichkeit von AM betrachtet werden kann. Als wesentlichen Unterschied zwischen QRM und AM sei auf die Betonung des Software Engineering im AM hingewiesen, das im QRM wenig bis gar keine Beachtung finden. Ein großer Teil der Methoden, die im AM genannt werden, sind IT-bezogen, etwa intelligente Steuerungen und modulare Hardware. Dahingegen werden im QRM vor allem organisatorische und menschliche Aspekte (z. B. Mitarbeiterflexibilisierung und Bottom-Up-Steuerung) betont (vgl. [5, S. 517 ff.]).

5.2.3 QRM und Business Process Reengineering

Beide Strategien, QRM und Business Process Reengineering (BPR), teilen Methoden und Prinzipien des zeitbasierten Wettbewerbs und der Neuausrichtung des Unternehmens, weg von einer funktionalen, hin zu einer prozessorientierten Organisation. Der Business-Reengineering-Ansatz beantwortet zwei wesentliche Fragen. Zum einen die Frage nach einer notwendigen Neuausrichtung des Unternehmens und zum anderen, in einem weiteren Schritt, die Frage nach den dafür erforderlichen Verbesserungen. Im Zentrum steht im BPR die Vorstellung einer Unternehmung als ein Bündel von durchgängigen Kernprozessen, ohne Schnittstellen vom Lieferanten bis zum Kunden (vgl. [10, S. 29]). Prinzipien des BPR sind jedoch weder eindeutig, noch werden klar definierte Methoden und Schritte für eine Umsetzung bereitgestellt. Auch bildet das BPR die dynamischen Zusammenhänge einer Fertigungsumgebung zwischen Auslastung und Durchlaufzeit im Gegensatz zum QRM nicht ab (vgl. [13, S. 7]).

5.2.4 QRM und Quick Response

Mitte der 1980er-Jahre entwarf die amerikanische Unternehmensberatung Salmon Associates ein Strategiekonzept für einen Verbund von Handels- und Dienstleistungsunternehmen der US-amerikanischen Textilwirtschaft, um durchschnittliche Durchlaufzeiten von 66 Wochen durch den gesamten Logistikkanal, von der Fasererzeugung bis zum Point of Sale, zu verkürzen. Mangelnde Koordination zwischen den einzelnen Stufen der Logistikkette war eine der Hauptursachen für diese langen Durchlaufzeiten. Als Folge der Durchlaufzeiten kam es auch zu häufigen Ausverkaufssituationen sowie zu hohen Beständen im gesamten Logistikkanal. Durch den Aufbau von unternehmensübergreifenden Datenaustauschsystemen konnte die Reaktionsgeschwindigkeit deutlich reduziert werden. Quick Response beschreibt in diesem Fall ein partnerschaftliches und nachfragesynchrones Belieferungssystem aller in einer Supply Chain beteiligten Unternehmen und ist auf einen permanenten Informationsaustausch der Supply-Chain-Partner fokussiert. Wesentliches Ziel von Quick-Response-Systemen ist die Minimierung der Reaktionszeit auf die Kundennachfrage durch eine aktuelle Erfassung der Marktnachfrage so nah wie möglich beim Endverbraucher. Man kann folgern, dass Auslöser und Ziel von QRM und QR dieselben sind, nämlich die schnellere Reaktion auf die Marktnachfrage durch kürzeste Durchlaufzeiten, um zum einen sowohl das Umsatzpotenzial zu erhöhen als auch zum anderen Kosten, die im Zuge langer Durchlaufzeiten entstehen, zu vermeiden. Im Gegensatz zu QRM findet QR vor allem im Handels- und Dienstleistungssektor

Anwendung und fokussiert sich weniger auf die organisatorische und fertigungsdynamische Reorganisation als vielmehr auf die Implementierung moderner Informationssysteme (vgl. [11, S. 494 ff.]).

5.3 Die Bedeutung des Zeitfaktors

Die traditionelle Denkweise nach dem Taylorismus spiegelt sich trotz umfangreicher Lean-Management-Bemühungen in heutigen Controlling-Systemen wider, welche die wertschöpfende Tätigkeit als maßgebliche Größe zur Kostenreduzierung und Zeitersparnis definiert. Das ist vermutlich darauf zurückzuführen, dass die wertschöpfenden Zeitanteile der Durchlaufzeit (DLZ) eindeutig und ohne jeden Zweifel exakt gemessen werden können. Durchschnittlich entfallen jedoch häufig nur 5 % der gesamten DLZ oder sogar weniger auf die Wertschöpfung. Die Potenziale zur Kostenreduzierung sind daher recht überschaubar. Der „Höher-schneller-weiter"-Ansatz kann in jeglichen Produktionssystemen deswegen ohnehin nur einen begrenzten Erfolg liefern. Mit Überschreitung eines Grenzwertes werden die Input-Faktoren der Produktion (Mensch, Maschine, Material, Methode) allerdings über die Maße strapaziert. In der Folge sinkt die Verlässlichkeit der Arbeitsergebnisse. Die Qualität und die Werkzeuge für die Maschinen verschleißen schneller oder werden zerstört. Die erhofften finanziellen Einsparungen selbst in kleinem Umfang bleiben dann sogar aus, da im Gegenzug der erforderliche Umfang an nicht-wertschöpfenden Tätigkeiten steigt.

Der resultierende Gemeinkostenblock wird traditionell über Zuschläge auf die Fertigungseinzelkosten der Produkte verteilt. Die Schwierigkeit für die meisten Controlling-Systeme besteht darin, die Gemeinkosten mit den tatsächlichen Ursachen zu verbinden. Typischerweise enthalten Gemeinkosten alle Kosten für Wareneingangs- und -ausgangslager, für Bestandskosten innerhalb eines Unternehmens und auch für Planungs- und Stabstellen, welche sich in einer Vielzahl von Besprechungen darüber abstimmen, was, wann und wie gefertigt wird. Eine exakte Zuordnung dieser Gemeinkosten zu Kostenursachen erfolgt mit den herkömmlichen Systemen nicht. In der industriellen Praxis entsteht so oft durch die Orientierung an den wertschöpfenden Zeitanteilen ein komplexes und fehleranfälliges Gesamtsystem. Es drängt sich die Frage auf, wie Kosten entlang der gesamten Wertschöpfung wirklich reduziert werden können. Im Ansatz nach QRM repräsentieren genau diese Gemeinkosten die Kosten der Zeit oder, genauer gesagt, die Kosten der Durchlaufzeit. QRM erhebt nicht den Anspruch, Gemeinkosten eindeutiger zuordnen zu können, vielmehr impliziert die Minimierung der Durchlaufzeit auch eine Reduktion der Gemeinkosten. Jenes Unternehmen, welches im Sinne von QRM handelt, reduziert nachhaltig die DLZ und lässt das Unternehmen in den Schlüsselkennzahlen (bspw. Liefertreue oder Lieferzeit) zum Markt glänzen.

Trotzdem kann sich der Start mit QRM-Methoden als schwierig herausstellen. Eine Vorgehensweise nach QRM-Empfehlungen wird sich zu Beginn einer QRM-Initiative nach klassischem Verständnis in höheren Produktkosten niederschlagen. So wird im

QRM gefordert, die taylorsche Arbeitsteilung in kleine funktionale Arbeitsschritte durch die Bildung von prozessorientierten Organisationseinheiten (sog. QRM-Zellen) aufzuheben. Multifunktional einsetzbare Mitarbeiter innerhalb dieser Zellen erledigen einen höheren Arbeitsumfang. Dieser Ansatz wird sich letzten Endes in einer Erhöhung der Wertschöpfungsanteile niederschlagen. Darüber hinaus empfiehlt QRM zur Stärkung der Reaktionsfähigkeit, kleinere Lose zu fertigen, die durch eine höhere Anzahl an Rüstvorgängen in steigenden Fertigungskosten resultieren. Die konventionale Buchhaltung wird dann unter Hinzunahme eines Gemeinkostenzuschlags überproportional hohe Kosten ausweisen. In Wirklichkeit gilt es jedoch, eine Erhöhung der direkten Bearbeitungszeit gegen eine sich anschließende Reduktion der Durchlaufzeit und einer gesamten Verbesserung des Wertschöpfungsprozesses abzuwägen (vgl. 14, S. 23 ff.]).

5.3.1 Unternehmensweite Verschwendung durch lange Durchlaufzeiten

Durch einen primären Fokus auf die Reduktion der Durchlaufzeit können Kosten entlang des gesamten Wertschöpfungsprozesses eingespart werden. Im Idealfall ergibt sich durch eine QRM-Initiative die Möglichkeit, von einer lagerbasierten Produktion abzuweichen und auftragsbezogen zu fertigen. Nachfolgende Beispiele zeigen, wie sich Durchlaufzeiten reduzieren lassen und welche Tätigkeiten und Kosten damit beseitigt werden können:

- Beschleunigungen von Eilaufträgen, die Kapazität und Mitarbeiter beanspruchen (Vertriebskapazitäten, Produktionskapazitäten …)
- Ungeplante Luftfracht
- Top-Management, um Prioritäten zu setzen
- Wartezeiten zwischen Bearbeitungsschritten
- Häufige Besprechungen, um Prioritäten und Ziele zu erneuern
- Überstunden, um verspätete Aufträge zu beschleunigen
- Häufige und wiederholte Entwicklung und Pflege von Bedarfsprognosen im Vertrieb und Einkauf
- WIP und Lagerbestand (gebundenes Kapital und Platz)
- Häufige Materialbewegungen und dadurch erhöhtes Beschädigungspotenzial
- Unnötige Produktion und Einlagerung durch ungenaue Bedarfsprognose
- Fehler, die durch lange Durchlaufzeit erst viel später auffallen und dadurch zu umfangreichen Korrekturen oder Abfall führen
- Zeit, um während des gesamten Auftragsdurchlaufs Lieferzeit-, Produkt- und Mengenänderungen zu managen
- Auftragsstornierungen und Auftragsrückgang
- Gebundene Vertriebskapazitäten, um Eilaufträge durchzuschleusen oder um Kunden die Verspätungen zu erklären

- Investment in komplexe Produktionssteuerungssysteme, um die dynamische Umwelt bestmöglich abzubilden
- Verlorene Möglichkeiten, den Marktanteil durch kürzere Durchlaufzeiten (auch in der Produkteinführung) zu erhöhen

Eine Verringerung der Durchlaufzeit hätte zur Folge, dass viele der oben genannten Punkte wegfallen oder zumindest deutlich minimiert werden. Ganzheitlich betrachtet, werden durch die Reduktion der DLZ auch die Gemeinkosten reduziert. Die Erhöhung der Wertschöpfungsanteile wirkt also einer resultierenden Kostenerhöhung auch im traditionellen Controlling entgegen und führt damit insgesamt zu einer Senkung der Kosten (vgl. [14, S. 18–20]).

5.3.2 Manufacturing Critical Path Time – Durchlaufzeit entlang des kritischen Pfads

Zentrales und wiederkehrendes Element im QRM ist die Reduktion der Durchlaufzeit. Alle QRM-Optimierungsansätze richten sich danach aus. Dies macht eine eindeutige Definition der Durchlaufzeit erforderlich. Im Unternehmen existieren hingegen oft eine Reihe verschiedener Durchlaufzeitendefinitionen. So existiert beispielsweise die vom Kunden wahrgenommene Durchlaufzeit oder auch die Zeitspanne von Wareneingang bis Warenausgang. Viele Definitionen beschreiben die Durchlaufzeit als die Zeit vom Auftragseingang bis zur Auftragsübergabe an den Kunden. Durchlaufzeit wird von unterschiedlichen Personen sehr häufig unterschiedlich wahrgenommen. In der Regel beschreibt die im Unternehmen erfasste Durchlaufzeit nicht das Ausmaß der Verschwendung. In den Vordergrund rückt damit nur das Resultat, nicht die Art und Weise, wie dieses Resultat erreicht wird. Arten unternehmensweiter Verschwendung, wie die Vorproduktion von Halbfertigerzeugnissen oder die Einlagerung von Fertigerzeugnissen, werden ignoriert, um „kurze" Durchlaufzeiten zu erreichen.

Stattdessen schlägt QRM als Durchlaufzeit eine Manufacturing Critical Path Time (MCT) vor. Sie wird beschrieben als der typische Zeitbedarf in Kalendertagen, beginnend mit der Auftragsabgabe vom Kunden entlang des kritischen Pfades bis hin zur Auslieferung des ersten Produktes an den Kunden (vgl. [14, Appendix A]).

Bei einer näheren Erläuterung zur MCT ist darauf hinzuweisen, dass der Zweck u. a. darin liegt, eine Schätzung bereitzustellen, die genau genug ist, um die richtige Richtung für Verbesserungen aufzuzeigen. Erforderliche Zeiten für den Durchlauf eines Auftrages schwanken von Mal zu Mal. Deswegen soll der „typische Zeitbedarf", im Sinne eines repräsentativen Mittelwerts, genügen. Die MCT misst die Durchlaufzeit in Echtzeit (Kalendertagen) und nicht, wie oftmals üblich, in Werktagen und wird damit der strikten Orientierung am Kunden gerecht. Bei einer Messung der MCT muss davon ausgegangen werden, dass alle Tätigkeiten ganz von vorn beginnend erledigt werden, als hätte das Unternehmen gestern den Betrieb aufgenommen und als handelte es sich um die erste Kundenbestellung. Alle normalen Verzögerungen durch Wartezeiten und Transporte, die mit dem Auftrag einhergehen, sind hinzuzuzählen. Die gesamte Zeit, die das Material in jedem Stadium benötigt, wird im QRM also zur MCT hinzugezählt, während in einem produzierenden Betrieb vorgefertigte Teile im Lager zur Verringerung der Durchlaufzeit beitragen. Im Vergleich zum Value Stream Mapping (Wertstromanalyse) besitzen beide Methoden viele Ähnlichkeiten, sind jedoch nicht dasselbe. Ein wesentlicher Unterscheid ist in der Komplexität beider Ansätze zu finden. Sowohl bei der Aufnahme des Istzustandes als auch des Sollzustandes enthält die Wertstromanalyse eine Menge Details, und es ist nicht immer sofort ersichtlich, wo die Verbesserungen durchzuführen sind. Die MCT bietet hier, auch durch ihre Beschränkung auf die Verkürzung nicht wertschöpfender Zeitstränge, klarere Impulse.

Bei der Aufnahme einer MCT im Projekt ergeben sich einige Hürden, die es zu überwinden gilt. Das im Unternehmen eingesetzte Datenverwaltungssystem speichert zwar sämtliche relevanten Bewegungs- und Buchungsdaten, die Zusammenfassung zu einem einzigen Zeitstahl ist jedoch nicht trivial. Der Vergleich des Wareneingangsdatums mit dem Auslieferungsdatum mag die durchschnittliche Gesamtdurchlaufzeit im Sinne von QRM zwar gut beschreiben, allerdings liegen hier noch keinerlei Informationen darüber vor, an welcher Stelle und wie lange die nicht wertschöpfenden Tätigkeiten auftreten. Die Berücksichtigung von Zeitangaben, wie das Kommissionieren des Rohmaterials oder vorbereitende Tätigkeiten zur Montage, ist zumindest als automatisierter Abruf und Durchschnittswert oftmals kaum erhältlich. Es empfiehlt sich daher, für ein Produkt oder eine Produktgruppe, zwei oder drei repräsentative Vertreter auszuwählen und darauf basierend die Durchlaufhistorie detailliert aufzunehmen. Abb. 5.2 zeigt die exemplarische Aufnahme einer MCT. Betrachtetes Produkt ist in diesem Fall ein Ventil für einen

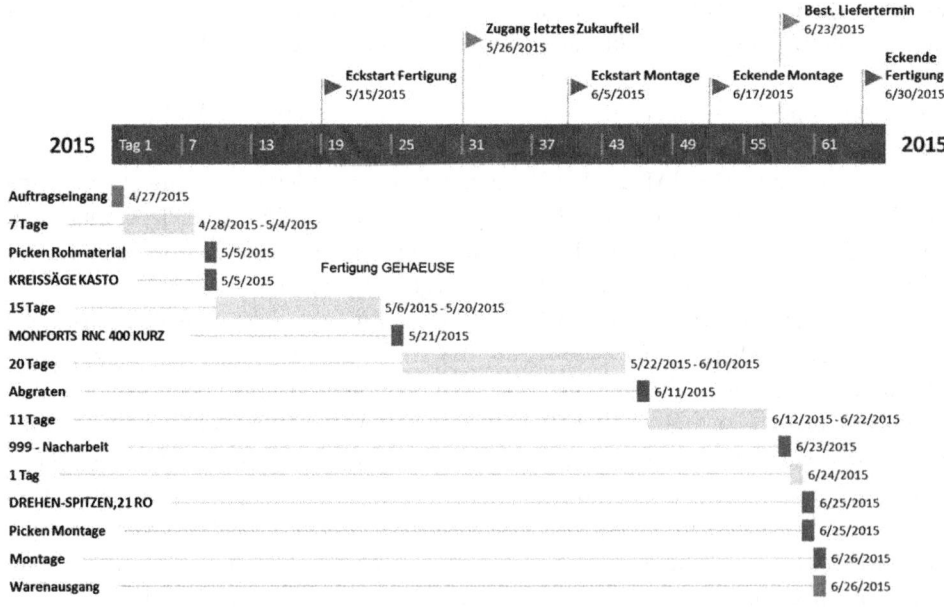

Abb. 5.2 MCT-Aufnahme am Praxisbeispiel

Abnehmer aus der Öl- und Gasindustrie. Eindrucksvoll wird das Verhältnis zwischen wertschöpfender Tätigkeit (dunkel) und nicht wertschöpfender Zeit (hell) dargestellt. Deutlich werden auch die Hebel und Ansatzpunkte für eine Optimierung ersichtlich. In diesem Fall ist der Auftrag alleine vor dem Picken des Rohmaterials durch sechs bis sieben Hände im Unternehmen gewandert, bevor das erste Mal tatsächlich physisch etwas bewegt wurde. Rechnet man pro Schnittstelle etwa durchschnittlich einen Tag hinzu, kommt man schnell auf eine Woche Leerlauf vor dem tatsächlichen Fertigungsstart (vgl. [9, S. 29]). Es sei erwähnt, dass alle zur Fertigung benötigten Rohmaterialien auf Lager gelegen haben.

5.3.3 Kritik an der Kennzahl Liefertreue

Detaillierte Analysen zur Durchlaufzeit nach dem oben gezeigten Muster sind in der Praxis eher die Ausnahme als die Regel. Einzelne Messungen oder für die Planung verwendete theoretische Durchlaufzeiten mögen vorhanden sein. Reale und genaue Daten zur regelmäßigen Einschätzung der Durchlaufzeiten werden selten erfasst und auch nicht als Steuerungsinstrument verwendet. Die einzige klassische Kennzahl, mit deren Hilfe ein zeitlicher Bezug zum Kundenauftrag hergestellt wird, ist die Kennzahl der Liefertreue. Diese erfasst den prozentualen Anteil der Aufträge, die den Kunden in Bezug auf die verhandelte Ankunftszeit rechtzeitig erreichen. Diese häufig verwendete Messgröße, und oftmals auch elementarer Bestandteil von Zielvereinbarungen, hat einen signifikanten Nachteil. Eine pünktliche Lieferung als Ergebnis ist zwar erstrebenswert, deren Verwendung als Leistungsmessgröße jedoch schädlich. Internen Abteilungen und externen Lieferanten ist so ein Anreiz gegeben, ihre geplanten oder zugesagten Lieferzeiten großzügig zu bemessen, um eine hohe Liefertreue zu erzielen. Im Endeffekt werden Durchlaufzeiten aufgebläht und im Unternehmen institutionalisiert. Erhöhen einzelne Abteilungen künstlich ihre geplanten Durchlaufzeiten, um ihre Zielvereinbarung zu erfüllen, dann führt dies zu einer allgemein schlechteren Leistung. Für Komponenten und Fertigteile ergeben sich durch die Addition der aufgeblähten Durchlaufzeiten immer längere Laufzeiten durch das Unternehmen und erfordern eine langfristige Prognose und Planung mit allen unerwünschten Effekten, wie übermäßigem Bestand, Work-in-Progress, Prognosefehlern, Eilaufträgen und zusätzlichem Aufwand zur Terminsicherung. Der Ansatz der Leistungsmessung über die Minimierung der Durchlaufzeit stellt dabei eine Möglichkeit dar, aus diesem Teufelskreis auszubrechen. Die Kennzahl der Liefertreue sollte dabei als Ergebniszahl nur auf zweiter Ebene beibehalten werden (vgl. [15, S. 36]).

5.4   Organisationsstruktur für Quick Response Manufacturing

Ein Unternehmen, welches sich in einem komplexen und dynamischen Marktumfeld bewegt, das durch eine hohe Variantenzahl, kundenspezifische Produkte und harten Wettbewerb gekennzeichnet ist, kann das Ziel einer signifikanten Reduzierung der DLZ mit einer traditionellen und funktionsorientierten Organisationsstruktur kaum erreichen. Den einzelnen Abteilungen fehlt hierzu oftmals der direkte Marktbezug; die Bedürfnisse des externen und internen Kunden sind schlichtweg nicht bekannt. Eine funktionsorientierte Organisation ist darüber hinaus sehr träge, Abstimmungs- und Entscheidungswege sind lang. Das Vordringen in neue Dimensionen hinsichtlich Flexibilität und Leistung fordert das Einschlagen gänzlich neuer Wege. Im QRM werden zur Erreichung des Ziels „responsiveness to the customer" (dt.: Reaktionsfähigkeit zum Kunden) als entscheidendem Wettbewerbsfaktor vier Handlungsfelder zur Reorganisation der Wertschöpfungsstruktur definiert.

5.4.1   Organisation in QRM-Zellen

Eine stringente Ausrichtung an den Kundenbedürfnissen stellt die Basis einer QRM-Zelle dar. Eine QRM-Zelle ist der Zusammenschluss aller Funktionen innerhalb eines Unternehmens, die zur Befriedigung der Kundenbedürfnisse notwendig sind. Die QRM-Zelle ist fokussiert auf die Belieferung einer genau definierten Kundengruppe. QRM-Zellen werden daher immer um ein sogenanntes Focus Target Market Segment gebildet (FTMS).

Der Auswahl eines geeigneten FTMS kommt im QRM eine entscheidende Bedeutung zu. Kunden eines Marktsegments können sowohl externer wie interner Natur sein. Die Durchlaufzeitreduzierung soll dazu beitragen, in einem Marktsegment Wettbewerbsvorteile zu erlangen. Die Produkte, Module oder Systeme zur Belieferung eines Marktsegments lassen sich anhand von Kriterien wie Preis, Auftragsvolumen oder aktuelle Durchlaufzeiten identifizieren. Weitere mögliche Kriterien sind Grad der Kundenspezifikation, Komplexität der Aufträge, der Auftragsdurchlauf oder die Zugehörigkeit zu einem Produktportfolio. Auch indirekte Dienstleistungen, wie die Erstellung eines Angebots oder Produktionsplanung, bilden den Aufgabeninhalt einer QRM-Zelle.

Eine so definierte QRM-Zelle beinhaltet die eindeutige Zuordnung von Mensch, Maschine, Material und Methode zu einem Marktsegment (FTMS) in einer multifunktionalen Ausprägung. Die Ressourcen einer QRM-Zelle sind durch ihre physische Zusammenführung an einem Ort gekennzeichnet. Auf diese Weise kann ein Auftrag vollständig in einer räumlich zusammengeführten QRM-Zelle bearbeitet werden. Das Team von bereichsübergreifend qualifizierten Mitarbeitern trägt die volle Verantwortung. Die innerhalb der Zelle bereitgestellten weiteren Ressourcen sind dem Marksegment fest zugeordnet und dürfen von Produkten außerhalb des FTMS nicht beansprucht werden. Primäres Ziel eines QRM-Zellenteams ist die Reduktion der MCT dieser Zelle.

In eine QRM-Zelle sind alle Ressourcen einzuschließen, die zur kompletten Bearbeitung aller Arbeitsgänge des Marktsegments erforderlich sind. Eine QRM-Zelle entspricht also im Idealfall einer eigenständigen Fabrik innerhalb der Fabrik für ein definiertes Produkt- bzw. ein definiertes Dienstleistungsspektrum. Die Auswahl der Ressourcen muss in jedem Fall durch eine ungefähre Kapazitätsabschätzung verifiziert werden. Die optimale Auslastung der Ressourcen wird in Abschn. 5.4.4 beschrieben. In der Praxis ist der Einbezug aller am Wertschöpfungsprozess beteiligten Ressourcen oftmals aus Kostengründen nicht umsetzbar oder sinnvoll. Entscheidendes Kriterium bei der Gestaltung einer QRM-Zelle ist, dass die ausgewählten Ressourcen einen erheblichen Teil der gesamten MCT ausmachen. Im Optimalfall durchläuft jeder Auftrag eine QRM-Zelle nur einmal, d. h., die Bildung von Schleifen sollte vermieden werden.

5.4.2   Eigenverantwortung des Teams

Die zweite Strukturveränderung ist der Wechsel von einer Top-down-Organisation, in der Verantwortliche den Mitarbeitern sagen, was und wie sie arbeiten sollen, hin zur eigenverantwortlichen Organisation innerhalb einer QRM-Zelle. Die Aufbau- und Ablauforganisation wird durch die Mitarbeiter selbst organisiert. Lediglich die Rahmenbedingungen, wie etwa eine Überstundenregelung, werden von der Unternehmensleitung aufgestellt. Zum Erfolg der QRM-Zelle kommen hier die bekannten Ansätze der autonomen Gruppenarbeit, welche die Ziele der Jobrotation, des Job Enrichments oder Job Enlargements beinhalten, zum Einsatz (vgl. [2, S. 274 ff.]). Die Effizienz und die Produktqualität werden durch das eigenverantwortliche Handeln permanent erhöht, die Zellenintegrität, d. h. die alleinige Zuordnung der Ressourcen zu einer bestimmten Zelle, darf dabei nicht zerstört werden.

5.4.3   Bereichsübergreifendes Wissen

Die vordringlichste Motivation für eine übergreifende Qualifizierung liegt oftmals darin begründet, dass bei Krankheit oder Urlaub von Mitarbeitern die Aufgaben von anderen Mitarbeitern übernommen und ausgeführt werden können, ohne dass die gesamte Zelle stillsteht. Des Weiteren wird die Monotonie von Aufgaben durch „cross-trainings" durchbrochen und das Aufgabenspektrum interessanter. Diese beiden Gründe haben zwar ihre Berechtigung, sind aber zu kurz gedacht. Im QRM-Kontext gibt es weitere bedeutende Gründe für eine bereichsübergreifende Qualifizierung:

- Je nach Tagesengpass sind die Anforderungen in einer QRM-Zelle sehr vielfältig. An unterschiedlichen Stationen innerhalb der Zelle kann ein unterschiedlicher Kapazitätsbedarf entstehen. Um das Tagesziel zu erreichen, müssen die Mitarbeiter in der Lage sein, verschiedene Arbeitsumfänge bearbeiten zu können. Durch bereichsübergreifend geschulte Mitarbeiter können Engpässe abgefangen und die strategische Variabilität voll ausgenützt werden.

- Moderne, automatische und halb automatische Maschinenparks verlangen nicht zwangsläufig die komplette Aufmerksamkeit des Bedienpersonals. Nicht für jede Maschine einer Zelle ist daher eine Bedienperson erforderlich. Die Mitarbeiter müssen daher auf verschiedene Maschinen und deren Bedienung geschult sein.
- Durch einen Austausch des Fachwissens der Mitarbeiter und eine enge Zusammenarbeit innerhalb der QRM-Zelle steigt das Potenzial für nachhaltige Verbesserungen.

5.4.4 Durchlaufzeitorientierte Steuerung

Die Philosophie, die DLZ als oberste Zielvereinbarung zu etablieren, hilft dem eigenen Unternehmen, langfristig Kosten, Qualität und Liefertreue zu verbessern. Ein entsprechender Fokus auf die konsequente Messung und Reduktion der DLZ als Schlüsselindikator ist für den Erfolg von QRM-Projekten von entscheidender Bedeutung, Abschn. 5.3. Klassische Kennzahlensysteme und Leistungsindikatoren müssen nicht überdacht werden, sondern dienen dabei als Unterstützungs- und Kontrollfunktion auf zweiter Ebene. Trotzdem muss die konsequente Messung der DLZ auf Zellebene voranstehen und kann dabei durch eine geeignete Metrik, die QRM-Zahl, unterstützt werden. Die QRM-Zahl setzt die Durchlaufzeit der Bezugsperiode zur aktuellen Durchlaufzeit ins Verhältnis. Für eine adäquate Anwendung dieser neuen Metrik sind zwei Punkte zu determinieren:

- Zum einen müssen die Start- und Endpunkte der DLZ-Messung durch die Zelle klar geregelt sein. In anderen Worten: „Wann fängt die Zeit an zu laufen?" Zum Beispiel erst dann, wenn die Zelle sowohl über das benötigte Material als auch über die Auftragsfreigabe verfügt.
- Zum anderen sollte die Zeit nur dann gemessen werden, wenn die Zelle auch vollständig über die entsprechende Zeit verfügen kann. Das Team der Zelle darf nur in dem Abschnitt gemessen werden, für die es auch verantwortlich ist.

Vorteile bei Anwendung der QRM-Zahl sind:

- Während bei geeigneten Maßnahmen innerhalb einer Zelle die DLZ sinkt, steigt die QRM-Zahl. Ein nach oben gerichteter Graph hat eine psychologisch bessere Wirkung auf das Zell-Team als ein nach unten gerichteter Graph.
- Die QRM-Zahl prämiert kleinere Reduktionen der DLZ zu einem späteren Zeitpunkt mehr als größere DLZ-Reduktionen zu einem früheren Zeitpunkt. Das ist insofern gerechtfertigt, als dass es relativ betrachtet schwieriger ist, die DLZ von 10 auf 8 Tage zu verkürzen als von 12 auf 10 Tage.
- Zuletzt bietet die QRM–Zahl einen spielerischen Wettbewerb, bei dem sich Teams und Zellen innerhalb der Organisation bei der DLZ-Reduktion messen und vergleichen können (vgl. [14, S. 35–65]).

5.5   Systemdynamiken als klassisches Dilemma der Ablaufplanung

Bei einer zeitorientierten Betrachtung wird schnell klar, dass der nicht leistungsrelevante Bereich den weitaus größeren Anteil an der DLZ ausmacht, hier aber teilweise sehr hohe versteckte Kosten enthalten sind. Es werden in der Regel nur die Bereiche konkret betrachtet und optimiert, die unmittelbar mit der Wertschöpfung in Zusammenhang stehen. Für die Wertschöpfung nicht relevante Bereiche bleiben unberücksichtigt oder verschwinden im großen Block der Gemeinkosten. Kostenoptimierungen an einer bestimmten Stelle im Unternehmen führen aber im schlimmsten Fall zu steigenden Kosten an anderen, nicht direkt leistungsrelevanten Stellen. Der Vorteil der Herangehensweise über die Minimierung der DLZ liegt dann an der ganzheitlichen Betrachtung des Unternehmens. Gelingt es, die Gesamtdurchlaufzeit zu minimieren, steht dahinter ein besser abgestimmtes und funktionierendes Unternehmen. Damit ergeben sich letztendlich auch geringere Gesamtkosten bei schnellerer Reaktionsfähigkeit und höherer Flexibilität.

Um das dynamische Verhalten des Gesamtsystems Unternehmung zu verstehen, sollen nun einige Betrachtungen erfolgen, die für eine nachhaltige Optimierung grundlegend sind.

5.5.1   Das Dilemma der Ablaufplanung

Durchlaufzeitreduktionen von 60 % und mehr, wie es Praxisprojekte nach QRM-Implementation zeigen, lassen sich nur durch die Kombination mehrerer Methoden und Ansätze erreichen (vgl. [15, S. 1]). An erster Stelle steht die Überführung der bestehenden funktionalen Organisation in eine prozessorientierte Organisation mit sich selbst steuernden, autonomen Zellen. Allein die dadurch wegfallenden Schnittstellen und Abstimmungsprozesse führen zu einer erheblichen Senkung der DLZ. Will man die Durchlaufzeit weiter reduzieren, so ist die Erkenntnis entscheidend, dass die mittlere Durchlaufzeit und die Kapazitätsauslastung zwei konkurrierende Optimierungsrichtungen darstellen. Man bezeichnet dies häufig auch als das Dilemma der Ablaufplanung. Die Verbesserung der einen Größe führt zu einer Verschlechterung der anderen Größe. Unter dem zusätzlichen Miteinbezug von Rüstzeiten bzw. -kosten ergeben sich vielfach sogar drei miteinander konkurrierende Zielgrößen – auch als das sogenannte „Trilemma der Ablaufplanung" bezeichnet. Folglich kann Ressourcenbelegungsplanung innerhalb der Produktionsplanung nicht optimal gelöst werden und stellt fast immer einen Kompromiss dar. Für eine praktische Umsetzung im industriellen Alltag hat sich deshalb der vermehrte Einsatz von recht einfach gehaltenen Heuristiken, sogenannten Prioritätsregeln, durchgesetzt (vgl. [6, S. 319–320]).

5.5.2   Ein Appell nach exponentiellem Denken

Eine typische Situation nach der Einführung von QRM-Zellen mag eine Auslastung einzelner Mitarbeiter oder Maschinen von 80 % und weniger sein. Dies steht im Widerspruch zu klassischen betriebswirtschaftlichen Ansätzen, die auf Kosten einer maximalen Auslastung von Ressourcen versuchen, deren benötigte Anzahl zu minimieren. In einer ganzheitlichen Betrachtung führt die Investition in Überkapazität jedoch zu erheblichen Gemeinkostenreduktionen und zusätzlichen Umsatzerlösen, Abschn. 5.3.1. Die für Investitionen maßgebliche Kennzahl des Return-on-Investment soll hier nicht infrage gestellt werden. Die Frage sollte nicht sein „Was ist die Auslastung meiner Ressourcen?", sondern muss vielmehr sein „Was sind die Kosten meines gesamten Systems und welchen Mehrwert kann ich damit erzielen?" An dieser Stelle bietet QRM, durch den Fokus auf der Durchlaufzeitreduktion, einen praktikablen Ansatz, die Gesamtkosten und deren Mehrwert abzuschätzen.

Kapazitätsbetrachtungen erfassen in der Praxis oftmals nicht alle Zusammenhänge. In einer perfekten Welt würden Aufträge genau nach Plan eintreffen und jeder Auftrag würde genau die Zeit für bestimmte Arbeitsschritte benötigen, die aus dem Arbeitsplan hervorgeht. In der Realität jedoch kommt es zu zahlreichen Abweichung von diesem perfekten Plan: Der Bedarf kann von Woche zu Woche, oder sogar von Tag zu Tag, starken Schwankungen unterworfen sein. Bearbeitungszeiten können länger sein als angedacht, Rüstzeiten können abweichen, Material kann nicht vorrätig sein, Qualitätsprobleme und Nacharbeit können den gesamten Produktionsprozess von Neuem aufrollen. Das starke Zusammenspiel von Auslastung und Variabilität sowie deren enorme Auswirkung auf die Durchlaufzeiten werden im Betrieb häufig unterschätzt. Dieser konträre Zusammenhang kann anhand der Betriebskennlinie wissenschaftlich dargestellt werden. Die Verknüpfung zwischen einem Anstieg der Auslastung und dem damit einhergehenden exponentiellen Anstieg der Durchlaufzeit wird darüber hinaus von den meisten Produktionsplanungssystemen verkannt und nicht abgebildet. So kann eine Reduktion der Auslastung um 10 % eine Reduktion der Durchlaufzeit um 50 % bedeuten (vgl. [4, S. 172 ff.]).

5.5.3   Dreifachstrategie zur Reduktion der Durchlaufzeit

Die DLZ für einen Auftrag setzt sich zusammen aus der Wartezeit bis zur Verfügbarkeit der benötigten Ressource (in einem Puffer oder einem Lager) zuzüglich der eigentlichen Bearbeitungszeit auf der jeweiligen Ressource (inklusive Rüstzeiten). Die reine wertschöpfende Bearbeitungszeit (physikalische Durchlaufzeit) macht dabei lediglich einen kleinen Teil dieser Durchlaufzeit aus. Wesentlich mehr Zeit verbringt der Auftrag oder das Material nicht wertschöpfend, was aber dennoch kostenrelevant ist. Auslastung und Wartezeit stehen dabei in einem exponentiellen Zusammenhang, der durch die sogenannte Betriebskennlinie beschrieben wird.

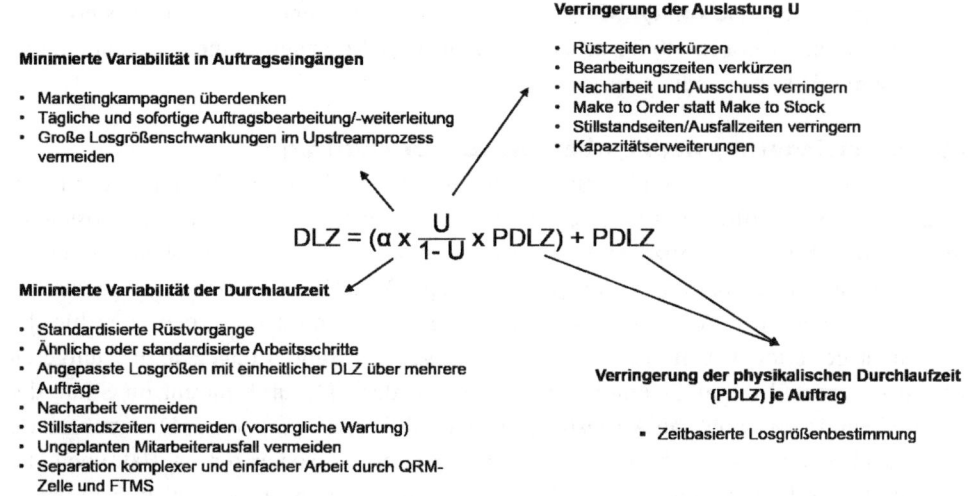

Verringerung der Auslastung U

- Rüstzeiten verkürzen
- Bearbeitungszeiten verkürzen
- Nacharbeit und Ausschuss verringern
- Make to Order statt Make to Stock
- Stillstandseiten/Ausfallzeiten verringern
- Kapazitätserweiterungen

Minimierte Variabilität in Auftragseingängen

- Marketingkampagnen überdenken
- Tägliche und sofortige Auftragsbearbeitung/-weiterleitung
- Große Losgrößenschwankungen im Upstreamprozess vermeiden

$$DLZ = (\alpha \times \frac{U}{1-U} \times PDLZ) + PDLZ$$

Minimierte Variabilität der Durchlaufzeit

- Standardisierte Rüstvorgänge
- Ähnliche oder standardisierte Arbeitsschritte
- Angepasste Losgrößen mit einheitlicher DLZ über mehrere Aufträge
- Nacharbeit vermeiden
- Stillstandszeiten vermeiden (vorsorgliche Wartung)
- Ungeplanten Mitarbeiterausfall vermeiden
- Separation komplexer und einfacher Arbeit durch QRM-Zelle und FTMS

Verringerung der physikalischen Durchlaufzeit (PDLZ) je Auftrag

- Zeitbasierte Losgrößenbestimmung

Abb. 5.3   Hebel zur Reduktion der Durchlaufzeit. (vgl. [14])

Auf Basis der Betriebskennlinie lassen sich drei Hebel zur Durchlaufzeitreduktion ableiten, s. Abb. 5.3. Hier ergeben sich im QRM auch zahlreiche Überschneidungen zu LEAN-Konzepten und –Methoden.

5.5.3.1 Verringerung der Auslastung U

Die Betriebskennlinie beschreibt einen exponentiellen Anstieg der DLZ um das Neunfache der reinen Bearbeitungszeit bei einer Auslastung von 90 %. Hier lässt sich die signifikante Auswirkung von freien Kapazitäten auf die Durchlaufzeit ableiten. Dabei kann schon eine Investition in 10 % freie Kapazität eine Reduktion der Gesamtdurchlaufzeit von 50 % und mehr, und damit aller dadurch anfallenden Kosten, zur Folge haben. Die Auslastung lässt sich dabei durch zwei Stellschrauben beeinflussen. Zum einen durch eine Erhöhung des Kapazitätsangebotes, zum anderen durch die Reduktion des Kapazitätsbedarfes, etwa durch Optimierungen von Rüstprozessen (Single Minute Exchange of Die – SMED) oder der Gesamtanlageneffektivität im Sinne eines Total Quality Managements (TQM).

5.5.3.2 Verringerung des Variabilitätskoeffizienten α

Die Form der Betriebskennlinie wird maßgeblich durch die Variabilität bestimmt. Der Variabilitätskoeffizient α steht für die Schwankungen im Produktionsprozess. Schwankungen werden verursacht durch unregelmäßigen Materialfluss, eine wechselnde Verfügbarkeit der vier Produktionsfaktoren (Mensch, Maschine, Material, Methode) sowie eine schwankende Auftragseinschleusung. Je höher der Wert α, desto steiler und weiter entfernt vom Optimum verläuft die Betriebskennlinie. Entsprechend führt dies bei gleicher Auslastung zu einer höheren Durchlaufzeit und einer kleineren maximalen Grenzauslastung in der Fertigung. Prozesssicherheit und Standardisierung, sowohl im Auftragseingang als auch in der Auftragsbearbeitung, tragen maßgeblich dazu bei, die Variabilität zu reduzieren. Im Sinne von QRM trägt hier auch der Zusammenschluss aller benötigten Ressourcen eines Wertschöpfungsprozesses in einer QRM-Zelle zu einem wesentlich reibungsloseren Wertstrom bei.

5.5.3.3 Verringerung der Bearbeitungszeit pro Auftrag

Eine entscheidende Stellschraube zur Verringerung der DLZ ist die Reduktion der Bearbeitungszeit pro Auftrag durch eine Verringerung der Losgröße. Klassisch kostenbasierte Effizienzansätze (Effizienz = wertschöpfende Zeit/bezahlte Arbeitszeit) führen jedoch meist zur Bevorzugung von großen Losgrößen. Diese erhöhen aber nicht nur die Bearbeitungszeit je Auftrag, sondern auch die Warte- und damit Liegezeiten für alle noch nicht gestarteten Aufträge. Allzu kleine Losgrößen führen dagegen zu häufigeren Rüstprozessen und damit zu erhöhtem Kapazitätsbedarf. Dadurch nimmt im Sinne der Betriebskennlinie sowohl die Auslastung als auch die Durchlaufzeit zu. Die zeitbasierte Losgrößenbestimmung im Sinne von QRM versucht, zwischen diesen Extremen die optimale Losgröße für minimale Durchlaufzeiten zu ermitteln. Im Vergleich dazu unterschlägt die auf Kosten basierende andlersche Losgrößenformel, wie auch Losgrößenberechnungen nach Groff oder Silver-Meal, wichtige Punkte, wie die Auswirkung einer kleineren Losgröße auf die eigene DLZ und die DLZ anderer Aufträge und damit die gesamte Steuerbarkeit; sowie die Auswirkung kleinerer Losgrößen auf die Reaktionsfähigkeit gegenüber dem Kunden. Die Reduktion von Losgrößen und Rüstzeiten wird demnach häufig unterschätzt. Rüstzeitoptimierungen führen nach klassischem Verständnis zu geringeren Rüstkosten (Stückkosten) und höherem maximalen Durchsatz an der Ressource. Traditionelle Kostenrechnungssysteme würden keinen Vorteil darin erkennen, bei halbierter Rüstzeit auch die Losgröße zu halbieren, da sich die Rüstkosten bei doppelt so häufigen Rüstvorgängen und halber Rüstzeit nicht wesentlich ändern. Dem Effekt, dass sich dadurch die Durchlaufzeit und die Bestände drastisch minimieren sowie die Flexibilität zunimmt, wird zu wenig Rechnung getragen.

5.5.4   Systemdynamiken im Vergleich zu MRP-Systemen

Die Mehrheit der traditionellen Planungsansätze baut nicht auf dem Zusammenhang der Systemdynamik auf, wie er in Abschn. 5.5.2 beschrieben wird. Ein Großteil der heute im Einsatz befindlichen Planungsinstrumente geht dabei auf die Logik aus dem ursprünglichen MRP(Material Requirements Planning)-System zurück. Die Funktionen haben sich zwar seit der ersten Einführung eines MRP-II(Manufacturing Resource Planning)-Systems bis zu einem ERP(Enterprise Resource Planning)-System ständig erweitert, die Produktionsplanungslogik ist im Kern jedoch dieselbe wie im ursprünglichen MRP-System geblieben. In einer weiteren kritischen Würdigung von MRP-Systemen soll dabei die Abkürzung MRP repräsentativ für alle im Einsatz befindlichen MRP-, MRP-II- und ERP-Systeme gleichsam stehen. Die Art und Weise, wie MRP-Systeme konzipiert sind, stellt nicht die richtigen Einsichten bereit, um eine Durchlaufzeitreduktion zu unterstützen. Ein wesentlicher Kritikpunkt ist, dass im MRP-System die Durchlaufzeit für einen Bearbeitungsschritt von den Planern selbst in das System eingegeben wird. Die Durchlaufzeit wird sich also niemals ändern, da man dem System die vermutete Durchlaufzeit, in der Regel mit großzügigen Sicherheitsaufschlägen bemessen, selbst mitteilt. Im statischen Vorgehen des MRP-Modells erfolgt zudem keine Änderung der Durchlaufzeit infolge von Kapazitätsberechnungen. Da die Auslastung im Upstream-Prozess jedoch unregelmäßigen Schwankungen unterworfen ist, variiert durch eine schwankende Durchlaufzeit auch die Ankunftszeit eines Auftrages am nächsten Arbeitsplatz. Diese Variabilität wird im klassischen MRP-System nicht abgebildet (vgl. [15, S. 117 ff.]).

5.6 Materialsteuerungsprinzipien zur Unterstützung von QRM

Die Charakteristik einer Einzelauftragsfertigung bringt es mit sich: Die gesamte Organisation wird mit zahlreichen Varianten konfrontiert und die Auftragslosgröße beträgt vielfach nur noch eins. Die aufwandsarme Beherrschung des sogenannten One-Piece-Flow und die Kundenbedarfsorientierung in einfachen dezentralen Regelkreisen stellen zwar Stärken aller bekannten Pull-Steuerungssysteme dar – doch die Realisierung einer großen Variantenvielfalt und insbesondere eine geringe Wiederholhäufigkeit stellen Pull-Systeme vor große Probleme. Warum dies so ist und welche Konsequenzen sich ergeben, soll nachfolgend aufgezeigt werden. Dabei wird die Diskussion exemplarisch an dem Pull-System Kanban durchgeführt. Die Erkenntnisse lassen sich jedoch auch auf andere Pull-Systeme übertragen.

5.6.1 Nachteile von Pull-Systemen oder: Warum Kanban bei einer Einzelauftragsfertigung nicht funktioniert

Der Einführung von Pull-Systemen steht entgegen, dass diese für wiederkehrende Fertigungsumgebungen und nicht für One-of-a-kind-Fertigungen erstellt worden sind (vgl. [12, S. 335 ff.]). Dies darf nicht verwechselt werden mit dem Begriff des One-Piece-Flows, wo auch die Losgröße eins realisiert wird, aber für eine begrenzte Anzahl an stets wiederkehrenden Produkten. Ist die Produktpalette breit, führt ein Kaban-System zu hohem WIP, da die Kanban-Karten stets teilespezifisch sind und die Vorratshaltung von Erzeugnissen auf unterschiedlicher Ebene der Wertschöpfung sowie von Fertigerzeugnissen erfordern. Setzt man ein Kanban-System unverändert der Marktdynamik einer Einzelauftragsfertigung aus, so entstehen Lieferverzögerungen, da der spezifische Bedarf für neue Produkte oder solche mit stark steigender Nachfrage nicht durch die Zwischenpuffer gedeckt werden kann, es aber eine Zeit dauert, bis an der ersten Arbeitsstation die Notwendigkeit für Veränderungen (z. B. Neuberechnung der Kanban-Karten) erkannt wird. Des Weiteren produziert das Pull-System für die Produkte mit stagnierender Nachfrage unverändert weiter, bis alle Puffer im System mit WIP gefüllt sind. Das Pull-System läuft ständig dem Markt hinterher. Für solche Situationen ist eine Push-Komponente erforderlich.

Verlangen verschiedene Produkte unterschiedlich lange Bearbeitungszeiten an verschiedenen Maschinen, so entstehen an immer wieder unterschiedlichen Stellen die Kapazitätsengpässe in Abhängigkeit vom aktuellen Produktmix. Die kapazitive Auslegung der einzelnen Kanban-Regelkreise fällt schwer. Drei Szenarien sind dann denkbar:

- Entweder es entstehen Warteschlangen vor wechselnden Maschinen. Diese führen zu unvorhergesehen langen Durchlaufzeiten und damit zu einer Unterversorgung der nachfolgenden Kanban-Puffer. Die für Kanban so wichtige Materialverfügbarkeit ist nicht mehr gewährleistet.
- Oder das System wird für den Worst Case dimensioniert. Die Konsequenz ist Verschwendung in Form von Bestand oder in Form von zumeist nicht benötigter Anlagenkapazität. Die Wirtschaftlichkeit geht verloren.
- Reagiert man auf die sich verändernde Nachfrage, indem man die notwendigen Umstellungen des Kanban-Systems an Maschinen antizipiert, bevor dort ein systemgemäßes Kanban-Signal eintrifft, agiert man bereits wie nach einer Push-Strategie.

Keines der drei genannten Szenarien ist wünschenswert. Es zeigt sich, dass Kanban in diesen Anwendungsfällen nicht zum gewünschten Ergebnis führt.

5.6.2   HL-MRP und POLCA-System

Ein Produktionsplanungs- und Steuerungssystem im Sinne von QRM ist das High-Level-MRP-System, welches durch POLCA-Karten (Paired-cell Overlapping Loops of Cards with Authorization) gesteuert wird und sich für eine Einzelauftragsfertigung eignet.

POLCA lehnt sich im Grundprinzip an die Funktionsweise von klassischen MRP-Systemen an. Ein MRP-System unterstützt die Produktionsplanung bei der Einplanung von Aufträgen auf Grundlage von Kapazitäten, Beständen und Lieferterminen. Das MRP-System arbeitet jedoch nur so gut, wie die Eingaben des Personals sind. So werden für die Auftragsdauer neben der reinen Bearbeitungszeit oftmals „Pufferzeiten" eingeplant, um einen reibungslosen Ablauf in der Produktion gewährleisten zu können und Planungsschwächen zu überdecken. Auch führt die große Dynamik im Tagesgeschäft dazu, dass die für den MRP-Lauf getroffenen Planungsprämissen nicht erfüllt werden oder nicht eintreten. Trotz eines hohen Planungsaufwands sind die Planungsergebnisse deswegen zumeist nur sehr ungenau und damit nicht zufriedenstellend.

Nach erfolgter Restrukturierung der Organisation hin zu QRM-Zellen sind die Anforderungen an ein MRP-System denkbar simpel. Das MRP-System wird nur dazu genutzt, eine „High-Level"-Planung und Koordination über den Materialfluss vom Lieferanten über die QRM-Zellen bis hin zum Fertigstellungstermin durchzuführen. Das System steuert die Bestandshöhe, die Materialbestellungen und die Rückwärtsterminierung nach Liefertermin basierend auf der DLZ. Die DLZ orientiert sich dabei nach der gesamten DLZ der QRM-Zelle und nicht nach den Bearbeitungszeiten je Bearbeitungsschritt. Die Zahl der im MRP-System abgebildeten Kapazitäten reduziert sich deutlich und vereinfacht damit auch den Planungsprozess. Veränderungen der DLZ durch Optimierungen in der Zelle selbst werden an das MRP-System zurückgespielt. Dies liegt im Interesse der Mitarbeiter, da sie an der Erreichung von Zielen zur Durchlaufzeitverkürzung gemessen werden, Abschn. 5.3.2. Das MRP-System lernt hinzu und die Datenbasis wird kontinuierlich verbessert.

Bei QRM-Systemen mit mehreren QRM-Zellen wird zur Abstimmung der Auftragsplanung ein „Kapazitäts-Forecast"-System eingeführt, das sogenannte POLCA-System. Die POLCA-Karten verbinden zwei aufeinander folgende QRM-Zellen. Diese Karten sind ausschließlich für den Bereich zwischen diesen beiden Zellen definiert und rotieren zwischen ihnen. Eine Karte, ausgesendet von der nachfolgenden Zelle, signalisiert der vorherigen Zelle die Bereitschaft zur Produktion, sprich: Kapazitäten für den nächsten Auftrag sind freigegeben („Wir haben einen Auftrag von euch gefertigt, bitte sendet uns den nächsten."). Dadurch wird der nächste Auftrag, welcher vom MRP-System terminiert und in einer Bearbeitungsreihenfolgeliste festgelegt wurde, produziert, und die POLCA-Karte wird mit dem Auftrag mitgeführt (Abb. 5.4).

Das POLCA-System basiert auf der QRM-Zellen-Organisation und gewährleistet einen kontinuierlichen Fluss zwischen zwei Zellen. Dadurch werden Produktionen vermieden, welche für die nachfolgende Zelle Materialstau bedeuten würde. Während also das Kanban-System ein Bestandssignal darstellt, zeigt POLCA ein Kapazitätssignal auf. Durch POLCA wird nur dann an einem Auftrag gearbeitet, wenn er gemäß Terminierung durch das MRP-System notwendig ist und auch tatsächlich ein Kundenauftrag vorliegt. So wird verhindert, dass Kapazität für einen Auftrag, der diese besser hätte gebrauchen können, anderweitig belegt wird. POLCA hilft dadurch auch, hochfrequentierte Engpässe im System zu identifizieren (fehlende POLCA-Karten) und fokussiert dadurch die Handlungsfelder von Optimierungsmaßnahmen.

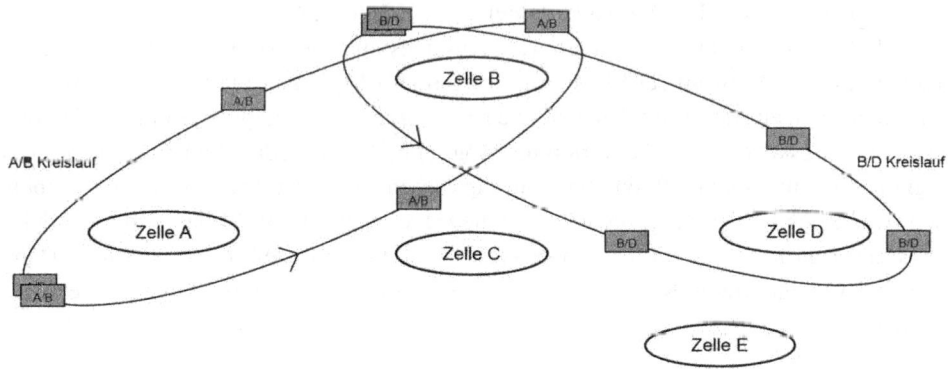

Abb. 5.4 Steuerungsprinzip nach POLCA. (vgl. [13, S. 243 ff.])

Wesentliche Verfahrensparameter der POLCA-Steuerung ist die Festlegung der Anzahl an POLCA-Karten, die zwischen zwei QRM-Zellen rotieren, sowie die Bestimmung der Freigabezeitpunkte der Aufträge. Das Vorgehen zur Berechnung der richtigen Anzahl an POLCA-Karten orientiert sich an der Warteschlangen-Theorie nach Little. Die Freigabezeitpunkte werden durch das übergeordnete HL-MRP-System bereitgestellt. Die Freigabezeitpunkte bestimmen dabei den Spielraum der Fertigungsinsel für einen Belastungsabgleich. Der Freigabezeitpunkt legt einen Vorgriffshorizont für die QRM-Zelle fest, den andere Fertigungssteuerungsverfahren nur für die gesamte Fertigung bzw. den gesamten Auftrag bestimmen (vgl. [7, S. 407 ff.]). In der Praxis kann das POLCA-System durch physische Karten an einem Andon-Board umgesetzt werden. Auch Software-Lösungen, einem E-Kanban ähnlich, existieren für die POLCA-Logik bereits.

5.7   QRM als einheitliche Strategie für das Unternehmen

Suri und Krishnamurthy berichten von einer Reduktion der Durchlaufzeit von bis zu 60 % und einer Erhöhung der Liefertreue auf mehr als 92 % nach Einführung einer POLCA-Steuerung [16, S. 15]. Die Anwendung der Methoden und Denkansätze soll im QRM jedoch nicht auf den Produktionsbereich beschränkt bleiben. Der in sich durchgängige und geschlossene Ansatz der Durchlaufzeitreduktion eignet sich vielmehr zur Implementierung im ganzen Unternehmen und unterscheidet sich damit von klassischen Ansätzen, die eine Vielzahl an unterschiedlichen Strategien in unterschiedlichen Teilen des Unternehmens fordern. QRM legt so auch die Anwendung des Zellengedankens im administrativen Bereich durch sogenannte Quick Response Office Cells (Q-ROCs) nahe. Das ist attraktiv, gerade weil die in diesen Bereichen anfallende Tätigkeiten mit mehr als 50 % zur ausgewiesenen Durchlaufzeit beitragen und mehr als 25 % der anfallenden Kosten ausmachen. Ansatz, Umsetzung und Ziel von Q-ROCs entsprechen denjenigen zuvor bereits erwähnten Handlungsfeldern zur Implementierung von QRM-Zellen (Abschn. 5.4). Q-ROCs können sich beispielsweise um die Erstellung eines ersten Angebotspreises oder die komplette Auftragsabwicklung ausgewählter Geschäftsfelder, Produktgruppen oder einzelner Varianten bilden (vgl. [15, S. 127 ff.]).

Auch die Übertragung des zeitbasierten Ansatzes auf den externen Materialfluss, den Einkauf bzw. die Auswahl der Lieferanten wird im QRM vorgeschlagen. Viele Unternehmen unterschätzen die zusätzlichen Kosten wie gebundenes Kapital, Kommunikations- und Steuerungskosten und die verlorene Möglichkeit, auf Bedarfsänderungen rasch zu reagieren, die durch lange Wiederbeschaffungszeiten entstehen. Da diese Kosten zumeist nach dem eigentlichen Kaufvorgang entstehen, bleibt die Auswahl des richtigen Zulieferers meist an primären Kriterien wie Preis, Qualität und Liefertreue bestehen. Dabei kann die Aussage dieser Kennzahlen über die operative Exzellenz des Zulieferers hinwegtäuschen:

- Die **Qualität** wird gemessen, wie sie an den Kunden geliefert wird. Im Falle von häufig auftretenden Qualitätsproblemen beim Zulieferer kann dieser durch die Einführung mehrfacher Prüfschritte gewährleisten, dass die gelieferten Teile eine geringe Ausschussquote haben.
- Die **Kosten,** die beim Lieferanten im Zuge seines Wertschöpfungsprozesses entstehen, sind dem Kunden nicht bekannt. Es wird angenommen, dass diese sich über den Kaufpreis ableiten lassen und ein geringer Preis auch auf geringe Kosten beim Lieferanten hinweist. Ein ineffizienter Lieferant wird aber auch einen geringen Preis erzielen, indem er seine Gewinnspanne reduziert und auf notwendige Investitionen verzichtet.
- Die **Liefertreue** wird als „on-time" beim Kunden gemessen. Durch einen großen Bestand an Fertigerzeugnissen kann ein noch so ineffizienter Lieferant trotzdem eine hohe Liefertreue erreichen.

Im Sinne eines zeitbasierten Beschaffungsmanagements schlägt QRM das Berücksichtigen der MCT als Schlüsselkennzahl zur Bewertung von Lieferanten vor. Die MCT ist ein besserer Gradmesser zur Messung der operativen Exzellenz. Bei zwei Lieferanten desselben Produktes ist ein Unterschied in der MCT beider Unternehmen von beispielsweise vier Wochen ein eindeutiger Gradmesser für die Gesundheit und dauerhafte Überlebensfähigkeit des Lieferanten. Darüber hinaus wird eine klare Bewertungsgröße über die Fähigkeit des Lieferanten, auf Änderungen zu reagieren, bereitgestellt. Klassische Kennzahlen zur Bewertung von Lieferanten sollten beibehalten werden. Die Bedeutung der MCT muss in dieser Auswahl jedoch hervorgehoben werden (vgl. [14, S. 142–152]).

5.8   Schritte einer erfolgreichen Implementierung von QRM

Die Einführung einer Strategie nach QRM fordert notwendigerweise signifikante Änderungen der bestehenden Organisationsstruktur, die oftmals noch nach dem Wertschöpfungsmuster von Taylor ausgerichtet ist. Derartige Eingriffe haben unternehmensweite Auswirkungen und können nicht ohne die Zustimmung und die volle Überzeugung des Top-Managements durchgeführt werden. Wichtige Schritte zur erfolgreichen Implementierung einer QRM-Strategie sind (vgl. [13, S. 508–509]):

1. Die Strategie einer Durchlaufzeitreduktion ist nicht im Verantwortungsbereich des taktischen Managements anzusiedeln, sondern muss Teil einer ganzheitlichen, vom Top-Management vorgelebten, QRM-Strategie sein. Die Zustimmung und Überzeugung der oberen Führungsebene ist daher primär entscheidend.
2. Auswahl eines geeigneten Produkts oder Marktsegments durch einen einflussreichen Lenkungsausschuss und Definition ungefährer Zielwerte für eine Durchlaufzeitreduktion.

3. Implementierung eines Planungsteams aus den wichtigsten Beteiligten der funktionalen Abteilungen des ursprünglichen Wertstromes. Anschließende Definition von präzisen Zielen, Erstellen einer Ist-Analyse, Brainstorming von Verbesserungsvorschlägen nach den QRM-Prinzipien sowie Aufstellung eines Projektplans.
4. Festlegung der potenziellen Zellenteam-Mitglieder mit anschließendem Team-Building. Einführung von QRM-Methoden zur Kontrolle des Projekterfolges (Abschn. 5.4.4).
5. Umsetzung der ausgewählten Verbesserungsvorschläge.
6. Abgleich des Projekterfolges mit den definierten Zielvorgaben. Festhalten der gewonnenen Erkenntnisse.
7. Übertragung des QRM-Ansatzes auf weitere potenzielle Geschäftsfelder und Produkte.

Neben den grundsätzlichen Hindernissen bei der Umsetzung einer dezentralen Organisationsstruktur, die sich aus der Zentrifugalkraft dezentraler Einheiten und deren sinnvollem Zusammenwirken ergeben, kann der erfolgreichen Implementierung moderner, dynamischer Wertschöpfungskonzepte wie dem QRM die Befangenheit in traditionellen Denkmustern entgegenstehen. Hindernisse können auch kaum vorhandene Prozesstechnologien oder fehlende Produktmodularität sein. Barrieren für ein autonomes und selbstbestimmtes Arbeiten ergeben sich auch aus arbeitsrechtlichen Bestimmungen sowie unzulänglichen Controlling- und Planungsinstrumenten.

Können diese Hindernisse überwunden werden, stellt Quick Response Manufacturing wohl das ausgereifteste Konzept in der Reihe postmoderner Wertschöpfungsstrategien dar. Gelingt eine erfolgreiche Implementierung und konsequente Anwendung der QRM-Methoden können dadurch Durchlaufzeiten minimiert und Gemeinkosten signifikant gesenkt werden. Die Schlagkraft und Resilienz von Unternehmen im heutigen und zukünftigen Wettbewerb kann durch eine hohe Flexibilität gegenüber kurzfristigen Marktveränderungen sichergestellt werden.

Literatur

1. Brunner, F.J.: Japanische Erfolgskonzepte. Hanser, München (2014)
2. Brunner, K.: Personalmanagement bei Planung und Einführung moderner Fertigungskonzepte in Industrieunternehmen: Konzept und Ansätze zur Gestaltung des Personalmanagements unter besonderer Berücksichtigung zentraler Merkmale menschzentrierter Fertigungskonzepte. Peter Lang, Frankfurt a. M. (2002)
3. Dillerup, R.: Strategische Optionen für vertikale Wertschöpfungsnetzwerke. In: Bea, F.X., Zahn, E. (Hrsg.) Schriften zur Unternehmensplanung, Bd. 51. Peter Lang, Frankfurt a. M. (1998)
4. Engelhardt-Nowitzki, C., Oberhofer, A.F.: Innovationen für die Logistik: Wettbewerbsvorteile durch neue Konzepte. Schmidt, Berlin (2006)
5. Gunasekaran, A.: Agile Manufacturing: The 21st Century Competitive Strategy. Elsevier, Amsterdam (2001)

6. Hermann, F.: Operative Planung in IT-Systemen für die Produktionsplanung und -steuerung. Wirkung, Auswahl und Einstellhinweise von Verfahren und Parametern. Springer, Wiesbaden (2011)
7. Hermann, L.: Verfahren der Fertigungssteuerung: Grundlagen, Beschreibung, Konfiguration. Springer, Berlin (2008)
8. Kidd, P.: Agile Manufacturing: Forging New Frontiers. Addison-Wesley, Paris (1994)
9. Martin, H.: Transport und Lagerlogistik. Planung, Struktur, Steuerung und Kosten von Systemen der Intralogistik. Springer, Wiesbaden (2014)
10. Osterloh, M., Frost, J.: Prozessmanagement als Kernkompetenz. Wie Sie Business Reengineering strategisch nützen können. Gabler, Wiesbaden (2006)
11. Schulte, C.: Logistik. Vahlen, München (2013)
12. Schönsleben, P.: Integrales Logistikmanagement. Operations und Supply Chain Management in umfassenden Wertschöpfungsnetzwerken. Springer, Berlin (2007)
13. Suri, R.: Quick Response Manufacturing. A Company Wide Approach To Reducing Lead. CRC, Boca Raton (1998)
14. Suri, R.: It's About Time. The Competitive Advantage Of Quick Response Manufacturing. Productivity Press, New York (2010)
15. Suri, R.: Erfolgsfaktor Zeit. BoD – Books on Demand, Norderstedt (2015)
16. Suri, R., Krishnamurthy, A.: How to plan and implement POLCA: A material control system for high-variety or custom-engineered products, (2003). http://citeseerx.ist.psu.edu/viewdoc/download?doi=10.1.1.580.9553&rep=rep1&type=pdf
17. Wang, L., Koh, S.C.L.: Overview of enterprise networks and logistics for agile manufacturing. In: Wang, L., Koh, S.C.L. (Hrsg.) Enterprise Networks And Logistics For Agile Manufacturing, S. 1–10. Springer, London (2010)

Über die Autoren

Prof. Dr.-Ing. Klaus-Jürgen Meier lehrt Produktionsmanagement, Logistik, Supply Chain Management und Global Sourcing und leitet das Institut für Produktionsmanagement und Logistik (IPL) an der Hochschule München.

Manuel Fuchs ist Mitarbeiter des Instituts für Produktionsmanagement und Logistik (IPL) sowie der IPL Beratung. Er betreut mehrere Beratungsprojekte zum Thema Quick Response Manufacturing und Durchlaufzeitverkürzung.

Lean QRM 4.0 – Das Beste aus Lean Production, QRM und Industrie 4.0 vereint in einem gemeinsamen Managementansatz

6

Klaus-Jürgen Meier

6.1 Anforderungsprofil an einen Managementansatz zur Beherrschung einer Einzelauftragsfertigung

Die spezifischen Randbedingungen einer Massenfertigung und einer Einzelauftragsfertigung prägen sämtliche Prozessschritte. Dies beginnt bereits bei der Gestaltung einer Produktionslinie und setzt sich fort bei deren operativem Betrieb. So lässt eine mangelnde Kenntnis zum Planungszeitpunkt bezüglich der später in der Betriebsdauer herzustellenden Produkte keine flussorientierte Aufstellung der Betriebsmittelaufstellung zu. Und auch die erforderliche Anzahl an Betriebsmitteln ist nicht vorhersehbar. Ein ideales verrichtungsorientiertes Layout sollte also ausreichend Spielraum für zum Planungszeitpunkt nicht vorhersehbare Entwicklungen beinhalten. Zumeist sind die Linien einer Einzelfertigung im weiteren Verlauf jedoch gekennzeichnet durch ein Wachstum, bei dem Freiflächen je nach aufkommendem Bedarf genutzt werden und damit jede Struktur verloren geht. Der in der Massenfertigung angestrebte gerichtete Materialfluss kann also nicht garantiert werden. Bestenfalls lassen sich Fertigungszellen festlegen und einrichten, welche autark für die Erbringung definierter Inhalte verantwortlich sind. Daraus resultiert die erste Anforderung an ein Produktionssystem für die Einzelauftragsfertigung:

▶ Forderung 1 – ungerichteter Materialfluss: Das Produktionssystem muss geeignet sein, einen ungerichteten Materialfluss zu beherrschen. Die resultierenden Übergangszeiten – also die Anteile der Durchlaufzeiten zwischen zwei Bearbeitungsschritten – sind trotzdem minimal zu halten.

K.-J. Meier (✉)
München, Deutschland
E-Mail: klaus-juergen.meier@hm.edu

© Springer Fachmedien Wiesbaden GmbH 2017
R. Koether und K.-J. Meier (Hrsg.), *Lean Production für die variantenreiche Einzelfertigung*, DOI 10.1007/978-3-658-13969-8_6

Im Charakter der Einzelauftragsfertigung liegen zwei weitere Anforderungen begründet. Ausführungen, Stückzahlen und Termine von Kundenaufträgen können nicht vorhergesehen werden. Damit geht ein wesentliches Leistungselement gegenüber der Massenbzw. Serienfertigung verloren. (Bestandsgesteuerte) Pull-Steuerungsmechanismen wie Kanban und auf hohe Stückzahlen ausgelegte Beschaffungssysteme, wie z. B. Just-intime oder Just-in-sequence, verlieren ihre Wirksamkeit. Heute im Rahmen eines Kundenauftrags benötigtes Material wird eventuell in absehbarer Zeit kein zweites Mal zu bearbeiten sein. Eine dauerhafte Materialbevorratung erscheint vor diesem Hintergrund als wenig sinnfällig. Lediglich der Anteil an standardisiertem Rohmaterial ist für eine Lagerhaltung geeignet.

Ein hohes Qualitätsniveau, bedingt durch ein stetiges Durchlaufen der Lernkurve und kontinuierliches Verbessern am Produkt, kann ebenfalls nicht mehr umgesetzt werden. Kontinuierliche Verbesserungen müssen sich ausschließlich auf den Prozess konzentrieren. Ein zweiter oder wiederholter Produktionsprozess ist kundenauftragsabhängig und damit nicht sicher gestellt.

Zur Erlangung hoher Termin- und Qualitätsstandards müssen Wege eingeschlagen werden, die sich bei minimalem Bestand und bereits bei Losgröße eins realisieren lassen. Es resultieren die Forderungen zwei und drei.

▶   Forderung 2 – Bestand und Durchlaufzeit: Das Produktionssystem muss die Einhaltung der Terminvorgaben durch den Kunden auf niedrigem Bestandsniveau sicherstellen. Dazu müssen die Produktionsfertigstellungstermine und damit die Durchlaufzeiten eines Auftrags in der Produktion exakt prognostizierbar sein.

▶   Forderung 3 – hohes Qualitätsniveau: Ein hohes Qualitätsniveau muss bereits durch das erste Fertigerzeugnis eines Auftrags und ohne Nacharbeiten erfüllt werden. Für ein Üben am Produkt und kontinuierliches Verbessern fehlen zumeist die Folgeaufträge.

Gerade die Forderung nach Prognostizierbarkeit der Durchlaufzeiten und damit der Fertigstellungstermine (= Liefertreue) ist für die Planer und Steuerer einer Produktionslinie oft schwer zu erfüllen. Ein Hauptgrund dafür ist in der unterschiedlichen Nachfrageverteilung begründet. Kundenaufträge gehen selten gleichmäßig verteilt über ein Kalenderjahr hinweg ein. Zumeist ergeben sich Nachfragespitzen und -täler. Eine gleichmäßig hohe Auslastung der Betriebsmittel ist in einer Einzelauftragsfertigung deswegen nicht erfüllbar. Planwirtschaftliches Handeln ist nachweislich zum Scheitern verurteilt. In einer Einzelauftragsfertigung kann es also nicht das Ziel sein, die Auslastung auf einem möglichst hohen Niveau auszubalancieren. Vielmehr steht die Schaffung einer hohen Flexibilität im Vordergrund. Auch die Auswahl der zum Einsatz kommenden Betriebsmittel ist diesem Ziel unterzuordnen. Die Betriebsmittel müssen eine hohe Flexibilität in Bezug auf die wirtschaftliche Losgröße und Verrichtung aufweisen. Auch phasenweise

Stillstandszeiten dürfen nicht zum Verlust der Wirtschaftlichkeit des Gesamtsystems führen. In Zeiten starker Nachfrage sollten sich diese Betriebsmittel als robust gegenüber gestreckten Wartungsintervallen erweisen.

▶   Forderung 4 – Führungsgrößen „Flexibilität" und „Liefertreue": Führungsgrößen des Managementsystems sind Flexibilität und Termintreue. Minimale (Stück-)Kosten ergeben sich bei maximaler Flexibilität und nicht bei maximalem Durchsatz.

Die Forderung nach Flexibilität wird weiter verstärkt durch die zahlreichen Einflussgrößen im operativen Betrieb. Veränderungen der Kundenwünsche (nach Termin, Stückzahl, Ausführung), Ausfall einzelner Maschinen, Erkrankung bzw. Urlaub von Mitarbeitern oder auch eine verspätete Materialanlieferung durch Lieferanten sind nur einige Beispiele, auf die das Produktionssystem immer wieder spontan reagieren muss. Planerisches Ziel muss es natürlich sein, diese genannten Störgrößen zu beseitigen. Realistisch werden sich diese erfahrungsgemäß jedoch nicht vollständig vermeiden lassen. Treten die Störungen ein, so sind strukturierte Abstimmungsprozesse erforderlich, welche unter Berücksichtigung des Gesamtoptimums schnell und unbürokratisch eine Reaktion einleiten. Die Prozesse müssen in der Lage sein, die Leistungsfähigkeit des Produktionssystems durch minimalen Eingriff in die bestehenden Planvorgaben aufrecht zu erhalten und ohne das Gesamtsystem für die Dauer der Abstimmung stillzulegen. Der Anpassungsaufwand des Produktionsprozesses an die „normalen" Störgrößen ist damit auf ein minimales Maß zu reduzieren.

▶   Forderung 5 – Robust gegenüber Störungen: Die Anzahl und Auswirkungen von Störungen im operativen Betrieb sind zu minimieren. Treten Störungen dennoch ein, muss das System durch minimale und dezentrale Aktionen die geeigneten Anpassungsmaßnahmen ergreifen können. Das Gesamtsystem muss sich also als robust erweisen gegenüber den tagesüblichen Störungen.

Aufgrund der vorstehenden Forderungen entsteht der Eindruck eines komplexen Planungssystems. Ziel sollte es jedoch sein, den Aufwand für Planung und Steuerung der Produktionslinien minimal zu halten. Dies gelingt nur durch Transparenz und mit selbststeuernden – idealerweise dezentralen – Regelkreisen. Durch Dezentralisierung kann die Größe der Regelkreise auf ein für alle Beteiligten überschaubares Maß reduziert werden.

▶   Forderung 6 – Transparenz und selbststeuernde Regelkreise: Transparenz und selbststeuernde Regelkreise sind die Voraussetzung für einen stabilen Fabrikbetrieb und schnelles Reaktionsvermögen der gesamten Organisation.

Ob zur Erreichung der vorstehenden Forderungen der Einsatz von Software geeignet ist, erscheint fraglich. Insbesondere die Forderungen nach Flexibilität und Transparenz zeigen die Grenzen auf. Gelingt es, die Produktionsabschnitte klein und transparent zu halten (s. Forderung 6), so sinkt auch die Erfordernis, alle Detailprozesse in Software abzubilden. Da die Betriebsdauer einer auf Einzelauftragsfertigung ausgerichteten Produktionslinie nicht vorhersehbar ist, lassen sich komplexe und deswegen zumeist aufwendig zu installierende Softwareverfahren schwer begründen. Zudem ist die Bereitstellung von fundierten und belastbaren Daten im Rahmen einer Amortisationsrechnung nur schwer zu erfüllen. Damit scheiden Produktionsplanungsverfahren aus diesem Grunde aus, welche einen umfangreichen Rechnereinsatz erfordern. Dies betrifft auch die Software-gestützte Anbindung von Lieferanten und Kunden. Die Supply-Chain-übergreifenden Softwareverfahren werden heutzutage aufgrund der hohen Installationskosten überwiegend von großen OEMs und deren langjährigen Zulieferbetrieben genutzt. Um auch kleinen und mittelständischen Betrieben den Einstieg zu ermöglichen, werden einfache und transparente Softwaresysteme benötigt. Diese müssen standardisiert sein, um die vorstehenden Forderungen nach auftragsbedingter Flexibilität auch im Lieferantennetzwerk umsetzen zu können.

Auf eine Auftragspriorisierung im operativen Tagesbetrieb muss deswegen ebenso verzichtet werden wie auf eine aufwendige Berechnung von Auftragsstartterminen (gemäß den klassischen Push-Verfahren).

▶ Forderung 7 – Weitgehender Verzicht auf den Einsatz komplexer und damit teurer Software: Bedingt durch Transparenz und einfache Prozesse sollen sich die Abläufe einfach planen und steuern lassen. Auch die für das Controlling bzw. die Nachkalkulation erforderlichen Daten sind durch einfache (händische oder automatisierte) Erfassungsmethoden zu gewinnen. Gleiches gilt für die Anbindung von Lieferanten und Kunden entlang der Supply Chain.

Die genannten Forderungen sind in Tab. 6.1 nochmals zusammengefasst. Im Folgenden sollen nun die drei Produktionsmanagementmethoden nochmals kurz vorgestellt und anschließend hinsichtlich der Erfüllung der Forderungen überprüft werden.

Tab. 6.1 Anforderungen an ein modernes Produktionsmanagementsystem zur Realisierung einer Einzelauftragsfertigung

Forderung 1	Ungerichteter Materialfluss
Forderung 2	Bestand und Durchlaufzeit minimal
Forderung 3	Hohes Qualitätsniveau bei Stückzahl „1"
Forderung 4	Führungsgrößen sind „Flexibilität" und „Liefertreue"
Forderung 5	Robust gegenüber Störungen
Forderung 6	Transparenz und selbststeuernde Regelkreise
Forderung 7	Weitgehender Verzicht auf den Einsatz komplexer Software

6.2   Lean Production

Mit dem Buch „The Machine that changed the world" wurde Lean Production 1991 schlagartig in der westlichen Welt bekannt [9]. Es begründet den Aufstieg und Erfolg japanischer Unternehmen im Zeitraum von nach dem Zweiten Weltkrieg bis zu den 1990er-Jahren. Das Buch fasst ein Bündel an Methoden und Werkzeugen auf, mit denen Unternehmensprozesse durchleuchtet, standardisiert und verbessert werden. Höchste Qualität, kurze Durchlaufzeit und geringe Kosten sind das Ziel. Kern der Vorgehensweise ist, jede Form von Verschwendung (7 Arten von Muda), Überlastung bzw. Überbeanspruchung von Mitarbeitern und Maschinen (Muri) zu vermeiden sowie eine gleichmäßige Belastung aller Produktionsfaktoren zu erreichen (Mura). Die Bezeichnung 3M steht seit diesem Zeitpunkt für das Streben zur erfolgreichen Einführung von Lean Production in den Unternehmen. Heute ist die Kenntnis über diesen Managementansatz längst weit verbreitet und findet Anwendung in zahlreichen Unternehmen. Den prinzipiellen Aufbau von Lean Production zeigt Abb. 6.1.

Lean Production besteht aus einer Fülle von Methoden. Ihre Herleitung erfolgte nicht auf der Basis wissenschaftlicher Überlegungen, sondern ergab sich aus erfolgreichen, rein operativen Ansätzen. Beispielhaft genannt seien TQM, Kaizen, Kanban, Andon, SMED oder auch Autonomation [3]. Sie stehen untereinander in Wechselbeziehung und bedingen teilweise einander. Die volle Wirkung entfaltet Lean Production deswegen nur, wenn es einem Unternehmen gelingt, möglichst viele Werkzeuge zur Anwendung zu bringen. Wesentliche Voraussetzung dafür ist die Bereitschaft, die Firmenkultur anzupassen. Dieser umfassende Wandel beginnt beim Top-Management und hat sich über

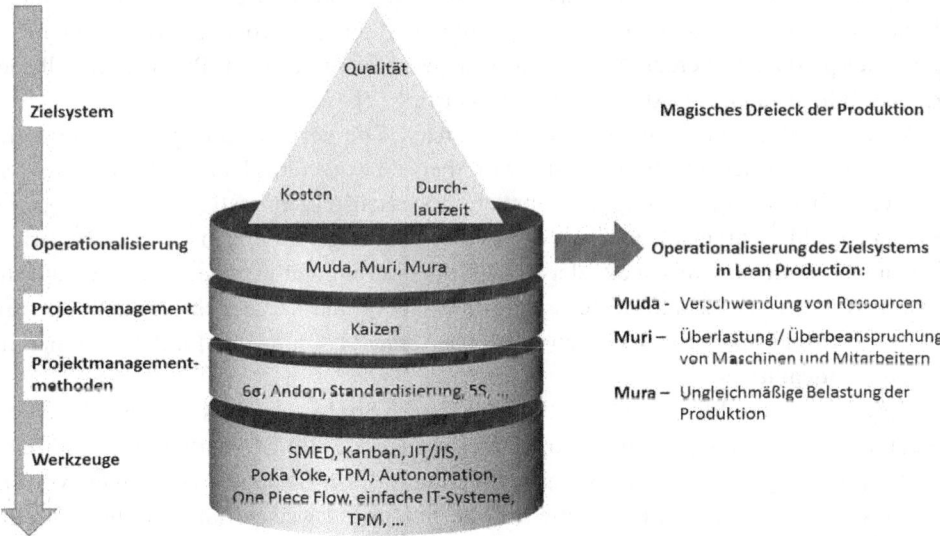

Abb. 6.1   Die Struktur von Lean Production aus heutiger Sicht

alle Hierarchieebenen und Funktionen hinweg zu vollziehen. Die jeweilige Führungs-kraft muss die Philosophie verkörpern. Punktuelle „Rückfälle" in alte Verhaltenswei-sen zerstören das Vertrauen nachhaltig und verhindern damit den fachlichen Erfolg der einzelnen Werkzeuge. Die Implementierung wird getragen durch einen kontinuierlichen Verbesserungsprozess (= Kaizen), welcher versucht, über viele kleine Veränderungen die bestehenden Prozesse im Unternehmen zu verbessern. Damit bildet Kaizen den Pro-jektmanagement-Rahmen zur Einführung und zur Optimierung von Lean Production.

Würdigung von Lean Production

Obwohl Lean Production seit nunmehr über 20 Jahren in Europa bekannt ist, haben noch längst nicht alle Unternehmen die Potenziale vollständig erschlossen. Gerade in der Standardisierung von Abläufen liegt der Schlüssel zum Aufbau von Erfahrung im Umgang mit Prozessen und Produkten. Die Lernkurve der Mitarbeiter wird angehoben und Verschwendung vermieden.

Und doch birgt die Standardisierung auch Probleme. So lassen sich zwar Prozesse in der Massen- oder Sortenfertigung vereinheitlichen, für die Einzelauftragsfertigung exis-tieren jedoch Grenzen. Definitiv sollten auch in der Einzelauftragsfertigung längst nicht alle Abläufe immer wieder neu gestaltet werden, aber die Erzeugung kundenspezifischer Produkte verlangt häufig auch die Individualisierung von Produktionsprozessen – sei es auch nur eine Anpassung der Stückzeiten. Die Einhaltung eines gerichteten Materialflus-ses wird damit unmöglich.

Mit Kanban, Heijunka und JIT/JIS bietet Lean Production Steuerungssysteme und Systeme der Beschaffungslogistik, welche die bedarfsorientierte Produktion von Teilen ermöglichen. Durchlaufzeiten und Bestände werden gering gehalten. Jedoch greift das Funktionsprinzip nur, wenn ein hoher Wiederholungsgrad und eine geringe Varianten-vielfalt gegeben sind. Steigt die Variantenvielfalt und müssen Produkte evtl. nur einmalig überhaupt produziert werden, so versagen die Werkzeuge der Lean Production vollstän-dig oder führen zu einem extremen Bestandsanstieg [7].

Ähnlich stellt sich die Situation dar bei Kaizen. Die Verbesserungsprozesse orientie-ren sich stark an den Erfahrungen der Mitarbeiter bei der Produktion der Erzeugnisse und dem dabei zur Anwendung kommenden Prozessen. Ein einmaliger Herstellungspro-zess entzieht der Herangehensweise damit die Grundlage. Dennoch können die Erfah-rungen und Vorgehensweisen aus der Prozessorientierung gut übertragen werden auf die Bedürfnisse einer Einzelauftragsfertigung. Im Vordergrund hat jedoch verstärkt der Auf-bau flexibler und stabiler Prozesse zu stehen. Sie sind die Grundlage für die Optimierung der Produktqualität.

Liefertreue und Flexibilität stellen für Lean Production keine hervorgehobene Bedeutung dar. Bedingt durch eine funktionierende Pull-Orientierung wird eine hundertprozentige Liefertreue garantiert. Material (= Bestand) ist immer verfüg-bar, wenn es benötigt wird. Für die Gewährleistung der Materialverfügbarkeit sind aufeinander abgestimmte Regelkreise in der Produktion und eine Auftragsglättung (siehe Mura) wesentlich entscheidender. Durch den Wegfall der (bestandsbasierten)

Pull-Steuerung – aufgrund der in der Einzelauftragsfertigung erforderlichen Kunden-orientierung und Variantenvielfalt – bekommen Liefertreue und Flexibilität eine neue Relevanz über alle Stufen des Wertschöpfungsprozesses hinweg. Das langsamste und unzuverlässigste Glied bestimmt die Leistung gegenüber dem Kunden. Hier ist ein Wandel im Bewusstsein erforderlich.

Ein gut ausgelegtes Lean-Produktionssystem weist eine hohe Robustheit gegenüber Störungen auf. Dies wird erreicht durch die Ausführung der Kaizen-Prozesse in Verbin-dung mit der simultanen Anwendung der in Abb. 6.1 aufgeführten Werkzeuge. Da in der Einzelauftragsfertigung jedoch wesentliche Einschränkungen bei der Anwendbarkeit der Werkzeuge gelten, ist auch die Robustheit eingeschränkt. Externe Einflussgrößen, also u. a. Schwankungen im Auftragseingang, kurzfristige Auftragsänderungen bzw. Ter-minverschiebungen durch den Kunden oder Verzögerungen bei der Materialversorgung durch Lieferanten, lassen beispielsweise dezentrale Kanban-Regelkreise schnell zusam-menbrechen. In Verbindung mit innerbetrieblichen Störungen (z. B. Abweichung der Maßhaltigkeit von Passungen) kann keine Stabilität und auch keine Transparenz mehr aufrechterhalten werden. Die dezentralen Regelkreise einer Lean Production wirken sich hier sogar erschwerend aus. Da der Lean-Gedanke keine Sicherheitsbestände zum Abpuffern der Störungen zulässt, besteht kaum Möglichkeit, auf die üblichen Herausfor-derungen einer kundenauftragorientierten Produktion durch Nutzung von Bestandsre-serven zu reagieren. Auch Software, um die dezentralen Prozesse mithilfe einer zentralen Steuerung zu „übersteuern" und mithilfe eines zentralen Controllings zu überwachen, ist im originären Ansatz nicht vorgesehen. Versuche in der Praxis, die dezentralen Prozesse dennoch mit einer zentralen Planung zu überlagern, führen sehr häufig zu Planungs- und Zielkonflikten unter den beteiligten Parteien innerhalb eines Unternehmens.

Aus den vorangegangen Erörterungen lassen sich nun die Bewertungen ableiten (s. Tab. 6.2), inwieweit es durch den Produktionsmanagementansatz „Lean Production" gelingt, die Anforderungen einer Einzelauftragsfertigung zu erfüllen:

Klar zu erkennen ist, dass Lean Production nicht alle Anforderungen einer Einzel-auftragsfertigung bestmöglich erfüllt. Einige Werkzeuge sind für die Einzelauftragsfer-tigung von hohem Wert und andere lassen sich durch methodische Anpassung auf den

Tab. 6.2 Erfüllung der Anforderungen an ein modernes Produktionsmanagementsystem zur Ein-zelauftragsfertigung durch Lean Production

Forderung 1	Ungerichteter Materialfluss	☹
Forderung 2	Bestand und Durchlaufzeit minimal	☹
Forderung 3	Hohes Qualitätsniveau bei Stückzahl „1"	☺
Forderung 4	Führungsgrößen sind „Flexibilität" und „Liefertreue"	☺
Forderung 5	Robust gegenüber Störungen	☺
Forderung 6	Transparenz und selbststeuernde Regelkreise	☺
Forderung 7	Weitgehender Verzicht auf den Einsatz komplexer Software	☺

Einsatz übertragen. Doch gibt es auch Probleme, die Lean Production bei zunehmender Variantenvielfalt und sinkender Stückzahl im „Produktlebenszyklus" nicht zu lösen vermag.

6.3   Industrie 4.0

Industrie 4.0 geht zurück auf eine Initiative der Bundesregierung aus dem Jahr 2011 mit dem Ziel, Unternehmen für die Produktion von Industrieprodukten besser zu rüsten. Der Name „Industrie 4.0" soll verdeutlichen, dass sich dahinter die vierte industrielle Revolution verbirgt. Darunter ist die Vernetzung der im Unternehmen existierenden Informations- und Kommunikationssystem zu verstehen. Sie dient der Flexibilisierung und Individualisierung der Produktion sowie der Integration von Kunden und Lieferanten. Damit adressiert sie formal wesentliche Forderungen der Einzelauftragsfertigung. Im Kern soll dies bei Industrie 4.0 durch die technische Integration von sogenannten cyberphysischen Systemen (CPS) in Produktion und Logistik sowie die Anwendung des Internets der Dinge und Dienste in industriellen Prozessen erreicht werden. Als Konsequenz ergeben sich neue Formen der Wertschöpfung und neue Geschäftsmodelle. Ebenso werden Auswirkungen auf die gesamte Arbeitsorganisation erwartet. Die Auswirkungen sind in Abb. 6.2 dargestellt [1].

Aufgabe der CPS ist es, virtuelle und reale Welten miteinander zu verbinden. Die entstehenden Kommunikationsprozesse sollen die Dezentralisierung von Entscheidungen

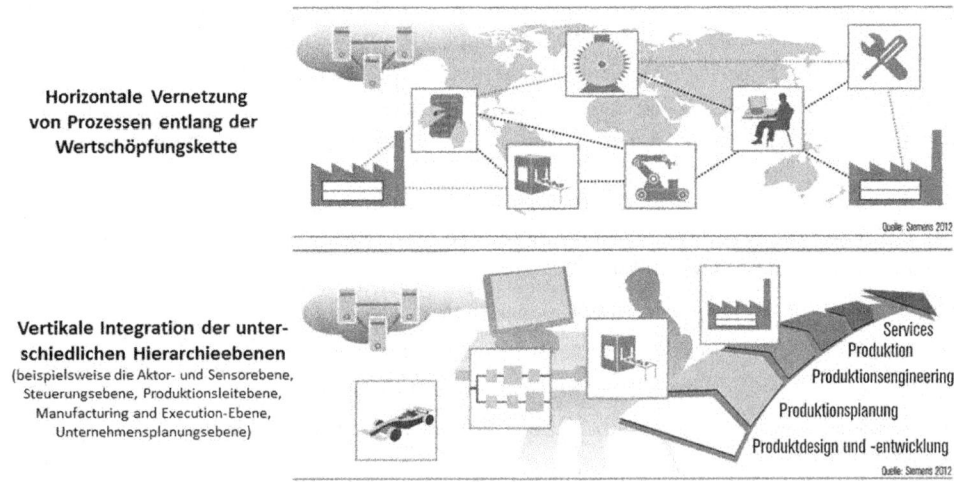

Abb. 6.2 Auswirkung von Industrie 4.0 auf die unternehmensinternen und unternehmensübergreifenden Geschäftsprozesse. (Quelle: [1, S. 24, 35])

fördern. Die zentrale Planung und Steuerung wird ersetzt durch eine Verlagerung der Entscheidung an die Stelle in der Wertschöpfung. Akteure im Internet der Dinge sind nicht nur Menschen, sondern auch Maschinen, Produkte, Vorrichtungen, Aufträge usw. Zur Beherrschung der Kommunikationsstrukturen ist der Einsatz modernster IuK-Technologie erforderlich [2].

Würdigung von Industrie 4.0

Ein Grund, warum Computer Integrated Manufacturing (CIM) zu Anfang der 1990er-Jahre zum Scheitern verurteilt war, war das Fehlen der heute verfügbaren IuK-Technologie. Sie bildet nun den Schlüssel zu Industrie 4.0. Dennoch erscheinen die Inhalte von Industrie 4.0 auch heute noch sehr futuristisch. Die in vielen Unternehmen vorliegenden Software-Architekturen sowie der betriebliche Alltag unterscheiden sich dramatisch von den skizzierten Soll-Prozessen. In den meisten vorliegenden Veröffentlichungen zu diesem Thema wird auch kein Versuch unternommen, diese Lücke zu schließen. Begriffe, wie CPS, bleiben sehr abstrakt und vage. Den allermeisten Praktikern fehlt derzeit noch jede Vorstellung, wie Industrie 4.0 auf den eigenen Betrieb übertragen werden kann. Um die Lücke zu schließen, sind noch große Investitionen in Forschung, die betriebliche Infrastruktur sowie in die Weiterbildung erforderlich. Bis zur flächendeckenden Einführung von Industrie 4.0 werden deswegen noch einige Jahre vergehen – sofern Industrie 4.0 nicht das gleiche Schicksal ereilt wie CIM. Aber auch wenn Industrie 4.0 nicht flächendeckend in den Unternehmen eingeführt wird, so sind viele Ansätze bereits heute sinnvoll und könnten kurzfristig realisiert werden.

Eine Bewertung von Industrie 4.0 kann deswegen nur vor dem Hintergrund vorgenommen werden, dass derzeit noch keine langjährige und keinesfalls flächendeckende praktische Erfahrung mit der Anwendung des Produktionsmanagementansatzes vorliegt. Analysiert man die gegenwärtigen Veröffentlichungen, welche Anwendungen von Industrie 4.0 beschreiben, so gelangt man zu einem sehr heterogenen Bild. Eine durchgängige Methodik bzw. ein einheitlicher Projektmanagementansatz, wie Lean Production ihn liefert, ist nicht zu erkennen. Vielmehr handelt es sich um eine Vielzahl sehr individueller Lösungen. Die einzige Gemeinsamkeit stellt in allen Fällen die Fokussierung auf Software dar und die Aussage, mithilfe des Softwareeinsatzes nahezu beliebig komplexe Produktionsaufgaben lösen zu können.

Damit werden Forderungen nach Bestands- und Durchlaufzeitreduzierung, einem Qualitätsmanagement für kleine Losgrößen, Flexibilität und Liefertreue oder Robustheit durchaus erfüllbar. Ein durchgängiger methodischer Ansatz existiert jedoch nicht. Die Vielzahl unterschiedlicher Anwendungen und Randbedingungen in der Einzelauftragsproduktion mögen dafür als Begründung dienen. Befriedigen kann es jedoch nicht. Als positiv kann die Strategie angesehen werden, Entscheidungen an den Ort des Problemanfalls zu verlagern und diese damit dezentral zu behandeln. Mithilfe der bereitzustellenden Software können die Geschehnisse dennoch zentral überblickt und im Sinne eines Gesamtoptimums begleitet werden.

Es resultiert die in Tab. 6.3 zusammengefasste Bewertung.

Tab. 6.3 Erfüllung der Anforderungen an ein modernes Produktionsmanagementsystem zur Einzelauftragsfertigung durch Industrie 4.0

Forderung 1	Ungerichteter Materialfluss	☺
Forderung 2	Bestand und Durchlaufzeit minimal	☺
Forderung 3	Hohes Qualitätsniveau bei Stückzahl „1"	☺
Forderung 4	Führungsgrößen sind „Flexibilität" und „Liefertreue"	☺
Forderung 5	Robust gegenüber Störungen	☺
Forderung 6	Transparenz und selbststeuernde Regelkreise	☺
Forderung 7	Weitgehender Verzicht auf den Einsatz komplexer Software	☹

Industrie 4.0 hat also durchaus das Potenzial, einige der genannten Herausforderungen einer Einzelauftragsproduktion zu lösen. Ein vollständig befriedigender Produktionsmanagementansatz wird dem Praktiker jedoch (derzeit noch) nicht an die Hand gegeben.

6.4   Quick Response Manufacturing (QRM)

Bei QRM handelt es sich um einen Ansatz, der sich auf die Verkürzung von Durchlaufzeiten konzentriert und dabei alle Unternehmensbereiche einbezieht. QRM ist also nicht primär ein produktionsorientierter Managementansatz, sondern erstreckt sich über sämtliche administrativen Prozesse wie Einkauf, Konstruktion, Produktionsplanung und Vertrieb. Der Kunden soll mit hoher Geschwindigkeit sein individuelles Produkt erhalten. Zu diesem Zweck werden Erkenntnisse aus der Lean Production und aus der klassischen MRP-gestützten Planung genutzt und kombiniert. Die im Unternehmen zumeist vorhandenen ERP-Systeme werden nicht überflüssig, sondern sogar in die Vorgehensweise integriert. Abb. 6.3 zeigt die Strategie, welche QRM zugrunde liegt.

Auf organisatorischer Ebene werden die funktionalen Gliederungen aufgelöst und durch kleine dezentrale Einheiten, die sogenannten QRM-Zellen, ersetzt. Bei der Bildung der Zellen spielt die Zusammenfassung funktionsübergreifender Einheiten die ausschlaggebende Rolle. Entlang des Geschäftsprozesses wird „Bottom-Up", also ausgehend vom Detail, die Zelle gebildet. So soll gewährleistet werden, dass idealerweise innerhalb einer Zelle alle zur Herstellung benötigten Funktionen wie Konstruktion, Einkauf und Disposition, Produktionsplanung, Produktion und Vertrieb zusammengefasst sind. Erst wenn die zu bildende Zelle selbst aufgrund des auszuübenden Tätigkeitsumfangs zu groß wird und keine Transparenz mehr bietet, werden weitere organisatorische Unterteilungen gebildet. Im Unternehmen entstehen damit mehrere Zellen, die gleichberechtigt im Lieferanten-Kunden-Verhältnis nebeneinander stehen. Der Vorteil dieses Organisationsansatzes liegt in der Aufhebung von Schnittstellen zwischen Abteilungen, welche klassischerweise zu Wartezeiten im Rahmen einer Auftragsbearbeitung führen.

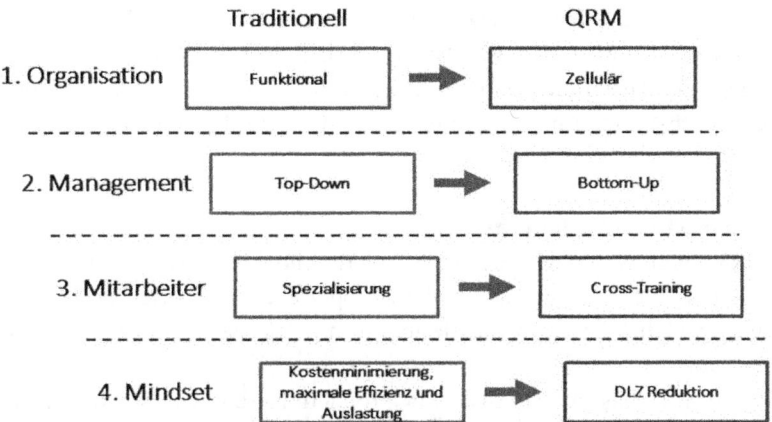

Abb. 6.3 Strategischer Ansatz des Quick Response Manufacturing. (Quelle: Eigene Darstellung in Anlehnung an [8, S. 47])

Mit der Reduzierung der Schnittstellenzahl kann ein Auftrag somit wesentlich schneller ausgeführt werden. Die Auftragsdurchlaufzeiten sinken. Um die erforderlichen Funktionen zusammenfassen zu können, müssen die Mitarbeiter umgeschult werden. Nicht mehr Spezialisten sind gefragt, sondern Generalisten (ausgebildet durch ein „cross-training") müssen ein möglichst breites Wissen in sich vereinen. Das macht deutlich, dass das Streben nach möglichst gleichmäßiger und hoher Auslastung durch das klare Bekenntnis zur Durchlaufzeit als maßgeblicher Führungsgröße abgelöst wird [8].

Wesentliche Bausteine von QRM bilden

- der organisatorische Aufbau von sogenannten QRM-Zellen,
- das Verständnis vom Zusammenhang zwischen Auslastung und Durchlaufzeit (hohe Auslastung führt nicht nur zu einer langen Durchlaufzeit, sondern ist in den meisten Fällen auch nicht wirtschaftlich),
- die Einführung einer Produktionsplanung und -steuerung nach dem POLCA-Prinzip

Das POLCA-Prinzip sieht eine Grobplanung der Termine mithilfe des bekannten MRP-II-Verfahrens vor. Allerdings wird nicht auf der Ebene von einzelnen Maschinen geplant, sondern die QRM-Zelle als planerische Einheit hinterlegt. Die im Tagesgeschäft erforderliche Detailplanung erfolgt auf der Basis eines Pull-Prinzips mit POLCA-Karten. Auslöser ist nicht das Unterschreiten eines Bestandswertes, sondern die Verfügbarkeit von Kapazität. Nur wenn die Auslastung einer QRM-Zelle einen Neustart erlaubt und gleichzeitig ein Kundenauftrag vorliegt, wird eine Materialanforderung per POLCA-Karte an die vorausgehende Zelle abgegeben und das Material schließlich bereitgestellt [5].

Neben den beschriebenen Ansätzen greift QRM auf bekannte Werkzeuge der Lean Production zurück. So werden beispielsweise SMED oder TPM genutzt, um Umrüstzeiten und ungeplante Ausfallraten von Werkzeugmaschinen zu minimieren. Nur produktiv verfügbare Betriebsmittel ermöglichen die Erreichung der kurzen Durchlaufzeiten, [4, 6, 8].

Würdigung des QRM-Verfahrens

Obwohl QRM bereits Mitte der 1990er-Jahre entwickelt wurde, ist der Bekanntheits- und damit Verbreitungsgrad in der europäischen Industrie recht eingeschränkt. Unternehmen, welche die Implementierung von QRM gewagt haben, bestätigen den Umsetzungserfolg.

QRM legt den Fokus, anders als Lean Production, sehr viel stärker auf kleine und kundenspezifische Lose. Dennoch greift es viele Werkzeuge des Lean-Baukastens auf und kombiniert diese mit eigenen Ansätzen. Der unternehmensweite Ansatz und die Integration aller Organisationseinheiten machen die Einführung zu einem strategischen Projekt. Es fordert ein Umdenken angefangen vom Top-Management bis hin zum Mitarbeiter an der Maschine. Die Ergebniswirkung ist beachtlich.

Die Forderung nach Auflösung der Materialflussorientierung erfüllt QRM. Mit der Einführung der QRM-Zellenstruktur werden die Anzahl an Schnittstellen und damit Warteschlangen deutlich reduziert. Die lokale Anordnung der Zellen (untereinander) ist belanglos. Innerhalb einer Zelle bietet sich eine Flussorientierung zwar an, ist aufgrund der idealerweise kleinen und überschaubaren Einheiten jedoch nicht zwingend. Bei allem steht die Minimierung der Durchlaufzeit im Vordergrund. Aufgrund der hohen Geschwindigkeit lassen sich Kundenwünsche schnell und damit flexibel erfüllen. Dabei wird anerkannt, dass Bestand, in Form von Durchlauf- und Lagerbestand, die Geschwindigkeit abbremst und kontraproduktiv wirkt, [4, 6].

Zur Erreichung eines hohen Qualitätsniveaus führt QRM keine eigenen Werkzeuge ein. Dennoch muss, bevor ein Kundenauftrag eine Zelle verlässt, die spezifikationsgerechte Qualität sichergestellt sein. Ein qualitätsbedingter Rücksprung in eine bereits durchlaufene Zelle führt zur ungeplanten Erhöhung der Durchlaufzeiten und Verletzung der Termintreue. Als entscheidend erweist sich die Bewusstseinsbildung unter den Mitarbeitern. Die Ausbildung zu Generalisten fördert das Verständnis bezüglich des Gesamtzusammenhangs. Da die Wiederholhäufigkeit an Tätigkeiten aufgrund der unterschiedlichen Produktgestaltung ohnehin sinkt (Lernkurveneffekt geht verloren), bietet ein höheres Ausbildungsniveau den einzigen Ansatz zur Einhaltung von Qualitätsstandards.

Zur Ermittlung der Auftragsreihenfolgen sowie der Kapazitäts- und Bestandsplanung bedient sich QRM der klassischen MRP-II-Systeme. Es erfolgt dabei allerdings keine Auflösung auf Betriebsmittel-, sondern lediglich auf Zellenebene. Damit kommt QRM dennoch nicht ohne Softwareeinsatz aus. Andererseits erleichtert diese Tatsache vielen Unternehmen den Umstieg von konventionellen Push-Systemen hin zu QRM, da der erforderliche mentale Umstieg für die Mitarbeiter leichter nachzuvollziehen ist. Dennoch

Tab. 6.4 Erfüllung der Anforderungen an ein modernes Produktionsmanagementsystem zur Einzelauftragsfertigung durch QRM

Forderung 1	Ungerichteter Materialfluss	☺
Forderung 2	Bestand und Durchlaufzeit minimal	☺
Forderung 3	Hohes Qualitätsniveau bei Stückzahl „1"	☺
Forderung 4	Führungsgrößen sind „Flexibilität" und „Liefertreue"	☺
Forderung 5	Robust gegenüber Störungen	☺
Forderung 6	Transparenz und selbststeuernde Regelkreise	☺
Forderung 7	Weitgehender Verzicht auf den Einsatz komplexer Software	☺

ist ein durchgängiger Rechnereinsatz auf Werkstattebene erforderlich, und die Transparenz bezüglich der tagesaktuellen Geschehnisse ist für den Praktiker nicht unmittelbar gegeben. Dies macht sich auch hinderlich bemerkbar, wenn Störungen auftreten. Zwar bieten die Zellen eine bessere Übersicht und damit Planbarkeit, doch entsteht kein haptischer Eindruck von der Problemlage und möglichen Lösungsansätzen (Tab. 6.4).

6.5   Lean Production, Industrie 4.0 und QRM im unmittelbaren Vergleich

Stellt man die drei genannten Produktionsmanagementsysteme gegenüber, so ergibt sich die nachstehende Tab. 6.5. Erkennbar ist, dass jedes System über Stärken und Schwächen verfügt. Kein System vermag durchgängig alle Anforderungen einer Einzelauftragsfertigung überzeugend zu erfüllen. So überzeugt Lean Production mit seiner großen Anzahl an praxiserprobten Werkzeugen und Methoden. Erwartungsgemäß sind diese für die Einzelfertigung jedoch nur bedingt tauglich. Industrie 4.0 füllt diese Schwachstelle. Industrie 4.0 fehlt bislang jedoch der durchgängige Managementansatz. Nur alleine auf die Vielfältigkeit und Vernetzungsfähigkeit der Softwarelösungen zu setzen, erscheint zu wenig. Zu groß ist die Gefahr, dass sich die Softwarepakete vor dem Hintergrund einer angestrebten Kundenorientierung zu teuren, unüberschaubaren und individualisierten Monstren für die Unternehmen auswachsen.

QRM könnte hier einen guten Kompromiss darstellen. Aufbauend auf die wesentlichen Denkansätze von Lean Production wird auf die Beschleunigung der Prozesse gesetzt. Dabei wird ein Softwareeinsatz zur Planung und Steuerung akzeptiert, allerdings in einer vereinfachten Ausführung. Erstaunlich erscheint, dass QRM in Europa nahezu unbekannt ist. Als Ursache könnte gelten, dass die Individualisierung der Produkte bislang als vermeidbar angesehen wurde und der Standardisierung von Produkten und Abläufen deutlich mehr Potenzial zugesprochen wurde.

Zu berücksichtigen ist also, dass der Erfahrungshintergrund mit den aufgeführten Produktionsmanagementsystemen jeweils sehr unterschiedlich ausgeprägt ist. Dies wird auch bei Betrachtung der Abb. 6.4 nochmals deutlich. So bleibt insbesondere bei der

Tab. 6.5 Erfüllung der Anforderungen durch die bestehenden Produktionsmanagementsysteme

		Lean Management	Industrie 4.0	QRM
Forderung 1	Ungerichteter Materialfluss	☹	☺	☺
Forderung 2	Bestand und Durchlaufzeit minimal	☹	☺	☺
Forderung 3	Hohes Qualitätsniveau bei Stückzahl „1"	☺	😐	😐
Forderung 4	Führungsgrößen sind „Flexibilität" und „Liefertreue"	☺	😐	😐
Forderung 5	Robust gegenüber Störungen	😐	😐	😐
Forderung 6	Transparenz und selbststeuernde Regelkreise	☺	☺	☺
Forderung 7	Weitgehender Verzicht auf den Einsatz komplexer Software	☺	☹	☺

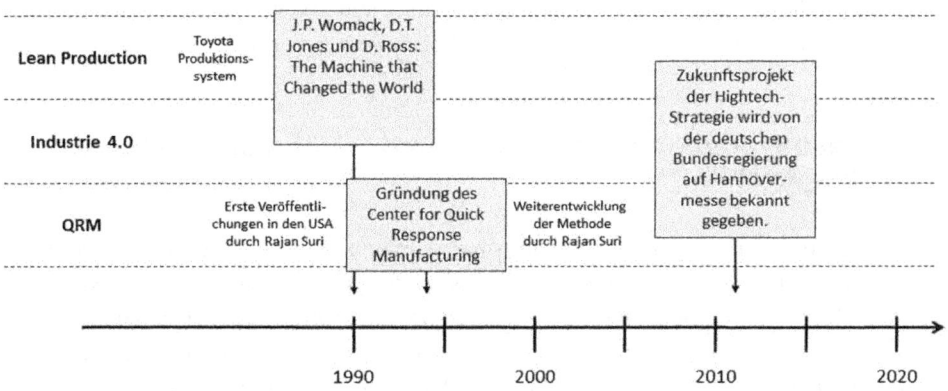

Abb. 6.4 Entwicklung der Produktionsmanagementsysteme im Zeitstrahl

Bewertung von Industrie 4.0 eine große Unsicherheit. Der Ansatz ist noch sehr jung und muss sich erst noch längerfristig beweisen. Industrie 4.0 ist vielerorts noch nicht über das Stadium der Forschungslabore hinausgekommen. Echte Praxiserfahrungen sind noch recht überschaubar.

Lean Production kann hingegen auf eine langjährige Erfolgsgeschichte zurückblicken. Entstanden aus dem Toyota-Produktionssystem wird es heute von zahllosen Unternehmen mit großem Erfolg in der Massen- und Serienfertigung eingesetzt. Erste Veröffentlichungen zu QRM im US-amerikanischen Raum existieren seit 1994. Berichte über Anwendungen in der Praxis sind dennoch vergleichsweise überschaubar.

6.6 Was ist der richtige Weg?

Einfachheit und Transparenz von Prozessen ist immer noch der Beherrschung von Komplexität durch Softwarelösungen vorzuziehen. Die Augen vor innovativen IuK-Lösungen zu verschließen, ist jedoch ebenso die falsche Schlussfolgerung. Sind die Prozesse einfach, stabil und nachvollziehbar, so kann mithilfe von innovativen DV-Architekturen ein weiterer Effizienzsprung erzielt werden. Resultierender Vorteil: Auch die DV-Architektur ist dann einfach, stabil und nachvollziehbar – und sogar die Implementierungskosten bleiben dann überschaubar.

Aus diesem Grund stellt sich nicht die Frage, welches der drei skizzierten Produktionsmanagementsysteme im Unternehmen zum Einsatz kommt. Vielmehr ist es eine Kombination der Ansätze, welche erfolgsversprechend erscheint. Je nach Reifegrad der Organisation sollte der nächste Schritt gewagt werden. Dabei ist es sinnvoll, eine Reihenfolge einzuhalten.

An erster Stelle sollte die Standardisierung der Abläufe stehen. Hier erscheint Lean Production als das Managementsystem mit dem größten Erfolgspotenzial. Erst wenn die Standardisierung ausgereizt ist und die Individualisierung der Produkte und Abläufe die Weiterentwicklung hemmt, sollte über die Einführung von QRM nachgedacht werden. Aufgrund der resultierenden Umorganisation im Betrieb wird die Komplexität eines Betriebes ersetzt durch viele kleine, flexible und überschaubare QRM-Zellen [5]. Sie erleichtern später die Implementierung von Software. Es werden keine gewaltigen Softwarepakete benötigt, sondern kleine, an die Bedürfnisse angepasste Lösungen. Mit dem Wissen aus Industrie 4.0 kann damit ein Know-how bereitgestellt werden, welches die einzelnen Zellen in einem übergreifenden Konzept integriert und auch dezentrale Entscheidungen dem betrieblichen Gesamtoptimum unterordnet. Damit unterstützt QRM wesentlich die Forderung von Industrie 4.0 zur Bildung dezentraler Organisationseinheiten und die Verlagerung der Entscheidung an den Ort der Kompetenz – nämlich in die QRM-Zelle. Es resultiert ein methodischer Ansatz, in welchem sich die drei dargestellten Produktionsmanagementsysteme ergänzen und durch einen kontinuierlichen Entwicklungsprozess im Unternehmen weiterentwickelt werden können – s. Abb. 6.5.

Neben dem zeitlichen Aspekt ergibt sich auch eine Notwendigkeit zur Kombination der Produktionsmanagementsysteme nach logistischen und wirtschaftlichen Gesichtspunkten. Dies wird bei Betrachtung der Abb. 6.6 ersichtlich.

Zur Realisierung einer kurzen Reaktionszeit auf den Eingang individueller Kundenaufträge eignet sich die Einführung einer Entkopplung der unternehmensinternen Produktionsabschnitte. Gelingt es, die Variantenbildung erst spät in der Wertschöpfung aufzubauen, so lassen sich in einem ersten Produktionsabschnitt die Prinzipien der Serien- bzw. Massenfertigung und damit von Lean Production beibehalten. Dies stellt die ideale Voraussetzung dar, um an einem sogenannten Kundenentkopplungspunkt (= KEP) eine stete Materialverfügbarkeit gewährleisten zu können. Als Steuerungssystem eignet sich im Abschn. 6.1 das bewährte Kanban-Prinzip. Erst mit Überschreiten des KEP flie-

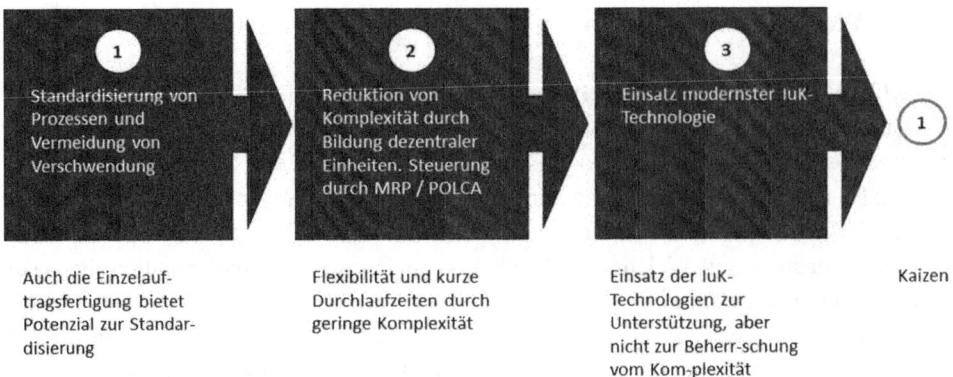

Abb. 6.5 Lean Production, QRM und Industrie 4.0 stehen nicht konkurrierend nebeneinander, sondern ergänzen sich optimal

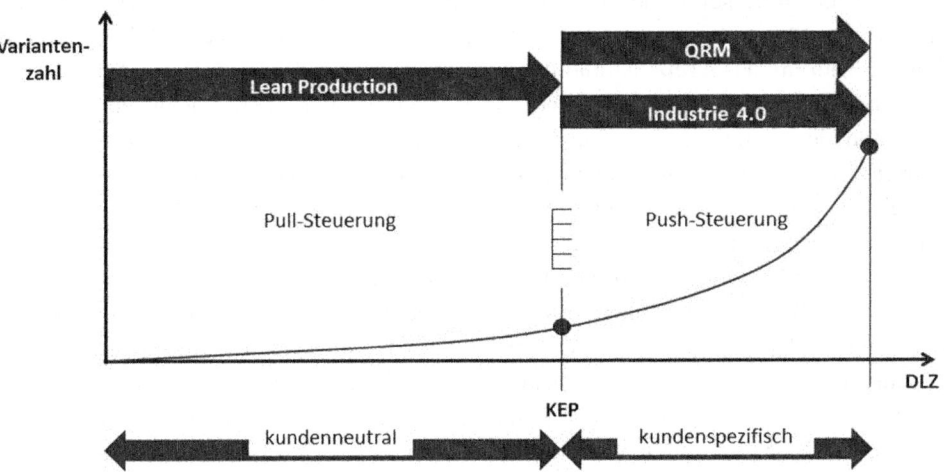

Abb. 6.6 Kombinierter Einsatz von Lean Production, QRM und Industrie 4.0 zur Realisierung einer optimalen Reaktion auf Kundenwünsche und maximalen Wirtschaftlichkeit

ßen die kundenspezifischen Ausprägungen des Auftrags ein. Es entsteht Variantenvielfalt, die mit einer kurzen Lieferzeit und hohen Termintreue an den Kunden übergeben werden soll. In diesem zweiten Produktionsabschnitt kommen die o. g. Vorteile von QRM und Industrie 4.0 zur Geltung. Sie helfen, die Komplexität zu reduzieren bzw. zu beherrschen.

Jeder der beiden Produktionsabschnitte kann damit anwendungsspezifisch mit den optimierten Produktionsmanagementsystemen betrieben werden. Neben einer verbesserten Steuerung, maximaler Transparenz und kurzen Reaktionszeiten verringert sich der Aufwand zum Betrieb der Abschnitte. Dies garantiert gleichzeitig eine maximale Wirtschaftlichkeit.

Sowohl die zeitliche als auch die inhaltliche Perspektive der Produktionsmanagement-systeme hat somit gezeigt, dass sich durch Kombination und Ausnutzung der Stärken weitere Vorteile für die Unternehmen gewinnen lassen. Die Bereitstellung kundenspezifischer Produkte bietet also auch eine Chance für Unternehmen im Wettbewerb um neue Märkte und somit neue Kunden. Immer entscheidender wird dabei die Abstimmung zwischen Produktgestaltung, Beschaffung, Produktion und dem Angebot kaufentscheidender Faktoren durch den Vertrieb. Die intelligente Kopplung der existierenden Produktionsmanagementsysteme unter Ausnutzung innovativer Ansätze stellt in Zeiten von Globalisierung und Internet die Basis dar. Die isolierte Nutzung eines Systems könnte bald zu wenig sein.

Literatur

1. Arbeitskreis Industrie 4.0: Umsetzungsempfehlungen für das Zukunftsprojekt Industrie 4.0 – Abschlussbericht, hrsg. v. Promotorengruppe Kommunikation der Forschungsunion Wirtschaft – Wissenschaft: Prof. Dr. Henning Kagermann et al., 2013. www.bmbf.de/files/Umsetzungsempfehlungen_Industrie4_0.pdf
2. Bauernhansl, T.: Die Vierte Industrielle Revolution – Der Weg in ein wertschaffendes Produktionsparadigma. In: Bauernhansl, T., Hompel, M. ten, Vogel-Heuser, B. (Hrsg.) Industrie 4.0 in Produktion, Automatisierung und Logistik, Anwendung, Technologien und Migration, S. 5–35. Springer, Wiesbaden (2014)
3. Dickmann, P.: Schlanker Materialfluss – mit Lean Production, Kanban und Innovationen. Springer, Berlin (2007)
4. Engelhardt, C.: Betriebskennlinien. Hanser, München (2000)
5. Fuchs, M.: Beyond Lean in der Praxis. MAV – Innovationen in der spanenden Fertigung **2016**(05), 30–31 (2016)
6. Hopp, W.J., Spearman, M.L.: Factory Physics. The McGraw-Hill Companies, Irwin (1996)
7. Schönsleben, P.: Integrales Logistikmanagement – Operations und Supply Chain Management in umfassenden Wertschöpfungsnetzwerken. Springer, Berlin (2007)
8. Suri, R.: It's About Time – The Competitive Advantage Of Quick Response Manufacturing. Productivity Press, New York (2010)
9. Womack, J.P., Jones, D.T., Roos, D.: The Machine That Changed the World: The Story Of Lean Production. Rawson Associates, New York (1990)

Über den Autor

Prof. Dr.-Ing. Klaus-Jürgen Meier lehrt Produktionsmanagement, Logistik, Supply Chain Management und Global Sourcing und leitet das Institut für Produktionsmanagement und Logistik (IPL) an der Hochschule München.

Teil II

Anwendung der Lean- und QRM-Methoden für die Einzel- und Kleinserienfertigung

Getaktete Fließfertigung in der Einzelteilfertigung von Press- und Umformwerkzeugen im Automobilbau

7

Dorothee Behnert

7.1 Motivation

Der weltweite Wettbewerb der großen Automobilbauer führt bereits seit einigen Jahren zu erkennbaren Megatrends:

- Zunahme der Typen- und Variantenvielfalt
- Verkürzung der Produktentwicklungszeiten
- Kundenspezifische Ausstattungswünsche
- Kostengünstigere Produktion

Diese Anforderungen stellen den Werkzeugbau für die Außenhautteile der Mercedes-Benz Pkw zunehmend vor große Herausforderungen:

- Vielfalt der Karosserievarianten erfordert eine wesentlich höhere Anzahl an Presswerkzeugen
- Anspruchsvolles Design führt zu komplexeren Werkzeugen
- Verkürzte Produktentwicklungszeiten bedürfen eines frühzeitig hohen Reifegrades der Werkzeuge
- Erfolgreiches Absolvieren von Produktionsanläufen und des Beginns der Serienproduktion (SOP) erfordern eine hohe Termintreue im Werkzeugherstellungsprozess

Um den steigenden Anforderungen auch in Zukunft gerecht zu werden, wurde Dr. Koether, Professor an der Hochschule für Angewandte Wissenschaften München, beauftragt,

D. Behnert (✉)
Wildberg, Deutschland
E-Mail: dorothee.behnert@daimler.com

© Springer Fachmedien Wiesbaden GmbH 2017
R. Koether und K.-J. Meier (Hrsg.), *Lean Production für die variantenreiche Einzelfertigung*, DOI 10.1007/978-3-658-13969-8_7

die getaktete Fertigung individueller Großwerkzeuge für die Herstellung von Außenhaut-
teilen zu untersuchen, und anhand ausgewählter Serienwerkzeuge pilotiert.

Die Fließfertigung hat sich als sehr effiziente Fertigungsstruktur für die industrielle
Produktion weltweit durchgesetzt. Gründe sind vor allem:

- Kurze Durchlaufzeit
- Relativ leichtes Einlernen der Mitarbeiter
- Produktive Nutzung von Ressourcen

7.2 Projektziele

Aktuell basiert die Neuanfertigung von Press- und Umformwerkzeugen auf der ressour-
cenorientierten Werkstattfertigung, d. h., Schweiß-, Fräs- und Montagearbeiten sowie
Optimierungsarbeiten auf der Tryout-Presse werden nach Verfügbarkeit der jeweiligen
Ressource – Arbeitskraft, Maschine und Presse – eingeplant. Hierdurch entstehen für die
Fertigstellung des Werkzeuges unter Umständen ungeplante Wartezeiten und schwierig
zu planende Durchlaufzeiten. Zudem ist nicht sichergestellt, dass die Qualifikation der
Mitarbeiter in der Werkstatt mit ihren aktuellen Aufgaben übereinstimmt, also hoch qua-
lifizierte Werkzeugmechaniker nicht weniger anspruchsvolle Aufgaben übernehmen.

Innerhalb des Projekts wurde zunächst ein paarweiser Vergleich angestellt, um die
Ziele zu priorisieren, siehe Abb. 7.1.

Paarweiser Vergleich / Kriterium	Verfügbarkeit Einbauteile verbessern	Prozesse standardisieren	bedarfsgerechte Qualifizierung	Termintreue verbessern	Durchsatz Tryout erhöhen	effiziente Flächennutzung	Qualitätssicherheit erhöhen	Flexibilität erhöhen	Summe = Gewichtung
1 Verfügbarkeit Einbauteile verbessern	-	0	0	0	1	2	0	2	5
2 Prozesse standardisieren	2	-	2	0	2	2	0	2	10
3 bedarfsgerechte Qualifizierung	2	0		0	0	2	0	2	6
4 Termintreue verbessern	2	2	2	-	2	2	0	2	12
5 Durchsatz Tryout erhöhen	1	0	2	0	-	2	0	2	7
6 effiziente Flächennutzung	0	0	0	0	0	-	0	0	1
7 Qualitätssicherheit erhöhen	2	2	2	2	2	2	-	2	14
8 Flexibilität erhöhen	0	0	0	0	0	2	0	-	2

Abb. 7.1 Paarweiser Vergleich der Ziele

Die Ziele des Projekts basieren auf der Annahme, dass durch Standardisierung von Arbeitsinhalten in festgelegten Fertigungstakten alle zur Werkzeugherstellung nötigen Ressourcen frühzeitig geplant und somit effizient genutzt werden können. Zudem wird erwartet, dass sich durch die eintretende Spezialisierung der Werker auf bestimmte Arbeitsbereiche die auszuführenden Tätigkeiten in puncto Qualität und Effizienz weiterhin verbessern lassen, sich also sowohl die Qualitäts- als auch die Terminsicherheit in der Bearbeitung erhöht. Der Grad der Spezialisierung reicht bei der aktuellen Organisationsform bis auf die Bauteilebene jeder Meisterei, nicht jedoch bis auf einzelne Tätigkeiten, wie es bei einer Taktfertigung der Fall wäre. Die gesteigerte Planbarkeit der Abläufe trägt dazu bei, dass Durchlaufzeiten sowohl in der Werkstatt als auch in der Tryout-Presse definiert werden, was letztendlich das Controlling von Terminen im Bereich der Werkzeugneuanfertigung erheblich erleichtert. Ein weiteres Projektziel ist die optimierte Flächennutzung. Durch ein definiertes Fließkonzept können Transportwege geplant und somit verkürzt und Arbeitsplätze mit benötigten Betriebsmitteln und Einbauteilen ausgestattet werden. Auch die Qualifizierung der Werkzeugmechaniker gestaltet sich durch übersichtlich gestaltete Fertigungsabläufe in Stationen bedarfsgerechter. Gleichzeitig ist das Einlernen neuer Mitarbeiter wesentlich zielführender. Alle Ziele vereinen sich letztendlich in der Erwartung, durch die Abkehr von der klassischen Werkstattfertigung hin zu einer Industrialisierung des Werkzeugbaus kosten-, termin- und qualitätsoptimiert zu arbeiten und diesbezüglich Zielvorgaben einzuhalten (Abb. 7.2).

Dies ist ein erster und entscheidender Schritt, um einen indirekten Bereich zu einer fortschrittlichen Lean Production hinzuführen. Im Sinne dieser Organisation wird durch die getaktete Fließfertigung Verschwendung beseitigt, werden die Abläufe der Werkzeugherstellung synchronisiert und damit kontrollierbar gemacht. Hierdurch wird auch ein verstärktes Verständnis für das „Pull-Prinzip" des internen Kunden erzeugt. Zudem werden innerhalb der Lean Production auftretende Fehler umgehend beseitigt, da ansonsten die Linie gestoppt wird, was im Werkzeugbau zu erhöhter Bereitschaft zur Flexibilität aller Bereiche führt.

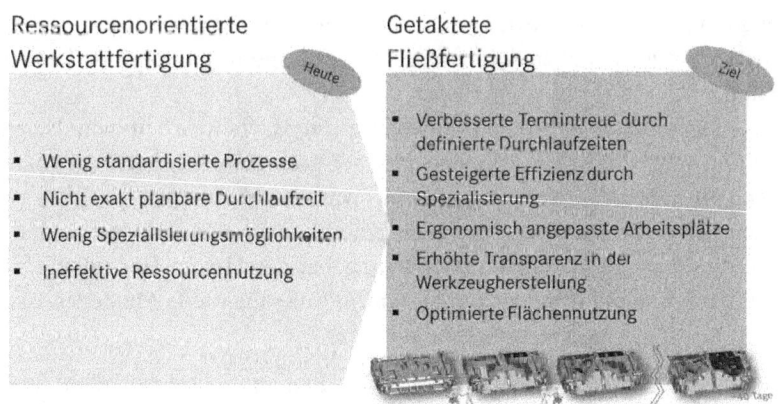

Abb. 7.2 Von der ressourcenorientierten Werkstattfertigung zur getakteten Fließfertigung

7.3   Ist-Analyse

7.3.1   Einsatz der Taktfertigung bei geringem Stückzahlvolumen

Im Rahmen der Projektbeauftragung hat Herr Inkoferer, Student der Hochschule München im Fachbereich von Herrn Prof. Dr. Koether, eine Bachelorarbeit angefertigt, die den Einsatz einer Taktfertigung bei geringem Stückzahlvolumen in der Industrie beleuchtet [1]. Die Fließfertigung hat sich insbesondere bei Bauteilen mit hoher Stückzahl und ähnlichem bzw. gleichem Produktaufbau bewährt, da sie ein sehr hohes Potenzial an standardisierten Prozessabläufen bietet. In der Montage der Automobilindustrie ist die Fließbandfertigung bereits seit Anfang des 20. Jahrhunderts eine bewährte Methode. Die Produktion erfolgt nach einer festgelegten Reihenfolge mit aufeinander aufbauenden Fertigungsschritten in zeitlich vorbestimmten Arbeitsstationen, die den Fertigungstakt vorgeben.

Innerhalb der Bachelorarbeit wurden Unternehmen aus unterschiedlichen Branchen wie dem Maschinenbau, dem Anlagenbau und dem Fahrzeugbau u. a. hinsichtlich ihrer im Betrieb vorherrschenden Fertigungsstruktur, der Stückzahlen und der Durchlaufzeiten befragt. Das Ergebnis zeigt, dass es zwar weltweit positive Beispiele zum Einsatz der Fließfertigung in der Einzelteilproduktion gibt, sie jedoch bei weitem nicht flächendeckend umgesetzt ist, somit in der Werkzeugbaubranche Neuland betreten wird (Tab. 7.1).

Wie bei der Massenfertigung kommt es auch bei kleineren Stückzahlen darauf an, die Varianzen der Arbeitsinhalte an die Taktzeit anzupassen, was durch folgende Methoden passieren kann:

- Nivellierung der Arbeitsinhalte mit dem Taktungskonzept
- Flexible Arbeitszeitmodelle der Mitarbeiter
- Variieren der Mitarbeiteranzahl pro Station, je nach Produkt (Montage)
- Ausgliedern von Arbeitsinhalten in die Vormontage

Auf Störungen im Arbeitsablauf reagieren die Unternehmen mit Puffern in der Taktzeit, Ausschleusen oder zusätzlichen Arbeitskräften („Springern"), die bei Bedarf an der Station aushelfen.

Im Sinne der schlanken Produktion konnte die Bachelorarbeit von Herrn Inkoferer nachweisen, dass die Fließfertigung auch bei geringem Stückzahlvolumen von den Unternehmen erfolgreich implementiert werden kann, s. [1].

Die gesammelten Erkenntnisse sowie das Know-how der Mitarbeiter dienen als Basis zur Ausarbeitung einer möglichen Taktfertigung bei der Unikat-Herstellung von Press- und Umformwerkzeugen im Werkzeugbau für die Außenhautteile Mercedes-Benz Pkw.

Tab. 7.1 Verteilung der Organisationstypen. (Quelle: [1])

Fließfertigung	Baustellenmontage	Werkstattmontage
5	3	1

7.3.2   Aktuelle Werkstattplanung

Aktuell werden Werkzeuge in der Werkstattfertigung montiert und das funktionsfertige Werkzeug innerhalb mehrerer Änderungs- und Optimierungsschleifen für die Übergabe an den Kunden – das Presswerk – vorbereitet. Jede Werkstatt ist einem erfahrenen Meister zugeordnet und auf ein bestimmtes Bauteilspektrum spezialisiert. Innerhalb jeder Meisterei sind die Mitarbeiter in Gruppen aufgeteilt, die, unter der Anweisung eines erfahrenen Werkzeugmechanikers, einen gesamten Werkzeugsatz von den ersten Montagearbeiten nach dem Fräsen über die Betreuung der Serienanläufe bis hin zur finalen Übergabe an den Kunden betreuen. Der Werkzeugsatz wird also von einer Gruppe komplett begleitet. Die Gesamtverantwortung, Koordination und Steuerung der Werkzeuge liegt in der Hand der Mitarbeiter in der Werkzeugsteuerung. Sie sorgen für die termingerechte und qualitativ zufriedenstellende Fertigstellung.

Die Tätigkeiten in der Werkstatt werden über ein zentrales IT-gestütztes Steuerungssystem geplant, das dem Mitarbeiter die anfallenden Tätigkeiten am Werkzeug anzeigt, jedoch keine feste Abarbeitungsfolge vorgibt. Einzuhaltende Termine sind die Produktionsanläufe, bei denen der Werkzeugsatz in der Zielserienpresse eingebaut und die produzierten Teile an Fahrzeugen für erste Tests und Probefahrten verbaut werden (Abb. 7.3).

7.3.3   Herausforderungen

Die Umstellung von der ressourcenorientierten Werkstattfertigung in eine getaktete Fließfertigung ist hinsichtlich der Transparenz, der Wiederholbarkeit und Vergleichbarkeit von Prozessen sinnvoll.

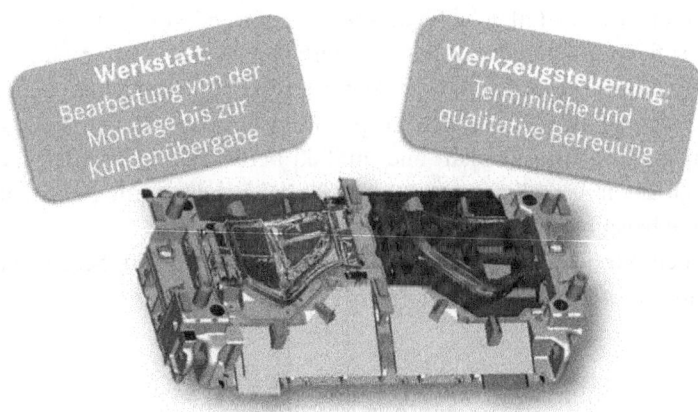

Abb. 7.3   Werkstatt- und Werkzeugsteuerung

Standardisierte Arbeitsabläufe haben bei einigen Mitarbeitern in der Werkstatt aber auch unterschiedliche Bedenken hervorgerufen:

- Eintönigkeit durch wiederkehrende Tätigkeiten
- Wenig Abwechslung und Herausforderungen
- Überwachung der Arbeitsabläufe
- Fehlende produktive Interaktion mit Arbeitskollegen durch Wegfall von Gesamtverantwortung

Im Gegensatz zur Fahrzeugmontage mit Taktzeiten von 60 bis 90 s, bei denen die Arbeitsinhalte in den einzelnen Montagestationen maximal hinsichtlich der Ausstattungsmerkmale wie z. B. Anzahl Airbags, Soundsystem, Rechtslenker oder Linkslenker variieren, haben sich bei der individuellen Einzelteilfertigung der Presswerkzeuge wesentlich größere Taktzeiten von mehreren Tagen ergeben (siehe Abschn. 7.5.2). Diese begründen sich in den wesentlich umfangreicheren Arbeitsinhalten und Wegezeiten bei Zugriff auf Ressourcen. Die Transparenz der Stationsinhalte ermöglicht den Führungskräften, gesundheitlich eingeschränkten Mitarbeitern und Quereinsteigern aus anderen Bereichen entsprechende Stationen zuzuweisen und sie kontinuierlich weiterzuentwickeln.

Durch die Einführung einer getakteten Fließfertigung würde die traditionelle Struktur der Gesamtverantwortung einer Gruppe für einen Werkzeugsatz entfallen. Hieraus ergibt sich die Herausforderung, dass bei auftretenden Qualitätsproblemen in der Werkstatt oder Prozessproblemen auf der Tryout- oder Serienpresse die nachhaltige Mängelbeseitigung sichergestellt werden muss. Innerhalb der Pilotierung (vgl. Abschn. 7.5) wird die aktuelle Struktur der Meistereien nicht abgeändert, sodass die eine Gruppe, die den Werkzeugsatz betreut, die ausgewählten Takt-Werkzeuge in jeder Station im vorgegebenen inhaltlichen und zeitlichen Rahmen bearbeitet.

Eine weitere Herausforderung ist der Umgang mit Ressourcenengpässen, beispielsweise in Form einer ausgefallenen Tryout-Presse aufgrund von Instandhaltungsmaßnahmen. Bei einer fixen Taktung kann das zu bearbeitende Werkzeug nicht, wie innerhalb der Werkstattfertigung, kurzfristig ausgeplant und die Bearbeitung auf einen anderen Tag verlegt werden. Die Folgewerkzeuge drängen weiter in das System, sodass Instandhaltungsmaßnahmen langfristig geplant und im Takt berücksichtigt werden müssen. Kurzfristigen, ungeplanten Ausfällen wurde in der Pilotanwendung mit einer Umplanung der Taktungsinhalte begegnet (Abb. 7.4).

Um jeglichen Vorbehalten gegenüber der Fließfertigung zu begegnen, wurde ein Kommunikationskonzept ausgearbeitet (Abb. 7.5).

Fließfertigung
Vorteile und Herausforderungen

	Qualität	Standards	Logistik	Planbarkeit
Vorteile	▪ **Reifegraderhöhung** zu Baulos 1 ▪ Einführung von Q-Gates möglich ▪ Aufwandsreduktion durch reduzierte Q-Schleifen	▪ Effizienzerhöhung durch Spezialisierung ▪ Bedarfsgerechte Qualifizierung ▪ **Ergonomieoptimierung** durch Anpassung an die Station ▪ Rotationsmöglichkeiten innerhalb & zwischen den Stationen	▪ Planbare Transporte ▪ Optimierte Flächennutzung	▪ Verbesserte Termintreue durch definierte **Durchlaufzeit** ▪ Übersicht im Werkzeugherstellungsprozess ▪ Transparente Try-Out Planung
Herausforderungen	▪ Optimierung der Eingangsgrößen	▪ Neuorganisation der Meistereien	▪ Organisation der Transporte (Taktende) zwischen den Stationen (Bau7/Bau17)	▪ Verfügbarkeit von OP-Teilen zum richtigen Zeitpunkt

Abb. 7.4 Übersicht der Vorteile und Herausforderungen

Pilotierung „Fließfertigung in der Werkzeugeinführung"
Kommunikationskonzept für Mitarbeiter, Führungskräfte und Betriebsrat

Ziele	Fragen	Antworten
• Grundverständnis für Fließfertigung erzeugen • Änderungen im Arbeitsalltag aufzeigen • Vorteile der Fließfertigung vermitteln • Neugier auf das neue Konzept erzeugen • Bedenken diskutieren und Vorurteile mindern	• Was stört an der heutigen Organisation? Was ist positiv zu beurteilen? • Wie ändern sich Arbeitsabläufe und -inhalte in der Fließfertigung? • Wie gehen wir in der Fließfertigung mit Problemen um? • Was ändert sich durch eine Fließfertigung sonst noch?	• Intransparente Arbeitsabläufe sind ein Nachteil der Werkstattfertigung • Bei der Fließfertigung muss auf die Erhaltung von Flexibilität bei Problemen geachtet werden • Stationsinhalte sind umfangreich und komplex und damit nicht monoton • Eine Umstrukturierung wird es im Piloten nicht geben

⇨ Gesteigerte Effizienz durch Spezialisierung

⇨ Erhöhte Transparenz im Werkzeugherstellungsprozess

⇨ Verbesserte Termintreue durch definierte Durchlaufzeit

⇨ Optimierte Flächennutzung

⇨ Ergonomisch angepasste Arbeitsplätze

Fließfertigung in der Werkzeugeinführung | TF/BMWB2   Mercedes-Benz

Abb. 7.5 Kommunikationskonzept

7.4   Grobplanung

Von den zahlreichen Karosserieteilen eines Fahrzeugs werden insbesondere die anspruchsvollen Werkzeuge der Außenhautteile wie Vorderkotflügel, Seitenwände, Dächer, Türen, Motorhauben, Heckdeckel und Rückwandtüren im internen Werkzeugbau der Daimler AG gefertigt. Auch die komplexen Werkzeuge für Innenteile beispielsweise einer Motorhaube werden inhouse gefertigt. Jedes Bauteil bedarf dabei mehrerer Werkzeuge, die sich in meist fünf unterschiedliche Zieh-, Schneid- und Formoperationen aufteilen, wodurch sich eine Vielzahl an Werkzeugen unterschiedlicher Komplexität ergibt. Abb. 7.6 zeigt, dass die Durchlaufzeit eines Werkzeugsatzes von der Konstruktion bis zur Übergabe ans Presswerk bei ca. 21 Monaten liegt. Hierbei wird zwischen der reinen Neuanfertigung von Werkzeugen und der Einarbeitung von Änderungen und Optimierungen, bedingt durch Bearbeitungsfehler oder kurzfristige Design- bzw. Funktionsanpassungen am Fahrzeug, unterschieden.

Die reine Neuanfertigung gliedert sich nach den Gewerken Engineering, Werkzeuganfertigung (mechanische Bearbeitung) und Werkzeugmontage mit Werkzeugfinish.

Die Werkzeuganfertigung umfasst die Planung, Programmierung und Durchführung der mechanischen Bearbeitung auf Fräs-, Dreh-, Erodier- und Schleifmaschinen. Diese Prozesse werden bereits durch ein professionelles Steuerungssystem auf den entsprechenden Maschinen termingerecht geplant, um eine optimale Auslastung der Maschinen zu gewährleisten.

Die Implementierung einer Taktfertigung setzt vor allem planbare Prozessabläufe und Arbeitsschritte voraus. Die Analyse des Werkzeugherstellungsprozesses in der Werkzeugmontage und im Werkzeugfinish hat ergeben, dass sich die Neuanfertigungsprozesse grundsätzlich in ähnliche Arbeitsschritte mit definierter Arbeits- und Durchlaufzeit aufgliedern lassen und für eine Taktfertigung geeignet sind. Nicht berechenbar sind Anzahl sowie Umfang anfallender Änderungen je Werkzeugsatz nach der Neuanfertigung. So können kleinere Optimierungen innerhalb kürzester Zeit in der Werkstatt erledigt werden, während beispielsweise umfangreiche Beschnittänderungen zur maßlichen Korrektur des Bauteils die Einbindung konstruktiver und maschineller Vorarbeit erfordern und

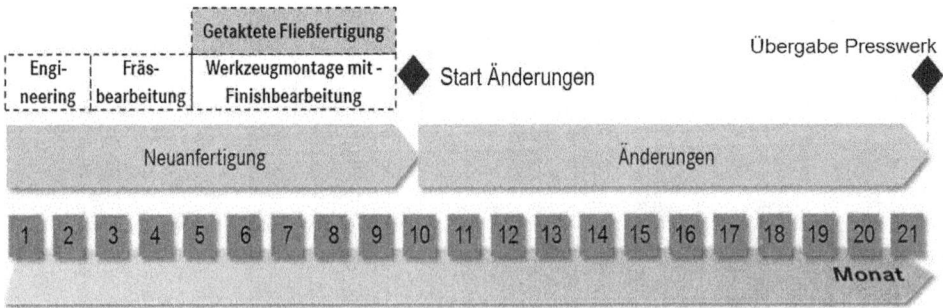

Abb. 7.6 Zeitlicher Ablauf eines Werkzeugsatzes

somit wesentlich mehr und zeitlich umfangreicher ressourcenübergreifend Kapazitäten binden.

Die Umsetzung von Änderungen im Neuanfertigungsprozess führt zu Intransparenz hinsichtlich definierter Durchlaufzeiten und unnötiger Bindung von Ressourcen. Eine Planungssicherheit innerhalb einer getakteten Fließfertigung kann nur erreicht werden, wenn eine wie in der Abb. 7.6 gezeigte strikte Trennung zwischen Werkzeugneuanfertigung und Änderungen eingehalten wird.

Der Fokus des Projektes wurde bestimmt:

- Implementierung des Fließfertigungsprinzips bei manuellen Tätigkeiten innerhalb der Neuanfertigung in der Werkzeugeinführung,
- Vorbereiche und Änderungsumfänge werden in der Pilotanwendung nicht einbezogen.

7.5   Pilotanwendung

7.5.1   Auswahl der Pilotwerkzeuge

Der Nachweis zur prinzipiellen Konzepttauglichkeit einer getakteten Fließfertigung in der Fertigung individueller Großwerkzeuge in der Werkzeugeinführung soll anhand von ausgewählten Pilotwerkzeugen erfolgen. Innerhalb der Pilotanwendung können Störgrößen identifiziert werden, ohne den regulären Werkzeugherstellungsprozess der anderen Werkzeuge zu beeinflussen.

Funktionsumfang und Größe der Werkzeuge bestimmen die Komplexität eines Werkzeuges, da auch bei den größten Werkzeugen mit Ausmaßen von ca. 5 m zu 2,5 m auf 0,01 mm genau gearbeitet wird. Generell können die Werkzeuge nach der in Tab. 7.2 dargestellten Matrix beispielhaft zugeordnet werden.

In einem Fließprozess liegt die Herausforderung darin, sowohl Werkzeuge mit einer hohen Komplexität, wie beispielsweise zur Herstellung einer Motorhaube in Kombination mit dem dazugehörigen Innenteil, als auch Werkzeuge mit geringerem Arbeitsaufwand,

Tab. 7.2 Einteilung der Werkzeugkomplexität nach Bauteil

Werkzeugmaße	Aufwand gering	Aufwand mittel	Aufwand hoch
Groß	Beplankung Tür (Doppelwerkzeug) Beplankung Dach	Beplankung Rückwandtür (Doppelwerkzeug)	Vorderkotflügel (Doppelwerkzeug) Seitenwand Innenteil Tür (Doppelwerkzeug) Motorhaube & Innenteil (Doppelwerkzeug)
Klein	Beplankung Heckdeckel unten	Beplankung Motorhaube	Beplankung Dach mit Schiebedachausschnitt

wie ein geometrisch simpler Heckdeckel unten, auf einer Linie bei gleichen Taktzeiten zu fertigen und die Auslastungsschwankungen über den Werkereinsatz abzufangen (vgl. Abschn. 7.5.2; Abb. 7.7).

Um innerhalb der Pilotanwendung sowohl ein komplexes als auch ein Werkzeug mit geringerem Funktionsumfang zu bearbeiten und somit möglichst starke Schwankungen in der Auslastung der Stationen zu erzeugen, wurden folgende Werkzeuge ausgewählt:

- Aufwand gering: Beplankung Dach – Bauteilbeschnitt, Abb. 7.8
- Aufwand hoch: Innenteil Fondtür – Bauteilbeschnitt und -formen, Abb. 7.9

Bereits an den Bildern ist zu erkennen, dass das Dach eine wesentlich einfachere Geometrie aufweist und auch weniger Blech (aus)geschnitten werden muss als bei dem Werkzeug für die Fondtür Innenteile. Hinzu kommt der große Unterschied, dass hier pro Pressenhub zwei Bauteile (Fondtür Innenteil für die linke und rechte Fahrzeugseite) im

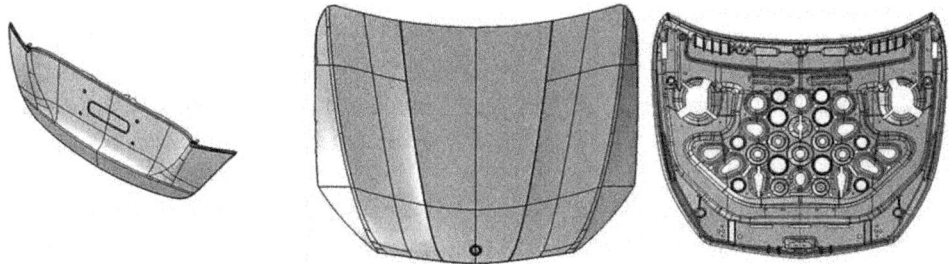

Abb. 7.7 Vergleich einfacher Heckdeckel unten zu komplexer Motorhaube mit Innenteil

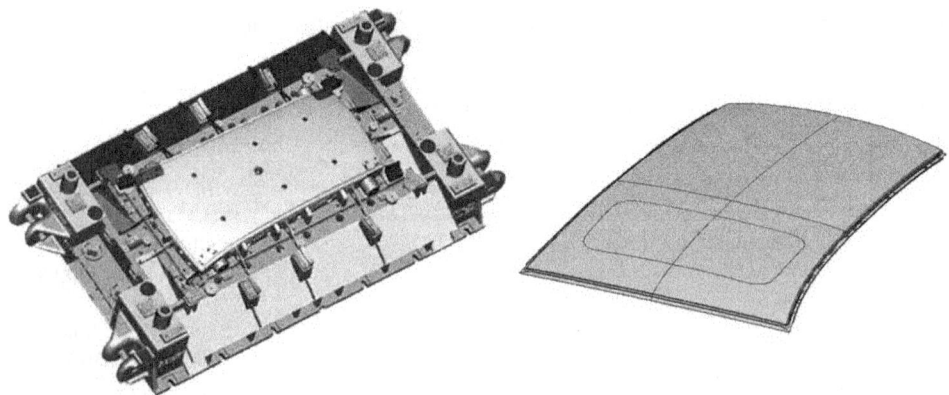

Abb. 7.8 Schneidwerkzeug und Fertigteil – Beplankung Dach

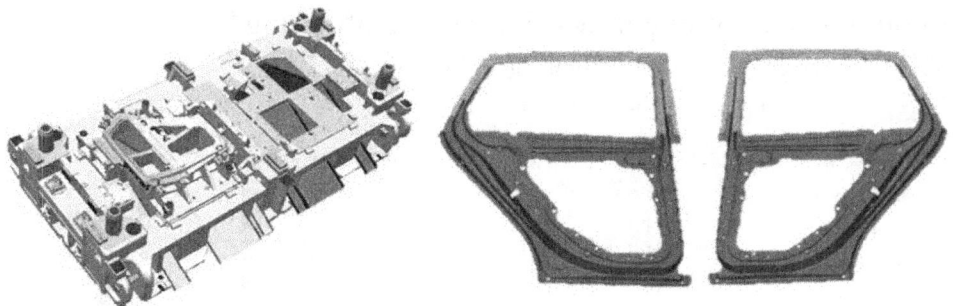

Abb. 7.9 Schneid- & Formwerkzeug und Fertigteile – Innenteile Fondtür

Tab. 7.3 Überblick der Werkzeugfunktionen

	Schneidwerkzeug Beplankung Dach	Schneid- & Formwerkzeug Innenteil Fondtür
Funktionen	Schneiden	Schneiden, Lochen und Nachformen
Aufsätze	1	2
Niederhalter	1	2
Schieberniederhalter	0	2
Schieber	0	6
Eigenbauschieber	0	2
Tuschieraufwand	Gering	Hoch
Rutschenanzahl zur Abfallabführung	Gering	Hoch

Werkzeug bearbeitet werden, was den Funktionsumfang deutlich erhöht und die Einarbeitung erschwert. In Tab. 7.3 sind die wesentlichen Funktionsunterschiede der Pilotwerkzeuge aufgeführt.

Neben der Auswahl der Werkzeuge wurden die Projektbegleitung und das weitere Vorgehen mit fester Zieledefinition festgelegt (Abb. 7.10).

7.5.2 Taktzeitbestimmung und Feinplanung

In einer Taktfertigung müssen alle Werkzeuge einer Linie in der gleichen Taktfolge und somit in der gleichen Durchlaufzeit fertiggestellt werden. Grundsätzlich gibt es die Möglichkeit, die Werkzeuge in einer Taktlinie zu fahren (Variante A) oder zwischen Werkzeugen mit umfangreichem Herstellungsaufwand und Werkzeugen mit geringerem Herstellungsaufwand zu unterscheiden und zwei oder mehr Taktlinien parallel zu betreiben (Variante B) (Abb. 7.11).

Pilotprojekt „Taktung in der Werkzeugeinführung"
S213 OP30 Dach und S213 OP40 Innenteil Fondtür

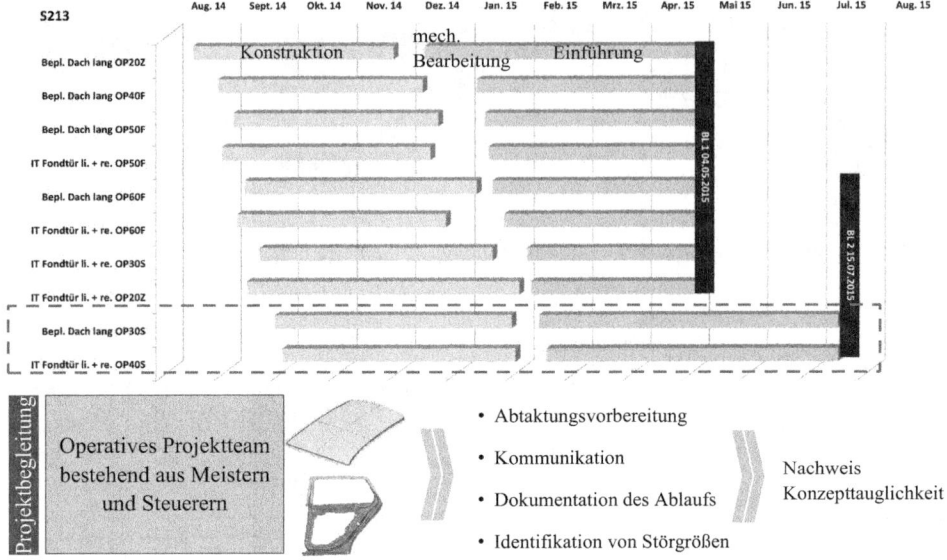

Abb. 7.10   Operative Projektübersicht

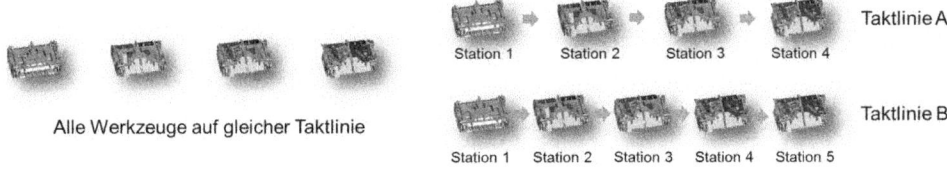

Abb. 7.11   Varianten der Taktfertigung

Da innerhalb der Pilotanwendung lediglich zwei Werkzeuge getaktet hergestellt werden, hat sich das Projektteam für die Variante einer Taktlinie entschieden.

Die Berechnung der Taktzeit und der Anzahl benötigter Stationen erfolgt schrittweise.

Schritt 1: Festlegung der Taktzeit
Der Takt lässt sich nach dem Betrachtungszeitraum und der Anzahl der in diesem Zeitraum fertig zu stellenden Werkzeuge berechnen (Abb. 7.12):

Im Zeitraum von 11 Monaten sind insgesamt 45 Großwerkzeuge verschiedener Bau-
reihen eingeplant, was bedeutet, dass durchschnittlich alle 4,82 Arbeitstage ein Werkzeug fertiggestellt werden muss. Da die Termine der Werkzeuge nicht gleichmäßig
verteilt sind, wird eine Taktzeit von 4 Arbeitstagen gewählt (Abb. 7.13).

$$\frac{Betrachtungszeitraum}{Anzahl\ der\ Werkzeuge\ bis\ zur\ ersten\ Teilefertigung} = Taktzeit$$

Abb. 7.12 Allgemeine Berechnungsformel zur Taktzeit

$$\frac{Betrachtungszeitraum\ 220\ Arbeitstage}{Anzahl\ der\ Werkzeuge\ 45} \approx 4\ Tage\ Taktzeit$$

Abb. 7.13 Angewandte Taktzeit-Formel

*Evtl. liegt der Grund für das Nichteinhalten des Takts bei dem komplexen Pilotwerkzeugs in der Abrundung der Taktzeit auf 4 Tage.

Schritt 2: Festlegung der Stationen
Im nächsten Schritt wurden die einzelnen Arbeitsvorgänge während der Werkzeugneuanfertigung betrachtet. Zu unterscheiden sind Arbeitsvorgänge, die in der Werkstatt (an der Werkbank) durchgeführt werden können, sowie Arbeitsvorgänge, die nur mit eingebautem Werkzeug in einer Tryout-Presse erledigt werden können. Beispiele sind in Tabelle Tab. 7.4 aufgeführt.

Die Tryout-Presse ist eine zusätzliche Besonderheit bei der Taktung von Großwerkzeugen, da sie die Engpassressource im Werkzeugherstellungsprozess darstellt und in den Takt integriert werden muss. Zudem ist der Bereich des „Tryouts" räumlich von der Werkstatt und vom Maschinenpark getrennt, was die Pilotierung von 2 Taktwerkzeugen nicht negativ beeinflusst, bei einer gesamtheitlichen Umstellung auf das neue Konzept jedoch untersucht wird, da ein flexibler Wechsel zwischen Bank- und Tryout-Tätigkeiten nicht ohne Weiteres möglich ist.

Schritt 3: Festlegen von Planzeiten
Jedem Arbeitsvorgang der einzelnen Stationen sind Planzeiten, die in Absprache mit Meistern und Vorarbeitern ermittelt wurden, zugewiesen. Die Planzeiten unterscheiden sich je nach Werkzeugfunktion (Ziehen, Schneiden, Formen) und nach Werkzeuggröße (groß und klein). Somit weichen sie in gewissen Tätigkeiten voneinander ab, sodass eine Anpassung des Werkereinsatzes zur Takteinhaltung notwendig ist. Abb. 7.14 zeigt die große Streuung der Planzeiten zwischen den einzelnen Vorgängen in der Werkstatt (Werkzeugeinarbeitung bis Tryout) und in der Tryout-Presse (Werkzeugeinarbeitung Tryout). Unterteilt wird zwischen den minimalen und maximalen Planzeiten für Zieh-, Schneid- und Formwerkzeuge.

Schritt 4: Befüllung des Takts mit Arbeitsinhalten
Auf Basis der Planzeiten der einzelnen Tätigkeiten wurden die Stationen mit Arbeitsinhalten zur Austaktung auf die errechneten vier Tage befüllt. Generell wird hierbei von einem 2-Schicht-Betrieb und ein bis vier Mitarbeitern pro Station bzw. zwei bis acht

Tab. 7.4 Beispiele für Arbeitsumfänge an der Werkbank und in der Tryout-Presse

	Werkbank	Tryout-Presse
Arbeitsvorgänge	Montage Führungssäulen	Kollisionsprüfung Oberteil zu Unterteil
	Montage Pneumatik	Blechhalter tuschieren
	Montage Elektrik	Bauteileinweiser einstellen
	Niederhalter abziehen	Teilanheber einstellen
	Schleifumfänge	Erste Teile fertigen

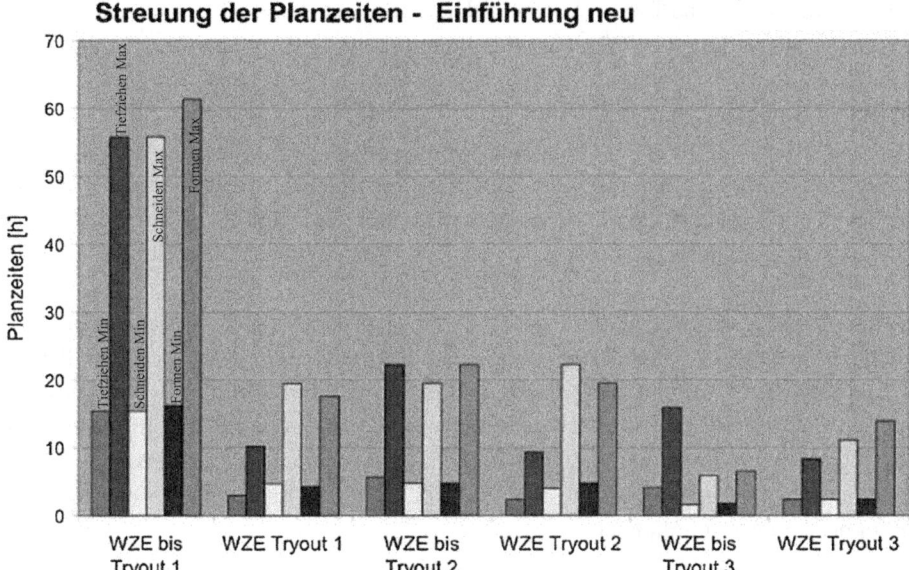

Abb. 7.14 Streuung der Planzeiten (WZE: Werkzeugeinführung)

Mitarbeitern am Tag ausgegangen. Mit der Variation der Arbeitszeit zwischen 7,5 und 8,5 h pro Tag kann die Streuung der Planzeiten reduziert bzw. abgefangen werden:

$$\text{Kapazität Minimum} = 7.5\,\text{h} \times 1\,\text{Mitarbeiter} \times 2\,\text{Schichten} \times 4\,\text{Tage Taktzeit} = 60\,\text{h}$$

$$\text{Kapazität Maximum} = 8,5\,\text{h} \times 4\,\text{Mitarbeiter} \times 2\,\text{Schichten} \times 4\,\text{Tage Taktzeit} = 272\,\text{h}$$

Zusätzlich können durch den Einsatz von Gleitzeit oder die Flexibilisierung der Anzahl der Arbeitstage pro Woche besonders zeitintensive Arbeitsinhalte oder Problemlösungen ausgeglichen werden. Auch der Einsatz von flexiblen Springern zur kurzfristigen Aushilfe kann in Betracht gezogen. Der Werkereinsatz ist damit die zentrale Stellgröße zur gleichmäßigen Auslastung der Stationen (Abb. 7.15).

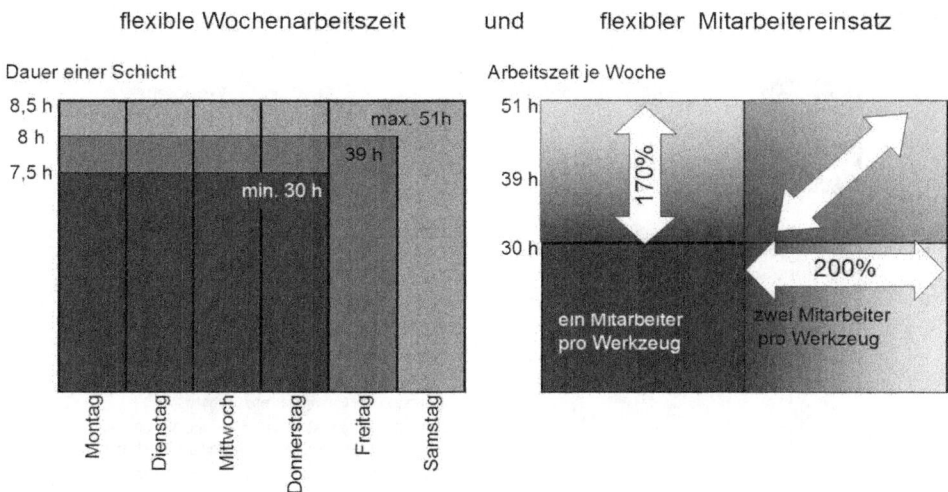

Abb. 7.15 Flexibler Mitarbeitereinsatz

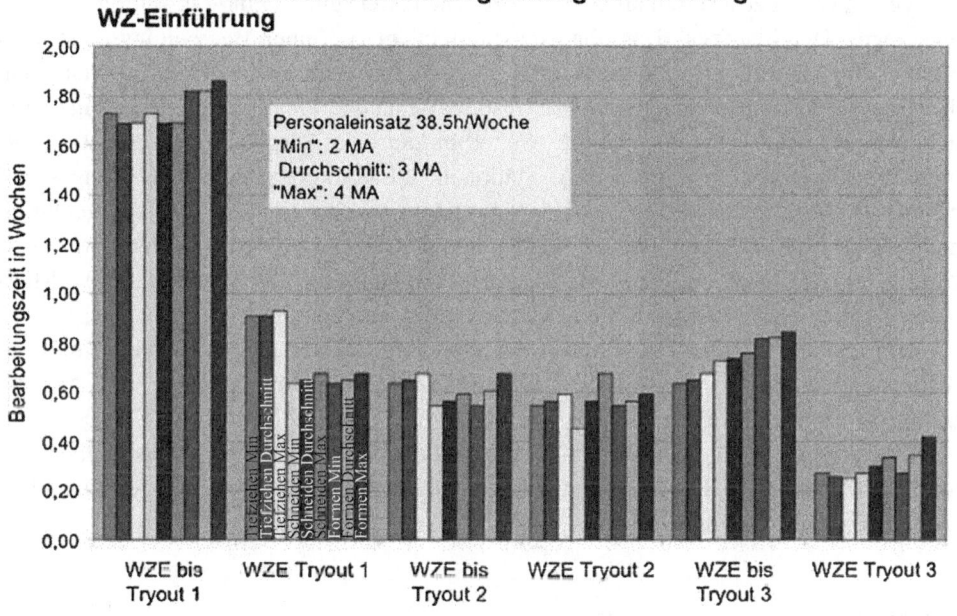

Abb. 7.16 Glättung der Bearbeitungszeiten durch flexiblen Personaleinsatz (WZE: Werkzeugein-führung)

Durch den flexiblen Personaleinsatz ergibt sich eine Glättung der Planzeiten, die somit zum Einsatz innerhalb einer Taktfertigung geeignet sind (Abb. 7.16).

Fließfertigung-Taktzeitvergleich

Fahrzeugmontage

Werkzeug-
einführung

Taktzeit:	60 – 95 Sec.		Taktzeit:	4 Tage
Rotation:	ca. alle 2h		Rotation:	tbd

Beispiel Arbeitsinhalte Station 1 (100 Std):

1. Werkzeug säubern, entgraten (teilweise schon vor HSC entgratet
2. Montage der Führungssäulen / Büchsen
3. im UT Schneidumriss abziehen, härten, Grundflächen der betroffenen Teile überprüfen und ggf. tuschieren
4. Montage Messer und Vorbereitung zum Abgießen

Abb. 7.17 Taktvergleich zwischen Montage und Werkzeugbau

Insgesamt ergeben sich unter Berücksichtigung aller Tätigkeiten und Planzeiten für den gesamten Prozessdurchlauf der Werkzeugneuanfertigung zehn Taktstationen mit je vier Tagen Durchlaufzeit. Das Tagesmaximum liegt bei einer Bearbeitungsdauer von 32 h pro Tag (jeweils zwei Mitarbeiter in zwei Schichten mit 8 h am Tag). Die Stationen, die nicht auf 32 h ausgetaktet sind, bieten somit genügend Flexibilität für Störungen und ungewöhnlich große Arbeitsumfänge. Weiterhin kann ein Ausgleich über Nachtschicht- oder Samstagsarbeit erfolgen. Einige Stationen müssen aufgrund ihres Umfanges und benötigter Ressourcen als Doppelstation ausgelegt werden, da sich die Arbeitsschritte nicht weiter trennen lassen. Dies ist häufig dann der Fall, wenn Arbeitsinhalte zwar mehr Zeit, als ein Takt maximal beinhaltet, in Anspruch nehmen, jedoch nicht über die Möglichkeit eines höheren Werkereinsatzes kompensiert werden können.

Aufgrund des verminderten Arbeitsumfangs für Ziehwerkzeuge beginnen diese ab Station 4 bis zur Station 10, was einer Durchlaufzeit von sieben Takten bzw. 28 Arbeitstagen entspricht.

Folgewerkzeuge (Schneiden und Formen) beginnen ab Station 1 und enden mit Station 10, was einer Durchlaufzeit von zehn Takten bzw. 40 Arbeitstagen entspricht (Abb. 7.17, 7.18, 7.19 und 7.20).

7.5.3 Realisierung in der Werkstatt

Der getaktete Neuanfertigungsprozess erfolgt analog der erstellten Taktpläne (siehe Abschn. 7.5.2) mit dem Ziel, die Werkzeuge nach 10 Stationen und insgesamt 40 Tagen im Bereich der Neuanfertigung abgeschlossen zu haben. Nach dem Verlassen der Linie

			Ressource	Arbeitszeit	Taktzeit	Personen
TryOut		Schiebertreiber anrücken				
		Ermittlung Abstimmmaße, Einschleifen und Montage (*Abstimmkeile,…*)				
		Kollisionsprüfung Gesamtwerkzeug (Freigängigkeit)				
Bank		Montage Messer, Lochstempel, Matrizen und Vorbereitung zum Abgießen				
TryOut		1. Abgießen Schneid- und Abkantbacken				
		*Aushärtezeit Abguss				
Bank		Demontage Messer+Backen für Maschine				
Bank	Station 2	Montage Messer, Lochstempel, Matrizen und Vorbereitung zum Abgießen	TryOut Presse Messerschleifmaschine Erodiermaschine	90 Std	4 Tages-Takt	2 Personen pro Schicht (4 AK Tag)
TryOut		2. Abgießen Schneid- und Abkantbacken				
		*Aushärtezeit Abguss				
Bank		Demontage Messer+Backen für Maschine				
Bank		Montage Messer, Lochstempel, Matrizen und Vorbereitung zum Abgießen				
TryOut		3. Abgießen Schneid- und Abkantbacken				
		*Aushärtezeit Abguss				
Bank		Demontage Messer+Backen für Maschine				
		4 Tage Wartezeit, da Messer/Matrizen beim Schleifen/Erodieren (Station 3)				

Abb. 7.18 Beispielhafter Auszug aus dem Abtaktungsplan des Innenteils Fondtür

werden die Werkzeuge somit fertig montiert und abgestimmt sein, inklusive eines erzeugten Tragbildes, sodass das jeweilige Werkzeug einen fest definierten Zustand besitzt und ab diesem Zeitpunkt Werkzeugänderungen eingebracht werden können (Abb. 7.21).

Für die Abarbeitung der Stationen in der Werkstatt innerhalb des Fließkonzepts stehen grundsätzlich zwei Alternativen zur Verfügung:

- Variante A: Ortsfestes Werkzeug bei wandernder Taktgruppe von Station zu Station
- Variante B: Ortsfeste Taktgruppen in ihren Stationen bei Bewegung des Werkzeuges mit Brückenkran oder Flurförderfahrzeug von Station zu Station

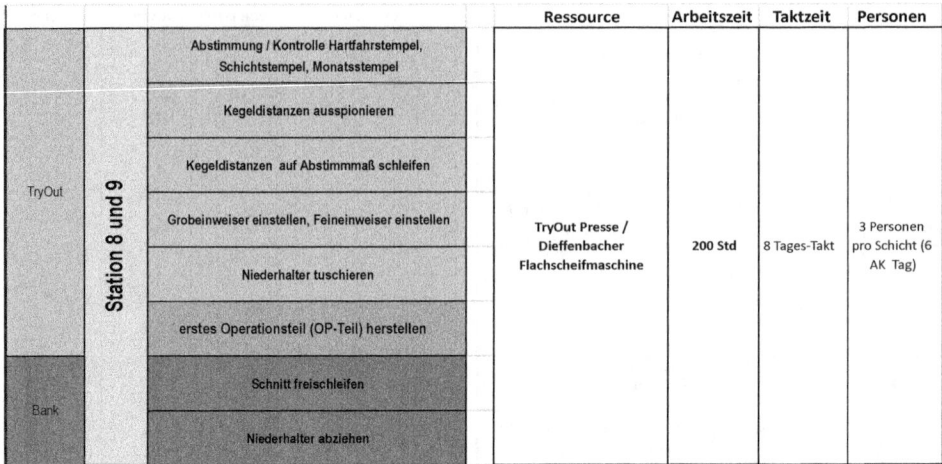

Abb. 7.19 Beispielhafter Auszug aus dem Abtaktungsplan des Dachs – Doppelstation

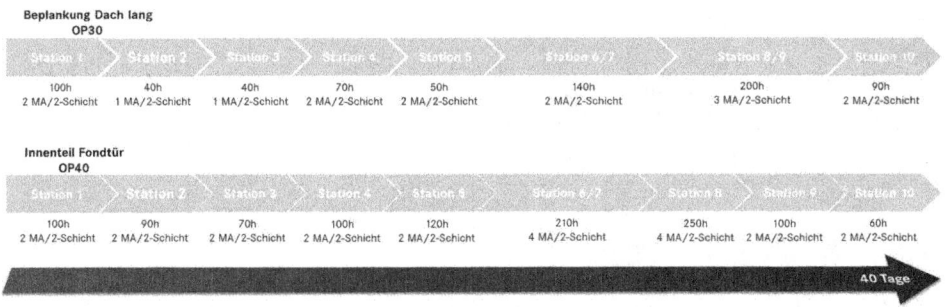

Abb. 7.20 Übersicht der Taktpläne

Im Sinne einer klassischen Fließfertigung ist Variante B zu wählen, da hierbei die jeweilige Taktgruppe in einer Station an einem dafür eingerichteten Standort arbeitet und das Werkzeug von Station zu Station „fließt". Der Vorteil ist hierbei eindeutig die Möglichkeit, die Station optimal im Sinne von Materialbereitstellung und Werkzeugvorhaltung auf die durchzuführenden Tätigkeiten auszulegen, sodass die abzuleistenden Arbeitsschritte möglichst effizient und somit in der vorgegebenen Taktzeit erledigt werden können. Nachteilig für die Pilotierung sind hingegen die benötigte komplette Umorganisation der gesamten Abläufe zur Etablierung von Variante B und die Einflussnahme auf alle anderen Werkzeuge. Die Prämisse bei der Bearbeitung der Pilotwerkzeuge im Rahmen des Projekts liegt darin, die prinzipielle Machbarkeit einer getakteten Fließfertigung in der Einzelteilherstellung von Großwerkzeugen nachzuweisen, ohne den laufenden Betrieb der anderen Werkzeuge zu beeinflussen. Aus organisatorischen Gründen hat sich das Projektteam somit für die Pilotwerkzeuge für Variante A entschieden. Hierbei bleibt

Abb. 7.21 Taktstart

das Werkzeug, wie innerhalb der Werkstattfertigung, an einem festen Ort und die Takt-gruppe „simuliert" die einzelnen Stationen. Eine Beeinflussung der weiterhin parallel laufenden Werkstattfertigung an den anderen Werkzeugen ist somit ausgeschlossen. Für die beiden Pilotwerkzeuge gibt es somit fixe Taktgruppen, bestehend aus jeweils zwei erfahrenen Werkzeugmechanikern und einem Koordinator.

Vor dem Start der Pilotanwendung werden auf Basis der Abtaktungspläne die Steu-erer der benötigten Ressourcen, insbesondere der Tryout-Pressen, über die „Ankunft" der Werkzeuge bei der jeweiligen Ressource informiert, um einen reibungslosen Ablauf, isoliert von der restlichen Werkstattfertigung, zu gewährleisten. Diese zeitliche detail-lierte Vorplanung der Ressourcenbindung erweist sich als einer der zentralen Vorteile der Werkzeugherstellung im Takt.

Um eine Transparenz der Abläufe während der Umsetzung der Pilotanwendung zu erzeugen, werden die Fertigungsfortschritte dokumentiert und in einer täglichen Bespre-chung mit der Abteilungsleitung, der Werkzeugsteuerung, den Verantwortlichen der maschinellen Bearbeitung und der Leitung der Werkzeugeinführung besprochen. Hier-bei wurden konsequent die auftretenden Probleme aufgezeichnet, um eine durchgängige Dokumentation zu erhalten und um mögliche Maßnahmen für Folgeprojekte ableiten zu können.

7.5.4   Lessons learned – Fazit aus der Pilotenanwendung

Mit den Pilotwerkzeugen wurde die prinzipielle Machbarkeit individueller Einzelteilfertigung für Press- und Umformwerkzeuge nachgewiesen (Abb. 7.22).

Bei dem Schneidwerkzeug des Dachs wurde die Abtaktung komplett eingehalten. Kleinere Bearbeitungsfehler konnten innerhalb der Taktgruppe ohne die erneute Einbindung des Engineerings und der Fräsmaschine ausgeglichen werden. Die höchste Mehrzeit mit insgesamt 14 h entstand wegen ungleicher Übergänge der geschliffenen Schnittflächen der Schneidmesser von 0,05 mm, die händisch nachbearbeitet wurden. Ein weiterer Störfaktor war ein zu wenig gefräster Niederhalter, der beim Einbau in das Werkzeugoberteil am Obermesser streifte, was eine maschinelle Nachbearbeitung zur Folge hatte. Da beide Mehraufwände in der Station 4 erkannt wurden, kam es hier zu einer deutlichen Überschreitung der Planzeit. Ein terminkritischer Punkt bei diesem Werkzeug führte zur Bestätigung der Vermutung, dass die frühzeitige Planung von Ressourcen elementar wichtig ist – der Bearbeitungstermin zum Laserhärten von Abfalltrennern wurde wegen einer Überlastung der Laseranlage mehrmals verschoben.

Das wesentlich komplexere Schneid- und Formwerkzeug für das Innenteil Fondtür hätte aufgrund verschiedener Bearbeitungsmängel im Realbetrieb einer getakteten Fließfertigung ausgeschleust werden müssen. Neben diverser kleinerer Mängel bestand das Hauptproblem in Station 5 in einem aufgelaufenen Schnitt beim Zusammenfahren in der Tryout-Presse, was verschiedene maschinelle und händische Korrekturprozesse zur Fehlerbeseitigung erforderte.

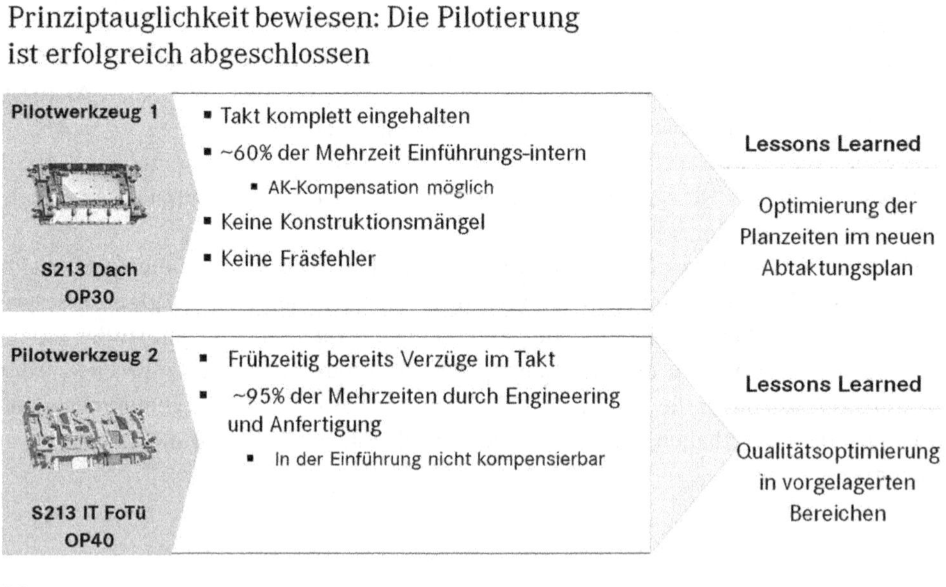

Abb. 7.22 Prinziptauglichkeit bewiesen

Zusammengefasst sind Fehler in den Werkzeugdaten oder durch die maschinelle Bearbeitung Störfaktoren und erzeugen Mehraufwendungen in der Montage, die zum Teil nicht kompensiert werden können. Die Pilotanwendung zeigt somit, dass eine getaktete Fließfertigung von Großwerkzeugen nur wenig Störungen aus Vorbereichen und innerhalb der Werkzeugmontage und -ausprobe zulässt. Die Probleme der Vorbereiche werden aufgezeigt und transparent adressiert. Diese Störungen wurden im täglichen Werkstattmeeting mit der Abteilungsleitung adressiert und verfolgt. Die hohe Qualität der Eingangsgrößen ist damit wichtig für einen hohen Geradeauslauf innerhalb einer gesamtheitlichen Umsetzung der getakteten Fließfertigung. Wenn die Werkzeuge stringent in den Takt eingeführt werden, muss der Takt zwingend nach vier Tagen abgeschlossen sein. Bei Mehraufwänden, die selbst durch Puffer nicht mehr kompensiert werden können, ist eine mögliche Lösung des Problems die Planung von ein bis zwei Leertakten. Die Möglichkeit der Einarbeitung von Leertakten zur Nacharbeit wird in Folgeprojekten berücksichtigt.

Neben dem qualitativen Faktor spielt auch die Termineinhaltung der Vorprozesse eine wichtige Rolle. Die Pünktlichkeit innerhalb der Datenerstellung und maschinellen Bearbeitung muss konsequent eingefordert werden.

Die Planzeiten der Tätigkeiten in den Abtaktungsplänen müssen stetig überprüft und für Folgeprojekte in Abstimmung mit Werkzeugmechanikern und Meistern angepasst werden, um eine bestmögliche Abtaktung zu gewährleisten und gleichzeitig die Akzeptanz für die Zeiten zu steigern.

Die räumliche Trennung zwischen der Werkstatt und der Engpassressource Tryout-Presse war ein nicht zu unterschätzender Nachteil in der Pilotphase. Da die Pressen nicht umziehen können, wird in Folgeprojekten untersucht, inwieweit die Fläche vor den Tryout-Pressen als reservierte Fläche für die getaktete Fließfertigung genutzt werden kann, um so ggf. die Reihenfolge der Tätigkeiten im Abtaktungsplan effektiver und von der räumlichen Trennung unbestimmt zu gestalten. Weiterhin wird damit sichergestellt, dass alle benötigten Ressourcen zur Werkzeugmontage und -ausprobe, unter der Annahme eines Geradeauslaufs, innerhalb einer Halle vorhanden sind.

Gleichzeitig bietet die Fließfertigung die Möglichkeit, besonders junge und unerfahrene Mitarbeiter auf konkrete Tätigkeitsfelder zu spezialisieren und damit die Effizienz in der Abarbeitung zu verbessern, was sich letztendlich positiv auf Termin- und Budgeteinhaltung auswirkt. Außerdem werden jungen Mitarbeitern die Einarbeitung und der Erwerb von Erfahrungswissen erleichtert.

Die strukturierte Taktfertigung im Vergleich zur häufig unübersichtlichen Werkstattfertigung eignet sich zudem optimal für die Einführung von Qualitätstoren innerhalb der Werkzeugmontage. Bei fehlerfreien Eingangsgrößen lassen sich nach jeder Station transparent die abgeleisteten Arbeitsinhalte prüfen und mögliche Mängel umgehend abstellen.

Die getaktete Fließfertigung ist ein funktionierendes Konzept im Rahmen der Neuanfertigung von Großwerkzeugen. Für den Bereich der Änderungen wird es in Folgeprojekten noch analysiert. Gleichzeitig muss bei einer ganzheitlichen Umstellung der

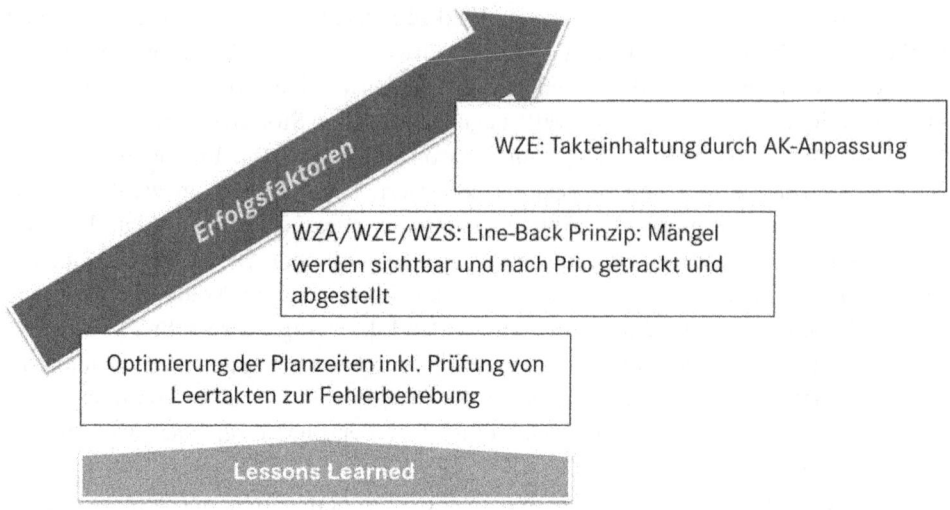

Abb. 7.23 Künftige Erfolgsfaktoren

Neuanfertigung auf Taktfertigung sichergestellt werden, dass sie von „äußeren Einflüssen" auf das Werkzeug durch Designänderungen oder Funktionsanpassungen des Fahrzeugs unberührt bleibt und diese Änderungen erst vor oder nach Abschluss der Neuanfertigung in die Werkzeuge eingebracht werden (Abb. 7.23).

Die wichtigsten Lessons Learned im Überblick:

Bereich Qualität

- Qualitätssicherheit vorgelagerter Bereiche notwendig
- Qualitätssicherheit erhöhen und Fehler aus vorgelagerten Bereichen transparent adressieren
- Untersuchung der Möglichkeit von Leer- bzw. Nacharbeitstakten als Puffer und Ausschleusen nötig
- Einführung von Q-Gates innerhalb der Taktung und in den Vorgewerken (Selbst-Audit HSC-Fräsen)
- Bedarfsgerechte Qualifizierung verringert Fehlermöglichkeiten und beschleunigt Fehlerbeseitigung
- Verringerung der Fehlerzahl ist anzustreben

Bereich Termintreue

- Rechtzeitiger Beginn der Werkzeugmontage wird durch Abtaktung erzwungen
- Definierte Durchlaufzeit mit Abschnittszielen verringert Verzögerungen
- „Druck von hinten" durch vorgelagerte Stationen sorgt für Termindisziplin

- Transparente Durchläufe vereinfachen die Werkstattführung und visuelles Management
- Belastungsspitzen werden frühzeitig transparent

Bereich Prozessstandardisierung

- Definierter und einheitlicher Durchlauf aller Werkzeuge
- Stetige Weiterentwicklung und Überarbeitung der Planzeiten nötig
- Fläche für die Fließfertigung definieren, optimal in der Nähe der Tryout-Pressen
- Neuanfertigung isoliert von „äußeren Einflüssen"

7.6   Weiteres Vorgehen

Eine finale Umstellung der Fertigungsstruktur auf eine getaktete Fließfertigung im Rahmen der Neuanfertigung von Großwerkzeugen wird erst nach weiteren Untersuchungen erfolgen. Durch die separaten Teams hat zwischen den Pilotwerkzeugen keine zeitliche Abhängigkeit bestanden, was bei einer gesamtheitlichen Umsetzung nicht mehr der Fall sein wird. Im weiteren Vorgehen wird die Anfertigung mehrerer Werkzeuge gleicher Komplexität auf einer Taktlinie untersucht. Weiterhin wird analysiert werden, welche Art von Linienaufteilung zielführend ist – nach Werkzeugkomplexität, nach Bauteilen oder nach Werkzeugfunktion (Tiefziehen, Formen, Schneiden). Das nächste Ziel ist, einen gesamten Werkzeugsatz mit fünf Werkzeugen in zeitlich korrekter Reihenfolge innerhalb der Neuanfertigung herzustellen, um damit auch die Machbarkeit des Konzepts mit mehreren, nicht voneinander isoliert getakteten, Werkzeugen zu zeigen. Zudem kann die Verantwortlichkeit der Meister und die Zuteilung verschiedener Gruppen für einzelne Stationen unter der Aufsicht eines Werkzeugpaten in diesem Zuge erstmals getestet werden.

Literatur

1. Inkoferer, D.: Organisationstypen der Produktion für großvolumige Produkte in Einzel- und Kleinserienfertigung. Bachelorarbeit an der Hochschule für angewandte Wissenschaften München, München (2015)

Über den Autor

Dorothee Behnert ist seit 2001 bei der Daimler AG angestellt und arbeitete in dieser Zeit in verschiedenen Führungspositionen im In- und Ausland. Von 2012 an war sie Leiterin des Werkzeugbaus 2 in Sindelfingen. Zu ihren Schwerpunkttätigkeiten gehörte, neben der Verantwortung für die

Herstellung von Presswerkzeugen, die Prozessoptimierung im Sinne des Mercedes-Benz-Produktionssystems. Dort fand auch das Kooperationsprojekt mit der Hochschule München über die Einführung einer Taktfertigung für die Einzelteilfertigung statt.

Seit Juni 2016 leitet Sie den Inneneinbau der Montage E-Klasse.

TPM – Effektive Instandhaltung nicht nur für die Großserie

8

Klaus Pischeltsrieder

8.1 Grundlagen von TPM

8.1.1 Ansatzpunkte zur Optimierung der Instandhaltung

Die zunehmende Automatisierung der Produktion macht gerade in der Großserie Anlagenstillstände für jedes Unternehmen zunehmend teuer. Der uneffektive Betrieb von Produktionsanlagen belastet aber nicht nur die Großserie mit ihrer großen Anzahl verketteter Anlagen, sondern auch die Auftragsfertigung bei kleinen Losgrößen:

- viele kleine Maschinenstörungen werden häufig einfach akzeptiert, ohne sie als Hinweise auf behebbare Probleme zu verstehen,
- viele kleine Qualitätsprobleme werden auf dem „kleinen Dienstweg" mit ein wenig Nacharbeit beseitigt, ohne deren Ursachen zu beseitigen, und
- viele kleine Produktionsunterbrechungen durch kleine Nachlässigkeiten bei der Anlagenbeschickung, der Teilelogistik oder anderer unterstützender Funktionen werden gar nicht registriert, obwohl sie in der Summe viel Maschinenlaufzeit kosten.

Eine wichtige Ursache für diese häufig uneffektive Anlagenbetreuung ist das traditionelle Verständnis der Rolle von Produktions- und Instandhaltungsmitarbeitern. Die traditionelle Instandhaltung fokussiert sich auf die Behebung von Störungen und bestenfalls auf die Erhaltung von technischen Verfügbarkeiten. Kapazitiv ist sie meist durch „Feuerwehraufgaben" zur Störungsbeseitigung weitgehend ausgelastet. Die großen Potenziale,

K. Pischeltsrieder (✉)
München, Deutschland
E-Mail: klaus.pischeltsrieder@hm.edu

© Springer Fachmedien Wiesbaden GmbH 2017
R. Koether und K.-J. Meier (Hrsg.), *Lean Production für die variantenreiche Einzelfertigung*, DOI 10.1007/978-3-658-13969-8_8

die sich aus möglichen Anlagenoptimierungen, wie der Optimierung der Prozesssicherheit, der Reduzierung von Rüst- und Einrichtzeiten sowie der Verbesserung der Instandhaltbarkeit der eingesetzten Maschinen, ergeben, bleiben unberücksichtigt.

Der traditionelle Produktionsmitarbeiter hingegen ist unzureichend, meist gar nicht, in die Verantwortung zum effizienten Betrieb eingebunden. Für Anlagenstörungen fühlt er sich nicht zuständig, teilweise werden Störungen sogar insgeheim als willkommene Gelegenheit für eine kurze Erholungspause angesehen.

8.1.2 TPM – Prävention statt Reaktion

Die Strategie der Lean Production, mit sehr geringen Beständen innerhalb der Produktion zu arbeiten, erfordert neben der Null-Fehler-Strategie bei der Qualität der produzierten Teile auch einen sehr störungsarmen Betrieb der Anlagen, da andernfalls jede Störung im Ablauf die pünktliche Auslieferung der produzierten Teile verzögert.

Das Ziel von Total Productive Maintenance (TPM) ist es, Störungen durch präventive Maßnahmen zu vermeiden, indem die vielen möglichen kleinen Störungsquellen beseitigt werden, die unter Umständen zu einer Störung führen könnten, z. B. Verschmutzungen, Verschleiß, lose, fehlende oder defekte Anlagenteile. Und sollte doch noch eine Störung auftreten, so ist diese als Chance zur Problemlösung zu verstehen und kann demnach (wenn alles richtig läuft) nicht noch einmal auftreten.

Die organisatorischen Änderungen, die hierfür notwendig sind, sind häufig gravierend: Nicht nur die Instandhalter, sondern alle Mitarbeiter sollen jetzt in die Arbeiten zur Störungsprävention einbezogen werden: Dies betrifft primär die Produktionsmitarbeiter und die Führungskräfte, aber auch alle unterstützenden Funktionen, wie z. B. Fertigungsplanung, Anlagenkonstruktion usw.

Wo die Anlage früher nur im Störungsfall betreten wurde, finden jetzt täglich Wartungs-, Inspektions- und Reinigungsarbeiten von Produktions- und Instandhaltungsmitarbeitern statt (siehe Abb. 8.1).

Das Prinzip von TPM wurde ungefähr in den 1960er-Jahren in Japan auf Basis amerikanischer Konzepte für die vorbeugende Instandhaltung entwickelt. TPM ist aber viel weiter gefasst, als das Wort „Maintenance" (Instandhaltung) es darstellt: Es betrifft den gesamten Produktionsbereich mit dem Ziel, Verluste und Verschwendungen zu minimieren: null Defekte, null Ausfälle, null Qualitätsverluste, null Unfälle usw. In einigen Ansätzen wird für TPM aus „Total Productive *Maintenance*" auch „Total Productive *Management*", bei dem dieselben Methoden für die Optimierung des gesamten Unternehmens eingesetzt werden.

Auch wenn TPM in der Vergangenheit schwerpunktmäßig vor allem in großen Unternehmen bei der Serienfertigung in großen verketteten Anlagen eingesetzt wurde (primär in der Automobilindustrie), hat es sich in allen Bereichen der automatisierten Fertigung, also auch in der Auftragsfertigung kleiner Losgrößen oder auch bei der Einzelauftragsfertigung, bewährt. Abhängig von der Fertigungsstruktur müssen nur andere Schwerpunkte gesetzt werden.

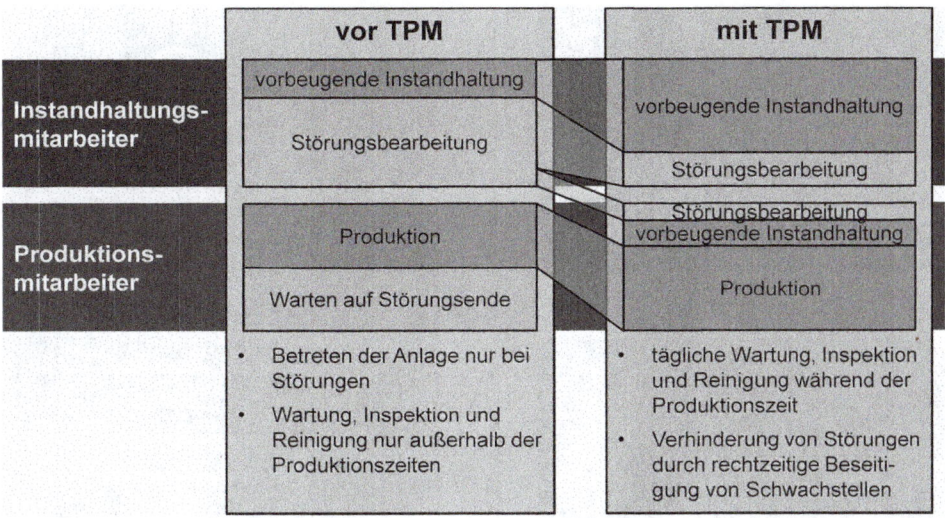

Abb. 8.1   Grundprinzipien der Anlagenbetreuung bei TPM

8.1.3   Produktive Arbeitsbedingungen schaffen

Ein Grundgedanke der Lean Production ist, dass nur in einer ordentlichen Umgebung fehlerfrei (also qualitativ hochwertig), produktiv (also schnell und störungsarm) und ohne Unfälle gearbeitet werden kann. Bei Produktionsanlagen wird daraus die Forderung nach sauberen Maschinen und einem ordentlichen Umfeld abgeleitet, da nur so mögliche Störungsquellen präventiv gefunden werden können. Seiichi Nakajima, einer der TPM-Pioniere, berichtet von einer „Wohnzimmer-Fabrik", einem (metallverarbeitenden) Pumpenwerk, das viele Qualitätspreise erhalten hatte, wo man am Eingang zum Werk die Schuhe ausziehen musste, weil der Boden so sauber war (vgl. [4, S. 26]) (was hier aber ausdrücklich kein Hinweis gegen den Einsatz von Sicherheitsschuhen auch bei TPM sein sollte …).

Für die Instandhaltung bedeutet TPM in diesem Zusammenhang, dass die Suche nach Werkzeugen, Ersatzteilen usw. einen unproduktiven Verlust darstellt und damit zu vermeiden ist. Als Vorbild für die Störungsbearbeitung wird hier oft der Boxenstopp in der Formel 1 verwendet (vgl. Abb. 8.2):

- Jedes Werkzeug und jedes Ersatzteil hat immer seinen vorgegebenen Platz.
- Die Störungsbearbeitung erfolgt nach festen Abläufen (= Standards).
- Jedes Teammitglied hat eine feste Aufgabe.

Das im Einführungskapitel bereits erwähnte 5S- (oder 5A-) Prinzip gibt den Mitarbeitern die prinzipiellen Ansatzpunkte für einen ordentlichen Arbeitsplatz vor, an dem effektiv gearbeitet werden kann: vom Aufräumen über das Säubern bis hin zur Standardisierung des Arbeitsplatzes.

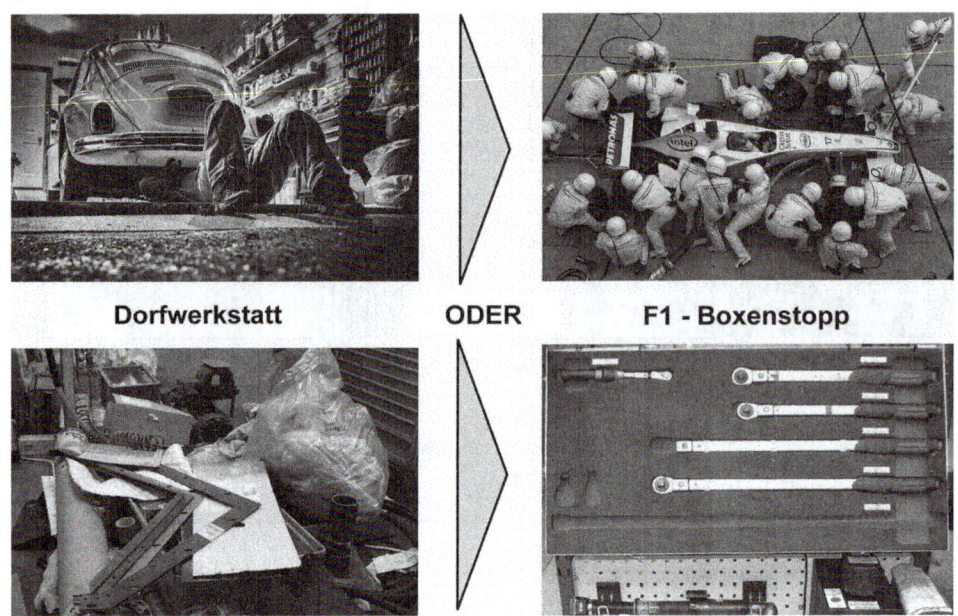

Abb. 8.2 Produktive Arbeitsumgebung. (Foto oben rechts: BMW AG)

Standardisierung bedeutet in der Instandhaltung beispielsweise, dass nicht nur alle benötigten Teile einmalig aufgeräumt werden, sondern dass diese Ordnung auch in Standardbeschreibungen so gut beschrieben ist, dass sie regelmäßig geprüft werden kann, auch wenn es manchmal zunächst trivial erscheint (vgl. Abb. 8.3).

Für die Abläufe bei der Störungsbehebung bedeutet Standardisierung, dass alle zur Störungsbehandlung benötigten Informationen, wie Bedienungsanleitungen, spezielle Hinweise zu kritischen Themen usw., (eventuell gleich ausgedruckt) vor Ort in der Produktion zu finden sind (vgl. Abb. 8.4).

8.1.4 Kontinuierliche Erfassung von Produktionsdaten

Eine extrem wichtige Grundlage, um die richtigen Maßnahmen zur Störungsvermeidung zu finden, ist eine umfassende Erfassung der Produktionsdaten. Der Grund ist sofort ersichtlich, wenn man sich ein Auto ohne Tankanzeige, ohne Anzeige der Motortemperatur, ohne Kilometerzähler und ohne Service-Intervallanzeige vorstellt, mit dem einfach gefahren wird, bis es stehen bleibt.

In der Produktion benötigt man für einen kontinuierlichen Verbesserungsprozess die Transparenz über alle Verluste. Bei TPM werden die Verluste üblicherweise in 6 Verlustarten unterteilt (siehe Abb. 8.5; vgl. [4, S. 35]).

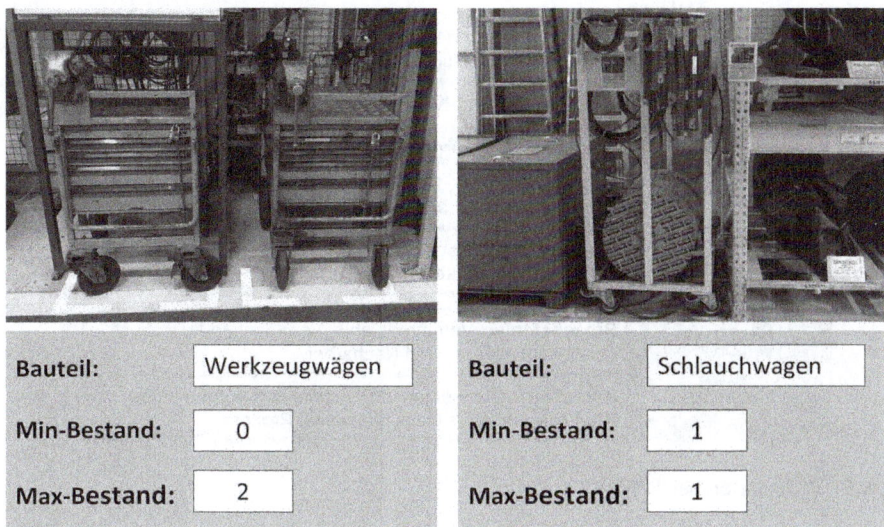

Abb. 8.3 Ausgedruckte Standards vor Ort für die Arbeitsumgebung. (Quelle: BMW AG)

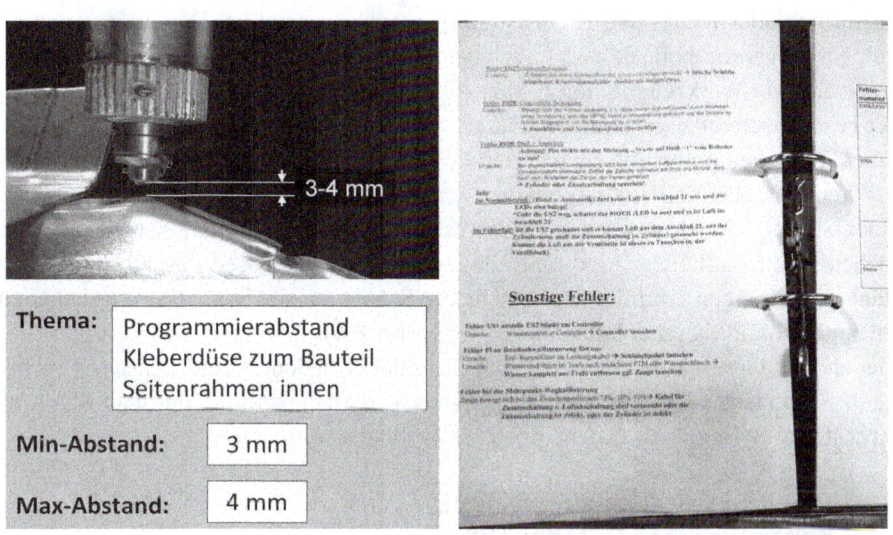

Abb. 8.4 Ausgedruckte Standards vor Ort für die Störungsbehebung. (Quelle: BMW AG)

Gerade am Beginn der Einführung von TPM sollte man nicht auf Systeme zur automatischen bzw. halb automatischen Störungserfassung warten, sondern mit einer einfachen manuellen Erfassung starten. Zu Projektbeginn kann das meist sowieso an jeder Anlage vorhandene Anlagenlogbuch zur Störungserfassung genutzt werden. Es müssen dann aber nicht mehr wie früher nur große und lange Störungen, sondern ALLE Störungen notiert werden, da TPM explizit gerade die vielen Kleinstörungen betrachtet.

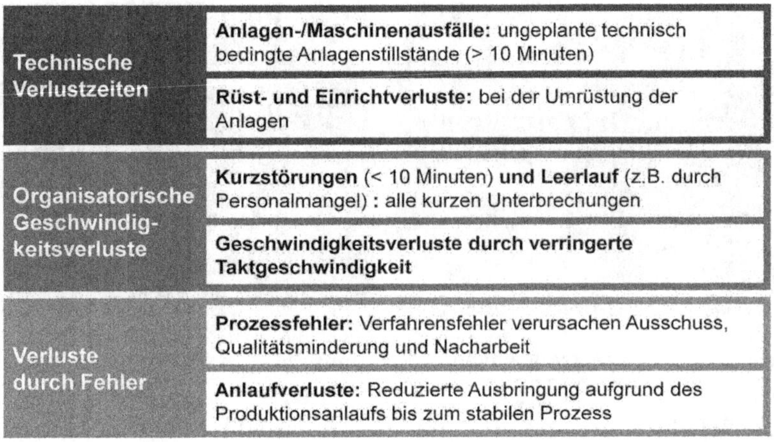

Technische Verlustzeiten	**Anlagen-/Maschinenausfälle:** ungeplante technisch bedingte Anlagenstillstände (> 10 Minuten)
	Rüst- und Einrichtverluste: bei der Umrüstung der Anlagen
Organisatorische Geschwindig- keitsverluste	**Kurzstörungen** (< 10 Minuten) **und Leerlauf** (z.B. durch Personalmangel) : alle kurzen Unterbrechungen
	Geschwindigkeitsverluste durch verringerte Taktgeschwindigkeit
Verluste durch Fehler	**Prozessfehler:** Verfahrensfehler verursachen Ausschuss, Qualitätsminderung und Nacharbeit
	Anlaufverluste: Reduzierte Ausbringung aufgrund des Produktionsanlaufs bis zum stabilen Prozess

Abb. 8.5 Verlustarten bei TPM

Langfristig sollte aber eine automatische Störungsprotokollierung über eine erweiterte Maschinen- und Betriebsdatenerfassung angestrebt werden, da nur so die komplette Registrierung aller Klein- und Kleinststörungen gewährleistet ist. Die automatisch generierten Störungsprotokolle können auch noch zusätzliche Informationen zum Maschinenzustand (wie Werkzeugnummer, Magazinposition …) erfassen, damit die Störungen später besser nachvollzogen werden können.

Aber auch bei automatisch generierten Störungsmeldungen ist im Normalfall zu wenig Sensorik für die Fehlererkennung vorhanden, so dass meist nur die Auswirkungen der Störungen erfasst werden (wie z. B. „Förderband blockiert"), nicht aber deren Ursachen. Die Mitarbeiter, die die Störungen bearbeiten, müssen deshalb (zumindesten für längere Störungen) verpflichtet werden, die Störungen sowie die Störungsbehebungsmaßnahmen sorgfältig zu dokumentieren (vgl. Abb. 8.6).

Gerade für ältere, praktisch veranlagte Mitarbeiter bedeutet das „Du musst nicht nur schrauben, sondern auch schreiben!" eine schwierige Umstellung, die man durch möglichst einfache Systeme zur Dateneingabe unterstützen sollte.

8.1.5 Kontinuierliche Datenanalyse

Traditionell hat sich die Instandhaltung primär mit der technischen Verfügbarkeit beschäftigt, die die technischen Ausfälle berücksichtigt. Sämtliche anderen Zeiten, in denen eine Maschine oder Anlage nicht produktiv gearbeitet hatte, blieben weitgehend unbeachtet:

$$\text{technische Verfügbarkeit} = \frac{\text{verfügbare Zeit} - \text{Ausfallzeit}}{\text{verfügbare Zeit}} = \frac{\text{Betriebszeit}}{\text{verfügbare Zeit}}$$

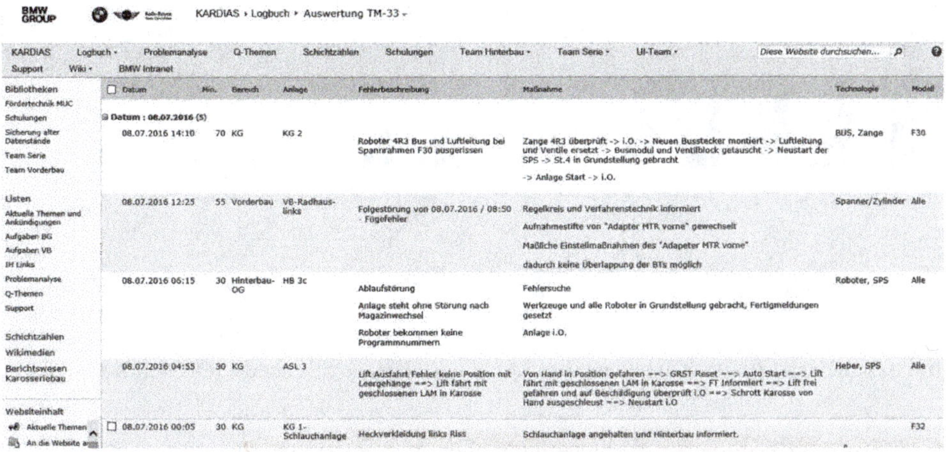

Abb. 8.6 Beispiel für ein System zur manuellen Störungserfassung. (Quelle: BMW AG)

$$OEE = Verfügbarkeit \cdot Leistungsgrad \cdot Qualitätsrate$$

$$Verfügbarkeit = \frac{verfügbare\ Zeit - Ausfallzeit}{verfügbare\ Zeit} = \frac{Betriebszeit}{verfügbare\ Zeit}$$

$$Leistungsgrad = \frac{geplante\ Taktzeit \cdot produzierte\ Menge}{Betriebszeit}$$

$$Qualitätsrate = \frac{produzierte\ Menge - Ausschussmenge}{produzierte\ Menge}$$

wertschöpfende Betriebszeit

verfügbare Zeit

Abb. 8.7 Definition der Overall Equipment Effectiveness (OEE) in der Serienfertigung

Bei TPM verwendet man deshalb die sogenannte Overall Equipment Effectiveness (OEE) [dt.: Gesamtanlageneffektivität (GAE)], die alle Verlustarten berücksichtigt (siehe Abb. 8.7; vgl. [4, S. 43]).

Da die OEE-Berechnung relativ komplex ist, wird in der Praxis beim Start von TPM in der Serienfertigung häufig eine vereinfachte Formel eingesetzt, die zwar nicht zeigt, welcher Kategorie eventuell vorhandene Probleme zuzuordnen sind, die dafür aber viel einfacher (auch manuell) zu bestimmen ist:

$$OEE = \frac{geplante\ Taktzeit \cdot (produzierte\ Menge - Ausschussmenge)}{verfügbare\ Zeit}$$

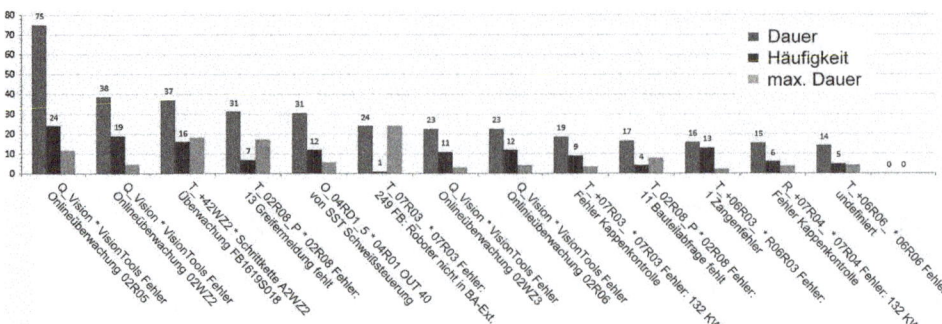

Abb. 8.8 Beispiel Pareto-Analyse der häufigsten und längsten Störungen. (Quelle: BMW AG)

In der Auftragsfertigung mit unterschiedlichen Vorgabezeiten für jeden Auftrag ergibt sich folgende Formel, die lediglich die Summe der vorgegebenen Bearbeitungszeiten der z. B. an einem Tag bearbeiteten Aufträge in Relation zur verfügbaren Arbeitszeit setzt. Die vorgegebenen Bearbeitungszeiten werden bei einer NC-Maschine direkt durch die Simulation des NC-Bearbeitungsprogramms ermittelt:

$$OEE = \frac{\sum_i \text{vorgegebene Bearbeitungszeit}_i}{\text{verfügbare Zeit}}$$

Die OEE weist immer nur auf Problembereiche hin. Die für die Störungsvermeidung notwendigen Details müssen erst mithilfe einer detaillierten Störungsauswertung abgeleitet werden. Diese startet meist zunächst mit einer Pareto-Analyse, bei der die häufigsten und die längsten Störungen betrachtet werden (vgl. Abb. 8.8).

Sehr hilfreich ist auch eine Auswertung nach Verlustkategorien, da sie eine (ungefähre) Zuordnung zu den Hauptverantwortlichen der jeweiligen Verluste (also z. B. Produktion, Instandhaltung, Arbeitsvorbereitung …) ergibt (siehe Abb. 8.9).

Wie bei der Datenerfassung gilt auch für die Datenanalyse: Gerade zu Beginn müssen die Auswertungen häufig händisch vorgenommen werden, da die automatischen Systeme erst aufgebaut werden müssen. Ein mit der Datenanalyse beauftragter Mitarbeiter kann die Auswertung in diesem Fall problemlos auch in einer Tabellenkalkulation (wie Microsoft Excel™) durchführen. Wichtig ist vor allem, dass überhaupt schnell nach dem Start von TPM-Aktivitäten mit der Auswertung begonnen wird, da nur dann sichtbare Erfolge erzielt werden können, die zum Weitermachen ermuntern.

8.1.6 Kontinuierliche Datenbereitstellung

Ermittelte Daten können nur zu Konsequenzen führen, wenn sie auch für alle Beteiligten verfügbar sind. Ein erster Schritt sind deshalb meist Team-Boards in jedem Produktionsbereich, an denen alle für das Team wichtigen Arbeitsdaten (von technischen Ausfällen

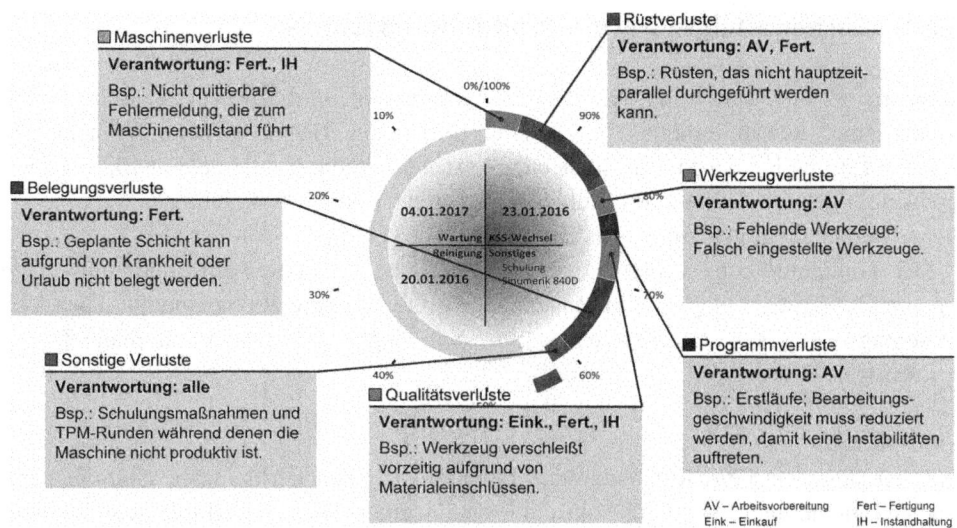

Abb. 8.9 Beispiel Störungsanalyse nach Verlustkategorien. (Quelle: KraussMaffei Technologies GmbH)

über Arbeitsunfälle bis zu Krankheitsquoten) visualisiert werden. Einfach zu ermittelnde Daten (wie die Top-Themen bei Anlagenausfällen, eine Liste offener Punkte zur Fehlerbeseitigung oder die pro Stunde erreichte Stückzahl in der Serienfertigung) können relativ leicht manuell eingetragen werden.

Im laufenden Betrieb einfacher, in der Erstinstallation aber wesentlich komplexer, sind rechnerbasierte Systeme, bei denen alle Daten im Computernetzwerk über eine gemeinsame Oberfläche (z. B. im Intranet) bereitgestellt werden. Die Bereitstellung der Daten vor Ort in der Produktion kann hier mit Hilfe von Computerterminals oder Bildschirmen erfolgen. Diese sogenannten Prozesstafeln liefern gerade in einer verketteten Serienproduktion kontinuierlich alle aktuellen Prozessthemen, die Instandhaltung und Produktion zum Betrieb der Anlagen benötigen.

8.2 Die Säulen von TPM

In diesem Abschnitt sollen die Bausteine von TPM, die sogenannten „Säulen", behandelt werden. Die Benennung und Anzahl dieser Säulen ist mit der Zeit weiterentwickelt worden. In der aktuellen Veröffentlichung des Japan Institute of Plant Maintenance (JIPM) (vgl. [2, S. 64]), also der „Gralshüter" von TPM, sind acht Säulen aufgeführt, von den die wichtigsten Inhalte hier behandelt werden.

8.2.1   Effizienzsteigerung des Produktionssystems

Einer der wichtigsten Grundsätze der Lean Production ist die organisatorische Veran-
kerung eines kontinuierlichen Verbesserungsprozesses. Dabei soll explizit nicht die
schnelle Lösung bei der Störungsbehebung gesucht werden, sondern eine wirkliche Feh-
lerabstellung an der Wurzel des Problems angestrebt werden. Nakajima nennt das: „Probleme werden nicht gemanagt, sondern gelöst" ([4, S. 11]).

Der kontinuierliche Verbesserungsprozess in der Produktion erfordert zum einen
regelmäßige Treffen (sog. „TPM-Runden"), aber für größere Problempunkte auch Verbesserungsteams (sog. „Kaizen-Teams"), die sich länger und intensiv mit einem Thema
beschäftigen.

TPM-Runde
Die regelmäßigen TPM-Runden sollten getrennt für jeden Fertigungsbereich wöchentlich stattfinden, damit nicht der Fokus auf die einzelnen Themen verloren geht. Bewährt
haben sich Treffen vor Ort in der Fertigung am Team-Board, wo (hoffentlich) sowieso
alle wichtigen Themen visualisiert sind. Für die Besprechung werden benötigt:

- das TPM-Kernteam (bestehend aus dem Meister des Bereichs, dem Vorarbeiter der
  Fertigung und dem für die jeweilige Anlage zuständigen Instandhaltungsmitarbeiter),
- problemabhängig diverse Unterstützungsfunktionen (wie Zentralwerkstatt, Steue-
  rungstechnik, Qualitätsspezialist, Anlagenplanung …) und
- die nächsthöhere Führungskraft über dem Meister, die mit der Teilnahme an dieser
  Besprechung nicht nur ihre Wertschätzung für das Thema ausdrücken kann, sondern
  auch bei der Eskalation von Problempunkten helfen kann.

Als Vorbereitung für die TPM-Runde ist die Auswertung der Produktions- und Störungsdaten der vorhergehenden Woche erforderlich. Dies sollte sinnvollerweise durch einen
guten Instandhaltungsmitarbeiter erfolgen, der die vielen Daten auch gleich interpretie-
ren und für die anderen Teilnehmer aufbereiten kann. Da dieser Mitarbeiter damit die
wichtigsten Diskussionspunkte kennt, ist es sinnvoll, dass er auch gleich die Runde koordiniert und moderiert. Hier hat sich ein schematisch vorgegebener Ablauf bewährt, damit
keine Themen vergessen werden, z. B.:

1. *Durchsprache der offenen Punkte aus vorhergehenden Wochen:* Für jedes Problem
   berichtet der zuständige Koordinator vom Abarbeitungsstand. Erst wenn der Koordinator nach einem gewissen Zeitraum (z. B. 6–8 Wochen) die Wirksamkeit der Maßnahmen bestätigt, wird ein offener Punkt als erledigt gekennzeichnet.
2. *5S-Status:* Kontrolle der täglichen 5S-Checks.
3. *Geplante und autonome Instandhaltung:* Abarbeitungsstatus aller Maßnahmen zur
   Wartung und Reinigung der Anlagen.

4. *ZDF ("Zahlen-Daten-Fakten"):* Ausgehend von der OEE, einer Pareto-Analyse der Störungen und anderen Kennzahlen werden alle Verschlechterungen analysiert. Bei kritischen OEE-Werten (z. B. OEE in einer Woche mehr als 5–10 % unter Zielwert) sind die Gründe hierfür detailliert zu ermitteln.

5. *Engpasssuche:* Suche nach dem kritischsten Anlagenteil (schlechteste Taktzeit, schlechteste Verfügbarkeit, …) und Suche nach Abhilfemaßnahmen.

6. *Qualifizierung:* Ableitung neuer Qualifizierungsbedarfe aus den Störungen bzw. Störungsbearbeitungen.

Alle offenen Punkte und beschlossenen Maßnahmen werden in einem Themenspeicher festgehalten, damit kein Punkt verloren geht, und es wird jeweils ein Koordinator festgelegt, der sich um die Abarbeitung kümmert.

TPM-Eskalationsrunde

Neben den wöchentlichen TPM-Runden für jeden Fertigungsbereich sollte eine TPM-Eskalationsrunde organisiert werden, in der sich der Bereichsleiter regelmäßig von der Funktionsweise der bereichsspezifischen TPM-Runden überzeugen kann. Hier sollten die wesentlichen Kennzahlen und Eskalationsthemen kurz präsentiert werden. Diese Runde sollte mindestens monatlich, am besten wie die TPM-Runden wöchentlich stattfinden.

Verbesserungsteams (sog. Kaizen-Teams)

Für größere Probleme bzw. Problemschwerpunkte, die nicht von einem Mitarbeiter innerhalb einer Woche gelöst werden können, sollten Verbesserungs-(Kaizen-)Teams gebildet werden. Die Verbesserungsteams setzen sich aus Vertretern von Instandhaltung, Produktion, Qualitätssicherung, Anlagenplanung und bei Bedarf aus anderen Spezialisten zusammen. Sie werden für jedes Thema neu gebildet.

Die Teams treffen sich mehrmals zur Problemlösung und stellen dann den Projektabschluss bei den betroffenen Führungskräften vor oder beantragen dort die für die Lösung benötigten finanziellen Mittel.

8.2.2 Autonome Instandhaltung

Wie bereits erwähnt, ist es ein häufiges, der schnellen Störungsbearbeitung entgegenstehendes Grundproblem, dass sich der Maschinenbediener vor Ort bei einer Störung nicht für die Lösung verantwortlich fühlt. Bei einem Maschinenausfall informiert er den Schichtführer oder Vorarbeiter, der dann die Instandhaltung ruft, die die Störung nach einer gewissen Wartezeit behebt. Solange genießt der Maschinenbediener die Ruhe ("Melden macht frei").

Diese organisatorische Trennlinie zwischen dem Produktionspersonal, das die Maschinen bedient, und den Instandhaltungsmitarbeitern ist somit kontraproduktiv und muss beseitigt werden. TPM beinhaltet die vollständige Teilnahme aller Beschäftigten am Produktionsprozess, besonders der Produktionsmitarbeiter, da sie ständig vor Ort sind und die Maschinen am besten kennen (vgl. [4, S. 32 f.]). Bei der sogenannten Autonomen Instandhaltung bekommen sie einfache Instandhaltungsaufgaben, die sie unabhängig (also autonom) von den Instandhaltern durchführen.

Voraussetzungen zum Einsatz der Produktionsmitarbeiter schaffen

Bevor die Produktionsmitarbeiter an die Anlagen herangeführt werden, müssen zunächst die organisatorischen Voraussetzungen geschaffen werden. Bei abgezäunten Anlagen muss ihnen zunächst einmal ein Zutritt gewährt werden, d. h. sie müssen über die Gefahren unterwiesen werden und bei Bedarf mit Schlüsseln für die Anlagentore ausgestattet werden.

Die Qualifizierung der Produktionsmitarbeiter in der Großserienfertigung muss, gerade bei einfachen Einlegern, häufig aufgrund der relativ geringen technischen Vorkenntnisse quasi bei null beginnen. In der auftragsbezogenen Produktion haben die Produktionsmitarbeiter hingegen häufig schon Grundkenntnisse in der Bedienung der Anlagen und Maschinen, die sie beispielsweise für die Maschineneinrichtung bei neuen Aufträgen benötigen. Häufig werden hier bereits für die Maschinenbedienung Facharbeiter eingesetzt, sodass eine technische Qualifizierung hier wesentlich leichter fällt.

Die Qualifizierung der Produktionsmitarbeiter startet mit einer Einführung in die Anlagentechnik vor Ort durch die Instandhaltung. Sie soll zunächst nur den gefahrlosen Aufenthalt der Produktionsmitarbeiter innerhalb der Anlagen bzw. im Gefahrenbereich der Maschinen sicherstellen und einen groben Einblick in deren Funktionsweise geben.

Hier ist es wichtig, auch die Grenzen der Produktionsmitarbeiter klar zu kommunizieren: Sie dürfen in der Anlage nur vorher unterwiesene Tätigkeiten durchführen. Gerade praktisch veranlagte Mitarbeiter neigen sonst dazu, mit „Baumarkt-Wissen" komplexe Anlagen noch mehr zu beschädigen, als sie es im Störungsfall ohnehin sind.

Die Einführung der autonomen Instandhaltung erfolgt anschließend in mehreren aufeinanderfolgenden Schritten (siehe Abb. 8.10; vgl. [2, S. 98 ff.] bzw. [1, S. 61 ff.]).

Grundreinigung

Im allerersten Schritt starten alle Produktionsmitarbeiter mit einer sogenannten Grundreinigung, das heißt der gründlichen Reinigung der gesamten Produktionsanlage von äußerlichen und (wo gut zugänglich auch) innerlichen Verunreinigungen. Psychologisch ist das für die Produktionsmitarbeiter meist die größte Barriere, da sie jetzt eine scheinbar niederwertige Tätigkeit durchführen müssen. Hier ist es enorm wichtig, vorher zu kommunizieren, dass das Reinigen eigentlich ein Prüfprozess mit dem Ziel ist, kleine Problemstellen zu finden und zu beheben, bevor sie große Probleme verursachen.

Viele Ursachen späterer Störungen können bei einer Inspektion nur bei oder nach der Reinigung entdeckt werden, z. B. Risse, poröse Schläuche, lose Vorrichtungen, übermäßiges Spiel bewegter Teile usw. Entdeckte Fehler werden entweder gleich gelöst oder notiert bzw. mit Anhängern für die spätere Bearbeitung gekennzeichnet.

Abb. 8.10   Schritte zur autonomen Instandhaltung

Im Rahmen der Grundreinigung können die Mitarbeiter auch gleich mit den Grundlagen der korrekten Schmierung und Ölung vertraut gemacht werden.

Wartung optimieren

Im nächsten Schritt werden Maßnahmen eingeleitet, um Verschmutzungen in Zukunft zu minimieren oder ganz zu beseitigen.

Auch sollten Veränderungen an den Anlagen initiiert werden, um die Wartung in Zukunft zu erleichtern, beispielsweise Maschinenabdeckungen mit Fenstern versehen, damit man Problempunkte leichter entdecken kann.

Wartungsstandards aufstellen

Anschließend werden aufbauend auf den Erkenntnissen der ersten Reinigung Standards für die zukünftige Reinigung und Wartung erstellt, die in Zukunft möglichst weit optimierte einheitliche Wartungsprozesse sicherstellen sollen. Sie werden mit aussagekräftigen Bildern und Kurzbeschreibungen vor Ort ausgehängt (siehe z. B. Abb. 8.11 und 8.12).

Alle Standards werden von den Produktionsmitarbeitern unter Anleitung der Instandhaltung erstellt. Sie sollen dabei berücksichtigen, dass damit in Zukunft auch neue Mitarbeiter in diese Arbeiten eingewiesen werden sollen, also möglichst wenig Fachwissen bei den Lesern vorausgesetzt werden sollte.

Produktionsmitarbeiter trainieren

Vor der Aufnahme der autonomen Instandhaltung durch die Produktionsmitarbeiter sollte die Einführung in die Anlagentechnik durch die Instandhaltung noch ein wenig vertieft werden.

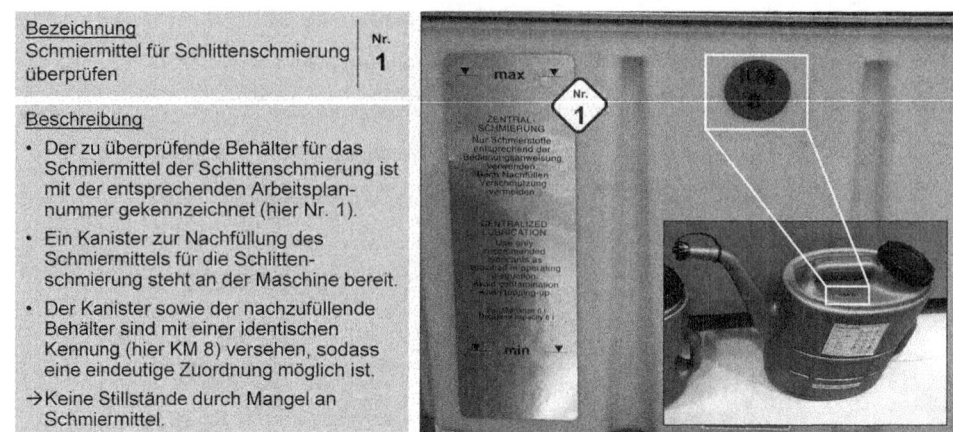

| Bezeichnung Schmiermittel für Schlittenschmierung überprüfen | Nr. 1 |

Beschreibung

• Der zu überprüfende Behälter für das Schmiermittel der Schlittenschmierung ist mit der entsprechenden Arbeitsplan-nummer gekennzeichnet (hier Nr. 1).

• Ein Kanister zur Nachfüllung des Schmiermittels für die Schlitten-schmierung steht an der Maschine bereit.

• Der Kanister sowie der nachzufüllende Behälter sind mit einer identischen Kennung (hier KM 8) versehen, sodass eine eindeutige Zuordnung möglich ist.

→Keine Stillstände durch Mangel an Schmiermittel.

Abb. 8.11 Beispiel Anweisung für Inspektionstätigkeit. (Quelle: KraussMaffei Technologies GmbH)

Besonders wichtig zu diesem Zeitpunkt ist aber die genaue Durchsprache aller in den Wartungsstandards festgelegten Tätigkeiten. Das erste Mal sollten die Produktionsmit-arbeiter die Tätigkeiten unter Aufsicht eines Instandhalters durchführen, der sie gegebe-nenfalls gleich korrigieren kann, bevor sich falsche Verhaltensweisen einschleifen. Alle konkreten Wartungstätigkeiten sollten jetzt einmal (am besten außerhalb der normalen Maschinenlaufzeit) durchgespielt werden, z. B. das Schmieren der Anlage sowie einfa-che Reparaturtätigkeiten wie das Festschrauben loser Komponenten oder der Austausch von Pneumatikschläuchen. Auch hier sollte noch einmal auf die Grenzen der Produkti-onsmitarbeiter eingegangen werden. Beispielsweise darf eine maßgebende lose Vorrich-tung nicht einfach wieder festgeschraubt werden, sondern sie muss von einem Fachmann geometrisch korrekt neu einjustiert werden.

Start autonome Instandhaltung

Für die autonome Instandhaltung können ab sofort vorhandene unproduktive (Warte-) Zeiten, z. B. bei Störungen anderer Anlagen in einer verketteten Fertigung, genutzt wer-den. Damit gerät TPM aber in die Gefahr, schnell mit der Begründung vergessen zu wer-den, dass keine passenden Wartezeiten zur Verfügung standen.

Deshalb hat es sich in der getakteten Serienfertigung bewährt, die Produktion täglich komplett für einen vorgegebenen Zeitraum stillzulegen (sog. „TPM-Stopp" mit z. B. 30 min), damit alle TPM-Arbeiten durchgeführt werden können. Den Produktionsmitar-beitern wird damit auch die Dringlichkeit dieser Maßnahme verdeutlicht, da die Still-standszeit dem Unternehmen täglich Geld kostet.

In der Auftragsfertigung kann sich der Produktionsmitarbeiter die Zeit für seinen TPM-Stopp selbstständig wählen.

Datum:	07.07.2015
Ersteller:	Team UI
Bereich	TM-331

Reinigung Schweißzange

Nr.	Maschinen-zustand	Kompo-nente	Tätigkeit	Hilfsmittel	verantw.	Turnus	Zeit in min.
1	AUS	Schweiß-zange	1. Zangenschaft überprüfen auf Beschädigung und Verschmutzung 2. Zangenschutzhaube oder Spritzschutz überprüfen auf Ablagerung ggf. reinigen 3. Fräsbild Elektrode überprüfen ggf. Kappenfräser überprüfen 4. Elektrodenkappen abziehen 5. Schäfte von Ablagerungen und Schlacke befreien 6. Schaftkonus mit Polierflies reinigen 7. Gefräste Elektrodenkappe wieder Aufdrücken Bei Beschädigungen IH/UI informieren!	PSA, Polierflies, Zange, Hammer, Meißel	IH / Prod.	wöchent.	10

Abb. 8.12 Beispiel Anweisung für mittelschwere Reinigungstätigkeit. (Quelle: BMW AG)

Für die TPM-Arbeiten sollten Zeiträume vorgegeben werden, in denen sie durchgeführt werden sollen (siehe Zeitplan in Abb. 8.13). Tägliche, wöchentliche, 2-wöchentliche oder monatliche Intervalle sind für die Arbeiten der autonomen Instandhaltung sinnvoll. Tätigkeiten mit längeren Intervallen fallen in der Regel in den Zuständigkeitsbereich der Instandhaltung.

Veränderungen für die Produktionsmitarbeiter
Bei der Einführung von TPM hat es sich immer wieder herausgestellt, dass die anfangs größte Hürde das notwendige Umdenken der Produktionsmitarbeiter ist. Geht deren Einstellung aber langsam von „Ich produziere und du reparierst" über in „Ich bin verantwortlich für die Anlage, an der ich arbeite" (vgl. [1, S. 61]), entdecken sie auch die positiven Seiten von TPM für sich selber:

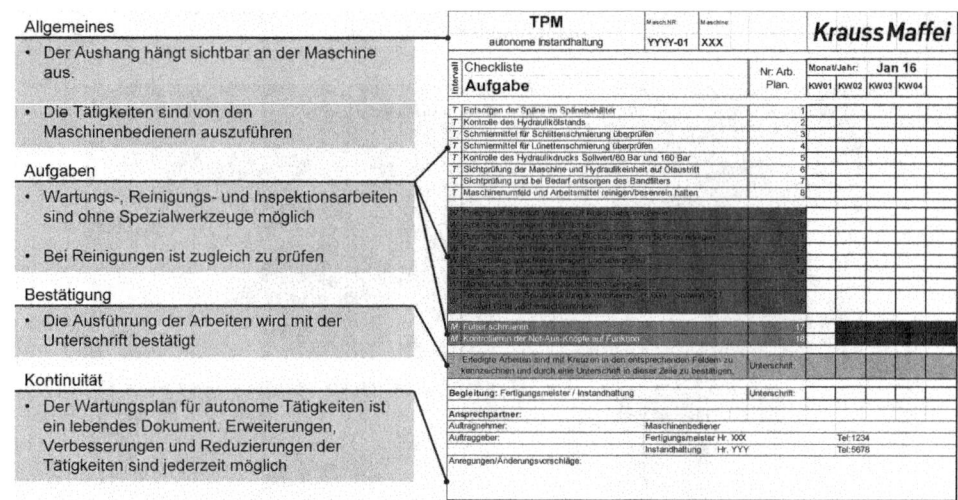

Abb. 8.13 Reinigungs- und Inspektionsplan für die autonome Instandhaltung. (Quelle: KraussMaffei Technologies GmbH)

- Sie können auf einmal auch verantwortungsvollere Tätigkeiten mit mehr Entscheidungsspielraum übernehmen,
- sie können besser mit den Instandhaltern zusammenarbeiten und
- sie bekommen einen planbareren Arbeitsablauf ohne Störungen und vermeiden hektische Aufholaktionen nach Störungen.

8.2.3 Geplante Instandhaltung

Trotz der Unterstützung durch die autonome Instandhaltung bleiben natürlich auch viele herkömmliche Instandhaltungsaufgaben bei der Instandhaltung:

- Reparaturen, die ein schnelles Eingreifen erfordern (bei Anlagenausfall),
- komplexe Wartungen, die spezielles Wissen, spezielle Werkzeuge oder spezielle Messgeräte erfordern,
- zeitaufwendige Wartungsaufgaben oder
- Arbeiten mit erhöhten Anforderungen an die Arbeitssicherheit (z. B. aufgrund elektrischer oder chemischer Gefahren).

Ziel von TPM aus Sicht der Instandhaltung ist es, weniger Zeit für „Feuerwehreinsätze" bei der Störungsbehebung während der laufenden Produktion und im Gegenzug mehr Zeit mit präventiven Maßnahmen zu verbringen. Das Verhältnis der in einem Zeitraum aufgewendeten Zeit zur Störungsbearbeitung zu der Zeit, die für präventive Maßnahmen aufgewendet wurde (geplante Instandhaltung), ist auch ein Maß für die Effektivität von

Abb. 8.14 Schritte zur geplanten Instandhaltung

TPM in einem Betrieb. Während die Zeit für geplante Maßnahmen nach einem Start von TPM schnell größer wird, ist es ein Zeichen für die Wirksamkeit dieser Maßnahmen, wenn sich im Gegenzug nach einiger Zeit auch die Störungsbehebungszeit reduziert.

Wie die autonome Instandhaltung findet auch die geplante Instandhaltung in mehreren Schritten statt (siehe Abb. 8.14; vgl. [1, S. 91 ff.] bzw. [2, S. 110 ff.]).

Schwachstellenanalyse und -beseitigung
Im ersten Schritt sollen die Schwachstellen der Anlagen, soweit sie zu diesem Zeitpunkt erkennbar sind, behoben werden. Hierfür sind alle vorhandenen Maschinen- und Störungsdaten und die Instandhaltungskosten gründlich auszuwerten. Es sollen die Anlagen gefunden werden,

- die die meiste Zeit des Instandhaltungspersonals binden bzw.
- bei denen die meisten Ersatz- und Verschleißteile benötigt werden.

Bei den herausgefundenen Anlagen werden dann die Schwachstellen z. B. mithilfe einer Pareto-Analyse gesucht, priorisiert und möglichst schnell abgearbeitet.

Produktionsdatenerfassung und -analyse
Für die weiteren Schritte der Instandhaltung ist das Vorhandensein aktueller Daten zur Produktion und zur Bewertung ihrer Effektivität essenziell. Für die Instandhaltung sind z. B. besonders wichtig:

- Störungs- und Störungsbehebungsdaten
- Informationen zu Ersatzteilen, Schmierstoffen …
- Instandhaltungskosten

Die zu erfassenden Daten sowie die Einführung eines solchen Systems wurde bereits in Abschn. 8.1.4 bis 8.1.6 angesprochen.

Start der geplanten Instandhaltung

Für die geplante Instandhaltung sind Wartungsanweisungen und Instandhaltungspläne mit den zeitlichen Vorgaben erforderlich. Diese sind im Prinzip mit den Reinigungs- und Wartungsanweisungen für die Produktionsmitarbeiter vergleichbar, müssen aber aufgrund der besseren Ausbildung der Instandhaltungsmitarbeiter nicht so detailliert sein (siehe Abb. 8.15).

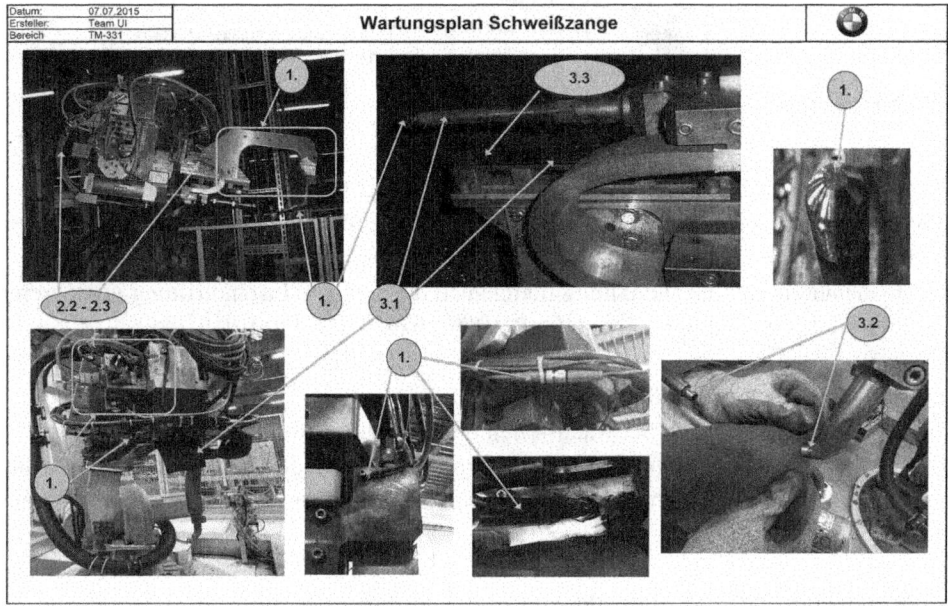

Nr.	Masch. zustand	Komponente	Tätigkeit	Hilfsmittel	Verantw.	Turnus	Zeit in min.
1	AUS	Zange und Elektroden	1. Elektrodenkappen unter Druck auf Flucht überprüfen ggf. einstellen 2. Kappenfräsbild überprüfen ggf. Fräspos. korrigieren ,Fräsmesser wechseln 3. Zangenschutzhaube demontieren, Strombänder, Stromkabel, Sekundäranschlüsse auf Verschleiß prüfen ggf. wechseln 4. Messleitungen Bosch UI auf Festigkeit und Funktion überprüfen Kontaktstellen reinigen ggf. Messleitung wechseln 5. Schrauben vom Zangenkörper auf Festsitz kontrollieren und ggf. nachziehen.	PSA, Inbusschlüssel-satz, Gabel-schlüsselsatz	IH	monatlich	20
2	AUS	Pneumatik und Zylinder	1. Zangenausgleich prüfen (Zange per Roboteranwendung schließen) 2. Dichtheit und Verschleiß prüfen 3. Medienversorgung auf Funktion und Dichtheit prüfen	PSA	IH	monatlich	10
3	AUS	Zange und Elektroden	1. Zangenkörper ,Strombänder und Schäfte von Ablagerungen und Schlacke befreien 2. Schaftkonus mit Schleifflies polieren 3. Linearführung auf Spiel kontrollieren ggf. Zangenwerkstatt informieren 4. Zangenschutzhaube montiern und Roboter-Programmabläufe auf Störkanten überprüfen	PSA, Zange,Hammer Meisel,Schleifflies, KCP	IH	monatlich	30

Abb. 8.15 Beispiel Wartungsanweisung. (Quelle: BMW AG)

Optimierung Instandhaltungsabläufe

Bei konsequenter Durchführung der präventiven Maßnahmen wird die Anzahl von Störungen zurückgehen. Trotzdem wird es in seltenen Fällen auch weiterhin Störungen geben. Für diese Fälle sollte die Instandhaltung so vorbereitet sein, dass die Störungen schnell bearbeitet werden. Vorbild ist hier die Formel 1 mit ihren superkurzen Instandhaltungszeiten, z. B. beim Reifenwechsel.

Eine Voraussetzung für eine schnelle Störungsbehebung sind ordentliche Arbeitsbedingungen, wie sie bereits in Abschn. 8.1.3 beschrieben wurden.

Trotz guter Arbeitsbedingungen ist es gerade bei längeren Störungen (mit einer Dauer von mehreren Stunden) nach Ende der Störung häufig schwierig, zu sagen, warum konkret die Bearbeitung so lange gedauert hat. Der Lerneffekt kann damit vernachlässigt werden. Hier setzt die Störungsverfolgung an, die hier Live-Ticker genannt wird.

Beim Live-Ticker (siehe Abb. 8.16) wird die Effektivität der Störungsbehebung bei allen größeren Störungen (z. B. länger 15 min) kontrolliert. Der Meister, dem sowieso alle längeren Störungen gemeldet werden müssen, ernennt 30 min nach Störungsbeginn einen Koordinator, der die Störungsbearbeitung koordiniert und gleichzeitig den Ablauf dokumentiert.

Die Auswertung des Live-Tickers erfolgt direkt nach Ende der Störung. Die ersten Male ist es sehr schwierig, denn alle Beteiligten müssen jetzt auch bereit sein, die Gründe für Verzögerungen offen zuzugeben, wie zum Beispiel eine unvollkommene Fehlerdiagnose, Probleme im Ablauf der Störungsbehebung oder sogar Qualifikationsdefizite der Beteiligten. In einer Atmosphäre, in der offen über Fehler gesprochen werden kann, können aber erstaunlich effektive Lösungen entstehen, zum Beispiel

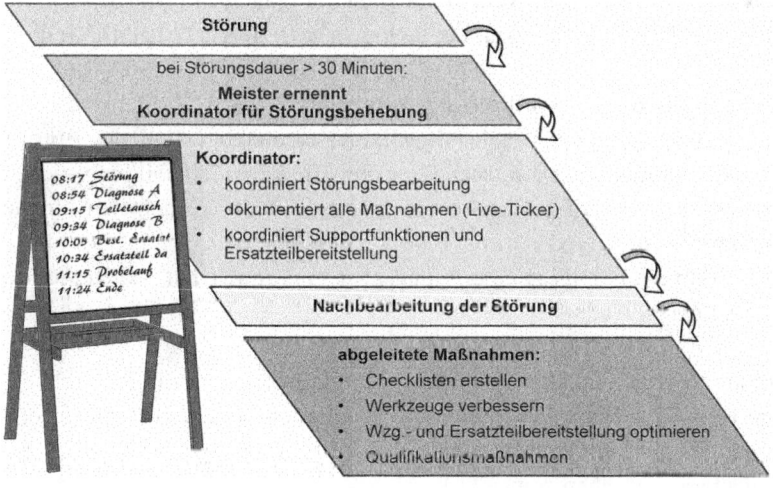

Abb. 8.16 Kontrolle der Effektivität der Störungsbehebung mit „Live-Ticker"

- Checklisten für die Analyse und Bearbeitung zukünftiger Störungen (vergleichbar mit den Checklisten im Flugzeug vor Vorbereitung von Start und Landung),
- verbesserte Werkzeuge,
- verbesserte Werkzeug- und Ersatzteilbereitstellung oder auch
- konkrete Qualifikationsanforderungen für die Instandhaltungsmitarbeiter (z. B. für einen bestimmten Maschinentyp).

Aber auch, wenn bei diesem Live-Ticker keine Qualifikationslücken bei den Instandhaltern festgestellt werden, ist es sinnvoll, wenn sie schwierige Reparaturen regelmäßig üben können, ohne die laufende Produktion zu beeinträchtigen. Vorbild kann hier die Luftfahrt sein, wo ein Flugkapitän seine Reaktion auf kritische Situationen (wie Feuer an Bord oder Triebwerksaufälle) auch lieber nicht mit dem beladenen realen Flugzeug, sondern regelmäßig im Simulator üben sollte. In der Produktion können für solches Training Übungszellen aufgebaut werden, in denen zum Beispiel die Roboterprogrammierung oder die Einrichtung von Schweißwerkzeugen in aller Ruhe getestet werden kann. Und im Notfall kann die Übungszelle sogar als Ersatzteilspender für die richtige Produktion dienen.

Verbessernde Instandhaltung
Sobald die geplante Instandhaltung gestartet ist, geht der erste Schritt der Schwachstellenanalyse und -beseitigung in einen kontinuierlichen Prozess über, um laufend Schwachstellen an den Anlagen zu eliminieren, sobald neue Erkenntnisse vorhanden sind. Typische Maßnahmen hierbei sind:

- Steigerung der Zuverlässigkeit einzelner Bauteile der Anlage, z. B. durch Änderung oder Austausch von störungsanfälligen gegen weniger störungsanfällige Baugruppen
- Verwendung von Ersatz- und Verschleißteilen mit längerer Lebensdauer
- Steigerung der Leistungsfähigkeit der Anlagen, z. B. durch Taktzeitoptimierungen

Veränderungen für die Instandhaltungsmitarbeiter
Die größte mentale Hürde für viele altgediente Instandhalter bei der Einführung von TPM ist die Erkenntnis, dass sie trotz ihrer meist besseren Ausbildung nicht der Fertigung übergeordnet, sondern der Teil eines Teams sind, das gemeinsam für die Produktion verantwortlich ist.

Sobald sich ihr Verhältnis zur Fertigung aber eingespielt hat, sehen sie sehr schnell die Vorteile der neuen Abläufe:

- weniger kurzfristige und hektische Feuerwehraktionen,
- spürbare kapazitive Entlastung durch die Produktion bei der Behebung von Kleinstörungen und der autonomen Instandhaltung,
- besser planbare Aufgaben sowie
- höherwertige und interessantere Aufgaben bei der Anlagenoptimierung.

8.2.4 Produkt- und Anlagenentwicklung

Bis jetzt wurden nur die produktionsbegleitenden Maßnahmen von TPM behandelt. TPM etabliert aber ein durchgängiges System der produktiven Instandhaltung für die gesamte Lebensdauer der Anlagen (vgl. [4, S. 32]). Damit sind auch langfristige Maßnahmen, die bereits während der Anlagenkonzeption zur Störungsvermeidung ergriffen werden, enorm wichtig.

So können bei der Beschaffung neuer Anlagen die praktischen Erfahrungen mit bestehenden oder vorhergehenden Anlagen in neue Anlagen einfließen, indem besonders fähige Instandhaltungs- und Produktionsmitarbeiter bereits bei der Auftragsvergabe und vor allem während der Anlagenkonzeption mit einbezogen werden.

8.3 Ausblick

Mit Hilfe von TPM ist es möglich, automatisierte Produktionseinrichtungen wesentlich effektiver zu betreiben. Dies führt nicht nur zu einer wesentlichen Steigerung der Produktivität, sondern beeinflusst auch die Qualität, Liefertreue, Arbeitssicherheit, Arbeitsmoral usw. positiv.

Natürlich können diese Resultate nicht über Nacht erreicht werden. Nakajima schätzt, dass man etwa drei Jahre benötigt, um zu „preiswürdigen" Ergebnissen zu kommen. In dieser Zeit muss die Firma anfangs mehr, dann kontinuierlich weniger Geld aufwenden, um die Anlagen wieder in einen guten Zustand zu bringen und das Personal für die Anlagen auszubilden (vgl. [4, S. 25]). Die Einführung erfordert schon deshalb einige Jahre, weil sie eine Änderung der Herstellkultur und damit ein Umdenken der Mitarbeiter erfordert (vgl. [4, S. 9]).

In Japan ist das kein Problem, denn hier geht TPM meist vom Top-Management als vorgegebene langfristige Firmenstrategie aus. In Europa hingegen geht es öfter vom mittleren Management als Mittel zur kurzfristigen Zielerreichung aus und läuft Gefahr, gestrichen zu werden, wenn nach einem halben Jahr keine Erfolge sichtbar sind (vgl. [3, S. 241]). Die Erfolge geben aber erst einer langfristigen Strategie recht.

Die vielen Ansätze der sogenannten Industrie 4.0 zur erweiterten automatisierten Anlagendiagnose und Störungsbehebung zeigen, dass TPM in seiner Entwicklung bei weitem noch nicht am Ende ist, sondern kontinuierlich weiterentwickelt wird.

Danksagung Viele der hier vorgestellten praktischen Hinweise zur effektiven Anwendung von TPM stammen im Bereich Serienfertigung aus dem Bereich Lackierte Karosserie des Werks München der BMW AG und im Bereich Auftragsfertigung von der KraussMaffei Technologies GmbH in Allach bei München. Beide Bereiche arbeiten bereits seit Jahren an diesem Thema und haben in letzter Zeit noch einmal wesentliche Verbesserungen durch einen optimierten TPM-Einsatz erzielt.

Literatur

1. Al-Radhi, M.: Total Productive Management, 2. Aufl. Hanser, München (2002)
2. JIPM (Japan Institute of Plant Maintenance), Mittelhäußer, W.: (Hrsg.) Die TPM-Fibel – Das ganzheitliche Produktionssystem für die Prozessindustrie. Adept-Media, Bedburg (2013)
3. Matyas, K.: Instandhaltungslogistik – Qualität und Produktivität steigern, 6. überarbeitete Aufl. Hanser, München (2016)
4. Nakajima, S.: Management der Produktionseinrichtungen (Total Productive Maintenance). Campus, Frankfurt a. M. (1995)

Über den Autor

Prof. Dr.-Ing. Klaus Pischeltsrieder lehrt seit 2009 Produktionstechnik an der Hochschule für angewandte Wissenschaften München und ist außerdem als Managementberater tätig. Davor sammelte er praktische Erfahrungen in allen Bereichen industrieller Fertigungsbetriebe als Leiter Qualitätssicherung, Leiter Produkt- und Prozessplanung, Produktionsleiter (Fertigung, Instandhaltung, Logistik) sowie als Projektleiter beim Aufbau neuer Fertigungsanlagen.

Kaizen und Verbesserungsvorschläge in der Produktion optischer Spezialitäten

9

Reinhard Koether

9.1 Motivation zur Prozesssicherung

Die Optics Balzers AG ist mit ca. 140 Mitarbeitern weltweit führend in der Herstellung von kundenspezifischen optischen Beschichtungen und Komponenten für die Photonik-Industrie. Beschichtet werden meistens Linsen und Prismen in kleinen Losen zur Verbesserung der optischen Eigenschaften. Die verschiedenen Herstellungsprozesse bestehen im Wesentlichen aus sensiblen Handhabungstätigkeiten, speziellen Reinigungsprozessen, spezifischen Beschichtungen in Vakuumanlagen und exakten Prüftätigkeiten.

Über 60 der weltweiten Kunden wurden telefonisch nach der Leistungsfähigkeit von Optics Balzers gefragt. Zum Thema Qualität betonten alle Kunden, dass die Qualität der Beschichtung wichtig oder sehr wichtig für die Funktion der eigenen Produkte sei. Die Meinung über die von Optics Balzers gelieferte Qualität streute aber von der Aussage „Es gibt keine besseren" bis zur Kritik, dass die gelieferte Qualität stark schwanke. Dies war ein klares Signal für Handlungsbedarf. Wenn die gelieferte Qualität schwankt, müssen Fehlerursachen identifiziert, Produktionsprozesse stabilisiert und Prüfarbeitsgänge abgesichert werden. Dazu kommt das interne Ziel, Qualitätskosten für Ausschussersatz zu senken.

Das Qualitätsmanagement hat die in der Endkontrolle entdeckten Mängel bereits strukturiert. Die beiden größten Fehleranteile sind:

- Spektralfehler: Sie werden durch den Beschichtungsprozess verursacht und können mit Spektralmessgeräten entdeckt werden.

9

R. Koether (✉)
München, Deutschland
E-Mail: koether@hm.edu

© Springer Fachmedien Wiesbaden GmbH 2017
R. Koether und K.-J. Meier (Hrsg.), *Lean Production für die variantenreiche Einzelfertigung*, DOI 10.1007/978-3-658-13969-8_9

- Kosmetikfehler: Sie können durch mangelhafte Glasoberflächen, den Reinigungs- oder Beschichtungsprozess oder durch ungeeignete Handhabung der optischen Bau- elemente entstehen. Durch eine visuelle Kontrolle unter speziellem Prüflicht können sie entdeckt werden.

Der klassische Ansatz, durch Prozessgestaltung, also Verfahrensvorschriften, Werkzeuge oder Auslegung der Beschichtungsanlagen, Fehler zu vermeiden, ist bei Spektral- und Kosmetikfehlern wirksam. Kosmetikfehler entstehen jedoch auch durch das Verhalten der Mitarbeiter. Da die menschliche Leistungsfähigkeit schwankt, können sie unsystema- tisch auftreten. Der Ansatz zur Qualitätsverbesserung war daher,

- zusätzliches Know-how und zusätzliche Kapazität zur Prozessverbesserung zu erschließen und
- die Mitarbeiter dafür zu sensibilisieren, dass ihr Verhalten für die produzierte Qualität sehr wichtig ist.

9.2   Verantwortungsbereich für die Prozessgestaltung

Produktionsingenieure planen die kundenspezifischen Beschichtungsprozesse und gestalten die nötigen Werkzeuge und Hilfsmittel. Wenn Fehler auftreten oder der Pro- zessausschuss höher wird als erwartet, sind diese Fachleute gefragt, Fehlerursachen zu identifizieren, den Herstellungsprozess zu verbessern und Anlagen, Werkzeuge und Hilfsmittel zu modifizieren oder neu zu gestalten. Das Produktionsmanagement muss durch Führung und Anleitung der Mitarbeiter dafür sorgen, dass die Prozessvorschriften auch richtig umgesetzt werden. Diese Gruppe von Fachingenieuren bearbeitet aber auch Kundenanfragen nach Beschichtungen und deren Produkteigenschaften und beurteilt, ob eine angefragte Produkteigenschaft als Beschichtung überhaupt technisch machbar ist.

Außerdem hat sich herausgestellt, dass Prozessplanungen und -tests häufig sehr auf- wendig durchgeführt werden und dass Probebeschichtungen und Versuche wiederholt werden, weil die Produktionsingenieure zu wenig voneinander wissen und nicht erken- nen, dass Wissen und Erfahrungen bereits vorliegen.

Um die Kapazität dieser Fachleute gezielt und effektiver einzusetzen, wurde das Projektmanagement gestärkt und Versuchsmethoden geschärft. So wird von den Ent- scheidern nun eingefordert, dass zu jedem Projektantrag eine Kosten-Nutzen-Kalkula- tion vorgelegt wird. Wird der Nutzen nicht erreicht, oder werden die geplanten Kosten überzogen, kann der Entscheiderkreis ein Entwicklungsprojekt oder die Versuche zur Verbesserung von Beschichtungsprozessen auch abbrechen. Eine Wissensbasis wird als Optics-Wiki geführt. In ihm sind bisherige Ergebnisse abgelegt und können über Such- funktionen erschlossen werden.

Trotzdem bleibt wegen der umfangreichen Aufgaben und der Priorität von Kundenan- fragen diesen Fachleuten oft zu wenig Zeit für Prozessverbesserungen.

Zusätzliche Kapazität kann erschlossen werden, wenn das Know-how und die Erfahrung der Produktionsmitarbeiter zugänglich gemacht werden kann. Durch die tägliche Arbeit mit Anlagen und Fertigungsaufträgen haben die Mitarbeiter Erfahrung gesammelt, wo kritische Prozessschritte konzentriert ausgeführt werden müssen, auf welche Details zu achten ist und welche Teile oder Geometrien besonders empfindlich sind. In der täglichen Arbeit entstehen auch Ideen, wie Arbeitsschritte einfacher oder prozesssicher ausgeführt werden könnten. Viele Produktionsmitarbeiter wären bereit und fähig, Verantwortung zu übernehmen. Sie dürfen aber Prozesse nicht verändern, weil die Prozessingenieure dafür zuständig und verantwortlich sind. Auch bei Optics Balzers gilt die klassische Arbeitsteilung zwischen planender und ausführender Tätigkeit.

Gruppenarbeit, die integraler Bestandteil von Lean Production ist, bietet den grundsätzlichen Lösungsansatz: Produktionsmitarbeitern werden auch indirekte Tätigkeiten wie Prozess- und Qualitätsverbesserung übertragen [1]. Aber:

- In welchem Umfang erlaubt man Eingriffe in Prozesse, die von Kunden auditiert sind?
- Welche Aufgaben zur Prozessverbesserung bleiben beim Fachingenieur?
- Wie motiviert man Mitarbeiter zur Prozessverbesserung, wenn bisher die Regel galt, Anweisungen strikt zu folgen und nichts zu verändern?
- Wie transformiert man eine Folgekultur (man tut, was angewiesen wird) in eine Mitgestaltungskultur?

Bei der Einführung von Gruppenarbeit und Prozessverbesserungen durch die Produktionsmitarbeiter hat das Produktionsmanagement nur „einen Schuss frei": Die Einführung muss beim ersten Versuch erfolgreich sein, denn langjährige Mitarbeiter haben in vielen Betrieben Aktionen und Programme kommen und gehen sehen, ohne dass sich der Produktionsalltag grundlegend verändert hätte. Einen zweiten Einführungsversuch würden sie daher nicht mehr unterstützen.

9.3   IDEE – das Verbesserungsvorschlagswesen von Optics Balzers

Erster Schritt war die Einführung eines erweiterten Verbesserungsvorschlagswesens, bei Optics Balzers genannt IDEE [3]. Hier sollten die Schwächen der üblichen Organisation von Verbesserungsvorschlägen vermieden werden. Normalerweise reichen Mitarbeiter keine oder nur wenige Vorschläge ein, weil

- Vorschläge in einem bürokratischen Verfahren eingereicht werden müssen,
- es ewig dauert, bis ein Mitarbeiter Antwort bekommt,

- Vorschläge häufig abgelehnt werden, mit Begründungen, die der Mitarbeiter schlecht nachvollziehen kann, z. B.: zu teuer, bringt nichts, Verfahren ändert sich sowieso, nicht machbar, vom Kunden nicht gewünscht usw.
- sich doch nichts ändert,
- die Kollegen jemanden, der viele Vorschläge einreicht, als Streber betrachten, Vorgesetzte sehen ihn als Querulanten,
- der beurteilende Fachmann die Kritik seines Vorgesetzten fürchtet, falls ein wirklich guter und Erfolg versprechender Vorschlag eingereicht wird, z. B. durch den (sinnlosen) Satz: „… warum sind Sie nicht selbst auf diese Idee gekommen?",
- eine hohe Prämie für einen guten Vorschlag Neid weckt.

Um die Mitarbeiter zu motivieren, ihre Ideen als Verbesserungsvorschläge einzureichen, wird jetzt bei Optics Balzers (nach japanischem Vorbild) zunächst jeder Vorschlag mit 5 Schweizer Franken (CHF) angekauft. Der Vorgesetzte kann diesen Betrag sofort und in bar auszahlen. Damit wird dokumentiert, dass jeder Vorschlag für das Unternehmen einen Wert hat. Hintergrund ist die Erkenntnis aus dem Brainstorming: Quantität geht vor Qualität: Um einige gute Ideen zu bekommen, muss man zunächst viele Ideen einholen.

Neben der Wertschätzung ist ein weiterer wichtiger Motivator die schnelle Antwort, wie der Vorschlag beurteilt wurde. Dazu sind regelmäßige Beurteilungsrunden der Vorschläge notwendig. Bei Optics Balzers trifft sich das Bewertungsteam aus Produktionslinienleiter und Fachingenieur(en) ca. alle zwei Wochen. Wichtigstes Ergebnis ist, ob der Vorschlag umgesetzt wird. Falls „ja", wird festgelegt, durch wen und bis wann. Falls „nein", ist eine fundierte Begründung notwendig, um die Motivation der Mitarbeiter nicht zu schmälern.

In der Umsetzung hat sich gezeigt, dass i. d. R. die Antworten auf Vorschläge direkt nach der Einreichung nicht schnell genug gegeben wurden und dass die Realisierung zu lange Zeit beanspruchte, sodass die IDEEn-Freudigkeit der Mitarbeiter nach anfänglicher Euphorie nachgelassen hat. Als Ursache wurden die Belastungen der Fertigungslinienleiter durch das Tagesgeschäft erkannt. Die zusätzliche Belastung durch die Verbesserungsvorschläge war nicht eingeplant.

Deshalb wurde zur Entlastung der Fertigungslinienleiter ein Umsetzungsverantwortlicher eingeführt, der bei der Beurteilung des Vorschlags zu benennen ist. Dieser Mitarbeiter

- zeichnet sich durch hohe Umsetzungsstärke und ausreichende Fachkenntnisse aus; falls seine spezifischen Fachkenntnisse nicht ausreichen, kann er Spezialisten beiziehen,
- setzt einen Vorschlag um oder informiert Bewertungsteam über Verzögerungen,
- informiert und involviert die nötigen Spezialisten,
- beantragt externe Aufträge bei den Vorgesetzten, die wiederum angehalten sind, sehr schnell und möglichst positiv zu entscheiden.

Zusätzlich wurden in den Fachabteilungen (z. B. Einkauf, Vorrichtungsbau, Maschinen-instandhaltung) feste Ansprechpartner definiert, die die Umsetzung der Vorschläge pro-aktiv unterstützen.

Für wirksame Vorschläge, die die Arbeitssituation oder die Qualität verbessern, Risi-ken verringern, Kosten senken oder Ressourcen schonen, wird zusätzlich zur Ankaufprä-mie von 5 CHF eine Anerkennungsprämie in Höhe von 100 CHF ausbezahlt. Werden Kosteneinsparungen nachgewiesen, erhält der Ideengeber eine Erfolgsprämie in Höhe von 30 % der geplanten Einsparungen in den ersten 12 Monaten, maximal jedoch 1500 CHF. Diese Prämie ist gedeckelt, um Neid oder Wettbewerb zu Produktionsingenieuren, die möglicherweise den Vorschlag bewerten, zu vermeiden.

Da Erfolge motivieren sowie Ansporn für andere sind und auch, um zu dokumentie-ren, dass auch recht einfache Verbesserungsvorschläge eingereicht werden sollen, wer-den im unternehmensinternen Informationssystem umgesetzte Verbesserungsvorschläge vorgestellt. So hatte ein Mitarbeiter, nennen wir ihn Peter, Schwierigkeiten bei der Hand-habung einer schweren Leuchte, während er gleichzeitig Substrate (zu beschichtende Glaskörper) zur Reinigung abblasen sollte. Er hat von zu Hause eine leichte, gute Lampe mitgebracht, diese erprobt und dann einen Vorschlag eingereicht. Im Infosystem wird Peter mit Foto vorgestellt und sein Vorschlag kurz beschrieben, ergänzt um die beiden Anmerkungen:

Umgesetzt durch Peter selbst.
Peter hat die 100 CHF Anerkennungsprämie erhalten.

Grundsätzlich können Verbesserungsvorschläge unabhängig von Produktionszielen, aktuellen Problemstellungen oder Aufgaben eingereicht werden. Die Mitarbeiter sollen Gelegenheit bekommen, Veränderungen vorzuschlagen, die sie schon lange im Kopf haben oder die ihnen spontan einfallen, um einen beobachteten oder gefühlten Missstand zu beseitigen. Es hat sich jedoch gezeigt, dass die individuellen Ideenspeicher der Mitar-beiter bald geleert sind, sodass nach anfänglicher guter Beteiligung die Anzahl der einge-reichten Vorschläge abnimmt.

Um Mitarbeiter langfristig zu motivieren, ist daran gedacht, fallweise durch spezifi-sche Aufgabenstellungen aus der Produktion, aus produktionsnahen Abteilungen wie Logistik oder Instandhaltung und aus dem kaufmännischen Bereich IDEEn anzuregen, z. B. Möglichkeiten zur Energieeinsparung, Ordnung und Sauberkeit in gemeinschaftlich genutzten Bereichen, Abfälle und Wertstoffe oder Gesundheitsvorsorge beim Sitzen und Bücken.

9.4   Kaizen zur Verbesserung der laufenden Serienproduktion

9.4.1   Voraussetzungen für Kaizen

Während eine IDEE, im Rahmen des Vorschlagswesens, allgemein und zu jeder Problemstellung eingereicht werden kann, wird die kontinuierliche Verbesserung (Kaizen) in konkreten Projekten und Aufgabenstellungen gesucht.

In der Theorie sollen die Fachingenieure

- Kundenanfragen nach der Machbarkeit neuer Produkte beantworten,
- Produktionsabläufe planen,
- Anlagenparameter planen und überwachen,
- technische Fragen oder Probleme der Kunden bearbeiten,
- die Serienproduktion betreuen und Qualität, Durchlauf und Kosten der Herstellungsprozesse verbessern.

Im Arbeitsalltag der Ingenieure liegt die Priorität klar auf den Antwortzeiten gegenüber Kunden (Machbarkeit neuer Produkte, Lösung technischer Probleme). Für die laufende Serienbetreuung bleibt damit häufig zu wenig Zeit. Diese Lücke können die Produktionsmitarbeiter durch Kaizen füllen. Die Projekte zur kontinuierlichen Verbesserung ergänzen die größeren Innovationen, die von den Fachingenieuren eingebracht werden (Abb. 9.1).

Dazu sind vier Voraussetzungen zu schaffen:

1. Das Management muss zulassen, dass Mitarbeiter Prozesse mitgestalten oder verändern
2. Das Management muss Arbeitszeit für Kaizen-Aktivitäten zur Verfügung stellen.

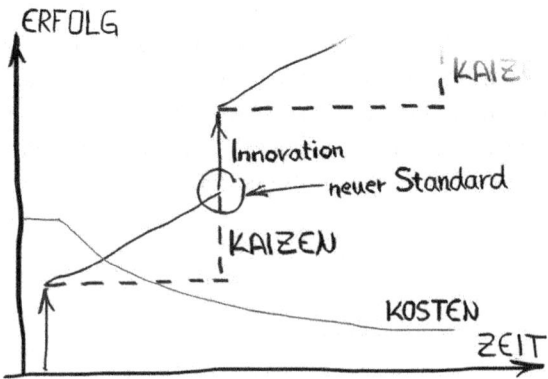

Abb. 9.1 Prozessverbesserung durch Innovation und Kaizen

3. Die Mitarbeiter müssen sich selbst organisieren, um keine zusätzliche Kapazität von Fachingenieuren oder Fertigungslinienleitern zu binden.
4. Die Mitarbeiter müssen motiviert sein, ihren Arbeitsprozess zu verändern.

9.4.2 Unterstützung und Motivation der Mitarbeiter für Kaizen

Um die Mitarbeiter zu motivieren, werden sie beauftragt, eine konkrete Aufgabe in einem zeitlich befristeten Projekt zu lösen. Mit dem Auftrag wird auch kommuniziert, dass das Kaizen-Projekt während der Arbeitszeit bearbeitet wird. Damit wird auch die Wertschätzung kommuniziert, dass das Management dem Mitarbeiterteam zutraut, diese Aufgabe zu lösen. Außerdem soll die zusätzliche Aufgabe den Arbeitsalltag bereichern und abwechslungsreicher gestalten.

Wichtig ist, auf den Motivator Erfolg anstatt auf die Angst vor Misserfolgen und Sanktionen zu setzen und dies auch zu kommunizieren. Dazu kann das Management bei der Bewertung nach Ende des Kaizen-Projektes aus drei Stufen auswählen:

- Befriedigend: Keine messbare Verbesserung
- Gut: Ziel erreicht
- Sehr Gut: Ziel übertroffen

Bemerkenswert ist, dass damit kein Misserfolg möglich ist, denn eine Verschlechterung ist unmöglich, schließlich kann immer wieder der Ausgangsprozess gewählt werden. Der schlimmste „Misserfolg" ist, dass alles so bleiben muss, wie es war. Damit gibt es für die Mitarbeiter nur Erfolgschancen ohne Versagensrisiken. Das einzige Risiko ist, dass der Einsatz wirkungslos war. Dieses Risiko trägt aber der Arbeitgeber, weil das Kaizen-Projekt während der bezahlten Arbeitszeit bearbeitet wird.

Weitere potenzielle Demotivatoren sind Langeweile und zähe Umsetzung. Langeweile kann durch Neuigkeit vermieden werden. Ein Kaizen-Projekt ist auf 3 Monate begrenzt. Da die Produktionsabläufe aber kontinuierlich verbessert werden sollen, wird nach Abschluss eines Projekts ein anderes Projekt mit neuer Aufgabenstellung gestartet. Die Mitarbeiter des vorgestellten Betriebs haben zunächst Kosmetikfehler (Staub, Kratzer, Abdrücke) von zwei ausgewählten Produkten verringert. Im nächsten Kaizen-Projekt wurde das Anlagenlayout im Prüfungsbereich neu gestaltet. Der Maschinenaufstellplan wurde von den Mitarbeitern mit Packpapier erarbeitet (Abb. 9.2). Aufgabenstellungen für weitere Kaizen-Projekte können aus den Bereichen Qualitätsverbesserung, Kostensenkung und Logistik gewählt werden, z. B.: Verkürzung der Durchlaufzeit, Reduzierung von Handlungsschritten, Neugestaltung von Arbeitsplätzen, Verbesserung der Transportwege, Umgestaltung von Transportwägen etc.

Werden die erarbeiteten Maßnahmen trotz erwiesener Wirksamkeit nicht oder nicht schnell genug realisiert, kann die Frustration die Mitarbeit an weiteren Kaizen-Projekten gefährden. Am schnellsten sind einfache Maßnahmen zu realisieren, die die Mitarbeiter

Abb. 9.2 Simulation
der Anlagenanordnung
im Prüfbereich mit
Packpapierflächen

selbst im Rahmen des 3-Monats-Zeitraums umsetzen können. Länger dauern Maßnahmen, die andere Bereiche betreffen, Investitionen erfordern oder Abstimmprozesse, z. B. für Kundenfreigaben, erfordern. Hier ist das Mitarbeiterteam auf die Hilfe der Vorgesetzten angewiesen. Die Hilfe kann in zwei Dimensionen gegeben werden:

1. Fokussierung auf schnell umsetzbare Maßnahmen und Lenkung des Teams in diese Richtung.
2. Regelmäßige Information über das weitere Vorgehen und Zwischenergebnisse dieser Abstimmprozesse, nachdem der 3-Monats-Zeitraum schon abgeschlossen ist.

Kosmetikfehler beispielsweise hängen häufig vom Verhalten der Mitarbeiter ab. Diese Fehlergruppe konnte daher mit Hilfe von Kaizen gezielt und schnell angegangen werden. Größere Investitionen oder massive Prozessänderungen mit Freigabe durch den Kunden dauern länger, auch bei gutem Willen und konsequenter Unterstützung. Die Mitarbeiter im Kaizen-Projekt werden deshalb angehalten, sich auf einfach zu realisierende Verbesserungen zu konzentrieren. Damit wird auch vermieden, dass Änderungen außerhalb des eigenen Einflussbereichs gesucht werden, was sehr häufig erfolglos ist. Trotzdem können von dem Kaizen-Team auch Vorschläge entwickelt werden, die eine Änderung der Prozessparameter, z. B. Reinigungsparameter oder Beschichtungsparameter, oder Änderungen an Vorrichtungen erfordern. Auch wenn die Wirksamkeit der Verbesserung im Versuch durch das Team nachgewiesen wurde, bleibt die Verantwortung für die Prozessvorschrift bzw. den Arbeitsplan beim Produktionsingenieur. Diese Änderungen müssen deshalb vom zuständigen Produktionsingenieur freigegeben werden und im Sinne des PDCA-Zyklus (Abb. 9.3) als Aktion vom Fachplaner in die Prozessvorschrift übernommen werden.

Damit Arbeitskräfte ohne vertiefte Methodik-Kenntnisse Planungsaufgaben übernehmen können, müssen Methoden vereinfacht werden. Die beschriebene Layoutplanung

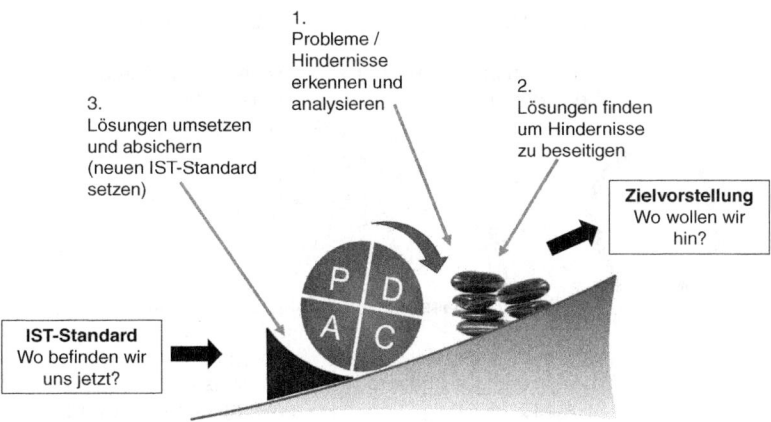

Abb. 9.3 Der PDCA-Zyklus sollte in einem Kaizen-Projekt dreimal durchlaufen werden

mit der Flächenbelegung im Maßstab 1:1 mit Hilfe von Packpapier ist ein Beispiel für Cardboard-Engineering, mit welchem man zukünftige Prozesse und Layouts simulieren kann [2].

Um echte zusätzliche Kapazität zur Prozessverbesserung zu aktivieren, müssen sich die Mitarbeiter weitgehend selbst organisieren. Zur Einführung ist jedoch trotzdem die Hilfe der jeweiligen Führungskräfte notwendig. Mit der Erfahrung der Mitarbeiter in Kaizen-Projekten soll diese Hilfe aber abgebaut werden, damit die Mitarbeiter lernen, sich selbst zu motivieren, sich selbst zu helfen, und damit sie erfahren, dass Aufgaben nicht an die Führungskraft zurück delegiert werden können.

So hat die Führungskraft im ersten Kaizen-Projekt ihr Team unterstützt, eine systematische Vorgehensweise zu planen, hat Hinweise gegeben, wo nachgefragt werden kann, hat sich häufig nach dem Projektfortschritt erkundigt und anfangs auch organisatorische Hindernisse beseitigt. Die Hilfe betrifft auch die Terminplanung: Vorgesehen sind drei Zyklen aus Planen, Durchführen, Überprüfen und Anpassen (Plan-Do-Check-Action) von jeweils einem Monat (Abb. 9.3 und Abb. 9.4). Dabei soll der Deming-Cycle das strukturierte Vorgehen der Mitarbeiter im Rahmen ihrer Verbesserungsaktivitäten fördern. Mit diesen methodischen Hilfen wurde ein zügiger Projektfortschritt unterstützt, es wurde aber auch dokumentiert, dass das Unternehmen am Erfolg des Teams interessiert ist. Nicht zu vernachlässigen ist auch der emotionale Faktor: Die Führungskraft muss auch einmal Trost spenden, wenn sich eine Idee als nicht wirksam oder nicht machbar herausstellt.

Die Mitarbeiter werden versuchen, auch in den folgenden Kaizen-Projekten Unterstützung durch ihren Vorgesetzten einzufordern und ihn bitten, die Hindernisse aus dem Weg zu räumen oder die vorgeschlagenen Lösungen umzusetzen. Diese Bitte muss der Vorgesetzte als Rückdelegation erkennen und ablehnen, denn die Mitarbeiter müssen

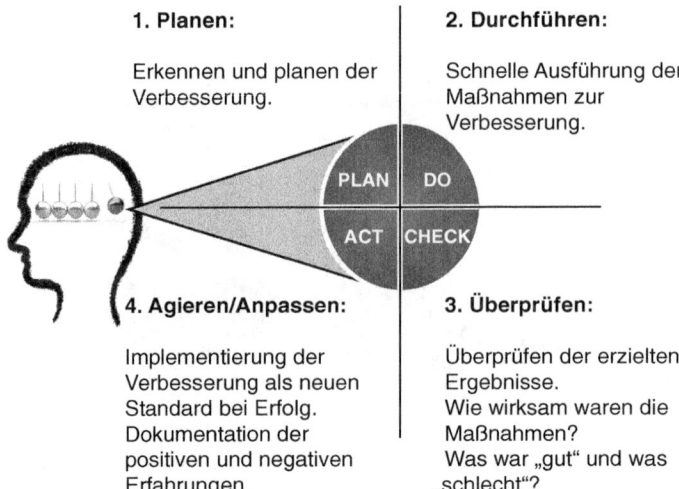

1. Planen:

Erkennen und planen der
Verbesserung.

2. Durchführen:

Schnelle Ausführung der
Maßnahmen zur
Verbesserung.

4. Agieren/Anpassen:

Implementierung der
Verbesserung als neuen
Standard bei Erfolg.
Dokumentation der
positiven und negativen
Erfahrungen.

3. Überprüfen:

Überprüfen der erzielten
Ergebnisse.
Wie wirksam waren die
Maßnahmen?
Was war „gut" und was
„schlecht"?

Abb. 9.4 Der Deming-Cycle (PDCA-Zyklus) verhilft zu einer systematischen Vorgehensweise

für einen effizienten Kaizen-Prozess lernen, langfristig die Aufgabe ohne ihren Chef zu lösen.

Wichtigste Unterstützung der Selbstorganisation ist der Sprecher des Kaizen-Teams. Er wird vom Team gewählt; meist sind die Teammitglieder und der Vorgesetzte derselben Meinung, welcher Kollege oder welche Kollegin die Aufgabe übernehmen kann. Der Fertigungslinienleiter sollte den Teamsprecher auf seine Aufgabe vorbereiten und einweisen.

9.5   Ergebnisse der Kaizen-Projekte

Ergebnisse der bisherigen Kaizen-Projekte sind messbare Qualitätsverbesserungen der ausgewählten Produkte (Abb. 9.5).

Ein weiteres Ergebnis ist die Umgestaltung der Prüfarbeitsplätze (Abb. 9.6, 9.2 und 9.7). Was mit Packpapierflächen geplant wurde, konnte zügig realisiert werden. Innerhalb des üblichen 3-Monats-Zeitraum für ein Kaizen-Projekt wurden die Arbeitsplätze durch die Mitarbeiter umgestellt und ermöglichen jetzt einen klareren, störungsarmen und effizienteren Ablauf der Prüfarbeitsgänge.

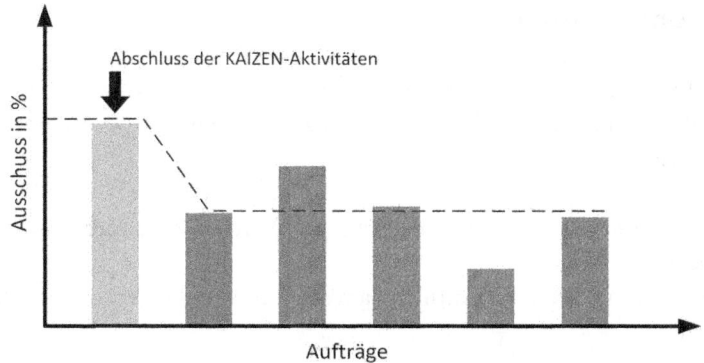

Abb. 9.5 Ausschuss durch reine Kosmetikfehler im Zeitablauf für die mit Kaizen verbesserte Produktion

Abb. 9.6 Prüfarbeitsplätze
vor der Umgestaltung im
Rahmen eines Kaizen-
Projektes

Abb. 9.7 Durch Kaizen-
Projekt neu gestaltetes Layout
der Prüfarbeitsplätze

9.6   Lessons Learned

Mitarbeiter können über Verbesserungsvorschläge oder über Kaizen-Projekte zur Verbesserung und Absicherung von Produktionsprozessen beitragen. Die Verbesserung wird durch zwei Ansätze erreicht:

- Nutzung von Know-how und Erfahrung zur Verbesserung der Prozessparameter, Werkzeuge etc.
- Verhaltensänderung, weil die Aufmerksamkeit der Mitarbeiter auf Qualitätsaufgaben gelenkt wird.

Verbesserungsvorschläge können mit oder ohne Themenstellung eingereicht werden. Dabei geht – analog zum Brainstorming – Quantität vor Qualität. Wichtigster Motivator, immer wieder Vorschläge einzureichen, ist die Wertschätzung des Vorschlags und die schnelle Rückmeldung. Um zeitnah über die Bewertung des Vorschlags zu informieren und soweit sinnvoll den Vorschlag zügig zu realisieren, wurden bei Optics Balzers

- Kapazitäten im Bewertungsteam geschaffen bzw. reserviert,
- umsetzungsstarke Mitarbeiter beauftragt, die mit Beteiligung des Autors des Vorschlags diesen Vorschlag zügig realisieren,
- Unterstützer in den beteiligten Fachabteilungen benannt.

Die Honorierung nach japanischem Vorbild drückt Wertschätzung aus und vermeidet Neid oder Kritik an vermeintlichen Strebern:

- Jeder Vorschlag wird angekauft (hier mit 5 CHF).
- Gute Vorschläge werden mit einer Anerkennungsprämie honoriert (hier 100 CHF).
- Erfolgsprämien sind in der Höhe begrenzt (hier 1500 CHF).

Kaizen Projekte werden

- zielgerichtet,
- zeitlich begrenzt,
- mit minimaler Unterstützung durch Führungskräfte,
- von Mitarbeiterteams selbstständig

bearbeitet.
Zur Einführung von Kaizen bei Optics Balzers

- wurde ein Einführungsprojekt mit Produktionsmanagement und externer Beratung gestartet, das den Einführungsprozess gestaltet und begleitet;
- wurden Aufgaben mit Einsparungspotenzial ausgewählt, die in 3 Monaten lösbar sind;

- sollte der PDCA-Zyklus (Plan–Do–Check–Action) dreimal durchlaufen werden;
- unterstützten die Führungskräfte die Selbstorganisation und die Terminplanung der Teams, erlaubten aber keine Rückdelegation von Aufgaben durch die Kaizen-Teams an ihre Vorgesetzten;
- bereitete das Produktionsmanagement den Teamsprecher auf seine Aufgabe vor, bevor er vom Team gewählt wurde;
- wurden die Produktionsingenieure informiert, wie Kaizen ihre Arbeit ergänzt und wie sie Kaizen unterstützen sollen;
- wurden Chancen geschaffen, dass die Kaizen-Teams mit ihren Erfolgen glänzen konnten durch z. B. Vorstellung der Ergebnisse vor dem Fertigungsleiter;
- wurde für Mitarbeiter und Führungskräfte ein unternehmensspezifisches, kompaktes Kaizen-Handbuch mit Vorgehensweise, Basismethodik und FAQs (Frequently Asked Questions) erstellt.

Literatur

1. Womack, J.P., Jones, D.T., Roos, D.: The Machine That Changed the World: The Story of Lean Production. Rawson Associates Scribner, New York (1990)
2. Dombrowski, U.; Mielke, T.; Schulze, S.: Structural Analysis of Approaches for Worker Participation. Institute for Production Management and Enterprise Research, Technische Universität Braunschweig 2010
3. Koether, R., Sperger, R., Sharif, S.: Motiviert optimiert's sich besser. Ersteinführung von Kaizen als Verbesserungsprojekt. QZ – Qualität und Zuverlässigkeit **59**(3), 16–21 (2014)

Über den Autor

Prof. Dr.-Ing. Reinhard Koether ist Wirtschaftsingenieur und lehrt Produktion und Logistik an der Hochschule München und der Christ University Bangalore/Indien. Außerdem ist er in diesen Gebieten als vereidigter Sachverständiger und Managementberater tätig.

Shopfloor-Management – Potenziale durch Transparenz heben

10

Stephan Dichtl und Nadine Patermann

Perfektion ist nicht dann erreicht, wenn nichts mehr hinzuzufügen ist, sondern wenn man nichts mehr wegnehmen kann [1].
Vom Streben nach ebendieser Perfektion.

10.1 Innovation aus Tradition: Die Firma F. X. MEILLER Fahrzeug- und Maschinenfabrik-GmbH & Co KG

10.1.1 Unternehmensprofil

1850 gegründet, steht das Münchner Familienunternehmen MEILLER für technische Qualität auf höchstem Niveau und bietet seinen Kunden ein einzigartiges Sortiment an erstklassigen Kippaufbauten im Bereich Bauwirtschaft, Entsorgungswirtschaft und Nutzfahrzeugindustrie – getreu dem Motto „Innovation aus Tradition seit über 160 Jahren". Das Produktions- und Lieferprogramm umfasst dabei Drei- und Zweiseiten-, Hinter- und Muldenkipper, Kippsattelanhänger, Kippanhänger, Absetzkipper, Abrollkipper und Behältertransportanhänger sowie die weltweit bewährte MEILLER-Hydraulik. Als Premium-Aufbauhersteller und globaler Systempartner arbeitet MEILLER mit ca. 1500 Mitarbeitern an sechs Standorten deutschland- und europaweit täglich daran, neue Maßstäbe zu setzen – mit Stahlbau, Hydraulik und Steuerung aus einer Hand. Die dadurch

S. Dichtl (✉) · N. Patermann
München, Deutschland
E-Mail: stephan.dichtl@meiller.com

N. Patermann
E-Mail: nadine.patermann@meiller.com

© Springer Fachmedien Wiesbaden GmbH 2017
R. Koether und K.-J. Meier (Hrsg.), *Lean Production für die variantenreiche Einzelfertigung*, DOI 10.1007/978-3-658-13969-8_10

erreichte hundertprozentige Kompatibilität zwischen Hydraulik und Kipper macht MEILLER zum europäischen Marktführer. Der Kundenstamm setzt sich hierbei zu gleichen Teilen aus Einzelkunden und OEM (Original Equipment Manufacturer) zusammen, wobei das zuletzt genannte Werksgeschäft über standardisierte Bandabrufe (VDA 4905 und VDA 4916) abgewickelt wird.

10.1.2 Herausforderungen eines Aufbauherstellers

Meist als einfacher, reiner Kippaufbau wahrgenommen, der Schüttgut oder Container von A nach B transportiert, ist der Kipper längst nicht nur ebendieser und in seiner Aufbaulösung weitaus differenzierter. Als Full-Liner entwickelt MEILLER mit allen wichtigen Fahrzeugherstellern nahezu gleichzeitig eine innovative Produktpalette als Systemlösung in Form von modularen Konzepten. So beinhaltet das Portfolio, neben Optionsmöglichkeiten bei Größe und Typ, unterschiedliche sowohl länderspezifische Lösungen als auch kundeneigene Designs und Ausführungsvarianten. Individuell zugeschnittene Sonderoptionen wie beispielsweise firmenintern entwickelte Steuerungskonzepte, Planensysteme, Thermoisolierung und Schnellwechselsysteme runden das Produktprogramm ab. Die für die einzelnen OEMs charakteristischen Merkmale der LKW-Fahrgestelle erhöhen die Variantenvielfalt des Aufbaus hierbei um ein Vielfaches.

Neben der hohen Varianz in den Produkten stellt ebendieses LKW-Fahrgestell und dessen Anlieferung gleichzeitig eine weitere, bedeutende Herausforderung für einen Aufbauhersteller dar. Wesentlich für jegliche Montage-, Kapazitäts- und Bedarfsplanung ist der avisierte Fahrzeugeingang, der die geplante Fertigstellung des montierten Aufbaus definiert und rückwärtsterminierend für sämtliche interne und externe Materialverfügbarkeitsplanung maßgebend ist. Bei Fahrgestellen, bei denen der Aufbauhersteller als Zulieferer gemäß VDA-Abrufen vom OEM gesteuert wird, findet der Abgleich analog zu Zulieferprozessen in der Automobilindustrie statt. Im Bereich der Endkunden- und Projektgeschäfte gibt es zahlreiche OEM-eigene Portallösungen, über welche manuell oder mittels EDV-Schnittstelle Fahrzeuganliefer- und Produktionstermine abgeglichen und entsprechend systemseitig angepasst werden.

Abb. 10.1 veranschaulicht hierbei den Schwankungsgrad der Terminqualität gemessen am tatsächlichen Fahrzeugeingang:

Vor allem im Bereich der Baulogistik unterliegt nicht nur die Anlieferung des Fahrgestells einer inhärenten Schwankung, sondern hält der grundsätzlich saisonal sehr stark ausgeprägte Geschäftsverlauf regelmäßig steile Anstiege der Auftragszahlen im Frühjahr und ein Abfallen in der zweiten Jahreshälfte bereit. Auftragsspitzen und -senken mit Differenzen zwischen 200 und 300 % sind hierbei charakteristisch.

Die genannten Rahmenbedingungen und Treiber erfordern eine ständige Anpassung von Prozess und Organisation sowie die optimale Nutzung von Kapazitäten und stellen das Münchner Unternehmen so vor eine herausfordernde Aufgabe. Wenngleich die

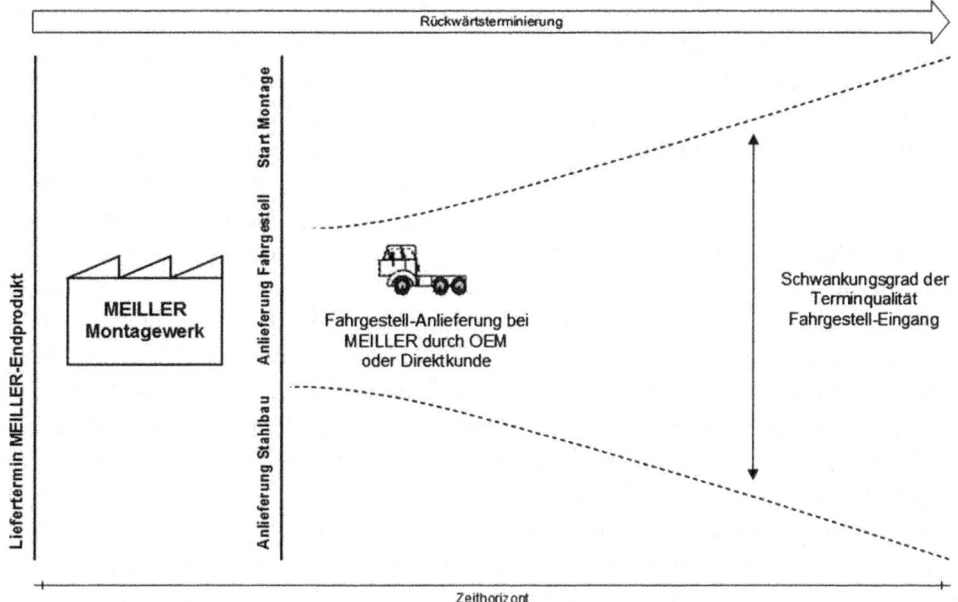

Abb. 10.1 Fahrzeugeingang

Prioritäten auf der Management-Agenda eine geringere Auftragsdurchlaufzeit bei verbesserter Termintreue bedeuten, um weiterhin profitabel und erfolgreich wachsend zu wirtschaften, und Lean Management als beste Lösung ausgewählt wurde, um dieser Herausforderung zu begegnen, so ist die Umsetzung stellenweise schwierig – Lean Management? Ja! Aber wie?

10.2 Die schlanke Produktionsgestaltung als integraler Bestandteil des MEILLER-Produktionssystems

Die Entwicklung des Marktes und der Ruf nach individualisierten und dennoch kostengünstigen Produkten ist Fluch und Segen zugleich: Die zunehmende Komplexität des Produkts geht einher mit einer steigenden Komplexität in Planung und Steuerung und definiert wiederum das anzustrebende Ziel, diese Komplexität zu reduzieren und beherrschbar zu machen. Sinkende Losgrößen, steigende Variantenvielfalt, kürzere Durchlauf- und Lieferzeiten und das bei gleichbleibender Qualität, so lautet die Devise.

10.2.1 Schlanker Materialfluss als Schlüsselfaktor

Zur Beherrschung des Obigen und aus Gründen der Flexibilität ist es für das MEILLER-sche Produktionsnetzwerk zunächst obligatorisch, sich so lange wie möglich sowohl fahrzeug- als auch kundenneutral zu verhalten. Nicht nur reduziert der Schwankungs-grad der Fahrzeuganliefertermine die eigene zur Verfügung stehende Aufbauzeit bis zum prognostizierten Liefertermin, sondern fordert vor allem der Markt zunehmend Lieferzeiten, die kürzer sind als die eigene Durchlaufzeit und die Wiederbeschaffungszeit der benötigten Materialien. Die kundenspezifische Variantenerzeugung und die Zuordnung der Hauptkomponenten zu einem bestimmten Kundenauftrag, die sogenannte „Hochzeit", erfolgt daher so spät wie möglich in Abhängigkeit des zuerst angelieferten Fahrgestells. Alle Prozessschritte flussabwärts in Richtung Kunde werden anschließend verkettet, ohne Entkoppelung durch einen Puffer im Rahmen einer FIFO-Bahn oder im Fluss angesteuert und verfolgen primär die Einhaltung der zugesagten Lieferzeit. Flussaufwärts erhalten die Prozessschritte wiederum rückwärtsterminierend durch eine klassische Pull-Steuerung das Signal, Nachschub zu produzieren. Diese sind auf Basis hoher Auslastung und gleichzeitig niedriger Bestände zu planen und zu gestalten, sind in ihrer Produktionsplanung jedoch prozessseitig mit Puffern für eine flexible Versorgung entkoppelt. Gleichzeitig zum Hochzeitspunkt in der Montage ist auch der Kundenentkopplungspunkt in der vorgelagerten maschinellen Fertigung der Großbauteile möglichst weit an das Ende des Produktionsprozesses in Richtung Endkunde anzusetzen. Produktionslogistisch markiert der Entkopplungspunkt des Produkterstellungsprozesses die Schwelle vom Push- zum Pull-Prinzip, wobei die zuvor teils prognosegetriebene und kundenanonyme (Vorrats-)Produktion nun nach dem Fertigungsprinzip „Built to Order" organisiert ist. So werden regelmäßig abgerufene Einzelteile, Komponenten und Baugruppen zwar vorgehalten, die weitere Wertschöpfung erfolgt jedoch erst nach Eingang eines konkreten Kundenauftrags.

Abb. 10.2 verdeutlicht die Herausforderung schlanker Materialflüsse und deren Gestaltungsprinzipien.

Betrachtet man die kundenauftragsorientierte Produktion unter Working-Capital-Management-Gesichtspunkten, so begründet sich deren vorteilhafte Eigenschaft für MEILLER in erster Linie durch niedrige Kosten der Lagerhaltung von Komponenten anstatt Fertigerzeugnissen und somit in einer entsprechend niedrigeren Kapitalbindung. Grundlage, um diesen Vorteil in seiner eigentlichen Form ausschöpfen zu können, ist jedoch ein konsequentes Verfolgen der geplanten Fahrzeuganliefertermine und die entsprechend systemseitige Anpassung der Auftragsterminierung bei Liefertermineverschiebungen. Rückwärtsterminierend ist diese maßgebend für jegliche interne und externe Materialverfügbarkeits- und Kapazitätsplanung.

10.2.2 Flexibilisierung als Bestandteil der Produktionsstrategie

In Zeiten agiler Veränderungen von Käuferverhalten, welche stets kleinere Losgrößen, individualisierte Produktkonfiguration und kürzere Lebenszyklen induzieren, erscheint eine hohe Reaktionsfähigkeit, auch auf kurzfristige Nachfrageschwankungen, als eine

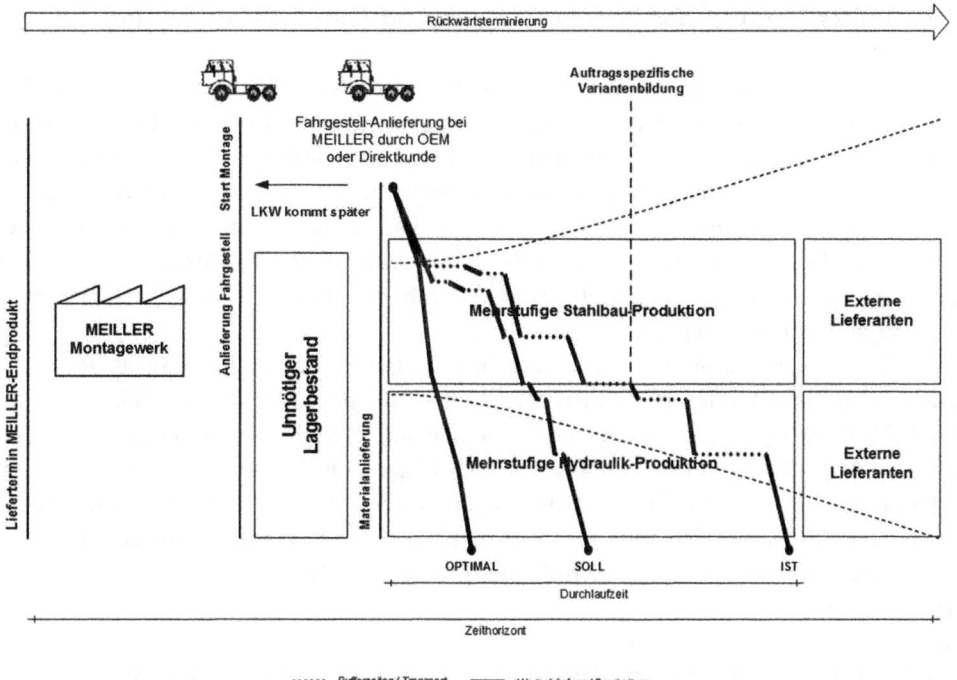

Abb. 10.2   Schlanker Materialfluss

unumgängliche Voraussetzung für Wettbewerbsfähigkeit. Die wechselnden Anforderungen resultieren hierbei nicht ausschließlich aus externen Treibern, sondern es spielen in gleichem Maße sicherlich auch interne Faktoren in Form von sich verändernden Unternehmensstrategien und -zielen, Krankheitsfällen oder Störgrößen eine Rolle. MEILLER setzt dabei auf die Mobilisierung von internen und externen Flexibilitätshebeln, welche in Form von flexiblen Kapazitäten zur Verfügung stehen. So können Bedarfe im Verbund beispielsweise schnell verlagert werden und Bedarfsanpassungen bei Lieferanten und Wertschöpfungspartnern erfolgen. Standortbezogen realisiert das Unternehmen kurze Reaktionszeiten mittels geringen Durchlauf- und Rüstzeiten, standardisierten und transparenten Prozessen sowie oben genannter später Variantenbildung. Die Flexibilität eines Produktionssystems hängt dabei aber maßgeblich auch von der Flexibilität seiner Netzwerkakteure ab. Zeitliche und numerische Flexibilität wird hierbei durch Arbeits- und Schichtmodelle sowie den Mix aus Festanstellungen und Leiharbeitern erreicht, ebenso können Mitarbeiter im Produktionsnetzwerk standort- und bereichsübergreifend – durch gezielte Aus- und Weiterbildung gefördert – bedarfsgerecht eingesetzt werden.

10.2.3 Das Produktionssystem als Grundlage der Flexibilisierung

Schlanke und stabile Prozesse gelten universell als grundlegende Voraussetzung für Flexibilität. Argumentationstechnisch sind der zuletzt genannte „Schlanke Materialfluss als Schlüsselfaktor" sowie die „Flexibilisierung als Bestandteil der Produktionsstrategie" daher mehr als daraus resultierende Zustände zu betrachten, da nur ein Produktionssystem, das auf Veränderung vorbereitet ist, flexibel und wertschöpfend agieren kann. Oder umgekehrt: Nur ein operativ sowohl flexibles als auch stabiles Produktionssystem kann die steigenden Anforderungen nach Produkten in hoher Qualität, zu angemessenen Preisen und mit kurzen Lieferzeiten bedienen.

Lean Management als Konzept sich ständig entwickelnder, ganzheitlicher Produktionssysteme bietet hierbei mit seinen Methoden, Prinzipien und Denkanstößen auch für MEILLER die Grundlage operativer Spitzenleistungen zur verschwendungsfreien und profitablen Erfüllung seiner Kundenwünsche. Unternehmensintern ins Leben gerufen, setzt sich das bayerische Traditionsunternehmen nun mit seinem MEILLER-Produktionssystem (MPS) die Sicherung seiner Marktposition und die stete Verbesserung seiner Prozesse entlang der gesamten Wertschöpfungskette zum Ziel.

10.3 Lean- und Change-Prozesse im Verbund: Das MEILLER-Produktionssystem MPS

10.3.1 Das MEILLER-Produktionssystem MPS

Aus der unternehmerischen Notwendigkeit heraus, weiterhin profitabel und erfolgreich wachsend zu wirtschaften, stellt MPS das Rahmengerüst für ein, vom Kunden und Markt gefordertes, schlankes und effizientes operatives Management. Die konsequente Umsetzung seiner Prozessoptimierungen sowie der Einsatz innovativer Fertigungsverfahren ermöglichen dem Aufbauhersteller, seine Produkte mit kurzen Lieferzeiten in standortübergreifend gleichbleibender Qualität herzustellen und gleichzeitig jederzeit den vielfältigen Wünschen und Ansprüchen seiner Kunden gerecht zu werden. Das Prinzip der steten Veränderung von Produkten, Prozessen und Verhaltensweisen hin zum Besseren ist dabei ursprünglich auf die japanische „Kaizen"-Philosophie und das wertschöpfungsorientierte Produktionssystem Toyotas zurückzuführen, welches MEILLER als ganzheitlichen Implementierungsansatz verfolgt. Während im europäischen Sprachgebrauch Kaizen als Kompositum der Begriffe *kai = Veränderung, Wandel* und *zen = zum Besseren* in der Regel als Synonym für einen kontinuierlichen Verbesserungsprozess, eine konkrete Methode beschreibend, verstanden wird, tritt Kaizen im japanischen Verständnis vielmehr als eine Arbeits- und Lebensphilosophie auf. Diese legt ihren Fokus hierbei auf eine kontinuierliche Verbesserung in kleinen Schritten, die sich in dem fundamentalen Gedanken, das Gute besser zu machen, begründet und dabei stets das Wohlergehen der

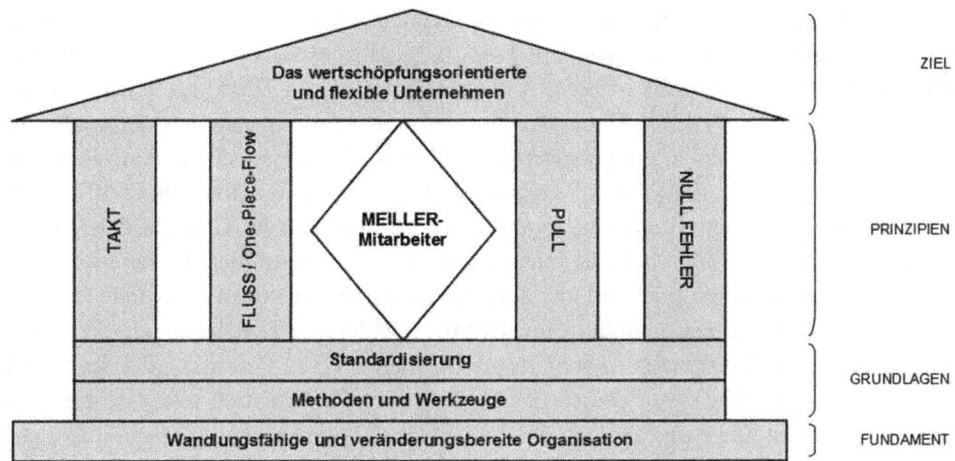

Abb. 10.3 MPS-Haus

Mitarbeiter, deren Motivation und Identifikation mit den Arbeitsinhalten in den Vordergrund stellt. Die Zusammenhänge seines Produktionssystems illustriert Toyota hierbei in Form eines Hauses – ein Struktursystem, mithilfe dessen sich auf eine sehr elementare und bildlich selbsterklärende Weise auch die Schwerpunkte des MEILLER-Produktionssystems beschreiben lassen (vgl. Abb. 10.3). Ein Haus ist und bleibt nur dann stabil, wenn jedes seiner Bestandteile – wie Fundament, tragende Säulen, Dach und inneres Mauerwerk – isoliert betrachtet stabil ist; das Erreichen oben genannter Zielzustände und schlanken Produktionsgestaltung erfordert demnach das ganzheitliche Funktionieren und Betrachten der wichtigsten Elemente des MPS-Hauses. Unter dieser Voraussetzung findet personifiziert das eigentliche Leben letztlich im Inneren des Hauses statt, die oberste Prämisse muss folglich wiederum der gesteigerte Fokus auf die Mitarbeitereinbeziehung, deren Management und Entwicklung sein.

10.3.2 Das Prinzip der Kunden-Lieferanten-Beziehung

Prozessdenken betrifft uns alle. Immer und überall. Mit dem generellen Anspruch des kostenoptimalen, flexiblen, innovativen und qualitätsorientierten Wirtschaftens setzt das MEILLER-Produktionssystem die Steigerung der Wettbewerbsfähigkeit des Unternehmens gemäß dem Unternehmensleitbild und dem Unternehmensziel „Erfolgreich wachsen" zur Aufgabe. Der Schwerpunkt liegt hierbei zum einen auf der kontinuierlichen Verbesserung aller Auftragsbearbeitungs- und Produktionsprozesse durch die systematische Reduzierung von Verschwendung zur Verbesserung der Unternehmenseffizienz und zum anderen wiederum auf der Ausrichtung aller an diesem Prozess beteiligten Bereiche auf die gemeinsamen Ziele Qualität, Kosten und Liefertreue. So besteht die Aufgabe jedoch unmissverständlich nicht darin, die Lean-Methoden als scheinbar einfache

und schnelle Lösungsansätze offensichtlicher Herausforderungen im Zuge von Optimie-
rungsprogrammen umzusetzen, sondern indes möglichst verschwendungsfrei und profitabel die Kundenwünsche zu erfüllen. Am Anfang des „Lean Thinkings" steht also der
Wert, erst danach und je nach Bedarf erfolgt der Einsatz der jeweiligen Methodik. Das
Prinzip der Kundenorientierung und Wertschöpfung ist hierbei jedoch nicht auf den Käu-
fer des fertigen MEILLER-Produkts zu beschränken, sondern der Kundenbegriff bezieht
sich gleichwohl auf den Träger der jeweils nächsten Aktivität im Geflecht der internen
Wertschöpfungskette. Mit der dahinterstehenden Überlegung des Gesamtoptimums
anstatt der Summe seiner Einzelglieder agiert jeder im Unternehmen als Kunde und Lieferant mit dem Anspruch, qualitativ hochwertige, fehlerfreie und liefertreue Produkte,
Informationen und Leistungen sowohl zu erhalten als auch zu liefern. Und jeder Kunde
ist erst dann zufrieden, wenn eben jedes Produkt, jede Information und jede Leistung
zum richtigen Zeitpunkt am richtigen Ort und in der richtigen Menge für den Aufbau auf
das Fahrzeug zur Verfügung steht. Die große Herausforderung besteht noch immer darin,
dieses Prozessdenken in den Köpfen der Netzwerkakteure zu verankern, und erst darauf
aufbauend, unter Definition eines übereinstimmenden Wertes, jegliche Leistungserstellung konsequent daran auszurichten: MPS beginnt im Kopf und endet im Prozess.

10.3.3 Der MPS-Methodenbaukasten

Als Folge der sehr hohen MEILLERschen Produkt- und Variantenvielfalt bei gleichzeitig
unteilbaren Kapazitäten, stellen sich, ehe man sich versieht, für den Kunden unbefrie-
digende und liefertuntreue Fertigstellungstermine sowie schwankende Lieferzeiten ein.
Die reine Umsetzung von Methoden aus der Lean Production, welche sich in ihrer Zielsetzung stark an die Serienproduktion mit hohen Stückzahlen und geringer Varianz aus-
richtet, greift hier nur bedingt und führt vielmals nicht zu den erwarteten Ergebnissen.
Gleichwohl zielen Methodiken auf unterschiedliche Voraussetzungen ab, sind ab einem
gewissen Prozess- und Produktindividualisierungsgrad folglich nicht vorgesehen, in ihrer
Anwendung nicht sinnvoll oder aber in ihrer Einführung mit erheblichen Erschwernis-
sen verbunden. So gilt beispielsweise die Standardisierung von Strukturen und Prozessen
gemeinhin als Komplexitätsreduzierer und Flexibilitätsbefähiger, ermöglicht schnelles
Reagieren auf Nachfrageschwankungen oder bei Mitarbeiterausfällen, gestaltet sich aber
in einer variantenreichen Einzel- und Kleinserienfertigung mühsam. Zusätzlich präsentieren sich deren Prozesse oft fehleranfällig und mit Unsicherheit behaftet und verhindern durch unzureichende Kennzahlensysteme und fehlende Lernkonzepte die Steuerung
und nachgelagerte strukturierte Verbesserung ebendieser.

Der MPS-Methodenbaukasten setzt sich daher aus ausgewählten und in ihrer Umsetzung individuell auf das Unternehmen und die dort vorherrschenden Begebenheiten
zugeschnittenen Methoden zusammen, um eine abgestimmte und ganzheitliche Planung von Verbesserungsansätzen zur gemeinsamen Zielerreichung für Werke und Bereiche zu realisieren. Aufbauend auf der den Grundstein legenden Kaizen-Philosophie,

konstituieren sich die zum Prozessverständnis und zur Problemerkennung heranzuziehenden Methoden Wertstrom-, Verschwendungsanalyse (7 Arten der Verschwendung, Spaghetti-Diagramm) und Arbeitsplatzanalyse. Diese werden ebenso zur Analyse des Ist- wie des Sollzustands angewendet und dienen in erster Linie dem rationalen Aufzeigen und Verständnis von vorhandenen Verbesserungspotenzialen. Zur Kontrastierung von Realität und angestrebtem Zielzustand stellt der Methodenbaukasten die operativen Methoden 5 S, Kennzahlen und visuelles Management/Standards zur Verfügung. Die Methoden zur schlanken Produktionsgestaltung (Kanban, Poka Yoke, One-Piece-Flow etc.), wenngleich sie auch operativ umzusetzen sind, werden in diesem Zusammenhang nicht als Transparenz schaffende Bausteine verstanden, sondern bilden die tragenden Säulen des MPS-Hauses in Form von problemlösend, bedarfsgerecht und stabilisierend einzusetzenden Produktions- und Materialflussprinzipien. Die dritte und letzte Rubrik kategorisiert das der Lean-Philosophie immanente Streben nach operativer Exzellenz über kontinuierliche Verbesserung in Form von Kaizen (hier differenziert als Managementmethode zu betrachten) und Shopfloor-Management.

Vor allem hinter dem neumodern klingenden Begriff des Shopfloor-Managements verbirgt sich wiederum eine Vielzahl an Werkzeugen, Methoden, Prinzipien und Denkweisen, deren Einführung weit mehr ist, als ein fertiges Produkt aus dem Repertoire des Lean Managements zur Optimierung veralteter Strukturen zu installieren. Gerade bei der Entwicklung und nachhaltigen Umsetzung gilt es, hierbei eingangs den unternehmensindividuellen Bedürfnissen mit einem charakteristisch ausgeprägten Konzept zu begegnen, um die kontinuierliche Entwicklung seiner wesentlichen Erfolgsfaktoren zu sichern (Abb. 10.4).

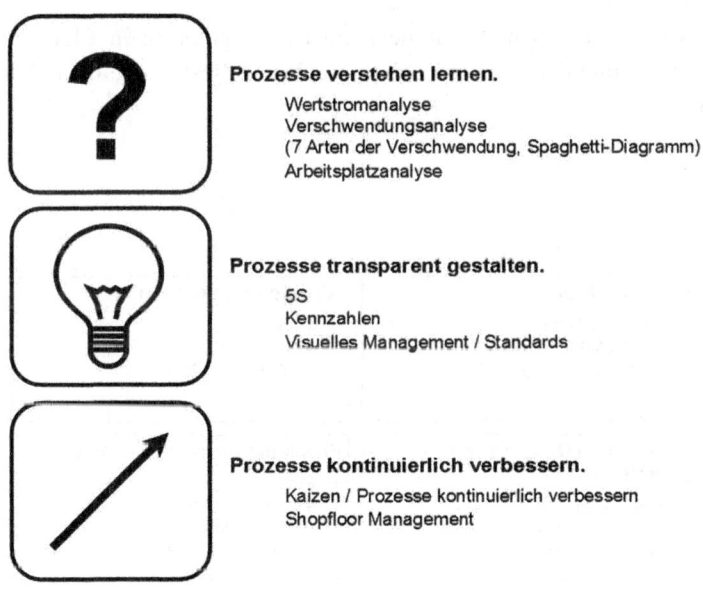

Abb. 10.4 Methodenübersicht

10.4 Kapieren statt kopieren: Shopfloor-Management bei MEILLER

10.4.1 Führen am Ort der Wertschöpfung – die Grundzüge des Shopfloor-Managements

Japanisch „Gemba-Kaizen" beschreibt die kontinuierliche Verbesserung am Ort des Geschehens und steht dabei in synonymer Beziehung zum Führungsprinzip des Shopfloor-Managements: „Go & See". Hierbei wird der regelmäßigen und ausgedehnten Präsenz der Führungskräfte am Ort der Wertschöpfung höchste Priorität beigemessen und zielt somit auf eine Umkehrung der sich eingeschlichenen Entkopplung des mittleren und oberen Managements vom Produktionsgeschehen ab. Ziel des Führungsprinzips ist es, die aktive Teilnahme der Führungskräfte am direkten Wertschöpfungsbereich sowie deren Vorbildfunktion von Verhaltensweisen des Veränderungsprozesses zu fördern, indem diese durch führende Handlungsweisen und Fragen den angestrebten Verbesserungsprozess sowie die Weiterentwicklung der vereinbarten Zielerreichung und Prozessbeherrschung anleiten. Der im Zuge dessen zu verfolgende Führungsstil orientiert sich dabei idealerweise am Mentor-Mentee-Prinzip, in dem die Führungskraft unter Vorgabe der richtungsweisenden Ziele als Coach einer lernenden Organisation agiert und so die Problemlöse- und Verbesserungskompetenz seiner Mitarbeiter in deren täglicher Leistungserstellung führt und unterstützt. Das dahinterstehende Führungsinstrument zur effektiven und individuellen Umsetzung von eben Genanntem bietet wiederum eine Vielzahl an Methoden und Werkzeugen, das zentrale Steuerungsinstrument bilden hierbei die sogenannten Shopfloor-Tafeln.

Abb. 10.5 verdeutlicht den Zusammenhang der vier zentralen Elemente des Shopfloor-Managements und deren theoretisch mögliche Ausgestaltung anhand der Methoden und Instrumente.

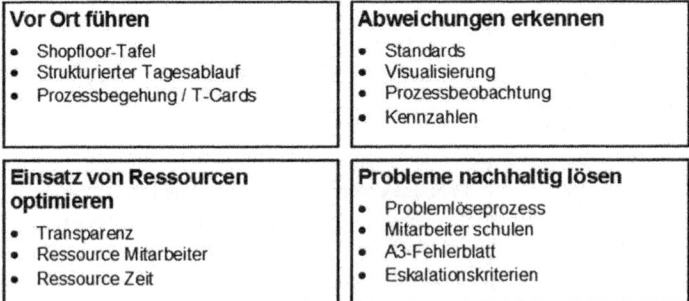

Abb. 10.5 Shopfloor-Management, Methoden und Instrumente

10.4.2 Shopfloor-Management bei MEILLER

Wenngleich das Schlagwort „Kapieren statt kopieren!" an dieser Stelle in seiner Nennung im Zusammenhang mit Lean Management einen redundanten Charakter annimmt, so geht es insbesondere beim Aufbau einer Lean-Führungskultur sowie bei der Schaffung einer Verbesserungsorganisation im Sinne des Shopfloor-Managements um eine praxisgerechte und vor allem individuell auf das Unternehmen zugeschnittene Umsetzung und Ausgestaltung. Vor dem Hintergrund der kontinuierlichen Verbesserung und Weiterentwicklung aller Leistungsprozesse seiner Wertschöpfungskette setzt MEILLER mit seinem Shopfloor-Management hierbei auf eine ganzheitliche und transparente Führungsarbeit vor Ort, in die alle Mitarbeiter einbezogen werden. Mit der Prämisse, ein Abbild seiner Organisation zu schaffen, welches eine Ausrichtung aller betrieblichen Tätigkeiten zugunsten einer möglichst effizienten, flexiblen und störungsfreien Leistungserstellung fördert, soll die „MPS-Fabrik" die Bereiche in ihrem täglichen Betriebsablauf optimal unterstützen durch:

- gelebte, transparente und zeitaktuelle MEILLER-Shopfloor-Tafeln,
- regelmäßige Schichtbesprechungen und Regelkommunikation,
- eine dynamisch wachsende Ideentafel mit ständigen Verbesserungsvorschlägen,
- eine transparente Problemerfassung und abteilungsübergreifende Lösungen
- und eine einfache und übersichtliche Darstellung aller wichtigen Informationen.

Besonderes Augenmerk wurde bei dem Münchner Unternehmen vor allem auf die Komponente der transparenten Führungsarbeit vor Ort und des damit verbundenen neuen Führungsverhaltens der Führungskräfte und Teamleiter gelegt. So agieren diese im Rahmen des Shopfloor-Managements nun als Steuerer, Motivator, Konfliktlöser und Sprachroh in einem; Führen ist folglich nicht mehr als „Verteilen" der Arbeit an die Mitarbeiter zu verstehen, sondern vielmehr als das Befähigen im Erkennen von Handlungsnotwendigkeit, im Setzen von Prioritäten und im Ursachenbeheben. Falsche, halbherzige Signale und Versäumnisse in der Vorbereitung und Schulung der Führungskräfte vor Beginn des Projekts Shopfloor-Management gefährden dabei offensichtlich dessen erfolgreiche, gelebte und messbare Umsetzung, was nachträglich schwerlich rückgängig zu machen ist. Gleiche Wichtigkeit wird den Mitarbeitern zuteil, die im Zuge ihrer Leistungserstellung die unmittelbar wertschöpfende Tätigkeit vollbringen und zukünftig auch befähigt sind, diese zu hinterfragen und im Sinne eines verschwendungsfreien und profitablen Gesamtprozesses zu gestalten. Wesentliche Aufgabe ist hierbei das Verständnis, dass Veranderung *möglich,* von der Führung *gewünscht* und im weltweiten Wettbewerb *alternativlos* ist (vgl. auch die Ausführung zu Kunden-Lieferanten-Prinzip, Abschn. 10.3.2). Die wesentliche Erkenntnis für MEILLER aus den bisherigen Lean-Erfahrungen ist dabei, dass selbst bei scheinbar geglückter Implementierung nur das regelmäßige Überprüfen des gemeinsamen Verständnisses und Zielbilds bei allen Akteuren diese auch zu Beteiligten macht, das Produktionssystem erst dann wirklich lebt und sich folglich der Lean-Erfolg nachhaltig einstellt. Kontinuierliche Verbesserung ist wahrlich kein Selbstläufer.

Wenngleich die Wichtigkeit des neuen Führungsstils und -verhaltens in ihrer kompositorischen Gesamtheit bei der Einführung von Shopfloor-Management bei MEILLER intensiv berücksichtigt wurde, so legt die folgende Ausführung ihren Fokus auf die operative Umsetzung des Führungsinstruments am Shopfloor. Im Rahmen eines Pilotprojekts in der Vormontage für Containerwechselsysteme am Standort München implementiert, gilt ebendiese MPS-Fabrik nun als Standard für viele weitere, auch administrative MPS-Büro-Bereiche und zukünftige Roll-Outs.

10.4.3 Die MEILLER-Shopfloor-Tafeln

In ihrer Ausgestaltung auf die individuellen Bedürfnisse und Herausforderungen des Aufbauherstellers angepasst und wiederum zielgerichtet heruntergebrochen auf die jeweiligen Besonderheiten der verschiedenen sowohl Produktions- als auch administrativen Bereiche, stehen die MEILLER-Shopfloor-Tafeln klar unter dem Motto „Folienstift statt Powerpoint und SAP". Die im Zuge des Pilotprojekts definierten Shopfloor-Schwerpunkte „Unser Team", „Kennzahlen", „Ideen", „MPS" und „Aufgaben/Infos" enthalten hierbei einfach und übersichtlich alle für den speziellen Tätigkeitsbereich wichtigen Informationen, um die Tafeln als Informations-, Prozess-, Verbesserung- und/oder Steuerungsinstrument bestmöglich, vor allem aber mit geringstem Aufwand zu etablieren. Besonders wichtig ist hier der Einsatz von steuernden, transparenten, aussagekräftigen und vor allem zeitaktuellen Daten, Informationen und generell Komponenten, um die Shopfloor-Tafeln nicht nur für die tägliche Regelkommunikation und Schichtbesprechung sowie die in regelmäßigen Abständen durchzuführenden Vor-Ort-Begehungen durch die Führungskräfte einzusetzen, sondern sich diese zugleich als informativer und gar freizeitlicher Anlaufpunkt für die Mitarbeiter, etwa in den Pausen, einstellen.

10.4.3.1 Unser Team
Die im Shopfloor-Bereich integrierte Schichteinteilung bildet visualisiert und systematisiert ab, welcher Mitarbeiter in welchem Arbeitsprozess tätig ist, und erleichtert somit nicht nur die Personalplanung, sondern ermöglicht zudem einen schnellen Personalüberblick und optimalen Ressourceneinsatz. Der Mitarbeiter kann über eine Magnetkarte, die seinen Namen und (optional) sein Bild enthält, jeweils vor Schichtbeginn bedarfsgerecht, flexibel und entsprechend seiner Qualifikation einem Arbeitsplatz zugeteilt werden. Neben der so herbeigeführten Transparenz erleichtert und fördert die porträtierte und namentliche Mitarbeiterbelegung zudem die Kommunikation, den Teamgeist unter den Mitarbeitern und die Identifikation mit der eigenen Shopfloor-Tafel. Vor allem im administrativen Bereich unterstützt die Rubrik „Unser Team" zu planende Urlaubsvertretungen oder kurzfristiges und temporäres Umverteilen von Tätigkeiten bei zum Beispiel produktspezifischen Auftragsspitzen und krankheitsbedingten Ausfällen (Tab. 10.1).

Tab. 10.1 MEILLER-Shopfloor-Tafel „Unser Team"

	Information	KVP	Prozess	Steuerung
Unser Team	Schichtpläne, An-/ Abwesenheiten		Arbeitsplatz- und Prozesstransparenz	Personalplanung, Flexibilität

Tab. 10.2 MEILLER-Shopfloor-Tafel „Kennzahlen"

	Information	KVP	Prozess	Steuerung
Kennzahlen	Nachfrageschwankungen, Trends etc.		Problemerfassung und bereichsübergreifende Lösungen	Bereichsindividuelle Kennzahlen zum Soll-/ Ist-Vergleich

10.4.3.2 Kennzahlen

Mit dem Ziel transparenter Prozesse durch eine zeitaktuelle Darstellung aller wesentlichen Daten und Informationen am Shopfloor stellt die Kennzahlen-Tafel eine, wenn nicht die zentrale Shopfloor-Tafel dar, um Abweichungen zu erkennen, Gegenmaßnahmen einzuleiten und Erfolge messen zu können. Mithilfe einfachster visueller Werkzeuge werden in den Produktionsbereichen die Output-Differenz der wöchentlichen Soll-Vorgabe zum tatsächlich erreichten Ist sowie Vorkommnisse in Sachen Qualität und Arbeitssicherheit dokumentiert. Die Problemerfassung erfolgt transparent an der Shopfloor-Tafel und bildet somit die Basis für bereichsübergreifende Lösungen und Verbesserungen sowie wiederum die Weiterentwicklung des gesamten Produktionssystems. Die Kommunikation und Information in den regelmäßigen Teambesprechungen erfolgen hierbei nicht nur vergangenheitsbezogen, sondern decken zukünftig zu erwartende Schwankungen im Nachfrageverhalten, Trends, aktuelle Zwischenstände und den Fortschritt des Leistungserstellungsprozesses ab. Die Ausgestaltung in den administrativen Bereichen erfolgt unter den gleichen Prämissen, wenngleich mit anderen inhaltlichen Schwerpunkten, und sichert über das Aufdecken sich eingeschlichener Verschwendung die bestmögliche Ausschöpfung aller Ressourcen ab (Tab. 10.2).

10.4.3.3 Ideen

Die Stellung der Mitarbeiter als Erfolgsgarant im Zuge von Lean Management ist unumstritten und so erscheint die Berücksichtigung und Einbeziehung deren Kapitals im Rahmen des Shopfloor-Managements einleuchtend. Über ebendiesen Ideenreichtum der – zweifellos – Experten arbeitet MEILLER weiter daran, eine dynamisch wachsende Kultur der ständigen Verbesserung sowie eine positive Fehlerkultur aufzubauen. Mithilfe des Ideenmanagements und unterstützt durch eine Führungsmentalität des Coachens und Befähigens sind die Mitarbeiter im Rahmen einer lernenden Organisation dazu angehalten, ihre Verbesserungen und Ideen an den vor Ort ausgehängten Ideenblättern zu kommunizieren. Die Festlegung des für die Abarbeitung zuständigen Mitarbeiters oder Teams, die Terminschiene sowie die Aktualisierung des Bearbeitungsstatus erfolgen

Tab. 10.3 MEILLER-Shopfloor-Tafel „Ideen"

	Information	KVP	Prozess	Steuerung
Ideen	Bearbeitungsstatus, Umsetzung	Ideen, Verbesserungen, Umsetzung		

Tab. 10.4 MEILLER-Shopfloor-Tafel „MPS"

	Information	KVP	Prozess	Steuerung
MPS	Lean-Grundlagen, Methodenwissen etc.	Ideen, Verbesserungen, Best Practices		Befähigen statt Belehren

handschriftlich durch den jeweiligen Meister oder Teamleiter in Abstimmung mit den Beteiligten. Vor allem dem Abarbeitungsstatus wird hierbei große Wichtigkeit beigemessen, um den Mitarbeitern zu zeigen, dass sich deren Ideen angenommen wird und diese alltagsgerecht umgesetzt werden (Tab. 10.3).

10.4.3.4 MPS

Als Informations-, Prozess-, und Verbesserungsrubrik im Rahmen des Shopfloor-Managements bei MEILLER implementiert, dient „MPS" als die zentrale Anlaufstelle für jegliche theoretische Lean-Grundlagen, aktuelle Verbesserungsprojekte, erzielte Erfolge und sowohl firmeninterne als auch externe Best Practices. Für die aktive Problemlösung und die eigenverantwortliche Anwendung geeigneter Methoden und Werkzeuge können sich die Mitarbeiter nach der im Rahmen des befähigenden Führungsstils durchgeführten Schulung jederzeit vor Ort über Lean, den MPS-Methodenbaukasten, die 7 Arten der Verschwendung etc. informieren. Auch befinden sich hier aktuelle oder bereits abgeschlossene Verbesserungsprozesse oder Informationen zu aktuellen Kaizen-Workshops aus anderen Bereichen und Standorten, zum einen um zu verdeutlichen, dass alle Bereiche gefordert sind, an ihren Prozessen zu arbeiten, zum anderen aber auch, um bereichs- und standortübergreifende Standards zu implementieren und eine gleichbleibende Qualität sicherzustellen (Tab. 10.4).

10.4.3.5 Aufgaben/Infos

Das dem Shopfloor-Management inhärente Führungselement „Probleme nachhaltig lösen" verlangt hierbei nicht nur eine visualisierte und transparente Problembeschreibung, sondern gleichermaßen die Nachverfolgungsmöglichkeit von entsprechend eingeleiteten Gegenmaßnahmen und Lösungsansätzen. Der Einsatz von Aufgabenplänen, welche in ihrer Funktionsweise an die Systematik der sogenannten „T-Cards" erinnern, dient in diesem Zusammenhang der standardisierten Darstellung der von Führungskräften regelmäßig und als Resultat aus definierten Problemen außerordentlich durchzuführenden Aufgaben. Die Bereichstafel findet analog, wenngleich mit dem Schwerpunkt auf Ordnung und Sauberkeit, an den jeweiligen Arbeitsbereichen für regelmäßig.

Tab. 10.5 MEILLER-Shopfloor-Tafel „Aufgaben/Infos"

	Information	KVP	Prozess	Steuerung
Aufgaben/Infos	Aktuelle Themen, Infos, Aushänge, Bekanntmachungen	Ideen, Verbesserungen, Go & See	Visualisierung, Standardisierung, Fehlerprävention, Abweichungen erkennen	Go & See, Aktualität und Vollständigkeit der Daten

durchzuführende Aufgaben durch die Mitarbeiter Anwendung. Die Systematik dynamisiert hierbei bedeutend die Nutzung der Shopfloor-Tafeln an sich und wird im Speziellen bei MEILLER für die Aspekte „Aktualität" und „Nachverfolgbarkeit" überprüfend eingesetzt. In ihrer Gestaltung bietet die Rubrik „Aufgaben/Infos" auf der MEILLER-Shopfloor-Tafel zudem Platz für aktuelle unternehmensinterne Themen, Informationen, Aushänge und Bekanntmachungen und bietet grundlegende organisatorische Übersichten in Form von Organigrammen, Ersthelfern etc. (Tab. 10.5).

10.5 Zusammenfassung und Fazit

Obgleich der Begriff „Lean" einem inflationären Gebrauch unterliegt und mit dem Vorurteil eines modischen Schlagworts ohne inhaltliche Präzision zu kämpfen hat, ist der Erfolg einer flexiblen Lean-Organisation innerhalb der bestehenden Marktvoraussetzungen dennoch unstrittig. Längst haben vor allem die großen Automobilfirmen, ihre Zulieferer und diverse serien- und massenfertigende Großunternehmen die Methoden der Lean Production in ihre Produktionssysteme eingeführt, für moderne Unternehmen der Einzel- und Kleinserienproduktion präsentierte sich einleitend der Gedanke vom Streben nach ebendieser Perfektion und endete mit der ernüchternden Einsicht, dass es hierfür kein Patentrezept gibt. Wie „lean" kann also ein bestehendes Produktionssystem mit spezifischen Einflussgrößen und Anforderungen sein, und wo liegen die Grenzen? Der Münchner Aufbauhersteller MEILLER setzt in diesem Zusammenhang auf das altbekannte Schlagwort „Kapieren statt kopieren!" und begegnet so sowohl den Entwicklungen des Marktes, welcher Produkte in hoher Qualität, zu angemessenen Preisen und kurze Lieferzeiten fordert, als auch den vorherrschenden branchenspezifischen internen und externen Herausforderungen. Vor allem Letztere fordern extreme Effizienz und Flexibilität, um dem breiten Produktspektrum und damit kleinen Losgrößen gerecht zu werden und die terminliche und technische Abhängigkeit von der Fahrzeuganlieferung durch den Kunden oder OEM sowie dem stark schwankenden saisonalen Verlauf erfolgreich zu begegnen. Der Methodenbaukasten des MEILLER-Produktionssystems ist daher sowohl in seiner Methodenauswahl als auch in der jeweiligen Ausgestaltung und operativen Umsetzung an die spezifischen Gegebenheiten bei MEILLER angepasst und setzt auf das stete Einbeziehen seiner Mitarbeiter. Tatsächlich werden in dieser Zeit des dynamischen und wirtschaftlichen Wandels, die von Unsicherheit und Instabilität geprägt ist, die Lean-Werte „Verschwendung vermeiden" und „Wertschöpfung steigern" nicht mehr zu jedem Preis angestrebt. So geht es vielmehr darum, ebendiesen Faktor Mensch in den Fokus der Betrachtung zu rücken und gemeinsam Wege für eine erfolgreiche und wettbewerbsentscheidende Zukunft des Unternehmens zu finden. Mit Implementierung des MEILLER-Shopfloor-Managements soll ebendiese eigenverantwortliche Organisation gefördert werden; obschon sie zweifelsohne vordergründig erst mit der einmaligen Installation der Shopfloor-Tafeln vor Ort sichtbar wahrgenommen werden kann, geht die Systematik ebendieser mit einem tief greifenden Veränderungsprozess des gesamten Unternehmens einher. Der hierbei begrifflich eingeführte „Change"-Aufwand als direkte Komponente dieses Veränderungsprozesses spielt für die Führungskräfte eine zentrale Rolle. Vor allem aber das Management muss von der Verbesserungsnotwendigkeit überzeugt sein, den Veränderungszwang verstehen und die Neuausrichtung des gesamten Unternehmens initiieren; mit nur einem bisschen „Lean" lassen sich keinerlei Erfolge erzielen.

Literatur

1. Saint-Exupéry, A. de: Terre des Hommes, III: L'Avion, 1939. Zit. nach: 1001 Zitate. http://www.1001zitate.com/perfektion-perfektion-ist-nicht-dann-erreicht-wenn-es-nichts-mehr-hinzu-zu-fuegen-gibt-sondern-wenn-man-nichts-mehr-weglassen-kann-antoine-de-saint-exupery-terre-des-hommes-iii-lavion/. Zugegriffen: 15. Aug. 2016

Über die Autoren

Stephan Dichtl ist Leiter Fahrzeugbau und Leiter Auftragsmanagement und Logistik bei F. X. MEILLER Fahrzeug- und Maschinenfabrik-GmbH & Co KG.

Nadine Patermann ist Mitarbeiterin der Auftragsleitstelle und des MEILLER Produktionssystems (MPS) bei F. X. MEILLER Fahrzeug- und Maschinenfabrik-GmbH & Co KG.

Ergonomie in der Klein- und Serienfertigung

11

Johannes Brombach und Michael Leisgang

11.1 Einleitung

Die Gestaltung von Arbeitsplatz (mit den zugehörigen Arbeitsmitteln), Arbeitsablauf und Arbeitsumgebung soll nach dem Betriebsverfassungsgesetz (vgl. §§ 90, 91) durch die Zusammenarbeit von Arbeitgebern und Arbeitnehmern bzw. ihren Vertretern sichergestellt werden, wobei „gesicherte arbeitswissenschaftliche Erkenntnisse" beachtet werden sollen.

Vor dem Hintergrund des demografischen Wandels in Deutschland und seiner Folgen für den Arbeitsmarkt befassen sich viele Unternehmen derzeit intensiv mit der ergonomischen Arbeitsplatzgestaltung. Die Bedeutung der Arbeitswissenschaft/Ergonomie ist daher in den letzten Jahren kontinuierlich gestiegen. Sie befasst sich im Kern mit den Wechselwirkungen zwischen Menschen und anderen Elementen eines Systems (vgl. [5]). In der betrieblichen Praxis werden die Theorien, Grundsätze, Daten und Verfahren der Ergonomie auf die Gestaltung von Arbeitssystemen angewendet, um das Wohlbefinden des Menschen und die Leistung des Gesamtsystems zu optimieren. Die angesprochene internationale Norm legt dabei erstmals konsensbasiert Grundsätze der Ergonomie normativ fest. Abb. 11.1 zeigt, dass die grundlegenden Prinzipien der Ergonomie der am Menschen orientierte Ansatz und die kriterienbasierte Bewertung sind. Die angewandten Konzepte, die hier nur exemplarisch genannt werden sollen, wie z. B. das Belastungs-Beanspruchungs-Konzept oder die Gebrauchstauglichkeit, sind in der Literatur (vgl. [19]) sowie in diversen Normen beschrieben.

J. Brombach (✉) · M. Leisgang
München, Deutschland
E-Mail: johannes.brombach@hm.edu

© Springer Fachmedien Wiesbaden GmbH 2017
R. Koether und K.-J. Meier (Hrsg.), *Lean Production für die variantenreiche Einzelfertigung*, DOI 10.1007/978-3-658-13969-8_11

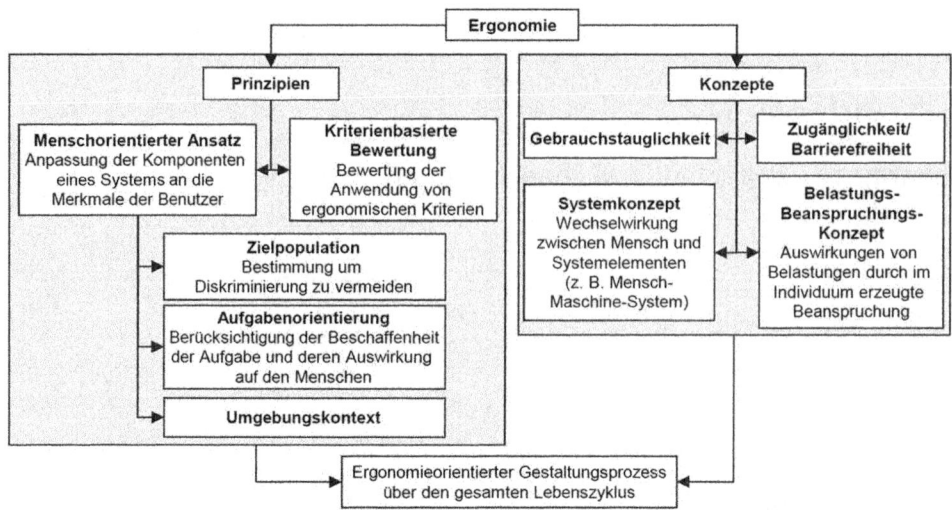

Abb. 11.1 DIN EN ISO 26800 „Ergonomie – Allgemeine Vorgehensweise, Prinzipien und Konzepte". (Quelle: [15])

Wird weiterhin ein Abgleich zwischen Konzepten und Prinzipien der Lean Production und der Ergonomie gezogen, so ist es in der Mehrzahl der Fälle so, dass sich diese sehr gut verbinden lassen. In den Beispielen zu diesem Beitrag wird dazu die Entwicklung von Arbeitsplätzen beschrieben, die schlank und ergonomisch gestaltet sind. Aus der Erfahrung der vergangen Jahre lässt sich aber auch schließen, dass es in der Praxis nicht immer zu einer vollständigen Übereinkunft verschiedener Lean Production oder Ergonomie-Experten kommt. In der Diskussion mit Fachleuten eines deutschen Automobilbauers wurden dazu die 7 Arten der Verschwendung und wichtige Kriterien der Ergonomie-Beurteilung gegenübergestellt. Abb. 11.2 stellt dabei nur einen Ausschnitt dar (vgl. [7]) und soll hier nur in Bezug auf die interessierenden Sachverhalte der Klein- und Serienfertigung herangezogen werden.

Dabei fällt auf, dass die Vermeidung von unnötiger Bewegung und Transporten z. B. beim Heben und Tragen ergonomisch durchaus positiv sein kann. Reines (d. h. insbesondere statisches) Stehen ohne Bewegung ist aber demgegenüber aus physiologischer Sicht kritisch zu sehen (vgl. [3]). Weiterhin kann ein optimaler Fertigungsprozess ohne jedwede ungeplante Unterbrechung dazu beitragen, dass die Mitarbeiter keinem Stress oder Zeitdruck durch unzureichend gestaltete, stark schwankende Abläufe ausgesetzt sind. Es ist aber gleichzeitig davor zu warnen, die Mitarbeiter mit zu einseitigen, repetitiven Tätigkeiten zu belasten, Wartezeiten „auf null" zu reduzieren und die Einflussnahme des Mitarbeiters zu stark zu beschneiden, weil das mit sehr negativen Folgen durch zu monotone Tätigkeiten oder zu viel Zeitdruck verbunden sein kann. Schwierigkeiten und Missverständnisse durch andere Sichtweisen müssen frühzeitig und offen angesprochen werden, damit nicht dasselbe Projekt mit den in der Industrie üblichen

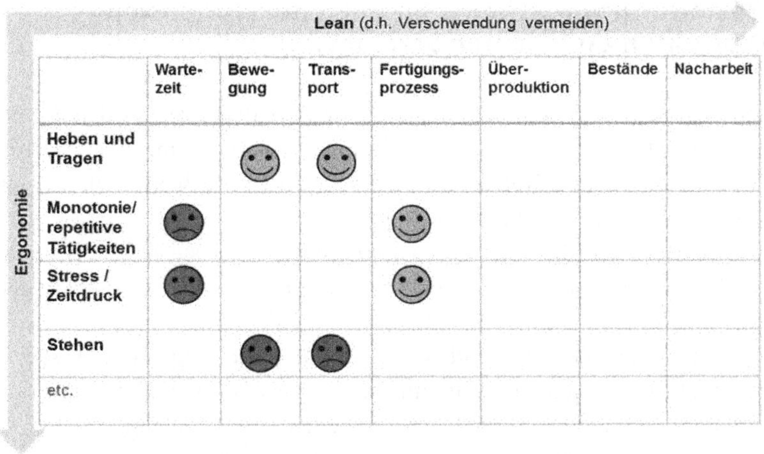

| Lean (d.h. Verschwendung vermeiden) | | | | | | | |
Ergonomie	Warte-zeit	Bewe-gung	Trans-port	Fertigungs-prozess	Über-produktion	Bestände	Nacharbeit
Heben und Tragen		☺	☺				
Monotonie/ repetitive Tätigkeiten	☹			☺			
Stress / Zeitdruck	☹			☺			
Stehen		☹	☹				
etc.							

Abb. 11.2 Kriterien der Beurteilung aus Sicht der Ergonomie und des Lean Production. (Quelle: Eigene Darstellung und Ausschnitt aus einer Betrachtung von [7])

Ampelsystemen sowohl rot als auch grün bewertet wird, je nachdem, aus welcher Sichtweise es beurteilt wird.

Besonderheiten bei Einzel- und Kleinserienfertigung ergeben sich dadurch, dass die Abläufe i. d. R. weniger stark spezialisiert sind und im Vergleich zur Großserie oder der Massenproduktion häufig eine geringere Wiederholungsrate exakt gleichartiger Tätigkeiten zu beobachten ist. Damit ergeben sich aus ergonomischer Sicht Vor- und Nachteile.

Vorteilhaft ist es, dass die Tätigkeiten in der Einzel- und Kleinserienfertigung häufig abwechslungsreicher sind, womit die Gefahr einer monotonen Tätigkeit und stark einseitiger Belastungen geringer wird. Nachteilig ist, dass eine größere Bandbreite verschiedener Tätigkeiten vor allem die Risikobeurteilung erschwert. Zudem ist es sehr viel aufwendiger, in Einzelfällen auch nicht mehr möglich, für sehr unterschiedliche Aufgaben den Arbeitsplatz ergonomisch optimal zu gestalten. Einzelarbeitsplätze, an denen verschiedene Produkte montiert werden sollen, sind z. B. in der Praxis manchmal so überladen, dass es kaum noch möglich ist, die große Anzahl unterschiedlicher Teile und Vorrichtungen ergonomisch richtig zu verstauen. Bei der Risikobeurteilung für den Rücken- und Lendenwirbelbereich zeigt sich weiterhin, dass die Methoden der Arbeitswissenschaft nicht selten an sich stark wiederholenden Tätigkeiten orientiert sind. Sehr unterschiedliche Belastungssituationen, die in der Kleinserienfertigung mitunter in rascher Folge auftreten können, lassen sich beispielsweise mit der Leitmerkmalmethode (Heben, Halten, Tragen) der Bundesanstalt für Arbeitsschutz und Arbeitsmedizin [22] nicht ohne Weiteres überprüfen. Um aber zumindest eine kombinierte Belastung durch Heben und Tragen und Ziehen und Schieben zu ermöglichen, kann das sog. Multiple-Lasten-Tool vgl. [10] verwendet werden.

11.2 Gestaltung von Arbeitssystemen bei komplexen Produkten und kleinen Seriengrößen

Die Zielsetzung bei der Gestaltung industrieller Arbeitsplätze, an denen verschiedene Mitarbeiter zumeist in Schichtsystemen arbeiten, besteht darin, den unterschiedlichen Bedürfnissen der jeweiligen Nutzer bestmöglich gerecht zu werden und somit humane und wirtschaftliche Arbeitsbedingungen zu gestalten.

Abb. 11.3 verdeutlicht die räumlichen Verhältnisse, wie sie beispielsweise bei einer 5-Perzentil-Frau und einem 95-Perzentil-Mann an einem einfachen Sitzarbeitsplatz auftreten.

Ziel einer systematisch vorgehenden Arbeitsplatzgestaltung muss es sein, für große Nutzer genug Platz vorzuhalten (sog. Innenmaße des Arbeitsplatzes) und gleichzeitig die Erreichbarkeit für kleine Nutzer sicherzustellen (sog. Außenmaße, vgl Abb. 11.4). Obwohl sich die Körperabmessungen von Mensch zu Mensch im Vergleich zu anderen menschlichen Attributen weniger stark unterscheiden, ist diese Aufgabe beileibe nicht banal (vgl. [14]). Häufig müssen dabei Kompromisse zwischen gegenläufigen Zielsetzungen getroffen werden [2]. Neben einfachen Hilfsmitteln (wie z. B. der kleinen ergonomischen Datensammlung, [11]) über Veröffentlichungen der Deutschen Gesetzlichen Unfallversicherung (DGUV) sowie nationalen und internationalen Normen (wie z. B. [4]) stehen dafür auch mehr oder weniger komplexe, rechnergestützte Tools zur Verfügung.

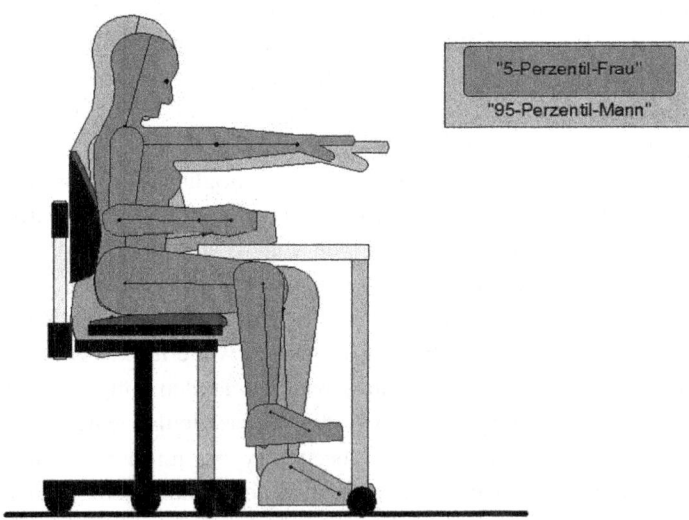

Abb. 11.3 5-Perzentil-Frau und 95-Perzentil-Mann als Beispiel für Größenunterschiede verschiedener Nutzer bei der Gestaltung von Arbeitssystemen

In Abb. 11.4 werden die Maße des Greifraumes in normaler Arbeitshöhe dargestellt. Dabei werden die Bereiche 1–4 unterschieden:

1. Arbeitszentrum: Beide Hände arbeiten nahe beieinander, Montageart, Ort für Aufnahmevorrichtung.
2. Erweitertes Arbeitszentrum: Beide Hände erreichen alle Punkte dieser Zone.
3. Einhandzone: Zone zum Lagern von Teilen und Werkzeugen, die mit einer Hand oft gegriffen werden.
4. Erweiterte Einhandzone: Äußerste, noch nutzbare Zone, beispielsweise für Greifbehälter.

Neben den physischen Belastungen für die Mitarbeiter müssen die psychisch-mentalen und nicht zuletzt die informatorischen Belastungen berücksichtigt werden. Diese hängen mit der geforderten Aufmerksamkeit des Werkers zusammen [25] und steigen an, je höher die Aufgabenkomplexität in Relation zur Durchführungshäufigkeit ist [24]. Durch eine ergonomische Bereitstellung der Information soll und kann diese Belastung reduziert werden.

Im Folgenden wird dies am Beispiel von Montagearbeiten erläutert. Wiedenmaier [24] unterteilt die Aufgabenerledigung im Rahmen der manuellen Montage in vier sequenzielle Abschnitte:

1. Erfassen der Montageanweisung
2. Übertragen der Anweisung auf die Montageumgebung
3. Ausführen der Montage
4. Kontrolle der durchgeführten Arbeit

Die Erfassung der Montageanweisung ist ein mentaler Prozess. Auch bei der Übertragung der Montageanweisung an die Umgebung werden weitestgehend mentale Ressourcen beansprucht. Die physische Ausführung der Montage hingegen läuft überwiegend

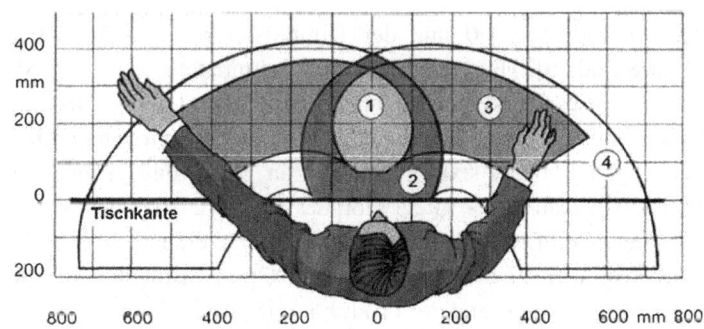

Abb. 11.4 Maße des Greifraumes in normaler Arbeitshöhe. (Quelle: Nach [13])

automatisch ab. Die Kontrolle der durchgeführten Arbeit erfolgt durch einen Abgleich des Ergebnisses mit der Vorgabe in der Montageanweisung. Dieser Vorgang ist wiederum auf der mentalen Ebene anzusiedeln.

Wiedenmaier [24] postuliert, wie dargelegt, eine Korrelation zwischen den jeweiligen Zeitanteilen der einzelnen Phasen und der Komplexität sowie der Durchführungshäufigkeit der Montageaufgabe. Der geringe Wiederholungsgrad in der Kleinserienfertung führt zu einem relativ hohen Anteil der Zeitanteile der Schritte 1, 2 und 4, woraus sich eine mentale Belastung ableiten lässt.

Ein weiterer Ansatzpunkt ist die Aggregationsebene von Informationen. Qualitativ und quantitativ auf zu hoher Ebene aggregierte Informationen sind wenig praktikabel [8]. Somit kann die Komplexität der Aufgabe durch die Art und die Struktur der Informationsbereitstellung reduziert werden. Um die Komplexität zu minimieren, ist die Aufgabe für den Werker auf regelbasiertes und fertigkeitsbasiertes Verhalten im Sinne des Skill-Rule-Modells nach Rasmussen zu fokussieren [26]. Ferner ist die Information auf der Ebene von Operationen im Sinne einer hierarchisch-sequenziellen Handlungsstruktur [18] bereitzustellen. Da zu große Mengen an Informationen wegen der begrenzten Gedächtnisleistung des Mitarbeiters nicht beziehungsweise nur stark fehlerbehaftet verarbeitet werden können [25], sind möglichst kleine sog. Vergleichs-Veränderungs-Rückkopplungs-Einheiten zu gestalten [17].

Im Ergebnis liegt der Schlüssel zur Reduzierung der Komplexität darin, dem Werker komplexe Handlungspläne nicht auf einmal und in vollem Umfang zur Verfügung zu stellen, sondern ihm seine aktuelle Position im Gesamtprozess aufzuzeigen und wichtige Informationen zur Erfüllung der Arbeitsaufgabe in kleinen Schritten bereitzustellen. In Anlehnung an die Aufgabe der Logistik formuliert Lang, die Anforderung liege darin, die Information zum richtigen Zeitpunkt in der richtigen Form bereitzustellen [12].

Maschinen und Anlagen können einfache Wiederhol- und Routinetätigkeiten immer besser übernehmen und bereits jetzt riesige Datenmengen und komplexe Strukturen sicher verwalten. Menschen werden u. a. wahrscheinlich vermehrt solche Aufgaben übernehmen, bei denen es um hohe Flexibilität geht und um die Fähigkeit, Handlungen ggf. situativ anpassen zu können oder kreative Lösungen mit immer besseren Hilfsmitteln zu finden.

Im Rahmen von Industrie 4.0 und der Digitalisierung sind Assistenzsysteme ein zentrales Handlungsfeld [9]. Hierbei werden die Schnittstelle zwischen Menschen und Maschine sowie die Aufgabenteilung intensiv diskutiert [1]. Die Diskussion gewinnt dadurch an Bedeutung, dass zunehmend auch Kleinserien wirtschaftlich automatisiert werden können, zugleich aber Flexibilität derart an Bedeutung gewinnt, dass diese zu planen ist [21]. Hierbei kommt der Integration des Menschen, anders als in den Automatisierungsüberlegungen am Ende des letzten Jahrhunderts, eine zentrale Rolle zu [1].

Neben der Arbeitsplatzgestaltung ist deshalb die Optimierung des Informationsflusses ein zentraler Hebel zur Optimierung der Produktion [8]. In kleinen Serien mit komplexen Strukturen muss dabei die Zielsetzung darin liegen, die technische und ergonomische Optimierung der Verhältnisse voranzutreiben und den Menschen mit seinen besonderen Fähigkeiten gezielt einzusetzen.

11.3 Planung der Produktionsabläufe und gezielte Einbeziehung der Mitarbeiter im Produktentstehungsprozesses

Die Einbeziehung der Mitarbeiter für die Verbesserung der Prozesse und zur Steigerung der Wettbewerbsfähigkeit eines Unternehmens ist für viele Unternehmen heute selbstverständlich. Doch wie können Mitarbeiter dazu angeregt werden, ihr Erfahrungswissen bei der Planung neuer Prozesse sowie bei der Verbesserung laufender Prozesse einzubringen, und zu welchem Zeitpunkt lässt sich das auf welche Weise methodisch unterstützen?

Während die Mitarbeiter häufig nach dem Start of Production (SOP) im kontinuierlichen Verbesserungsprozess einbezogen werden, wird die Möglichkeiten der Einbeziehung in der Planungsphase des Produktentstehungsprozesses (PEP) seltener genutzt (Abb. 11.5). So können beispielsweise bei der Planung von Montagesystemen mithilfe einer maßstabsgetreuen Nachbildung aus Rohr-Profilen oder aus Pappe die Anregungen der Mitarbeiter bei der Gestaltung der Montagesysteme einfließen. Auch können die Erfahrungen bei der Fertigung und Montage bereits in der Planung und Konstruktion von Bauteilen berücksichtigt werden (ergänzend zum Design for Manufacture and Assembly). Ein weiteres Beispiel ist, Mitarbeiter bereits bei der Maschinenabnahme beim Hersteller hinzuzuziehen und deren Anregungen im Sinne des kontinuierlichen Verbesserungsprozesses einfließen zu lassen.

Im Vergleich zur Serienfertigung führen kleinere Stückzahlen im Anlagenbau zu einem ungünstigeren Verhältnis von vorbereitenden, planenden Stunden zu Fertigungsstunden. Während im Automobilbau beispielsweise ein Arbeitsplaner einige Takte im Rahmen weniger Minuten plant, ist es keine Seltenheit, dass ein Planer im Anlagenbau mehrere hundert Vorgabestunden plant. Das führt dazu, dass der gewünscht hohe Standard für die Ergonomie rein planerisch, d. h. nur durch eine entsprechende Detailplanung

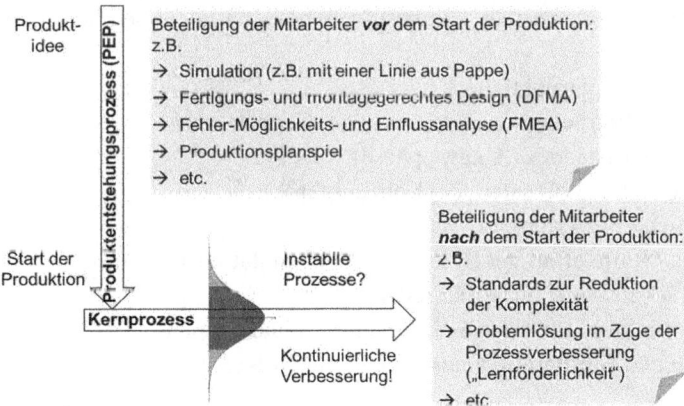

Abb. 11.5 Einbeziehung der Mitarbeiter vor und nach dem Start der Produktion. (Quelle: [23])

einzelner Arbeitsschritte im Vorfeld kaum zu erreichen ist. Das liegt zum einen an wirtschaftlichen Restriktionen, derentwegen nicht beliebig detailliert geplant werden kann. Zum anderen ist die Durchlaufzeit im Sinne von Time-to-Market ein Verkaufspunkt, der einer sehr detaillierten Planung im Wege steht.

Ein möglicher Lösungsansatz liegt neben der Einbeziehung der Mitarbeiter in einer gezielten Standardisierung, um den Wiederholgrad zu erhöhen. Dadurch ergeben sich Möglichkeiten, zum einen die Stückzahl pro Arbeitsplatz und Zeiteinheit derart zu steigern, dass in aufwendige Anlagen und Vorrichtungen investiert werden kann, zum anderen können einmal ausgearbeitete Konzepte erneut verwendet werden.

Daraus ergeben sich für die Planung verschiedene Anforderungen. Zum einen muss das Produkt derart strukturiert und segmentiert werden, dass ähnliche Tätigkeiten zusammengefasst und an einem Arbeitsplatz durchgeführt werden können. Dies wird durch einen hohen Vormontagegrad sowie Modulbau unterstützt. Zum anderen müssen die Konzepte derart flexibel sein, dass sie sowohl bei den bekannten Produkten und Varianten einsetzbar als auch mit minimalem Aufwand auf neue übertragbar sind. Das Spannungsfeld der Flexibilität, die Kleinserien prägt, sowie der Standardisierung ist im Konzept der Flexomation beschrieben [13].

11.4 Praxisbeispiele zur Informationsbereitstellung

11.4.1 Ergonomische Arbeitsplatzgestaltung der Steckermontage

In diesem ersten Beispiel soll eine typische Vorgehensweise für die Entwicklung eines neuen Arbeitssystems unter ergonomischen Aspekten beschrieben werden. Dazu wurde zunächst die Ausgangssituation bei der Steckermontage in der Produktion analysiert und beurteilt, um dann Gestaltungsempfehlungen machen zu können (vgl. [16]).

Die Zielsetzung besteht darin, mit den Mitarbeitern zusammen eine deutlich verbesserte Neugestaltung zu erreichen. Umgesetzt wird sie in folgenden Schritten:

1. Bestimmung eines Projektleiters
2. Schulung der Mitarbeiter zu ergonomischen Grundlagen
3. Analyse des Istzustandes (Analysephase)
4. Entwicklung eines Sollzustandes (Konzeptphase)
5. Wirtschaftliche Bewertung
6. Aufbau einer Simulation mit Rohr-Profilen (Simulationsphase)
7. Test und Rückmeldung der Mitarbeiter
8. Ableitung von Verbesserungsmaßnahmen (Evaluationsphase)
9. Darstellung und Einführung eines neuen Standards

Besonders die nachstehenden physischen und psychisch-mentalen Belastungen wurden als Ergebnis der Analysephase festgestellt.

Abb. 11.6 zeigt die Montage von Steckern an einem sehr langen Kabelstrang, der vor Ort montiert werden muss, in der Ausgangssituation. Zu sehen ist, dass es zu diesem Zeitpunkt noch keine Arbeitsstation gibt. Dabei ist der Werker gezwungen, sich an die gegebenen Bedingungen durch eine ungünstige Körperhaltung anzupassen. Ein weiteres Problem ist, dass der Kabelstrang beim Montieren oft mit den Beinen (Oberschenkeln) festgehalten werden muss, was über den Arbeitstag zu starken Verspannungen und anschließenden Muskelschmerzen führt. Eine hohe Beanspruchung für das Muskel-und Skelettsystem ist zu befürchten.

Bei mehreren hundert unterschiedlichen Steckern ist die Suche nach der jeweils erforderlichen Information z. T. zu zeitaufwendig. Die Unterlagen je Kabelstrang können in ausgedruckter Form fast unmöglich in ausreichender Menge vorgehalten werden. Die Informationen zu verinnerlichen, ist aufgrund der Komplexität nicht möglich. Das kann im Ergebnis zu einer unordentlichen Verteilung der Listen entlang des Kabelkanals und zu Fehlern führen. Weiterhin sind Tätigkeiten zur Kommissionierung normalerweise nicht in den Aufgabenbereich eines Elektrikers zu delegieren, und die nicht standardisierte Bereitstellung der Werkzeuge führt u. a. auch zu langen Wegen für die Mitarbeiter.

Als mögliches Lösungskonzept wurde eine ergonomisch gestaltete, mobile Station mit den nötigen Werkzeugen und Informationen favorisiert. Für die Simulation wurde mit Rohr-Profilen vor Ort ein Prototyp angefertigt. Die Tätigkeitsinhalte wurden neu definiert und die Arbeitsstation wurde unter Berücksichtigung der Normen [4] und [6] entwickelt und einer kritischen Überprüfung unterzogen.

Auch die Informationsbereitstellung wurde in diesem Schritt – wie bereits beschrieben – optimiert.

Nach den ersten Testverläufen und der Rückmeldung der Mitarbeiter wurde das Konzept überarbeitet und verfeinert, um einen entsprechenden Standard zu definieren. Dabei zeigt die Skizze in Abb. 11.7, dass der weiterentwickelte Arbeitsplatz standardisierte Werkzeuge und Werkzeughalter aufweist, die Informationsdarstellung – wie geplant – auf dem Bildschirm weiterentwickelt wurde und die Materialbereitstellung mit einer eigens dafür bereitgestellten Einrichtung in Form eines Metallkoffers umgesetzt wird.

Abb. 11.6 Schlechte
Körperhaltung (nachgestelltes
Bild) bei der Montage von
Steckern in der Ist-Situation

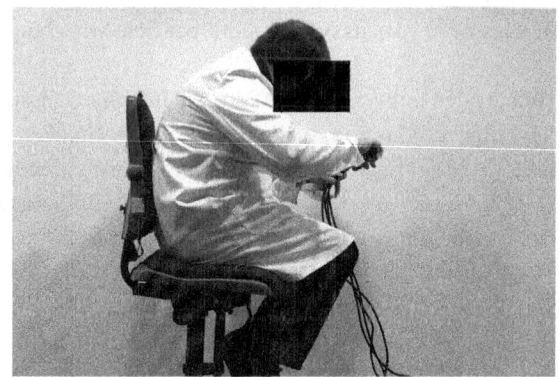

Abb. 11.7 Entwurf eines
neuen Standards für die
Steckermontage nach der
Weiterentwicklung des
Prototyps unter Einbeziehung
der Mitarbeiter

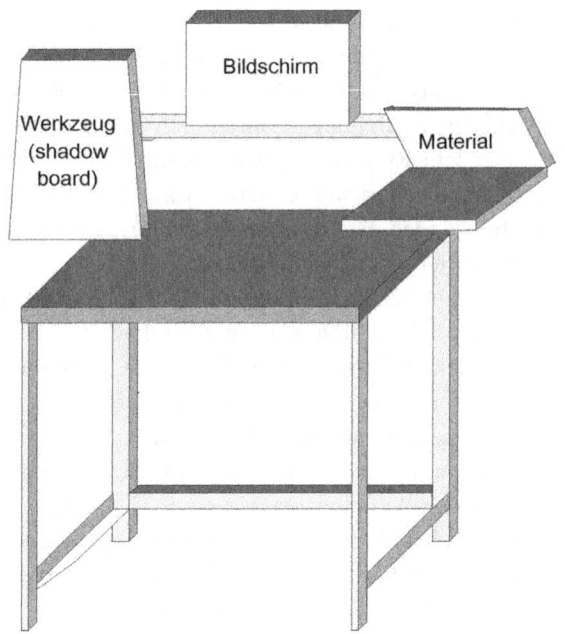

Dieser Metallkoffer wird vorkonfektioniert und enthält die notwendigen Materialien für den jeweiligen Arbeitsschritt.

Der neue Standard reduziert damit die Anzahl der Tätigkeiten auf die wichtigsten Aufgaben (Einsparung von ca. 40 % der Tätigkeiten) und gewährleistet besonders folgende Punkte:

1. Wichtige Elemente sind im kleinen Greifraum angeordnet.
2. Material pro Stecker ist kommissioniert am Arbeitsplatz verfügbar.
3. Werkzeug ist standardisiert am Arbeitsplatz verfügbar.
4. Information kann standardisiert variantenspezifisch am Arbeitsplatz abgerufen werden.
5. Das neue Arbeitssystem stößt bei den Mitarbeitern auf hohe Akzeptanz.

Anstatt der teilweise langwierigen Informationssuche werden ausschließlich die für die jeweilige Produktionsvariante relevanten Stecker aus dem übergeordneten Softwaresystem (SAP) teilautomatisch am Bildschirm angezeigt, sodass sofort alle notwendigen Informationen am Arbeitsplatz zur Verfügung stehen. Im Sinne der Lean Production und der Vermeidung von Verschwendung (Muda) werden unnötige Suchzeiten und lange Wege vermieden und jedes Teil hat seinen Platz (vgl. dazu den Gedanken der 5S-Workshops bei der Anordnung der Werkzeuge).

Einer der abschließenden Optimierungsansätze beschäftigte sich schließlich mit der ergonomisch richtigen Farbcodierung der Anzeigen auf dem Bildschirm. Während zunächst die Farbe nur als Instrument zur Codierung gesehen und eingesetzt wurde, konnte die Akzeptanz bei den Mitarbeitern noch weiter gesteigert werden, als auf die richtige Kombination von Farben zur besseren Lesbarkeit verstärkt Wert gelegt wurde. Dabei wurde auf die Kombination Blau-Rot und auf den Einsatz von Komplementärfarben verzichtet und die Schrittgröße und Informationsdarstellung optimiert.

11.4.2 Materialbereitstellungen

Ein weiteres Beispiel zur Arbeitsplatzgestaltung ist die standardisierte Materialzuführung in der Fertigung. In der Ausgangssituation werden die vorkonfektionierten Blechteile in einer Gitterbox bereitgestellt. Durch die Art und Weise der Bereitstellung müssen die Mitarbeiter die richtigen Materialien z. T. suchen und bei der Entnahme umräumen. Ungünstige Körperhaltungen und Zeitverluste sind die Folge. Zusammen mit den Mitarbeitern wurden drei Alternativen entwickelt; eine Lösungsmöglichkeit wurde nach der Prototypenerstellung und dem anschließenden Test ausgewählt.

Im Sinne der Standardisierung wurde eine Lösung vorgeschlagen und erprobt, bei der Teile in vorgefrästen Positionen bereitgestellt wurden. Abb. 11.8 zeigt dazu ein Beispiel.

Wie zu erwarten war, führte die passgenaue Positionierung der Teile dazu, dass jedes Teil seinen Platz bekam und eine sehr übersichtliche Anlieferung möglich war. Im Einsatz stellte sich aber auch heraus, dass diese Lösung wenig Flexibilität aufwies. Jegliche Änderung in Bezug auf unterschiedliche Produktvarianten oder Anpassungen des Prozesses führten zwangsläufig dazu, dass der Standard angepasst werden musste.

Ein zweiter Lösungsvorschlag stellte insbesondere die ergonomische Gestaltung des Materialwagens in den Vordergrund. Dabei wurden die Teile so angeordnet, dass sie gut entnommen werden konnten und zu keinen ungünstigen Körperhaltungen mehr führen sollten. Problematisch war, dass sich das Konzept weniger gut standardisieren ließ und zudem wenig flexibel war.

Abb. 11.8 Stark standardisierte Bereitstellung der Materialien

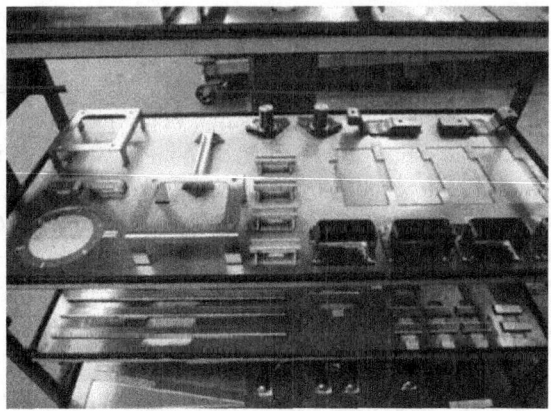

Abb. 11.9 Flexibles
Stecksystem zur Bereitstellung
der Materialien

Aus beiden Lösungsmöglichkeiten und den gesammelten Erfahrungen erwuchs eine dritte Idee, die eine ergonomisch verbesserte Entnahme, standardisierte Positionen und eine hohe Flexibilität sicherstellte. Wie in Abb. 11.9 zu sehen ist, wurde eine Lösung umgesetzt, die sehr variable anpassbare Materialpositionen erlaubt und gleichzeitig ein übergeordnetes Konzept für die standardisierte Positionierung ermöglicht.

Das Wagensystem und die optimierte Anordnung der Materialien ermöglichen es zusätzlich, dass die Teile gut und für den Werker einfach entnommen werden können, sodass ungünstige Körperhaltungen besser vermieden werden können.

11.4.3 Darstellung von Informationen in der Fertigung

Das dritte Beispiel behandelt die Darstellung und Zurverfügungstellung der zur Durchführung der Montageaufgabe notwendigen Informationen, wie beispielsweise Arbeitspläne, Verdrahtungslisten und Arbeitsanweisungen. Zu Beginn wurden die Arbeitsunterlagen verbal beschrieben und mit Hilfe von Zeichnungen verdeutlicht. Dies führte dazu, dass für komplexe Tätigkeiten Zeichnungen im Format DIN A0 und größer benötigt wurden und vor Aufnahme der Arbeit eine Vorlaufzeit zum „Eindenken" und „Einlesen" in die Zeichnung benötigt wurde. Eine Standardisierung und kontinuierliche Weiterentwicklung der Standards war mit dieser Methode ebenso wenig möglich wie schnelles und effizientes Einarbeiten neuer Kollegen oder schnelle Variantenwechsel. In Zusammenarbeit mit den Mitarbeitern vor Ort wurde ein Standard erarbeitet, der die Informationen zusätzlich mit kommentierten Bildern vorsieht, um das Einlesen und das „gedankliche Rüsten" zu erleichtern [20]. Das Konzept wurde anhand einiger Baugruppen erprobt und dann basierend auf den Rückmeldungen verfeinert. In der nächsten Entwicklungsstufe wurden dann die Bilder durch Screenshots ersetzt, um die ergonomischen Arbeitspläne bereits vor dem Fertigungsstart in der Produktentstehungsphase zu erstellen und dabei herausgearbeitete Verbesserungen direkt in die Konstruktion einfließen zu lassen. Im Rahmen der kontinuierlichen Verbesserung der Arbeitsstandards wuchs der Aufwand für die Aktualisierung der Unterlagen. Statt der Screenshots wurde deshalb auf Darstellungen aus dem 3-D-Modell mit relational gespeicherten Ansichten, Kommentaren und Beschriftungen zurückgegriffen (vgl. Abb. 11.10). Das erleichtert zum einen die Arbeit der Arbeitsplaner, zum anderen ist sichergestellt, dass die Information, die gleich bleibt, auch gleich dargestellt wird. Nur was sich verändert, wird anders dargestellt. Auch hierdurch wurde die Einarbeitungszeit sowohl im vorbereitenden als auch im ausführenden Bereich reduziert und die Arbeit erleichtert.

Zur Darstellung und Visualisierung mechanischer Komponenten an einem Arbeitsplatz ist diese Vorgehensweise durchaus geeignet. Sobald sich aber der Aktionsradius des Mitarbeiters erweitert, sind papier- oder bildschirmbasierte Darstellungskonzepte deutlich weniger ergonomisch. Auch das regelmäßige Hin- und Herschauen vom Plan auf dem Papier bzw. Bildschirm zur realen Umwelt strengt die Augen und den Geist an. Ein weiterer Nachteil dieser Darstellungsmethoden resultiert aus dem Umgang mit der Komplexität. Wie oben beschrieben, ist es insbesondere bei aufwendigen Tätigkeiten wichtig, die richtige Detaillierungsebene zu verwenden. Wird jeder Schritt auf einer Seite dargestellt, so wird die Komplexität pro Schritt zwar reduziert, dafür aber die Komplexität der Summe der Informationen erhöht. Das ist auch bei der Darstellung von Informationen für die Durchführung von Montagen an elektrischen Bauteilen der Fall, die in der Regel tabellarisch dargestellt werden. Hier besteht die Herausforderung z. B. in der Visualisierung der richtigen Zeile der Verdrahtungsliste.

Um den beschriebenen Problemen zu begegnen, wurde ein laserbasiertes Visualisierungskonzept entwickelt (Konzeptaufbau, vgl. Abb. 11.11), das jeden Schritt einzeln darstellt, beginnend beim Rüsten bis hin zum Verlegen der Kabel. Damit entfällt zum einen das Handling des Informationsmediums, sei es Papier oder Tablet-Computer, da die Laser über Kopf installiert sind. Zum anderen entfallen aber auch das Hin- und Herschauen sowie das Orientieren in den Unterlagen und der Abgleich mit der Realität, da die Projektion direkt auf dem Objekt erfolgt. Ferner entfällt der Komplexitätstreiber des

Abb. 11.10 Darstellungen aus dem 3D-Modell

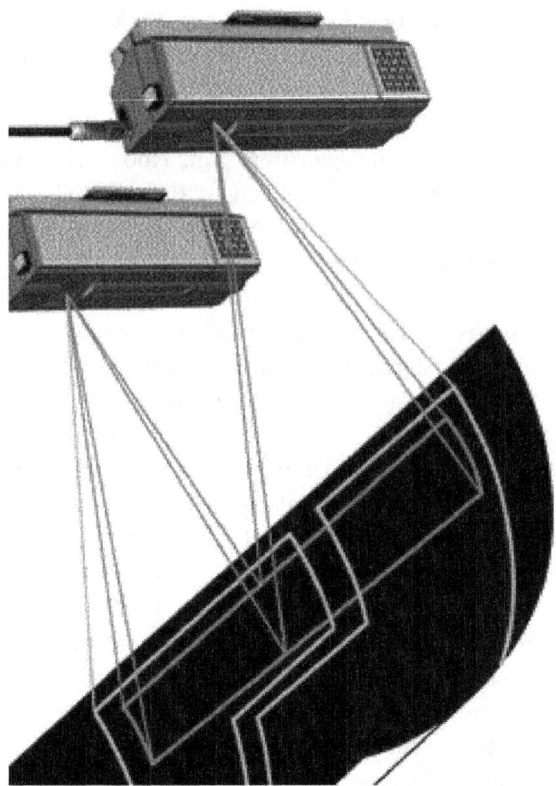

Abb. 11.11 Konzeptdarstellungen eines Plans zur Verlegung von Montagelementen mit einem Laser direkt auf dem Bauteil zur Visualisierung der Arbeitsaufgabe. (Quelle: Assyst Bullmer products)

sich in komplexen Handlungen Zurechtfindens und das Umschalten von einer Variante auf eine andere. Die hinterlegte Software wählt automatisch die relevanten Schritte aus, jede Art von Variantenänderung und/oder Umrüstung wird visualisiert, was die Komplexität für den Mitarbeiter reduziert. Auf der anderen Seite werden die Tätigkeitsbereiche, in denen der Mensch der Maschine überlegen ist, wie beispielsweise Greifen und Fügen biegeschlaffer Kabel und das Applizieren von umlaufenden Aufklebern auf Kabel diversester Durchmesser und Typen, beim Menschen belassen. Auch situative Entscheidungen, wann beispielsweise Kabeltrommeln ausgetauscht werden müssen, verbleiben beim Menschen.

Zusammenfassend kann dargelegt werden, dass die Prinzipien der Lean Production, Verschwendung zu vermeiden durch z. B.

- die Vermeidung unnötiger Bewegung,
- die Vermeidung unnötiger Transporte und
- die Zielsetzung einer Fließfertigung,

teilweise kritisch geprüft werden müssen. Sie dienen aber sehr häufig auch der ergonomischen Arbeitsplatzgestaltung für Kleinserien. Die Methoden der Lean Production und die Mitarbeiterbeteiligung zur Prozessgestaltung können die Planer und Mitarbeiter bei der Gestaltung ergonomischer Arbeitsplätze auch in der Kleinserienfertigung unterstützen.

Literatur

1. Bauernhansl, T., Ten Hompel, M., Vogel-Heuser, B. (Hrsg.): Industrie 4.0 in Produktion Automatisierung und Logistik. Springer Vieweg, Wiesbaden (2014)
2. Brombach, J.: Gestaltung und Beurteilung der räumlichen Bedingungen von Arbeitsplätzen unter ergonomischen Gesichtspunkten. Angew. Arbeitswiss. **201**, 4–19 (2009)
3. Brombach, J., Carlstron-Hanauer, B., Lutzenberger, C., Kaltenbrunner, S.: Ergonomische Beurteilungen in der Montage – Auf den richtigen Wechsel kommt es an! In: Gesellschaft für Arbeitswissenschaft (Hrsg.) Gestaltung der Arbeitswelt der Zukunft. Dokumentation des. Arbeitswissenschaftlichen Kongresses der Gesellschaft für Arbeitswissenschaft, S. 141–143. GfA, Dortmund (2014)
4. DIN EN ISO 14738: Anthropometrische Anforderungen an die Gestaltung von Maschinenarbeitsplätzen. Beuth, Berlin, (Dezember 2008)
5. DIN EN ISO 26800: Ergonomie – Genereller Ansatz, Prinzipien und Konzepte. Beuth, Berlin (November 2011)
6. DIN 33402-2: Ergonomie – Körpermaße des Menschen – Teil 2: Werte. Beuth, Berlin (Dezember 2005)
7. Dockery, C.: International Work Shop – Ergonomics and Lean principles (Auszug aus einer firmeninternen Quelle). o. O. 2013
8. Feldmann, K., Gergs, H.-J., Slama, S., Wirth, U.: Montage strategisch ausrichten. Praxisbeispiele marktorientierter Prozesse und Strukturen. Springer, Berlin (2004)
9. Kagermann, H.; Wahlster, W.; Helbig, J.: Umsetzungsempfehlungen für das Zukunftsprojekt Industrie 4.0: Forschungsunion. acatech, Frankfurt a.M. (2013)
10. Kugler, M., Bierwirth, M., Schaub, K., Sinn-Behrendt, A., Feith, A., Ghezel-Ahmadi, K., Bruder, R.: Ergonomie in der Industrie – aber wie? Handlungshilfe für den schrittweisen Aufbau eines einfachen Ergonomiemanagements. Institut für Arbeitswissenschaft/Technische Universität Darmstadt, Darmstadt (2010)
11. Lang, S.: Durchgängige Mitarbeiterinformation zur Steigerung von Effizienz und Prozesssicherheit in der Produktion. Meisenbach, Bamberg (2007)
12. Lange, W.; Windel, A.: Kleine ergonomische Datensammlung, hrsg. von der Bundesanstalt für Arbeitsschutz und Arbeitsmedizin, 15. überarbeitete Auflage. TÜV Media, Köln (2013)
13. Leisgang, M., Brombach, J.: Flexomation – Optimale Investitionsentscheidungen in Bezug auf Stückkosten und Flexibilität. Betriebsprax. & Arbeitsforsch. **219**, 46–51 (2014)
14. Luczak, H.: Anthropometrische Gestaltung. In: Luczak, H. (Hrsg.) Arbeitswissenschaft. 2. vollständige neubearbeitete Auflage, Kap. 21.1, S. 588–601. Springer, Heidelberg (1998)
15. Marosky, N.: Grundsätze der Ergonomie erstmals in DIN EN ISO 26800 normativ festgelegt. DIN e. V., Berlin (2010)
16. Naleckij, K.: Ergonomische Gestaltung der manuellen Steckermontage. Diplomarbeit, Hochschule Munchen (2012)
17. Nerdinger, F.W., Blickle, G., Schaper, N.: Arbeits- und Organisationspsychologie. Springer, Berlin (2014)

18. Schaper, N.: Theoretische Modelle des Arbeitshandelns. In Nerdinger, F.W., Blickle, G. & Schaper, N. (Hrsg.) Arbeits- und Organisationspsychologie. 2. Auflage (S. 301–326). Springer, Berlin (2011)
19. Schlick, Ch.M., Bruder, R., Holger, L.: Arbeitswissenschaft, 3. Aufl. Springer, Wiesbaden (2010)
20. Slama, S.: Effizienzsteigerung in der Montage durch marktorientierte Montagestrukturen und erweiterte Mitarbeiterkompetenz. Meisenbach, Bamberg (2004)
21. Spath, D., Ganschar, O., Gerlach, S., Hämmerle, M., Krause, T., Schlund, S. (Hrsg.): Produktionsarbeit der Zukunft – Industrie 4.0. Fraunhoferverlag, Stuttgart (2013)
22. Steinberg, U.; Liebers, F.; Klußmann, A.; Gebhardt, H.; Rieger, M.A.; Behrendt, S.; Latza, U.: Leitmerkmalmethode Manuelle Arbeitsprozesse 2011. Bericht über die Erprobung, Validierung und Revision. Bundesanstalt für Arbeitsschutz und Arbeitsmedizin, Dortmund (2012)
23. Stowasser, S., Brombach, J., Rottinger, S.: Mitarbeiterbeteiligung und Personalentwicklung in Produktionssystemen. In: Gesellschaft für Arbeitswissenschaft (Hrsg.) Mensch, Technik, Organisation – Vernetzung im Produktentstehungs- und -herstellungsprozess. Bericht zum 57. Kongress der Gesellschaft für Arbeitswissenschaft, S. 909–912. GfA, Dortmund (2011)
24. Wiedenmaier, S.J.: Unterstützung manueller Montage durch Augmented-reality-Technologien. Shaker, Aachen (2004)
25. Wiesbeck, M.: Struktur zur Repräsentation von Montagesequenzen für die situationsorientierte Werkerführung. Dissertation, Institut für Werkzeugmaschinen und Betriebswissenschaften, Technische Universität München (2014)
26. Zuehlke, D.: Nutzergerechte Entwicklung von Mensch-Maschine-Systemen. Userware-Engineering für technische Systeme. Springer, Berlin (2012)

Über die Autoren

Dr. Johannes Brombach ist Professor an der Hochschule München. Vor dem Hintergrund seiner Industrieerfahrung, den Tätigkeiten in der Hochschule und in verschiedenen Institutionen und Gremien liegen seine Arbeitsschwerpunkte in den Bereichen Ergonomie, Prozessverbesserung und Industrial Engineering.

Michael Leisgang ist Manager bei einem internationalen Konzern. Er arbeitet in leitender Funktion, verantwortet einen großen Produktionsbereich und legt seinen Arbeitsschwerpunkt auf Produktionsmanagement und Industrial Engineering.

Arbeitszeitmodelle flexibel und bedarfsorientiert gestalten

Arno Reitmayer

12.1 Gesetzliche Vorschriften

Bei der Ausarbeitung neuer Arbeitszeitmodelle kann das Management nicht mit ungebremster Kreativität vorgehen. Gesetzliche Vorschriften aus dem Arbeitszeitgesetz, den Tarifverträge, dem Betriebsverfassungsgesetz und dem Arbeitsvertrag setzen Grenzen. Sucht man nach Spielräumen zur optimalen Gestaltung der Rahmenbedingungen von Arbeitsplätzen, so ist zunächst die Kenntnis dieser bestehenden gesetzlichen Vorschriften notwendig.

12.1.1 Arbeitszeitgesetz (ArbZG)

Die wichtigste Schutzvorschrift ist das Arbeitszeitgesetz. Arbeitszeit ist die Zeit vom Beginn bis zum Ende der tatsächlich geleisteten Arbeit – d. h. die am Arbeitsplatz verbrachte Zeit, ohne Ruhepausen oder privat veranlasste Unterbrechungen. Keine Arbeitszeit sind Wegezeiten, die der Arbeitnehmer von der Wohnung zur Arbeitsstelle im Betrieb zurücklegt. Die Arbeit im Betrieb beginnt auch noch nicht mit dem Betreten des Betriebsgeländes, sondern vielmehr erst mit der tatsächlichen Aufnahme der Arbeitsleistung. Ob Umkleide- und Waschzeiten zur vergütungspflichtigen Arbeitszeit zählen, ist umstritten. Das Umkleiden ist jedenfalls dann als Arbeitszeit zu betrachten, wenn das Tragen der Arbeitskleidung im alleinigen Interesse des Arbeitgebers liegt und der Arbeitnehmer die verpflichtend zu tragende Dienstkleidung nicht schon zu Hause anlegen darf.

A. Reitmayer (✉)
München, Deutschland
E-Mail: a.reitmayer@kabelmail.de

© Springer Fachmedien Wiesbaden GmbH 2017
R. Koether und K.-J. Meier (Hrsg.), *Lean Production für die variantenreiche Einzelfertigung*, DOI 10.1007/978-3-658-13969-8_12

Auch die Behandlung von Reisezeiten gibt häufig Anlass für Auseinandersetzungen. Zusammengefasst gilt hierzu Folgendes:

Reisezeiten des Arbeitnehmers, der durch Reisen seine Arbeitspflicht (z. B. als Servicetechniker) erfüllt, gelten als Arbeitszeit. Gleiches gilt für Arbeitnehmer, die im Rahmen einer Dienstreise ihre Hauptleistungspflichten erfüllen (z. B. Bearbeitung von Akten während der Bahnfahrt). Ebenso handelt es sich um Arbeitszeit, wenn der Arbeitgeber anordnet, dass der Arbeitnehmer auf einer Reise (selbst) Auto fahren muss.

Gemäß § 3 ArbZG darf die durchschnittliche tägliche Arbeitszeit grundsätzlich acht Stunden nicht überschreiten. Ausgehend von 6 Werktagen pro Woche (Montag bis Samstag), stehen damit 48 h Arbeitszeit pro Woche zur Verfügung. In Ausnahmefällen ist es zulässig, die maximale Arbeitszeit auf zehn Stunden täglich auszudehnen, wenn innerhalb von sechs Monaten bzw. 24 Wochen der Durchschnitt von acht Stunden werktäglich nicht überschritten wird. Das heißt, die Obergrenze der wöchentlichen Arbeitszeit (Montag bis Samstag) beträgt also $6 \times 10\,h = 60\,h$. Arbeitszeiten über 10 h pro Tag gestattet das ArbZG nur in sehr eingeschränkten Ausnahmenfällen oder Notfällen.

Hinweis:
Wird in einem Betrieb nur von Montag bis Freitag gearbeitet, so ist das wöchentlich zur Verfügung stehende Arbeitszeitvolumen von 48 h durch 5 Arbeitstage zu teilen; damit ergibt sich bei einer 5-Tage-Woche eine tägliche Arbeitszeit von 9,6 h, die geleistet werden dürfte, ohne mit dem ArbZG in Konflikt zu geraten.

Weiter ist nach den § 4 ArbZG die Einhaltung der Pausen- und Ruhezeiten zu gewährleisten. Bei einer täglichen Arbeitszeit von 6 bis 9 h Arbeitszeit ist eine Pause von 30 min, bei 9 h eine Ruhepause von 45 min einzuhalten. Spätestens nach 6 h muss eine Ruhepause gewährt werden. Eine Aufteilung in Zeitabschnitte von mindestens 15 min ist möglich.

Gemäß § 5 ArbZG ist nach Beendigung der täglichen Arbeitszeit, ebenso auch zwischen zwei Arbeitsschichten, eine ununterbrochene Ruhezeit von mindestens 11 h einzuhalten.

§ 9 ArbZG untersagt die Arbeit an Sonn- und Feiertagen. Ausnahmen bedürfen der Genehmigung der zuständigen Aufsichtsbehörde (Gewerbeaufsichtsamt). Für Arbeitsleistung an Sonn- und Feiertagen ist dem Arbeitnehmer ein Ausgleich zu gewähren. 15 Sonntage/Jahr müssen arbeitsfrei bleiben. Für zahlreiche Tätigkeiten bestehen gesetzliche Ausnahmeregelungen (z. B. öffentlicher Personenverkehr, Polizei, Rettungsdienste, Krankenhäuser, Pflegeeinrichtungen, Veranstaltungsdienste). Genehmigungsfrei sind an Sonn- und Feiertagen Instandhaltungs- und Wartungsarbeiten, Reinigungsarbeiten sowie die Bereitstellung von Material für die Produktion.

Der Arbeitgeber ist aufgrund von § 16 Abs. 2 ArbZG verpflichtet, die Arbeitszeit der Beschäftigten, die über die werktägliche Arbeitszeit von acht Stunden hinausgeht, zu erfassen, z. B. durch elektronische Zeiterfassung oder Aufzeichnung durch die Beschäftigten selbst. Die Aufzeichnungen müssen zwei Jahre lang aufbewahrt werden.

Die Einhaltung der Vorschriften des Arbeitszeitgesetzes obliegt der Gewerbeaufsichtsbehörde. Diese kann etwaige Verstöße durch erhebliche Geldbußen sanktionieren. Die Regelungen zur Arbeitszeit im Betrieb müssen die Vorgaben des Arbeitszeitgesetzes auf jeden Fall einhalten.

12.1.2 Tarifverträge

Im Rahmen der Entwicklung neuer Regelungen zur Arbeitszeit im Unternehmen ist auch zu prüfen, ob und welche Tarifverträge gegebenenfalls anzuwenden sind und ob diese Regelungen mit der neuen Arbeitszeitgestaltung in Einklang stehen.

Die verpflichtende Anwendung eines Tarifvertrages könnte sich aus der tarifbindenden Mitgliedschaft bei einem Arbeitgeberverband ergeben. Viele Verbände bieten aber auch eine Mitgliedschaft ohne Tarifbindung an, sodass das Unternehmen die Dienstleistungen des Arbeitgeberverbandes in Anspruch nehmen kann, ohne einen Tarifvertrag anwenden zu müssen. Eine Tarifbindung könnte sich aber auch aus einer Anerkennungsvereinbarung zwischen einem Unternehmen und der in der Branche zuständigen Gewerkschaft ergeben. Darüber hinaus könnten auch arbeitsvertragliche Klauseln, die auf Tarifverträge verweisen, zu einer verpflichtenden Anwendung von Tarifregelungen führen.

Gleichwohl muss die Anwendung von Tarifverträgen keine Einschränkung darstellen. Viele Tarifverträge enthalten Öffnungsklauseln, die es dem Unternehmer ermöglichen, gemeinsam mit dem Betriebsrat auch vom Tarifvertrag abweichende Vereinbarungen, insbesondere auch zum Thema Arbeitszeit, zu treffen. Soweit keine Öffnungsklauseln bestehen, kann im Rahmen von Verhandlungen mit den Gewerkschaften eine individuelle und bedarfsorientierte Regelung für das einzelne Unternehmen ausgehandelt werden (sogenannter Haustarifvertrag bzw. Ergänzungstarifvertrag).

12.1.3 Das Betriebsverfassungsgesetz (BetrVG)

Besteht bei einem Betrieb ein Betriebsrat, so ist dieser nach § 87 Abs. 1 Ziffer 2 BetrVG bei der Einführung einer neuen Arbeitszeitregelung zu beteiligen. Der Betriebsrat hat ein umfassendes Mitbestimmungsrecht. Das gilt insbesondere bei der Gestaltung der Arbeitszeiten (täglicher Beginn und Ende der Arbeitszeit), der Pausen, der Einrichtung von Zeitkonten, bei Mehrarbeit, Kurzarbeit, Bereitschaft, Rufbereitschaft, Schichtarbeit sowie bei Arbeit an Sonn- und Feiertagen.

Ferner besteht ein umfassendes Mitbestimmungsrecht des Betriebsrates auch bei Regelungen zur Zeiterfassung durch elektronische Geräte nach § 87 Abs. 1 Ziffer 6 BetrVG, wenn diese IT-Systeme zur Überwachung bzw. Erfassung von Leistung und Verhalten der Beschäftigten geeignet sind.

Es ist hierzu erforderlich, mit dem Betriebsrat einen Vertrag (eine sogenannte Betriebsvereinbarung) abzuschließen. Diese gilt sodann zwingend und bindend für alle Beschäftigten, außer für leitende Angestellte im Sinne von § 5 Abs. 3 BetrVG. Leitende Angestellte fallen nicht unter das BetrVG.

Kann keine Einigung über eine Betriebsvereinbarung zwischen den Betriebsparteien hergestellt werden, kann jede Partei die Einigungsstelle anrufen. Die Einigungsstelle besteht aus einer gleichen Anzahl von Vertretern des Arbeitgebers und des Betriebsrates sowie einer unparteiischen Person. Hierfür ist ein Richter der Arbeits- bzw. Landesarbeitsgerichte zu bestimmen. Nicht selten führt die Parteien bereits ein Streit über die Person des Unparteiischen zum Arbeitsgericht. Darüber hinaus verursacht eine Einigungsstelle, in deren Rahmen sich die Parteien von Rechtsanwälten unterstützen lassen, erhebliche Kosten.

Man kann nur dringend empfehlen, stets genau zu prüfen, ob der Weg über eine Einigungsstelle sinnvoll ist. Als Richtwert gelten je Verhandlungstag ca. 3000 bis 10.000 EUR. Selbst eine Entscheidungsfindung durch den Unparteiischen stellt nicht sicher, dass die vom Arbeitgeber gewünschten Regelungen umgesetzt werden.

12.1.4 Der Arbeitsvertrag

Außerordentlich wichtig ist es, vor der Einführung einer neuen Regelung zur Arbeitszeit auch die geltenden Arbeitsverträge zu prüfen.

Selbst wenn mit dem neuen Arbeitszeitmodell die Vorgaben des Arbeitszeitgesetzes eingehalten werden, im Übrigen keine Tarifverträge anzuwenden sind (bzw. diese mit der Neuregelung in Einklang stehen) und kein Betriebsrat vorhanden ist (bzw. eine Betriebsvereinbarung zur Arbeitszeit geschlossen wird), könnte es entgegenstehende Vereinbarungen zur Arbeitszeit im Arbeitsvertrag geben. Diese können eine einseitige Einführung eines neuen Arbeitszeitmodells verhindern.

In der Regel wird der Arbeitsvertrag eine Festlegung zur wöchentlichen Arbeitszeit enthalten. Bei Vollzeitbeschäftigten sind Vereinbarungen über ein Arbeitszeitvolumen von 40 h pro Woche durchaus üblich. Häufig wird aber gerade zur Lage und Verteilung dieses Volumens auf die einzelnen Wochentage keinerlei Regelung vorgenommen.

Teilweise werden auch nur Regelungen wie folgt getroffen: *„... die Arbeitszeit richtet sich nach den betrieblichen Gegebenheiten ...".* Derart offene Formulierungen lassen einen großen Spielraum für Interpretationen.

Starre Formulierungen wie z. B. *„ ... täglicher Arbeitsbeginn ist 08.00 Uhr ... "* ohne irgendeinen Vorbehalt etwaiger Änderungen zur Arbeitszeitregelung würden den Arbeitgeber erheblich einschränken, da jede Änderung der Zustimmung des Arbeitnehmers bedürfte.

Häufig wird daher zur Umsetzung der neuen Arbeitszeitbestimmungen eine Ergänzung bzw. Änderung des Arbeitsvertrages erforderlich sein, die eben das Einverständnis des Arbeitnehmers erfordert.

Idealerweise enthält der Arbeitsvertrag eine Formulierung wie z. B.:

„Arbeitszeit, Überstunden, Kurzarbeit

1. *Die wöchentliche Arbeitszeit beträgt .... Stunden.*

2. *Lage und Verteilung der täglichen Arbeitszeit und der Pausen richten sich nach den jeweiligen betrieblichen Bestimmungen. Änderungen der Arbeitszeit teilt der Arbeitgeber dem Arbeitnehmer so früh wie möglich mit.*

3. *Der Arbeitnehmer erklärt sich bereit, bei betrieblichem Bedarf in gesetzlich zulässigem Umfang Schicht- und Nachtarbeit sowie Rufbereitschaft und Bereitschaftsdienst zu leisten, sowie auch an Samstagen, Sonntagen und gesetzlichen Feiertagen zu arbeiten.*

4. *Der Arbeitnehmer verpflichtet sich, sofern betriebliche Belange dies erfordern, auf Anordnung des Arbeitgebers im Rahmen der gesetzlichen Bestimmungen Überstunden zu leisten. Maximal .... Überstunden im Kalendermonat sind mit der in Ziffer ..... bestimmten Vergütung abgegolten. Etwaige darüber hinaus erbrachte Überstunden werden durch Freizeit ausgeglichen.*

Hinweis:
Die Anzahl der abgegoltenen Überstunden darf nicht mehr als zehn Prozent der wöchentlichen bzw. monatlichen Normalarbeitszeit betragen und muss zudem in angemessenem Verhältnis zur Vergütung stehen.

5. *Der Arbeitgeber ist berechtigt, Kurzarbeit einseitig einzuführen, wenn ein erheblicher Arbeitsausfall vorliegt, der auf wirtschaftlichen Gründen oder einem unabwendbaren Ereignis beruht, und die Voraussetzungen für die Gewährung von Kurzarbeitergeld (§§ 95 ff. SGB III) gegeben sind. Dabei ist eine Ankündigungsfrist von drei Wochen einzuhalten. Für die Dauer der Kurzarbeit vermindert sich das Entgelt im Verhältnis der ausgefallenen Arbeitszeit zur wöchentlichen Arbeitszeit. "*

12.2 Das passende Arbeitszeitmodell

Der Arbeitgeber muss sich bei der Gestaltung von Arbeitszeitmodellen zwingend an die vorstehenden Vorschriften halten. Um das zu gewährleisten und trotzdem Flexibilität zu erreichen, ist es das Ziel, feste Arbeitszeiten zu vermeiden. In der Praxis haben sich zu diesem Zweck folgende Grundmuster durchgesetzt:

- Arbeit in Zwei- bzw. Dreischicht,
- Gleitzeit, flexible Arbeitszeitmodelle,
- Vertrauensarbeitszeit,
- Bereitschaft,
- Rufbereitschaft.

Ob diese Grundmuster jedoch die bestehenden Anforderungen erfüllen, sollen die nachstehenden Betrachtungen zeigen.

12.2.1 Erfassung der Ausgangssituation

Unerlässlich ist es, sich zunächst ein genaues Bild von der aktuell bestehenden Situation zu verschaffen.

Auf Grundlage des Istzustandes kann dann herausgearbeitet werden, welche Situation bzw. Regelung aktuell zu Problemen führt.

Im Folgeschritt ist die Frage zu beantworten, welche Ziele eine Arbeitszeitflexibilisierung zukünftig gewährleisten soll oder welchem Ziel ein Vorrang eingeräumt wird, um die konkrete Bedarfssituation herauszuarbeiten.

Typische Aufgabenstellungen sind beispielsweise:

- Die Attraktivität des Arbeitgebers soll erhöht werden. Flexible Arbeitszeiten, die den Beschäftigten Selbstständigkeit und Freiheit bei der Einteilung der Arbeitszeit geben, nehmen dann einen hohen Stellenwert bei der Auswahl des Arbeitszeitmodells ein.
- Zeitsouveränität, also die Möglichkeit, seine Arbeitszeit eigenverantwortlich zu planen und mit privaten Belangen in Einklang zu bringen, erhöht bei vielen Mitarbeitern die Produktivität und die Identifikation mit dem Unternehmen.
- Auch kann im Vordergrund für den Arbeitgeber stehen, die Arbeitsleistung abrufen zu können, wenn es die Auftragslage erfordert. Ein Ausgleich wird dem Arbeitnehmer geboten, wenn ein entsprechend geringer Arbeitskräftebedarf vorliegt. Hierdurch können unproduktive Zeiten der Mitarbeiter und Mehrarbeit, sowie deren Vergütung, vermieden werden.
- Flexible Arbeitszeiten können auch dem Zweck der Fehlzeitenreduzierung dienen. Mitarbeiter können leichter privaten Verpflichtungen nachkommen.
- Ein weiteres Ziel könnte auch darin liegen, durch unterschiedliche bzw. zeitversetzte Arbeitszeiten der Beschäftigten die Produktionszeiten bedarfsgerecht zu erhöhen.

Je nach Zielsetzung erweisen sich andere Vorgehensweisen als sinnvoll.

12.2.2 Ansätze zur flexiblen Arbeitszeitgestaltung

Die Vielfältigkeit der Zielsetzungen macht es bereits deutlich, dass es keine standardisierte Lösung für alle Problemstellungen gibt. Vielmehr gilt es unter Einbeziehung aller Vor- und Nachteile abzuwägen, welcher Gestaltungsansatz die bestmögliche Lösung bietet. Zu diesem Zweck sollen nun nachstehend einige Beispiele mit ihrem jeweiligen Sachverhalt, Ziel und Lösungsansatz vorgestellt und diskutiert werden.

Reduzierung Lieferzeit/variabler Beginn und Ende der Arbeit

Sachverhalt:

- Hersteller von Brillengläsern; Einzelanfertigungen/Kleinserien
- 100 Mitarbeiter, Arbeitszeit 35 h/Wo.
- Kurzfristiger Eingang von Aufträgen mit unterschiedlichem Volumen
- Auftragsplanung möglich für einen Zeitraum von wenigen Tagen bis einem Monat

Ziel:

- Wettbewerbsfähigkeit sichern und weiter verbessern
- Lieferzeiten verkürzen
- Hohe Flexibilität
- Optimierung der Arbeits- und Betriebsnutzungszeit

Lösungsansatz:

- Verteilung der wöchentlichen Arbeitszeit von 35 h i. d. R. auf Montag bis Freitag.
- Einführung von zwei Schichten, mit festgelegtem Schichtwechsel, z. B. 14.15 Uhr.
- Beginn der ersten Schicht zwischen 05.00 und 06.00 Uhr; Pause 45 min.
- Ende der zweiten Schicht zwischen 22.15 und 23.00 Uhr, Pause 30 min.
- Schichtbeginn und Schichtende sowie ggfs. erforderliche Samstagsschichten werden abhängig von Kennzahlen (Lieferzeit, Durchlaufzeit Produktion) festgelegt.

Zusätzliche Erläuterungen:

Nach Maßgabe der Kennzahlen und der aktuellen Auftragszahlen werden der Beginn der ersten Schicht und das Ende der zweiten Schicht festgelegt. Der Vorgesetzte sorgt für einen durchgehenden Produktions- und Materialfluss. Die Mitarbeiter sind verpflichtet, auf Abweichungen hinzuweisen.

Die Differenz zwischen der wöchentlichen Sollarbeitszeit und der Ist-Arbeitszeit wird auf einem Zeitkonto erfasst. Der Ausgleich erfolgt durch Freizeitentnahme ganzer Tage (höchstens 5 Tage auf einmal) nach Absprache mit dem Vorgesetzten. Für das Zeitkonto gilt keine Begrenzung. Liegt der Durchschnitt der Zeitguthaben aller Mitarbeiter bei 5 oder mehr Arbeitstagen, ist durch interne Versetzungen oder befristete Einstellungen eine Senkung der Zeitguthaben zu bewirken. Innerhalb eines Jahres muss im Durchschnitt die im Arbeitsvertrag vereinbarte wöchentliche Arbeitszeit des jeweiligen Mitarbeiters erreicht werden.

Das vorbeschriebene Modell ermöglicht eine optimale Betriebszeitnutzung und damit eine Reduzierung der Lieferzeiten. Bei geringer Auslastung können Kurzarbeit oder Entlassungen vermieden werden.

Bedarfsorientierte Arbeitszeit

Sachverhalt:

- Unternehmen spezialisiert auf mechanische Bauteile der Automobilindustrie
- Einzel- und Kleinserienfertigung gemäß Kundenvorgaben
- lang laufende Serien mit schwankenden Abrufzahlen
- Serien mit Vielzahl von Varianten – Einzelfertigung
- Arbeitszeit 35 h/Wo., starre Regelung
- Unterauslastung führte zu Füllarbeiten ohne Wertschöpfung; anschließende Hochauslastung mit kostenintensiver Mehrarbeit
- Erheblich schwankende Abrufzahlen auf der Grundlage von Rahmenverträgen
- Planungsmöglichkeit für maximal vier Wochen bis zu sechs Monaten
- Hoher Wettbewerbsdruck: unrentable Produkte wurden in der Vergangenheit bereits aufgegeben oder zu Produktionsstätten im Ausland verlagert

Ziel:

- Rationelle, kundenorientierte Produktion
- Kurzfristige Reaktion auf Auftrags- bzw. Nachfrageschwankungen

Lösungsansatz:

- Verteilung der wöchentlichen Arbeitszeit von 35 h i. d. R. auf Montag bis Freitag.
- Bei betrieblicher Notwendigkeit besteht die Möglichkeit zu Samstagsarbeit auf freiwilliger Basis.
- Wöchentliche Arbeitszeit ungleichmäßig verteilt mit 25 bis zu 60 h/Wo.
- Arbeitszeiten bis zu 45 h/Wo. bleiben zuschlagsfrei; alles darüber hinaus ist Mehrarbeit, die mit Zuschlag vergütet wird.
- Einrichtung eines Arbeitszeitkontos mit max. +100/–50 h
- Ausgleichszeitraum für das Zeitkonto ist ein Jahr
- Mitarbeiter erhalten wöchentlich einen Kontoauszug
- Einführung eines Drei-Schicht-Systems, jeweils mit einer Normalzeit von 7 h/Tag, einer Rahmenzeit (max. Arbeitszeit 10 h/Tag) und einer Kernzeit für minimale Arbeitszeitrahmen (max. 5 h/Tag)

	Kernzeit (Uhr)	Normalzeit (Uhr)	Rahmenzeit (Uhr)
Erste Schicht	07.00–12.30	06.00–13.30	05.00–15.30
Zweite Schicht	14.30–20.00	11.30–21.00	12.30–23.00
Dritte Schicht	14.30–20.00	21.00–04.30	20.30–07.00

Zusätzliche Erläuterungen:

Die Steuerung der täglichen Arbeitszeit erfolgt durch den Vorgesetzten auf Grundlage des Auftragsvolumens. Die Ankündigung der jeweiligen Wochenarbeitszeit durch den Vorgesetzten muss mit einer Frist von 3 Tagen erfolgen. Das beschriebene Modell ermöglicht eine Verbesserung der Produktivität. Füllarbeiten wegen Unterauslastung fallen weg, da die Arbeitszeit flexibel an die Auslastung angepasst werden kann. Mehrarbeit und Kostenbelastung für das Unternehmen werden reduziert. Die Zufriedenheit der Mitarbeiter steigt, da in auslastungsschwachen Zeiten kürzere Arbeitszeiten ermöglicht werden.

Stark schwankender Auftragseingang

Sachverhalt:
- Unternehmen befasst sich mit Herstellung, Montage und Vertrieb von Beleuchtungsprodukten für Industrie, Büro, Großmärkte
- Kapazitätsbedarf hängt von der Anzahl und der Größe der jeweiligen Projekte ab
- Die Auftragseingänge sind nicht vorhersehbar und unterliegen unzyklischen, hohen Schwankungen
- Aufträge müssen häufig kurzfristig eingeplant werden
- Liefertermine können häufig nicht eingehalten werden

Ziel:
- Kürzere Lieferzeiten und höhere Termintreue
- Größere Flexibilität und Eigenverantwortung der Mitarbeiter

Lösungsansatz:
- Die durchschnittliche wöchentliche Arbeitszeit richtet sich nach dem jeweiligen Arbeitsvertrag und schwankt zwischen 35 und 40 h.
- Mitarbeiter können mit einer Schwankungsbreite von 28 bis 42 Wochenstunden (35-Stundenvertrag) bzw. 32 bis 48 Wochenstunden (40-Stundenvertrag) eingesetzt werden. Dies entspricht einer Flexibilität von wöchentlich $\pm20\,\%$.
- Die tägliche individuelle Arbeitszeit kann sich dabei von 4 bis 10 h bewegen.
- Die wöchentliche Arbeitszeit kann von Montag 06.00 Uhr bis Samstag 06.00 Uhr auf drei Schichten verteilt werden.
- Die Betriebsöffnungszeit liegt zwischen Montag 06.00 Uhr und Samstag 18.00 Uhr.
- Die Arbeitszeit am Samstag wird in Abhängigkeit der Auftragslage bedarfsweise genutzt. Dies kann durch den Arbeitgeber durch Ankündigung von Samstagsarbeit (Mehrarbeit) oder durch die Mitarbeiter eigenständig im Rahmen der Zeitkonten erfolgen.
- Der Saldo auf dem eingerichteten Zeitkonto darf ±50 h betragen. Sollte dies den Kapazitätsanforderungen nicht genügen, könnte das Volumen erhöht werden.
- Das Zeitkonto wird als Ampel aufgebaut:

Grün $= \pm0$ bis ±25 h   (Mitarbeiter kann frei verfügen)

Gelb $= \pm26$ bis ±40 h   (Vorgesetzter und Mitarbeiter klären den weiteren Auf- bzw. Abbau des Zeitsaldos)

Rot $= \pm41$ bis ±50 h   (Vorgesetzter ordnet Maßnahmen zum Auf- bzw. Abbau an)

Zusätzliche Erläuterungen:
Innerhalb eines Zeitfensters von 12 Monaten muss das Zeitkonto einmal ausgeglichen (0 h) sein.

Mehrarbeit sind alle Stunden über 120 % der individuellen wöchentlichen Arbeitszeit und angeordnete Samstagsarbeit. Auf Wunsch des Mitarbeiters können Mehrarbeitsstunden auf dem Zeitkonto verbucht werden. Zuschläge werden in jedem Fall ausbezahlt.

Möchte ein Mitarbeiter auf eigenen Wunsch am Samstag arbeiten, muss er seinen Vorgesetzten vorab informieren. Diese Zeit geht in das Zeitguthaben ein und ist keine zuschlagspflichtige Mehrarbeit.

Mit vorstehendem Modell ist es möglich, auf die schwankende Auftragslage kurzfristig zu reagieren. Die höhere Eigenverantwortung der Mitarbeiter führt zu einer stärkeren Identifikation mit dem Unternehmen und zu einer höheren Zufriedenheit.

Rahmenarbeitszeit

Sachverhalt:
- Starke Schwankungen im Auftragseingang
- Auftragshorizont nur wenige Wochen
- Vorproduktion kundenanonym
- Endmontage kundenspezifisch auf Grundlage der konkreten Aufträge

Ziel:
- Schnellere Reaktion auf Marktveränderungen
- Anpassung Arbeitszeit an den schwankenden Beschäftigungsgrad

Lösungsansatz:
- Regelmäßige wöchentliche Arbeitszeit 35 h.
- Vereinbarung eines großzügigen Arbeitszeitrahmens, innerhalb dessen Führungskraft und Mitarbeiter disponieren können.
- Flexibilisierung der wöchentlichen Arbeitszeit von 21 bis 48 h und der täglichen Arbeitszeit von 4 bis 10 h.
- Regelarbeitstage Montag bis Freitag. Mitarbeiter können nach Absprache mit dem Vorgesetzten freiwillig und zuschlagsfrei am Samstag arbeiten.
- Täglicher Arbeitszeitrahmen von 06.00 Uhr bis 19.45 Uhr.

Zusätzliche Erläuterungen:
Die Arbeitnehmer bestimmen ihre Arbeitszeit nach folgenden Regelungen innerhalb des Arbeitszeitrahmens selbst:
- Mitarbeiter stimmen innerhalb der Abteilung bzw. Gruppe die Arbeitszeiten individuell ab

- die Arbeitsziele dürfen dabei nicht gefährdet werden

Bei der betrieblichen Notwendigkeit kann die Führungskraft Arbeitszeitveränderungen mit einer Ankündigungsfrist von drei Tagen anordnen. In Ausnahmefällen kann sogar auch noch kurzfristiger eine Änderung erfolgen. Dies ist aber nur in freiwilliger Abstimmung mit den betroffenen Mitarbeitern zu vereinbaren. Der Ausgleich von Zeitguthaben durch Freizeit erfolgt in Abstimmung zwischen den Vorgesetzten und Mitarbeitern durch Entnahme von ganzen Tagen. Betrieblich ggfs. erforderlicher Freizeitausgleich erfolgt auf Anordnung, aber mit einer Ankündigungsfrist von fünf Tagen. Eine Auszahlung von Zeitguthaben kann nur in Ausnahmenfällen nach Abstimmung mit der Geschäftsleitung bzw. der Personalleitung erfolgen. Die Steuerung des Zeitkontos erfolgt als Ampelkonto:

Grün $= \pm 40$ h   (Mitarbeiter kann frei verfügen)

Gelb $= \pm 41$ bis ± 60 h   (Vorgesetzter und Mitarbeiter klären den weiteren Auf- bzw. Abbau des Zeitsaldo)

Rot $= \pm 61$ bis ± 70 h   (Vorgesetzter ordnet Maßnahmen zum Auf- bzw. Abbau an)

Mehrarbeitszuschläge sind aber bei einer wöchentlichen Arbeitszeit von 48 h bzw. einem Zeitguthaben von +70 h zu leisten. Die Funktionsfähigkeit solcher Systeme setzt voraus, dass ein stetiger und reibungsloser Kommunikationsfluss zwischen Führungskraft und Mitarbeiter gelebt wird.

Kundenorientierte Funktionszeiten

Sachverhalt:

- Unternehmen mit ca. 220 Mitarbeitern entwickelt und vertreibt Komponenten und komplette Anlagen für den Maschinenbau in kleinen Serien
- Die Produktion erfolgt mit stark schwankender Auslastung nach Maßgabe der jeweiligen Kundenaufträge
- Die Produktionsplanung erfolgt auftragsorientiert innerhalb weniger Tage, längstens für Zeiträume von bis zu 6 Wochen
- Die Kunden fordern zunehmend eine deutliche Verkürzung der Lieferzeiten
- Es besteht ein Betriebsrat

Ziel:

- Erfüllung von Kundenwünschen innerhalb weniger Tage
- Leerlaufzeiten vermeiden
- Wegfall von Mehrarbeitszuschlägen
- Anpassung der Arbeitszeit an die konkrete Auftragslage
- Mehr Zeitsouveränität für die Mitarbeiter

Lösungsansatz:

- Keine Vorgabe von festen Arbeitszeiten.

- Die Arbeitsleistung kann im Zeitraum von 06.00 Uhr und 19.00 Uhr erbracht werden.
- Innerhalb dieser Rahmenzeit werden von den Vorgesetzten unter Einbeziehung der Mitarbeiter konkrete Funktionszeiten festgelegt. Diese richten sich nach den Bedürfnissen der Kunden bzw. des Betriebes.
- Die Abteilungsleiter informieren hierüber den Betriebsrat.
- Innerhalb der Abteilungen werden die betrieblichen Interessen und die Belange der Mitarbeiter gegeneinander abgewogen.
- Gelingt es nicht, eine Einigung zu erzielen, wird der Betriebsrat hinzugezogen.
- Geschäftsleitung und Betriebsrat führen bei Interessenkonflikten gemeinsam eine Einigung herbei.

Zusätzliche Erläuterungen:

Es besteht für jeden Mitarbeiter ein Zeitkonto, dessen Saldo sich von +150 bis hin zu −100 h bewegen kann. Erreicht das Zeitkonto 50 % der Ober- bzw. Untergrenze, klären der Vorgesetzte und der Mitarbeiter, wie das Zeitkonto wieder ausgeglichen werden kann. Die Geschäftsführung und die Abteilungsleiter werten den Verlauf der Zeitkontostände in regelmäßigen Abständen aus. Die Mitarbeiter erhalten ein verstetigtes Entgelt auf Grundlage der arbeitsvertraglich vereinbarten Arbeitszeit.

Angeordnete Mehrarbeit wird grundsätzlich vermieden. Kommt es in Ausnahmefällen zu einem erhöhten Arbeitskräftebedarf über einen längeren Zeitraum und können daher die vertraglich festgelegten Arbeitszeiten nicht eingehalten werden, wird der erforderliche Umfang der Mehrarbeit beim Betriebsrat beantragt.

Das Modell ermöglicht, die Ansprechbarkeit gegenüber den Kunden zu erhöhen. Die auftragsbezogene Fertigung kann sich stärker nach den Kundenbedürfnissen ausrichten. Gleichzeitig gewinnen die Mitarbeiter Freiräume bei der Gestaltung ihrer Arbeitszeit, die es ermöglichen, persönliche Belange zu berücksichtigen. Interessenkonflikte können dabei nicht ausgeschlossen werden, lassen sich aber in der gemeinsamen Abwägung der Interessen beider Seiten zumeist einvernehmlich bewältigen.

12.3 Zusammenfassung

Die Notwendigkeit, starre Arbeitszeitmodelle aufzugeben und zunehmend flexible Vereinbarungen zu treffen, wächst stetig. Profitieren können davon alle Beteiligten, also Arbeitgeber, Arbeitnehmer und nicht zuletzt der Kunde. Bei der Festlegung flexibler Arbeitszeitmodelle ist jedoch strikt auf die Einhaltung gesetzlicher Vorschriften zu achten. Dennoch bieten sich zahlreiche Gestaltungsansätze, die in Abhängigkeit der verfolgten Zielsetzung zu unterschiedlichen Lösungen führen.

Zusammenfassend ist darauf hinzuweisen, dass auch bewährte und in einer Vielzahl von Situationen erfolgreich angewandte Regelungen nicht auf jeden Einzelfall übertragbar sind. Sie können aber in der Regel als hilfreiche Formulierungsanregung dienen. Die individuellen Gegebenheiten der jeweiligen Bedarfssituation werden stets eine Anpassung an die konkreten Bedürfnisse erfordern. Gerade bei komplexen Arbeitszeitregelungen erscheint es daher zweckmäßig, sich bei der Formulierung von Arbeitszeitregelungen von arbeitswissenschaftlichen Fachleuten und Juristen unterstützen zu lassen.

Über den Autor

Arno Reitmayer ist angestellt beim Bayerischen Unternehmensverband Metall und Elektro e. V. sowie dem Verband der Bayerischen Metall- und Elektro-Industrie e. V. Er berät die Mitglieder der Verbände zu arbeitsrechtlichen Fragestellungen und führt für diese die Rechtsstreitigkeiten vor den Arbeitsgerichten. Darüber hinaus ist er zugelassener Rechtsanwalt.

Realisierung des Lean Warehouse bei den Stadtwerken München GmbH

Peter Weiss und Marcel Leurpandeur

13.1 Der Bereich Logistik bei den SWM

Die Stadtwerke München GmbH (SWM) sind das kommunale Versorgungs- und Dienstleistungsunternehmen der Landeshauptstadt München und ihrer Region, mit knapp 9700 Mitarbeitern. Das Leistungsportfolio der SWM setzt sich aus den fünf Geschäftsfeldern „Energie", „Verkehr", „Wasser", „Bäder" und „Telekommunikation" zusammen.

In der Konzernstruktur ist der Bereich Logistik dem Kaufmännischen Service der SWM zugeordnet. Dort werden zentrale Dienstleistungen für den Konzern als „shared service units" erbracht. Die Aufgabe des Bereiches Logistik ist es, in zentraler Position für den Konzern die Bedarfe der SWM-Geschäftsfelder hinsichtlich Beschaffung und Bereitstellung zu decken.

Die Logistik ist in fünf Fachbereiche gegliedert: die drei Einkaufsabteilungen „Bau- und Ingenieurleistungen", „Anlagen, Dienstleistungen und IT" und „Lieferleistungen, Fahrzeuge und Verkauf Altmaterial" sind für die Beschaffung der Bedarfe verantwortlich. Der Fachbereich „Materialwirtschaft" ist zuständig für die bedarfsgerechte Bereitstellung des beschafften Materials. Logistische Prozesse und IT-Systeme werden im Team „Logistik-Service" weiterentwickelt und betreut.

Diese organisatorische Unterteilung basiert auf der Philosophie der integrierten Bedarfsdeckung (IBD). Dieses Konzept ist eine Anpassung der „integrierten Materialwirtschaft"

P. Weiss (✉)
Mering, Deutschland
E-Mail: drpeterweiss@web.de

M. Leurpandeur
München, Bayern, Deutschland
E-Mail: leurpandeur.marcel@swm.de

© Springer Fachmedien Wiesbaden GmbH 2017
R. Koether und K.-J. Meier (Hrsg.), *Lean Production für die variantenreiche Einzelfertigung*, DOI 10.1007/978-3-658-13969-8_13

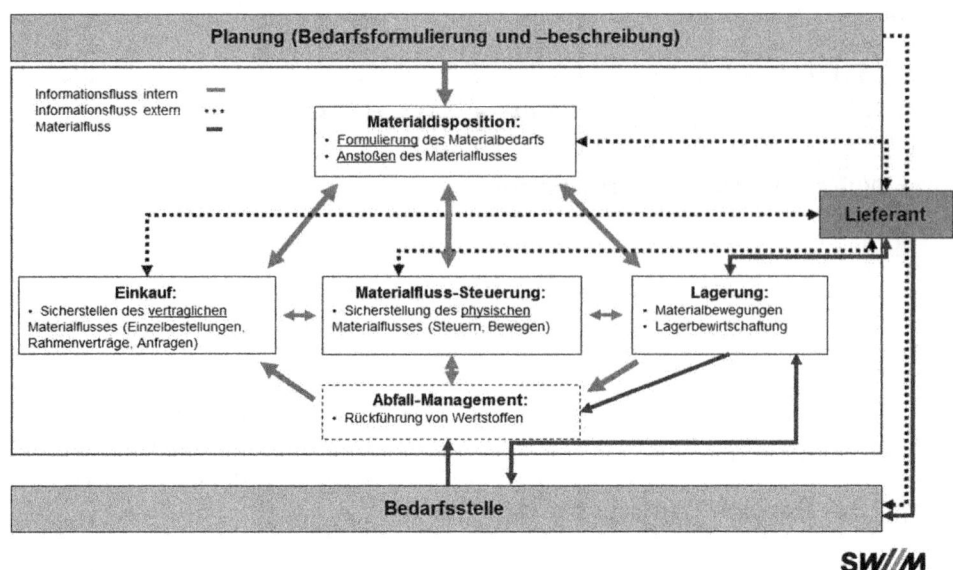

Abb. 13.1 Integrierte Bedarfsdeckung bei den Stadtwerken München GmbH, Material- und Informationsfluss

und des „Supply Chain Managements" an die spezifischen Bedürfnisse der SWM als kommunales Versorgungs- und Dienstleistungsunternehmen. Im Vergleich zur in sich abgeschlossenen Organisationsstruktur der SWM-Logistik integriert der IBD-Ansatz neben dem Einkauf und den materialwirtschaftlichen Schwerpunkten „Materialdisposition", „Materialfluss-Steuerung", „Lagerung" und „Abfall-Management", auch „Planung (Bedarfsformulierung und -beschreibung)", „Bedarfsstelle" und „Lieferant" in die Wertsteigerungsstufen der Unternehmung [9] (Abb. 13.1).

Zu den Kernzielen der SWM-Logistik gehört neben der Umsetzung des IBD und der „Abbildung von Konzern- und Geschäftsfeldstrategien und -bedürfnissen", auch „strategic and operational excellence" sowie die Erreichung eines „signifikanten Wertbeitrages für Konzern und Geschäftsfelder".

Dieser Beitrag stellt die Realisierung von Lean-Warehousing-Ansätzen für den Lagerstandort „Materialstützpunkt Netzbetrieb" (MSP) der SWM vor. Die Verantwortung für den operativen Betrieb und die strategische Weiterentwicklung des MSP liegt innerhalb der Logistik im Fachbereich Materialwirtschaft. Die Aufgabe der Materialwirtschaft ist die bedarfsgerechte Bereitstellung der angeforderten Materialien aus den Konzerngeschäftsfeldern. Aus organisatorischer Sicht ist der Fachbereich in die vier Teams Materialfluss-Steuerung, Lagermanagement, zentrale Dienstleistungen und Abfall-Management funktional gegliedert [9].

Die Aufgabe des MSP, der seinen Sitz auf dem Areal der Stadtwerkszentrale in München hat [6], ist die termin-, mengen- und qualitätsgerechte Bereitstellung der Bedarfe des

SWM-Bereiches Netz- und Anlagenservice. Dieser verantwortet im Geschäftsfeld „Energie" die Versorgungsnetze für Gas, Wasser, Strom, Fernwärme, Fernkälte und Fahrstromversorgung. Für die Ausführung dieses Vorhabens benötigt der Bereich Netz- und Anlagenservice Materialien und logistische Dienstleistungen, die verschiedenste Eigenschaften und Inhalte aufweisen. Der Fachbereich Materialwirtschaft betreibt im MSP vier Dienstleistungen mit den Bezeichnungen „Betrieb und Unterhalt", „Kanban", „Magazin", und „Kleiderkammer". Die Begrifflichkeiten sind vom Fachbereich Materialwirtschaft eigens gewählt.

Das Sortiment der Dienstleistung Betrieb und Unterhalt umfasst A- und B-Teile zur Instandhaltung der Versorgungsnetze im SWM-Geschäftsfeld „Energie". Zur Aufbewahrung dienen im MSP vier verschiedene Lagertypen. In einem Fachbodenregal lagern klein- und mittelvolumige Waren, das Kragarmregal dient der Bereithaltung von Materialien mit Überlänge und das Abspulregal der Kabeltrommelverwaltung. Der vierte Lagertyp ist ein Palettenregal, in dem abgeschlossene Kommissionierungen bereitstehen.

Im Serviceangebot Kanban lagern C-Teile, die zur Instandhaltung der Versorgungsnetze im Geschäftsfeld „Energie" eingesetzt werden. Die klassischen Grundelemente einer Kanban-Steuerung sind physische Behälter mit Kennzeichnungen in Form von Kanban-Karten. Sobald das Material aus einem Behälter verbraucht ist, werden die Informationen der Kanban-Karte an die Nachschubquelle übermittelt und der Wiederbefüllungsprozess in Gang gesetzt [1]. Gemäß diesem Verfahrensablauf einer Kanban-Steuerung aus der Produktionslogistik übernimmt die Materialwirtschaft den Begriff und passt die Prozesse an die vorherrschenden Abläufe an. Die Kommissionierung erfolgt wie bei der Dienstleistung Betrieb und Unterhalt im Mann-zur-Ware Prinzip, im Sinne einer statischen Bereitstellung. Der Unterschied zu oben beschriebenem Vorgehen ist allerdings, dass der Kunde die Kommission selbstständig ausübt.

Die dritte Serviceleistung trägt die Bezeichnung „Magazin". Die Mitarbeiter der Abteilung Netz- und Anlagenservice haben die Möglichkeit, Hilfsmaterialien zu entnehmen. Das Sortiment teilt sich dabei in Lagermaterial und nicht bestandsgeführte Artikel auf. Die Bestandsprodukte sind Hilfsmaterialien, die zur Instandhaltung der Versorgungsnetze im Geschäftsfeld „Energie" benötigt werden, und sind als C-Teile klassifiziert. Die Besonderheit bildet die Warengruppe „Werkzeuge". Für abgestimmte Zeitfenster und Bauvorhaben werden Gerätschaften vom MSP an die SWM-Mitarbeiter verliehen. Eine mobile Datenerfassung dokumentiert in elektronischer Form entnommene und zurückgebrachte Artikel auf Mitarbeiterebene.

Die Aufgabe der Materialwirtschaft bei der Abwicklung der Dienstleistung Kleiderkammer ist die Aufbewahrung der Arbeitskleidung für die Mitarbeiter des Netz- und Anlagenservices.

Die Bewirtschaftung der Kleiderkammer für den Bereich Netz- und Anlagenservice ist im sogenannten „Full-Service-Konzept" der Logistik für den Bereich Netz- und Anlagenservice enthalten und schließt die Dienstleistungen im MSP ab.

13.2 Das Lean-Warehousing-System „MSP-Haus"

Das „MSP-Haus" gilt als Philosophie für die Lean-Ansätze bei den SWM. Es fasst gleichzeitig die Lean-Prinzipien für den MSP in einem Schaubild zusammen. Mit der Einführung von Lean-Warehousing-Elementen bei den SWM ist die Entwicklung einer Darstellung mit hohem Wiedererkennungswert verbunden. Der Begriff „Haus" und die Abbildung als solches werden gewählt, um die Bedeutung jedes einzelnen Elementes herauszustellen. Darüber hinaus ist es noch entscheidender, dass die Komponenten zusammenspielen und das System stärken. Ohne diese gemeinschaftliche und gegenseitige Haltgebung der Bestandteile würde das Haus in sich zusammenbrechen.

Mit der Visualisierung des Zielkonzeptes als Haus wird Langfristigkeit ausgedrückt. Durch die Philosophie wird der MSP auf ein gemeinsames Ziel ausgerichtet, das über kurzfristige Entscheidungen und Gewinnziele hinausgeht. Somit lernen die Mitarbeiter des MSP ihre Mission kennen und verstehen. Das bildet wiederum die Grundlage für die Umsetzung aller weiterer Prinzipien [4] (Abb. 13.2).

Das Fundament des MSP-Hauses setzt sich zusammen aus der „Schaffung eines Sauberkeits- und Verschwendungsbewusstseins", dem „Heijunka-Prinzip" und der „ständigen Ermittlung und Aktualisierung des Kundenwertes". Zusätzlich zu den Basiselementen sind zwei Mitarbeiter im MSP-Haus dargestellt, die das Verinnerlichen des Sauberkeits- und Verschwendungsbewusstseins ausdrücken. Gleichzeitig meint diese Grafik, dass der Mitarbeiter und Mensch im Vordergrund des MSP-Hauses steht.

Die drei Säulen des Hauses bilden „Prozessstandardisierungen", die „3F3I-Führungsphilosophie" und das „Visuelle Management".

Das Dach des Hauses trägt die Bezeichnung „kontinuierliche Verbesserung des MSP-Hauses" und ist das Systemziel. Es kann nur erreicht werden, wenn alle Bausteine gleichermaßen miteinander kooperieren und sich gegenseitig stärken.

Abb. 13.2 Das MSP-Haus

Unter diesen Prämissen werden im Folgenden die Inhalte des MSP-Hauses für den MSP hervorgebracht.

13.2.1 Das Fundament des MSP-Hauses

Mit der Definition des Wertes der Leistung aus Kundensicht und dem Heijunka-Prinzip zur Standardisierung der Arbeitsabläufe werden zwei Elemente aus dem Fundament des MSP-Hauses vorgestellt.

13.2.1.1 Definition des Wertes der Leistung aus Sicht des MSP-Kunden

Die erste Lean-Management-Leitlinie ist die Definition des Leistungswertes aus Sicht des MSP-Kunden. Dabei ist es wichtig, die Bedürfnisse, Probleme und Wünsche des Kunden zu beachten. Im MSP wird der Wert der Leistung aus Sicht des Kunden folgendermaßen definiert: Der Wert der Leistung ist am höchsten, wenn das gewünschte Material innerhalb sehr kurzer Zeit verfügbar ist und der Kunde das reservierte Produkt selbstständig abholen kann.

Diese Leistungswertdefinition ist ausschlaggebend für die weiteren Module des MSP-Hauses und die Aufstellung von neuen Prozessen im MSP.

13.2.1.2 Das Heijunka-Prinzip zur Standardisierung der Arbeitsabläufe

Obwohl die Heijunka-Prinzipien ursprünglich für die Produktion konzipiert und realisiert wurden, können sie ebenso in der Lagerhaltung eingesetzt werden. Im MSP wird mit Heijunka ein schlanker und flexibler Tätigkeitsplan aufgestellt. Dieser hat die Absicht, die im MSP zu verrichtenden Arbeiten gleichmäßig über den Tag zu verteilen. Dadurch kann Unausgeglichenheit (Mura) vermieden werden. Des Weiteren wird durch einen standardmäßigen und ausgeglichenen Einsatzplan der Überlastung der Mitarbeiter im MSP vorgebeugt (Muri) und die Grundlage zur Identifizierung von Verschwendung (Muda) geschaffen [4]. Aus diesem Grund ist Heijunka als einer von drei Grundsteinen des MSP-Hauses installiert. Ausgehend von der Definition des Leistungswertes für den Kunden im vorangegangenen Kapitel wird ein Tätigkeitsplan entwickelt.

Durch die Nivellierung der Lagertätigkeiten im MSP ergeben sich insgesamt sieben Zeitstufen mit unterschiedlichen Schwerpunkten. Im Tätigkeitsplan erfolgt deren Abbildung und jeweilige Dienstleistungszuordnung. Insgesamt finden zwei Warenausgaben statt, die auf den Anfang und das Ende des Arbeitstages verteilt werden. Es sind zwei Wareneingangszeitfenster geplant, die zwischen 10:00 Uhr und 14:00 Uhr eingeordnet sind. Das erste Zeitkontingent beschäftigt sich mit den Wareneingängen der Dienstleistungen Magazin und Kanban, das zweite mit den Anlieferungen für Betrieb und Unterhalt. Zusätzlich findet eine Sortimentsüberprüfung statt. Hier werden Daten, z. B. die Information über leere Kanban-Behälter an die Systemlieferanten, übermittelt. Abgeschlossen wird der Werktag mit der Abhaltung einer täglichen und wöchentlichen Regelkommunikation im MSP. Nach der Durchführung der Regelkommunikation erfolgt

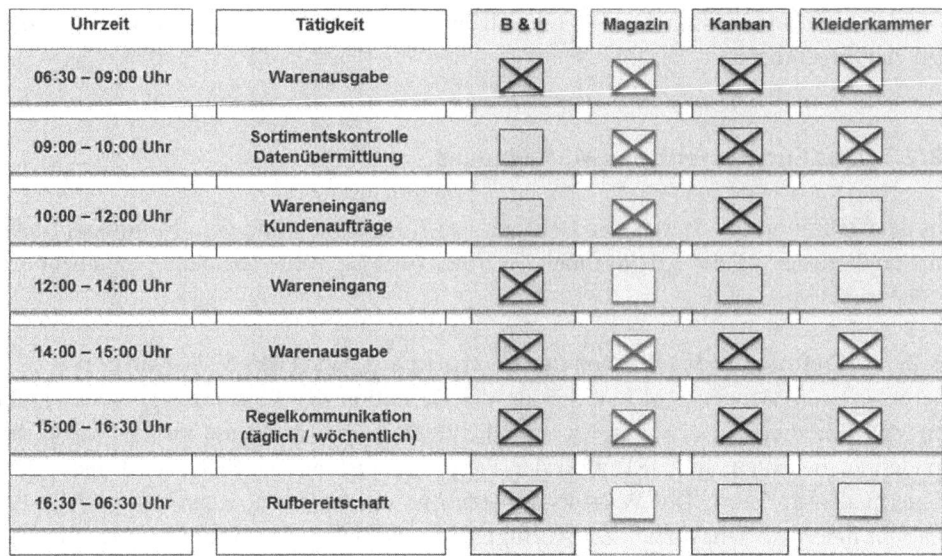

Uhrzeit	Tätigkeit	B & U	Magazin	Kanban	Kleiderkammer
06:30 – 09:00 Uhr	Warenausgabe	☒	☒	☒	☒
09:00 – 10:00 Uhr	Sortimentskontrolle Datenübermittlung	☐	☒	☒	☒
10:00 – 12:00 Uhr	Wareneingang Kundenaufträge	☐	☒	☒	☐
12:00 – 14:00 Uhr	Wareneingang	☒	☐	☐	☒
14:00 – 15:00 Uhr	Warenausgabe	☒	☒	☒	☒
15:00 – 16:30 Uhr	Regelkommunikation (täglich / wöchentlich)	☒	☒	☒	☒
16:30 – 06:30 Uhr	Rufbereitschaft	☒	☐	☐	☐

Abb. 13.3 Tätigkeitsplan für den MSP

bis zum nächsten Werktag eine Rufbereitschaft, die den Kunden in der Dienstleistung Betrieb und Unterhalt bei Notfällen Material bereitstellt (Abb. 13.3).

13.2.2 Die Führungsphilosophie 3F3I

Als eine von drei Säulen des Lean-Warehousing-Systems „MSP-Haus" gilt die Führungsphilosophie 3F3I. Der Name 3F3I ist eine selbst gewählte Begriffsdefinition und steht für das gemeinsame Zusammenwirken der Fachbereichsleitung und der operativ tätigen Mitarbeiter unter Einhaltung von Vereinbarungen. Nur wenn sich beide Seiten an die Regeln halten, kann das MSP-Haus erfolgreich in der Praxis gelebt werden. Das 3F3I-Führungsmodell lässt sich in zwei Ebenen unterteilen. „3F" beschreibt die verbindlichen Werte „Fördern", „Fordern" und „Freigeben" für die Führungsebene. Damit ist gemeint, dass sich die Führungskräfte der Philosophie verschreiben, ihr Personal mit Schulungsmaßnahmen fachlich und persönlich zu fördern, sie mit Hilfe von Verantwortungsübergabe zu fordern und Veränderungsvorschläge von Mitarbeitern zuzulassen. Der zweite Part betrifft die Ebene der Mitarbeiter und wird als „3I" zusammengefasst. Durch Identifikation mit den täglichen Tätigkeiten entstehen Ideen zur Verbesserung sowie Innovationen zur Neugestaltung von Prozessen und Abläufen.

Mit der Erklärung des 3F3I-Ansatzes wird ersichtlich, dass das Modell die Idee des Top-Down und Bottom-Up verfolgt. Es ist unumgänglich, dass der Fachbereichsleiter wirtschaftliche und smarte Ziele definiert und diese „top-down" vorgibt. Jedoch wird durch das Prinzip Bottom-Up die Intention gesetzt, die operativen Mitarbeiter von

„Betroffenen zu Beteiligten" zu machen. Die Mitarbeiter werden aktiv von den Führungskräften gefordert und in den Veränderungsprozess eingebunden, damit sie den Mehrwert von eigenen Ideen und Innovationen verstehen. Es ist nicht wichtig, den monetären Erfolg in den Vordergrund zu stellen, sondern die Kundenzufriedenheit und die Ausrichtung der Prozesse auf den Leistungswert für den Kunden. Daraus resultieren die Identifikation des Mitarbeiters mit seinem Arbeitsplatz und seine persönliche Zufriedenheit.

Das Bindeglied in der 3F3I-Führungsphilosophie zwischen operativem Mitarbeiter und Fachbereichsleitung ist die Teamleitung. Zwischen den Angestellten und der Teamleitung finden tägliche und wöchentliche Kommunikationstermine statt. Am Schichtende werden aufgetretene Probleme und neu generierte Ideen schriftlich erfasst und der Arbeitstag besprochen. Einmal in der Woche ereignen sich Regelkommunikationstermine, in denen die Probleme und Ideen der Woche geclustert und kurz- und langfristige Maßnahmen beschlossen werden. Des Weiteren wird ein Shopfloor-Management durchgeführt. Regelkommunikation und Shopfloor-Management sind Methoden aus der Lean-Philosophie. Diese werden in den darauffolgenden Unterkapiteln genauer erläutert (Abb. 13.4).

Zwischen der Teamleitung und dem Fachbereichsleiter werden wöchentliche und monatliche Austauschbesprechungen abgehalten. Monatlich erfolgt ein Reporting auf Basis von aktuellen und abgeschlossenen Aktivitäten sowie der Ergebnisse des Shopfloor-Managements.

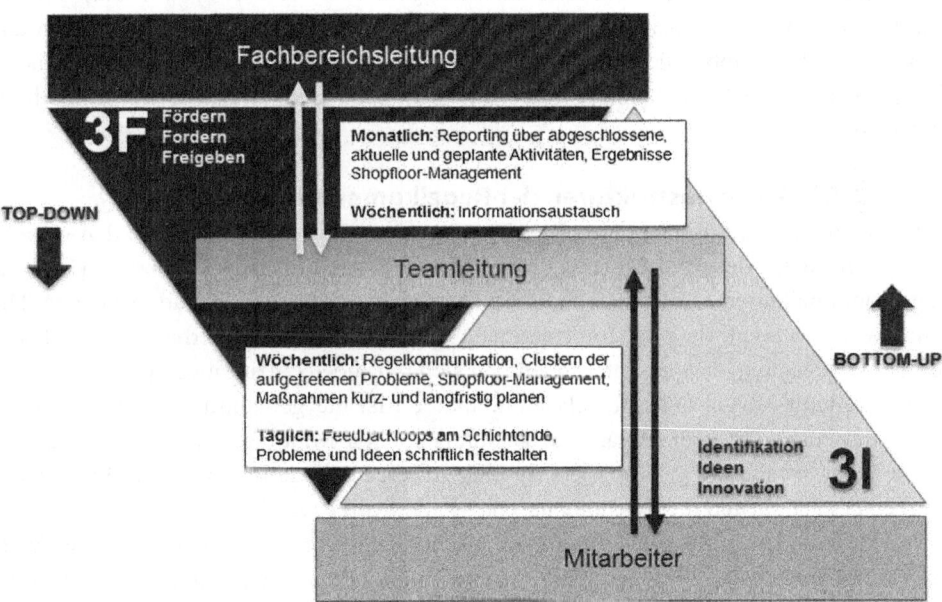

Abb. 13.4 Die Führungsphilosophie 3F3I

13.2.2.1 Der Einsatz des Shopfloor-Managements zur Ermittlung von Verbesserungspotenzialen

Der Begriff Shopfloor-Management setzt sich zusammen aus den Wörtern „Shopfloor" und „Management". Unter Shopfloor ist der Ort der Wertschöpfung zu verstehen, d. h. in dieser Arbeit das physische Lager des MSP. Management bedeutet im klassischen Sinne führen, kommunizieren und steuern. Durch das Verbinden der beiden Bausteine betrifft die Terminologie die Führung am Ort der Wertschöpfung. Shopfloor-Management hat das Ziel, Führungskräfte dabei zu unterstützen, Prozesse zu optimieren und kontinuierlich weiterzuentwickeln [5].

Für das Shopfloor-Management im MSP bildet das 3F3I-Führungsmodell den Rahmen. Dabei wird zwischen physischen Treffen und Aushangstrukturen unterschieden.

Die Meetings werden in folgender Reihenfolge umgesetzt und von Aushangstrukturen unterstützt: Die täglichen Schichtbesprechungen beinhalten das schriftliche Erfassen von aufgetretenen Problemen und Ideen und dauern nicht länger als 15 min. Die dafür vorgesehene Aushangstruktur bildet die tägliche Vorlage der Regelkommunikation [1].

Einmal pro Woche dienen Besprechungen zwischen den operativen Einheiten und dem Teamleiter der Klassifizierung und Clusterung von Problemen und Ideen. Es folgt eine Entscheidung über die weitere Handhabung dieser identifizierten Sachlagen. Diese Meetings sind ausführlicher zu gestalten als die täglichen Besprechungen. Als unterstützende Absatzstruktur hilft die wöchentliche Vorlage zur Regelkommunikation, in der die Ergebnisse schriftlich festgehalten und in der Teamecke ausgehängt werden.

Die dritte Hierarchieebene bildet das monatliche Meeting zwischen dem Teamleiter und dem Fachbereichsleiter. Hier wird auf Managementebene über zentrale Entwicklungen, neu erfasste Schwachstellen und Verbesserungen berichtet. Die Entscheidungen und Neuigkeiten dieses monatlichen Zusammenkommens werden wiederum in der wöchentlichen Teambesprechung kommuniziert und schließen den Kreislauf des Shopfloor-Managements ab.

13.2.2.2 Die Aushangstrukturen der Regelkommunikation

Der Aufbau einer funktionicrenden Regelkommunikation im MSP gehört zu den wesentlichen Merkmalen des 3F3I-Modells und ist eine wichtige Führungsaufgabe. Ein Ziel der Regelkommunikation ist der Informationsaustausch zwischen den Hierarchieebenen. Die Mitarbeiter erwarten, dass sie Informationen von Führungskräften erhalten, bei gleichzeitiger Gelegenheit, sich auszutauschen und sich mit Ideen einzubringen [7].

Ein weiterer Vorteil einer Regelkommunikation ist die gemeinsame Problembesprechung durch die Gruppeninteraktion. Dadurch können Mitarbeiter Lösungsansätze für Probleme ermitteln und sich gegenseitig über Arbeitsmethoden informieren. Das gegenseitige Verständnis und die Zusammenarbeit werden verbessert [10].

Im MSP findet eine tägliche und eine wöchentliche Regelkommunikation zwischen den Mitarbeitern und dem Teamleiter statt. Um die besprochenen und vereinbarten Inhalte zu dokumentieren, werden für beide Fälle Aushangstrukturen verwendet.

Beide Regelkommunikationsvorlagen beinhalten drei Blöcke. Allerdings unterscheiden sie sich im Umfang. Während die tägliche Checkliste nach Schichtende durchgesprochen wird, erfolgt der Jour Fixe wöchentlich. Die drei Blöcke der täglichen Checkliste behandeln den Kennzahlenabschnitt A, in dem die Anzahl der Wareneingänge und die belegten Bahnhöfe eingetragen werden. Das hat den Effekt, dass Entwicklungen transparent gemacht und Wochenspitzen und Saisontrends identifiziert werden. Block B dient der schriftlichen Festhaltung neuer Ideen, der abschließende Teil den aufgetretenen Tagesproblemen. Das fördert einerseits die Kreativität der Mitarbeiter, neue Ideen zu entwickeln und gleichzeitig Probleme zu identifizieren. Andererseits wird mit dem Abhalten der täglichen Besprechung präventiv gegen Verschwendung vorgesorgt, da ohne schriftliches Dokumentieren die Gefahr besteht, dass neue Ideen und identifizierte Schwachstellen von den Mitarbeitern vergessen werden (Abb. 13.5).

Die täglich ausgefüllten Checklisten bilden die Grundlage für die wöchentlichen Besprechungen zwischen den Mitarbeitern und dem Teamleiter. Die drei Blöcke sind „Themen zur Entscheidung", der „Status laufender Projekte" und „Information und Themenspeicher". Der Block A ist dabei am Wichtigsten und wird am Anfang der Besprechung abgehalten. Hier werden die neuen Ideen und aufgetretenen Probleme aus den täglichen Checklisten aufgenommen. Somit erfolgt wöchentlich eine Klassifizierung und Clusterbildung der Ideen und Probleme. Anschließend wird darüber entschieden, welche Ideen umgesetzt und welche Schritte eingeleitet werden, um Schwachstellen zukünftig zu vermeiden.

Themen für Dienstag, 13.12.2016			Protokollführer:				
Block	Kategorie	Nr.	Thema	Von wem?	Notiz	Wer macht's?	Erledigt
A	Themen zur Entscheidung	1.					
		2.					
		3.					
B	Status laufende Projekte	1.					
		2.					
		3.					
C	Information und Themenspeicher	1.					
		2.					
		3.					

Tägliche Checkliste		Woche	Name			
Block	Agenda	Mo	Di	Mi	Do	Fr
A	Durchgeführt?					
	Wareneingänge?					
	Bahnhöfe?					
B	Status laufende Aktivitäten					
C	Information und Themenspeicher					

Abb. 13.5 Vorlagen für die Regelkommunikation

Nach Besprechungsende werden die genannten Aushangstrukturen jeweils in der Teamecke ausgehängt und sind für alle Mitarbeiter des MSP frei zugänglich. Das steigert die Informationstransparenz für die Angestellten.

13.2.3 Prozesse standardisieren mit Hilfe von Lean Management

Die zweite Säule im Lean Warehousing „MSP-Haus" bilden Prozessstandardisierungen. Der Fokus liegt auf der Gestaltung von Abläufen, die einfach, stabil und transparent für das Personal und für die Kunden sind. Im weiteren Verlauf des Kapitels wird die Optimierung der Dienstleistung Betrieb und Unterhalt anhand eines Soll-Wertstromdiagramms vorgestellt, das Prinzip des One-Piece-Flows und U-Layout bei den Dienstleistungen Magazin und Kanban, bevor abschließend das Ziellayout des MSP erläutert wird.

13.2.3.1 Die Optimierung der Dienstleistung Betrieb und Unterhalt mit einem Wertstromdesign

Dieser Teilabschnitt erstellt ein Soll-Wertstromdesign für die Dienstleistung Betrieb und Unterhalt. Das bedeutet, dass die Modellierung aus drei Ebenen besteht: der Kunden-, der Steuerungs- und Planungs- und der physischen Prozessebene. Verzichtet wird auf die Zulieferebene und auf eine detaillierte Darstellung der Lagerprozesse im Zentrallager. Diese beiden Elemente sind nicht Teil der Betrachtungen dieser Arbeit. Bei der anschließenden Erklärung des Zielwertstromdesigns wird in einem 2-Schrittverfahren vorgegangen. Im ersten Abschnitt erfolgt die Vorstellung des Soll-Prozesses. Daran anknüpfend werden die Veränderungen zur Ist-Situation aufgezeigt und resultierende Konsequenzen offengelegt.

Der Erläuterungsstartpunkt des Soll-Material- und Informationsflusses ist die Kundenebene. Im Falle eines Materialbedarfs führt der Kunde eine elektronische Produktreservierung durch. Der Kunde nutzt den digitalisierten, internen SWM-Materialkatalog, der dem Kunden im SWM-Netzwerk zur Verfügung steht. Anschließend wird über das ERP-System eine elektronische Güterreservierung generiert. Diese Information wird der zweiten Ebene des Modells, der Planungs- und Steuerungsebene, zugestellt. Im Soll-Prozess wird sie durch die „Steuerung Zentrallager" verkörpert. Diese übergeordnete Leitstandsfunktion im Zentrallager erstellt auf Basis der eingehenden Materialreservierungen täglich Kommissionieraufträge, die in das Lagerverwaltungssystem des Zentrallagers eingespielt werden. Die täglichen Kommissionierungsaufträge werden an das Personal des Zentrallagers weitergeleitet (Abb. 13.6, 13.7).

In dieser dritten Ebene, der physischen Prozessebene, findet der Materialfluss statt. Nach den Auslagerungsprozessen im Zentrallager wird das Material im Zentrallager zur Verladung in den LKW bereitgestellt. Dabei signalisiert eine elektronisch verursachte Information den Warenausgang im LVS des Zentrallagers und ermöglicht gleichzeitig

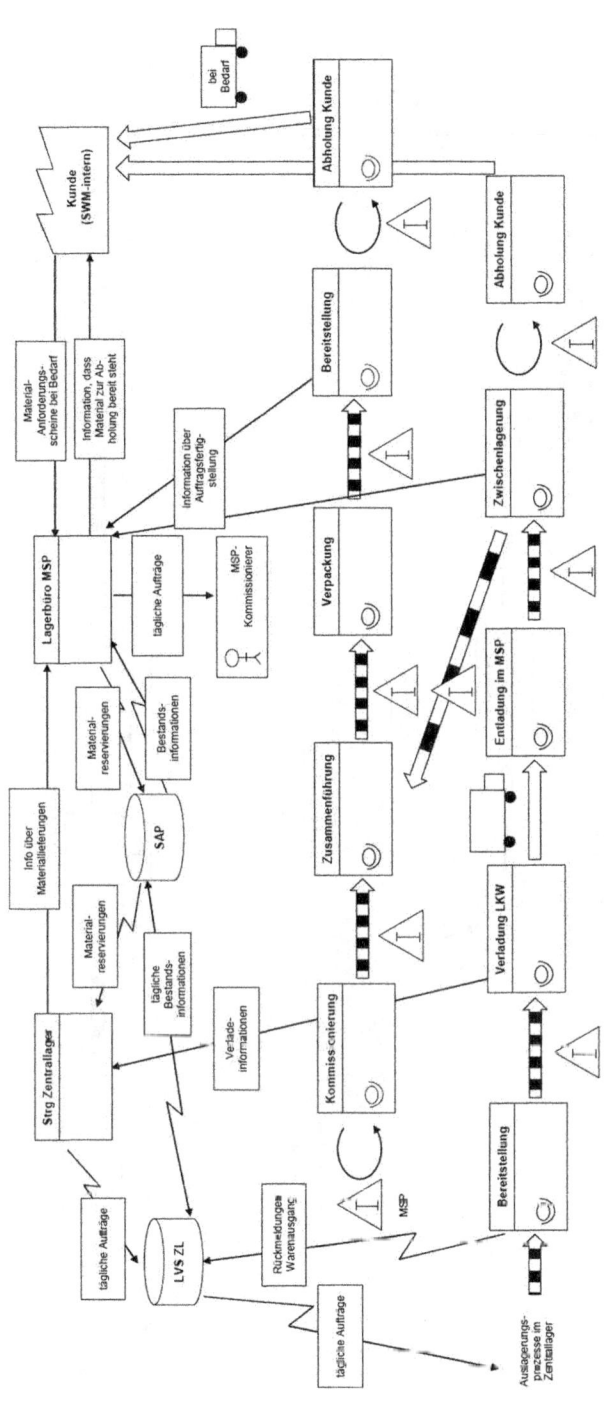

Abb. 13.6 Wertstromdesign Istzustand

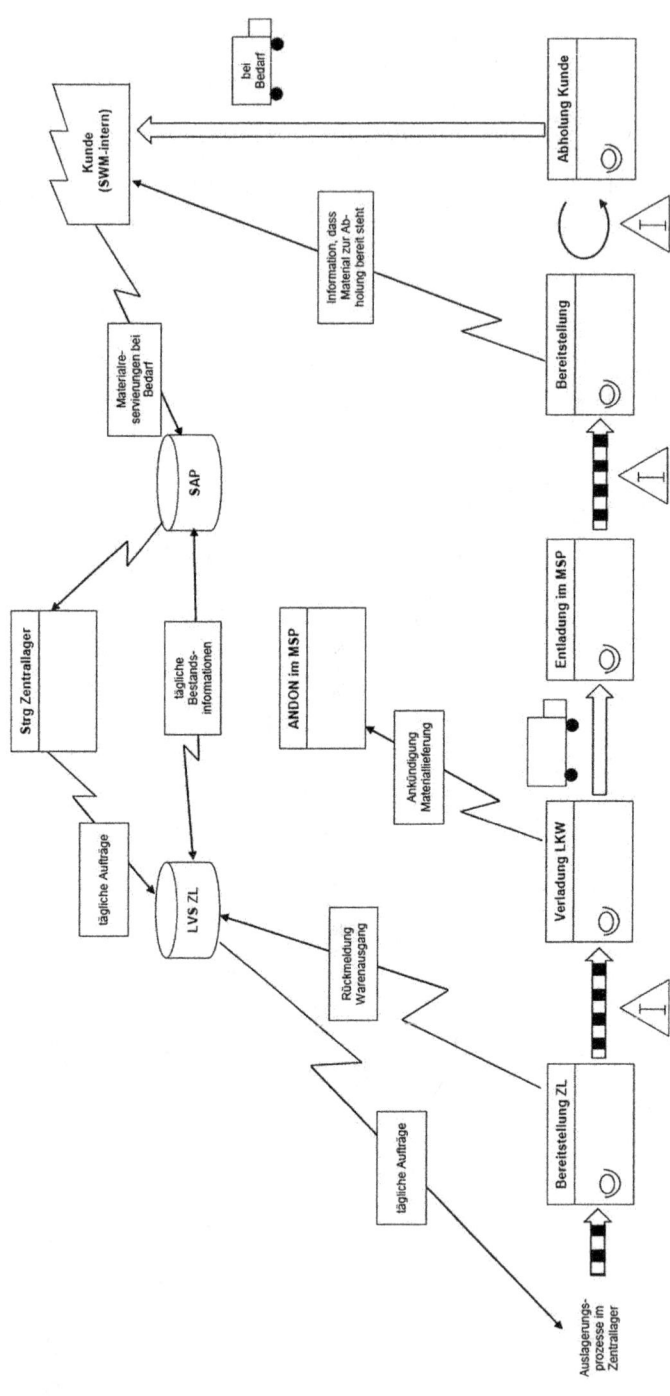

Abb. 13.7 Wertstromdesign Soll-Prozesse

den täglichen Bestandsabgleich zwischen dem LVS und dem ERP-System. Mit der Güterverladung in einen LKW werden in der physischen Prozessebene Informationen an den MSP übertragen. Dort kündigt ein an zentraler Stelle errichteter Monitor (Andon-Board) die Wareneingangslieferungen aus dem Zentrallager an und stellt diese visuell dar. Sobald der LKW im MSP in seinem vorgegebenen Zeitfenster eintrifft, werden die Materialien abgeladen und in einem Bahnhof im MSP eingelagert und bereitgestellt. Daraufhin erhält der Kunde eine elektronisch generierte Information, dass sein Material zur Abholung verfügbar ist. Mit der Produktabholung des Kunden endet der Prozess.

Im Vergleich zur Ist-Situation wird in der Kundenebene für die durchgängige Elektronisierung und Automatisierung des Informationsflusses gesorgt. Des Weiteren ersetzen Systemreservierungen handgeschriebene Materialanforderungsscheine. Die Absicht sind der Wegfall manueller Kommunikationsarten und die Konzentration auf wertschöpfende Informationsgenerierung.

In der Planungs- und Steuerungsebene erfolgt die Reduzierung von zwei Leitungselementen auf eine Einheit. Aus diesem Grund findet eine standardisierte und einheitliche Informationsübertragung an die Steuerung im Zentrallager statt.

In der physischen Prozessebene wird ein standardisierter Weg der Materialausgabe an den Kunden beschlossen. Im Vergleich zur Ist-Situation bedeutet das den Wegfall von zwei Materialbereitstellungspfaden und den Fokus auf einen Standardweg, der lediglich wertschöpfende Tätigkeiten enthält. Die Konsequenz daraus ist, dass im MSP kein Material der Dienstleistung Betrieb und Unterhalt gelagert wird. Die Sortimentskonzentration liegt auf einem Lagerstandort, dem Zentrallager. Der MSP wird ausschließlich durch das Zentrallager mit Material bedient. Diese Wareneingänge werden dem MSP über Andon-Boards angekündigt. Im MSP verbleiben Materialien, die im Notfall und außerhalb der Lageröffnungszeiten durch die technischen Abteilungen benötigt werden. Diese Güter werden in einem abgesperrten Lagerbereich zur Verfügung gehalten und sind nicht Teil des Standardprozesses.

13.2.3.2 Die Anwendung des One-Piece-Flows bei den Dienstleistungen Magazin und Kanban

Nach der Aufstellung eines Soll-Prozesses für die Dienstleistung Betrieb und Unterhalt mithilfe eines Wertstromdesigns beschäftigt sich dieses Unterkapitel mit den Dienstleistungen Magazin und Kanban. Dieser Abschnitt stellt mit dem One-Piece-Flow eine Methode vor, deren inhaltliche Gestaltung darauf abzielt, die Prozessverantwortung und -durchführung auf den Kunden zu übertragen. Der One-Piece-Flow verfolgt das Ziel der Schaffung eines Fließprinzips, bei dem ein Werkstück nach der Bearbeitung ohne Unterbrechung an den nächsten Prozessschritt weitergeleitet wird, um dort bearbeitet zu werden [1].

Diese theoretische Erläuterung bedeutet für die Umsetzung des One-Piece-Flows im MSP, dass zwischen den werthaltigen Aktiväten keine Wartezeiten liegen dürfen. Die Besonderheit bei der Gestaltung des One-Piece Flows für den MSP ist, dass die Ausführung durch den Kunden geschieht. Es werden drei Prozessschritte aufgestellt, die von wertschöpfender Bedeutung und vom Kunden auszuüben sind (Abb. 13.8).

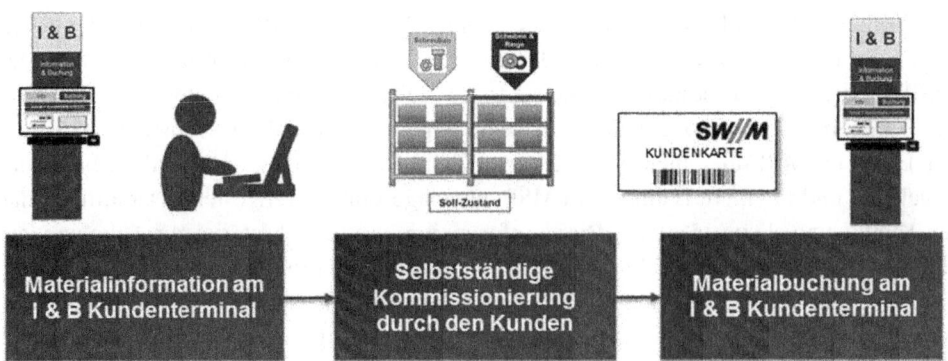

Abb. 13.8 One-Piece-Flow im MSP

Das zentrale Hilfsmittel zur Abwicklung des One-Piece-Flows bildet die Installation eines Informations- und Buchungsterminals (I-&-B-Kundenterminal) im MSP. Dieser besteht aus einem Bildschirm, einer Tastatur und einem Barcode-Lesegerät. Mit einer intelligenten „Dreieckslösung" werden drei Informations- und Buchungsterminals zur Verfügung gestellt. Das Kundenterminal ist sowohl Start- als auch Endpunkt des Kommissionierungsprozesses und erfüllt mit „Information" und „Buchung" zwei Funktionen. Über die Auswahl des Punktes „Information" auf dem Monitor des Terminals erhält der Kunde Auskünfte über das Magazin- und Kanbansortiment des MSP. Anschließend sammelt der Kunde im Mann-zur-Ware-Prinzip eigenständig die gewünschten Produkte ein. Mit dem Schritt „Materialbuchung am I-&-B-Kundenterminal" findet der One-Piece-Flow seinen Abschluss. Der Kunde erfasst unter dem Menüpunkt „Buchung" mit dem Barcode-Lesegerät seine SWM-Kundennummer sowie die entnommenen Güter. Die Daten werden auf seinem Account gespeichert, und im Hintergrund kann die erbrachte Leistung innerbetrieblich verrechnet werden (Abb. 13.9).

Der Nutzen einer solchen Vorgehensweise sind die Steigerung der Arbeitsmoral der Mitarbeiter, die Reduzierung von Kosten in der Lagerbewirtschaftung und die Schaffung von Flexibilität [4]. Dadurch dass der Kunde selbstständig für die Materialentnahmen bei den Dienstleistungen Kanban und Magazin zuständig ist, entfällt die Abhängigkeit von den MSP-Mitarbeitern. Der Fachbereich Materialwirtschaft hat die Aufgabe, für einen wirtschaftlichen Materialnachschub zu sorgen. Das bedeutet, das Sortiment auf Vollständigkeit zu kontrollieren und die Materialbedarfe an die Systemlieferanten zu übermitteln.

13.2.3.3 Nutzung eines U-Layouts für Magazin und Kanban

Mit der Einführung des One-Piece-Flows ist die Anordnung der Dienstleistungen in einem U-Layout eng verbunden. Um die Ausrichtung von Regalen in einer U-Form zu verstehen, behilft sich ein Exkurs zu seinem Ursprung als Lean-Management-Methode in der Produktion. Indem die Produktion u-förmig und prozessorientiert ausgelegt wird, werden mehrere verschiedenartige Tätigkeiten mit einer flexiblen Mitarbeiterschaft ausgeführt.

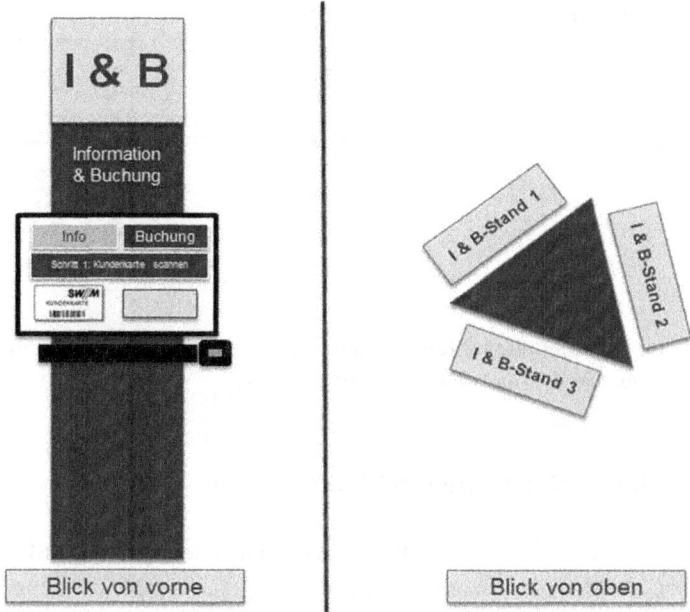

Abb. 13.9 Informations- und Buchungsterminal

Der Anfang und das Ende des Materialflusses liegen beim U-Layout gegenüber, damit an einem Punkt das Vormaterial und die Fertigteile gelagert werden. Mehrere unterschiedliche Arbeitssysteme sind nah beieinander angeordnet, um die Flexibilität der Mitarbeiter vorteilhaft einzubringen [3].

Nach den theoretischen Erläuterungen aus der Produktionsindustrie erfolgt der Transfer in die Lagerhaltung und in das Lean-Management-System des „MSP-Hauses". Die Dienstleistungen Kanban und Magazin sind in einem U-Layout gestaltet. Am Anfang und am Ende des U-Layouts sind die Informations- und Buchungsterminals platziert. Einerseits bietet der Bildschirm den Rahmen, einen Einblick in das Sortiment zu erhalten und den Lagerplatz der Produkte zu erfahren. Andererseits wird der One-Piece-Flow abgeschlossen, in dem die Kunden an den Selbstbedienungsstationen ihre Produkte mit Barcode-Lesegeräten auf ihre Accounts buchen. Dieser Bereich wird als Anfang und als Ende des Informations- und Materialflusses für die Dienstleistungen Kanban und Magazin festgelegt (Abb. 13.10).

Das U-Layout bietet dem Kunden durch eine transparente und offene Lagerregalanordnung die Möglichkeit, die Dienstleistungen Kanban und Magazin auszuführen. Physische Grenzen zwischen den Dienstleistungen werden aufgehoben und prozess- und kundenorientiert angeboten. Zudem wird mit dieser Anordnung das Konzept des One-Piece-Flows auf eine flächensparende Weise umgesetzt. Ausgehend vom Startpunkt sammelt der

Abb. 13.10 Anordnung der
Lagerregale im U-Layout

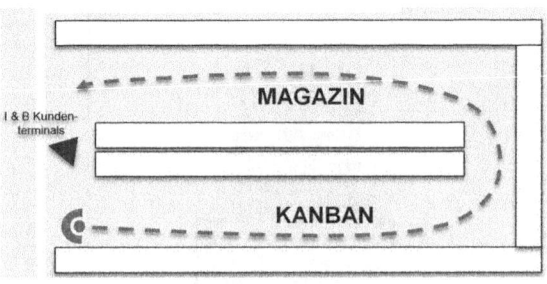

Kunde entlang der gestrichelten Pfeillinie seine benötigten Materialien ein und beendet
den One-Piece-Flow bei den mobilen Kundenterminals.

13.2.4 Die Nutzung des visuellen Management

Das eingangs dieses Kapitels vorgestellte Lean-Management-Modell „MSP-Haus" baut
im Wesentlichen auf dem Menschen und seinen Fähigkeiten auf. Maschinen und Infor-
mationstechniken stehen nicht im Vordergrund. Die Visualisierung als Managementansatz behilft sich der menschlichen Eigenschaften, auf größere Entfernungen in kurzer
Reaktionszeit, sprachenunabhängig Informationen aufzunehmen. Somit lässt sich auf den
ersten Blick erkennen, ob Standards eingehalten werden. Das Ziel der Visualisierung ist
die Schaffung von Transparenz. Darüber hinaus werden Arbeitsabläufe vereinfacht, eine
Faktenorientierung gefördert und der kontinuierliche Verbesserungsprozess forciert [2].

Aus diesem Grund ist das visuelle Management als eine von drei Säulen in das MSP-
Haus aufgenommen worden. Im weiteren Verlauf dieses Kapitels werden die praktischen
Ausführungen des visuellen Managements im Lager erklärt. Das aktuelle Arbeitsauf-
kommen im MSP wird mittels Andon sichtbar gemacht, Markierungen für Lagerregale
steigern Flexibilität und die Kundenorientierung. Des Weiteren schaffen Teamecken eine
transparente Informationsquelle für Mitarbeiter.

13.2.4.1 Visualisierung des aktuellen Arbeitsaufkommens mit Andon

„Andon" ist eine Lean-Management-Methode aus dem Gestaltungsprinzip „Visuelles
Management". Es verkörpert ein Informationssystem, das Probleme und Zielwerte aus
dem operativen Ablauf für die Mitarbeiter transparent macht. Als Hilfsmittel werden
optische (z. B. Anzeigetafeln, Lichtzeichen, Signalleuchten) oder akustische Signale
(z. B. das Abspielen einer Hintergrundmusik, Warnlaute) eingesetzt [8].

Diese Hinweise helfen, Ablaufstörungen schnell zu lokalisieren und zu identifizieren. Vor Ort wird das Problem auf einem „Andon-Board" sichtbar gemacht, z. B. mit
dem Aufleuchten der Nummer des betroffenen Regalbediengerätes. Die Schichtbetreuer
versuchen, das Problem zu beheben oder eine Einschätzung über den weiteren Vorgang der Lösungsfindung zu treffen. Das Ziel dieser Maßnahme ist eine wirtschaftliche

Kontrolle der eingesetzten technischen Ressourcen. Mit diesen Vorgehensweisen können Kosten gesenkt werden. Die Nutzung von Anzeigetafeln ist ein weiteres Exempel für das visuelle Management durch „Andon". An ausgewählten Stellen werden großflächige Bildschirme installiert. Zu diesem Zweck können Tageszielwerte und weitere Kennzahlen abgebildet werden. Ziel sind die Schaffung von Transparenz im Arbeitsfortschritt und die Erreichung einer flexibleren Personaleinsatzplanung zu Tages-, Monatsoder Saisonspitzen [2].

Im MSP wird ein Monitor installiert, der als Andon-Board fungiert. Dieses Andon-Board dient der Schaffung von Transparenz und zur Steigerung des Informationsgehaltes für die Mitarbeiter. Der Bildschirm wird in drei Felder unterteilt und hat die Warenbewegungen der Dienstleistung Betrieb und Unterhalt zum Inhalt. Der linke Abschnitt visualisiert die geplanten Warenanlieferungen im MSP für den aktuellen Arbeitstag, plus die Vorausschau der kommenden vier Werktage. Dadurch dass im MSP ein LVS fehlt, hat dieser Bildschirmbereich die Absicht, die Mitarbeiter mit den notwendigen Informationen zu versorgen. Wareneingänge werden planbar und Ineffizienzen können vermieden werden. In der Monitorsequenz, die im rechten unteren Bereich zu sehen ist, sind die verfügbaren Bahnhöfe im MSP grafisch dargestellt. Das hat den Zweck die Lagerregalauslastung des MSP zu visualisieren und einen Überblick zu geben, inwieweit die ausstehenden Wareneingänge aufgenommen werden können. Somit sind im Falle einer zu hohen Auslastung frühzeitig Gegenmaßnahmen vorausschauend planbar.

Das dritte Feld auf dem Andon-Board im MSP zeigt den „Status" verfügbarer Bahnhöfe, im Zusammenspiel mit geplanten Wareneingängen. Visualisiert wird dieser Stand mit einem Kopfgesicht. Je nach aktuellem Stand nimmt es einen von drei Gesichtsausdrücken an (Abb. 13.11).

Im Beispiel hat das Kopfgesicht einen neutralen Gesichtsausdruck. Das bedeutet, dass die Last des aktuellen Arbeitstages zu meistern ist. Jedoch ist mit Blick auf den darauffolgenden Werktag eine Überlastung der Lagerplätze zu erwarten.

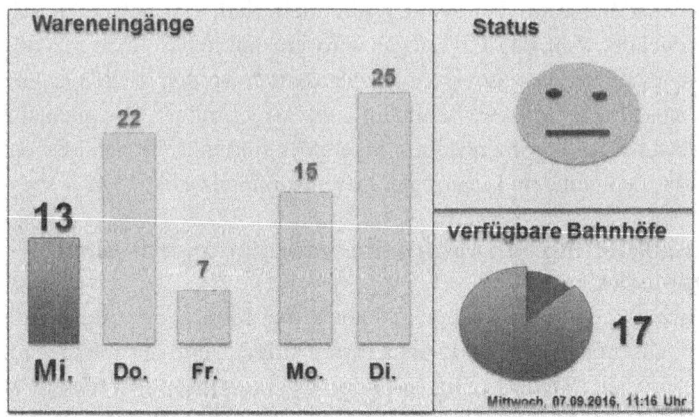

Abb. 13.11 Andon-Board

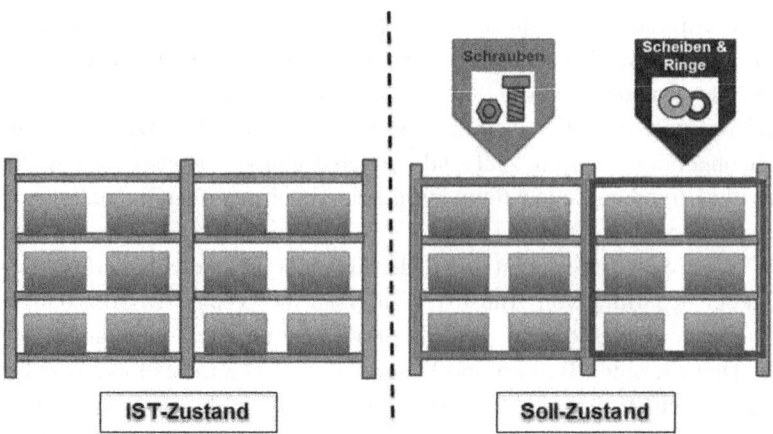

Abb. 13.12 Kundenorientierte Lagerregale

13.2.4.2 Das Generieren von kundenorientierten Lagerregalen

Dieser Teilabschnitt beschäftigt sich mit den Dienstleistungen Kanban und Magazin
im MSP. Durch die Anordnung der Fachbodenregale in einer U-Form können Kunden
in einem One-Piece-Flow beide Dienstleistungen in einem Gang durchschreiten und
die von ihnen benötigten Artikel entnehmen. Da die Kunden das beschriebene Vorgehen selbstständig und ohne Mitarbeiter des MSP ausführen können, steigt der Wert der
Dienstleistungen aus Kundensicht. Der Einsatz von farblich markierten Lagerregalen
verstärkt die Kundenorientierung.

Im Sollzustand wird die Visualisierung genutzt, um einzelne Sortimentsgruppen der
Dienstleistungen Kanban und Magazin farblich hervorzuheben. Das hat den Effekt, dass der
Suchaufwand reduziert wird. Im Istzustand ist die Identifikation der Regal- und Kistenin-
halte aus Entfernung nicht möglich, weil Beschriftungen und Kennzeichnungen fehlen. In
der Soll-Situation lässt sich dagegen bereits aus der Distanz erkennen, welche Sortimentsklassen an welcher Stelle im U-Layout positioniert sind. Dafür werden zwei technische
Hilfsmittel verwendet. Auf das Lagerregal wird ein farbliches Rechteck positioniert, das
die Sortimentsklassen voneinander abgrenzt. Zusätzlich werden in der Gangmitte Beschrif-
tungsschilder angebracht. Auf den Schildern sind die jeweiligen Sortimentsinhalte visualisiert. Das bedeutet, dass Sortimentslogos abgebildet sind und die Schilder optisch mit den
farblichen Rechtecken auf dem Lagerregal übereinstimmen (Abb. 13.12).

13.2.4.3 Visualisierung von Mitarbeiterinformationen in einer Teamecke

Durch die Errichtung einer Teamecke haben die Mitarbeiter die Möglichkeit, sich
untereinander auszutauschen und gemeinsam Ideen und Probleme im operativen
Bereich zu besprechen. Darüber hinaus findet sich eine Plattform für die Abhaltung der
Regelkommunikation. Als Instrument zur funktionellen Unterstützung der Teamecke
dient eine Teamtafel, an der Mitarbeiterinformationen dargestellt sind (Abb. 13.13).

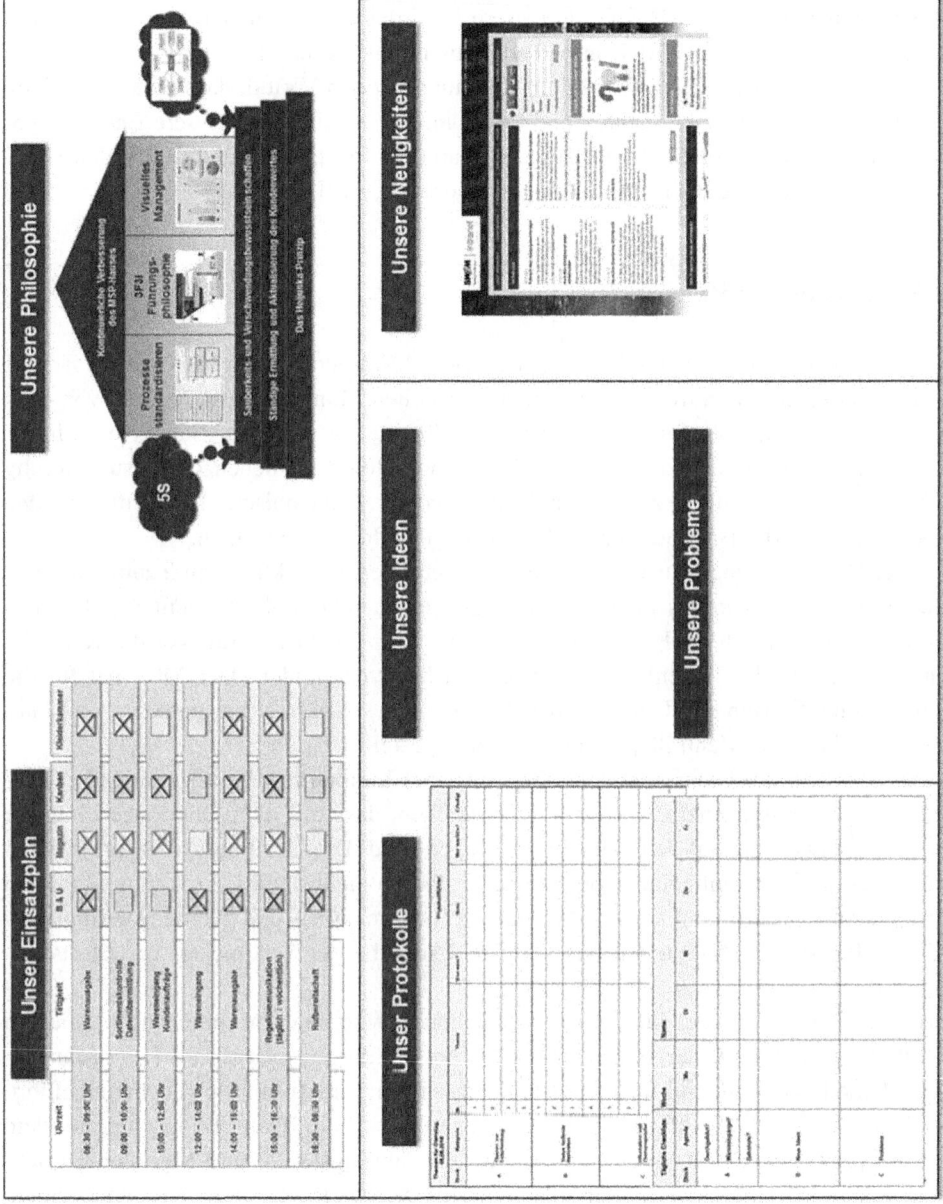

Abb. 13.13   Teamtafel im MSP

Die Tafel ist in sechs Felder aufgebaut und gibt Informationen über den Einsatzplan, die Philosophie des Lean-Systems MSP-Haus. Zusätzlich sind Besprechungsergebnisse der Regelkommunikation zu finden. Dazu bietet die Tafel Platz, neue Ideen und Probleme schriftlich festzuhalten und die Notizen für die nächste Regelkommunikation zur Diskussion heranzuziehen. Das Feld „Unsere Neuigkeiten" beinhaltet den Aushang von Entwicklungen aus dem SWM-Konzern oder abteilungsinterne Meldungen.

Diese Art und Weise der Informationsverteilung hat den Vorteil, dass die Angestellten über aktuelle Geschehnisse, Zahlen und Daten informiert sind und bessere Entscheidungen treffen. Die einheitliche Aufteilung der Teamtafel in Standardfelder hilft, den Überblick zu wahren und zeitnah Abweichungen zu erkennen [2].

13.3 Zusammenfassung

Mit der Transformation des MSP zu einem „lean" Warehouse werden mehrere Trends und Entwicklungen identifiziert. Mithilfe des visuellen Managements, in Form von optischen Regalen, einem Andon-Monitor und einer Teamecke, wird das Ziel verfolgt, Informationsflüsse transparent zu gestalten. Das Andon-Board ist neben der Visualisierung auch ein Beispiel für die Tendenz zur Digitalisierung. Elektronische Hilfsmittel werden eingesetzt, um vorherrschende manuelle Informationsflüsse zu ersetzen.

In der Dienstleistung Betrieb und Unterhalt geht die Entwicklung zur Zentralisierung, indem das Sortiment in das Zentrallager umgelagert und zentral an einem Standort aufbewahrt wird. Das hat zur Konsequenz, dass ausgehend vom Zentrallager die Kommissionierungen und die Warenlieferungen an den MSP stattfinden. Der MSP hat für die Dienstleistung Betrieb und Unterhalt die Funktion eines Auslieferungspunktes von Materialien, die durch das Zentrallager zur Verfügung gestellt werden.

Der Trend für die Dienstleistungen Magazin und Kanban ist die prozessuale Verlagerung zu einem Flussprinzip. Damit ist zu verstehen, dass mit dem One-Piece-Flow die Prozessverantwortung auf den Kunden übertragen wird. Dieser ist befugt, Informationen über Materialien zu sammeln, seine benötigten Waren eigenständig zu kommissionieren und diese anschließend auf seinem Account am Informations- und Buchungsterminal zu erfassen. Bei der SWM-Logistik verbleibt die Aufgabe der Sortiments- und Bestandskontrolle.

Bei den SWM dient der MSP für die Realisierung von Lean-Warehousing-Elementen als Pilotprojekt. Indem der Fokus in der ersten Einführungsphase von Lean-Management-Methoden auf einem Lagerstandort liegt, wird der praktische Beweis herangeführt, dass Lean bei den SWM funktioniert. Des Weiteren wird die Lean-Philosophie, mit dem MSP als praktisches Anschauungsobjekt, für die Führungskräfte und Mitarbeiter erlebbar und nachvollziehbar. Zusätzlich hilft ein erfolgreiches Pilotprojekt, das Management der Logistik zu überzeugen und in einem nächsten Schritt die Lean-Ansätze auf weitere Standorte und Funktionseinheiten innerhalb und außerhalb der Logistik zu übertragen. Denn nur dann kann Lean Management als ganzheitliches Konzept funktionieren und seine Wirkung entfalten.

Literatur

1. Dickmann, P.: Schlanker Materialfluss: mit Lean Production, Kanban und Innovationen, 3. Aufl. Springer, München (2015)
2. Förster, H.-U.: Visualisierung. In: Furmans, K., Wlcek, H. (Hrsg.) Lean Management in Lägern, S. 49–56. DVV Media Group, Bremen (2012)
3. Lean Manufacturing: U-Layout http://www.leanmanufacturing.de/de/590918fdde5b5d78c125 716300342d6f.html (2016). Zugegriffen 2 Febr 2016
4. Liker, J.K.: Der Toyota Weg: Erfolgsfaktor Qualitätsmanagement, 9. Aufl. Finanz Buch, München (2014)
5. Schalk, A.-M.: Standardisierung von Führungsverhalten: Eine Analyse der Internalisierung und Reproduktion von Führungskonzeptionen. Springer, Karlsruhe (2014)
6. Stadtwerke München GmbH: Materialwirtschaft. https://www.swm.de/privatkunden/unternehmen/logistik/materialwirtschaft.html (2015). Zugegriffen 15 Jan 2016
7. Strackbein, R.: Führen mit Power: in stürmischen Zeiten erfolgreich entscheiden. Springer, Wiesbaden (2005)
8. Syska, A.: Produktionsmanagement: Das A–Z wichtiger Methoden und Konzepte für die Produktion von heute. Springer, Wiesbaden (2007)
9. Weiss, P.: Integrierte Bedarfsdeckung als Grundlage für wirtschaftliches Handeln in Beschaffung und Logistik eines öffentlichen Versorgungs- und Verkehrsunternehmens. In: Eßig, M. (Hrsg.) Exzellente öffentliche Beschaffung – Ansatzpunkte für einen wirtschaftlichen und transparenten öffentlichen Einkauf, S. 209–229. Gabler, München (2013)
10. Yousefian, N.: Schenker Deutschland AG, Standort Hannover. In: Furmans, K., Wlcek, H. (Hrsg.) Lean Management in Lägern, S. 131–140. DVV Media Group, Bremen (2012)

Über die Autoren

Dr. Peter Weiss war bis Ende 2016 Leiter des Bereichs Logistik bei den Stadtwerken München GmbH.

Marcel Leurpandeur ist Mitarbeiter des Bereichs Logistik bei den Stadtwerken München GmbH. Er arbeitet im Fachbereich Materialwirtschaft und ist für die Materialfluss-Durchführung zuständig.

Durchlaufzeiten oder Auslastung am Beispiel der UNICCOMP GmbH, einem Unternehmen der BAUER GROUP, München

Roland Beckert

14.1 Vorstellung des Unternehmens

„Bauer steht für die weltbesten Hochdruck-Kompressoren und für schlüsselfertige Verdichtungssysteme für Luft und Gas", so der der Unternehmensleitsatz. Die BAUER GROUP, ein familiengeführtes Unternehmen in dritter Generation durch die geschäftsführende Gesellschafterin Frau Dr. Bayat, gehört heute zu den „global players" mittelständischer Unternehmen des deutschen Maschinenbaus. Mit Produktionsstandorten in Europa, USA und Asien beschäftigt die BAUER GROUP ca. 1200 Mitarbeiter weltweit, bei einem Umsatz von 280 Mio. € mit 90 % Exportanteil, und gehört zu den Weltmarktführern im Hoch- und Mitteldruckbereich. Hochwertige Hochdruckkompressoren zum Füllen von Atemluftflaschen für Feuerwehren und Taucher machten Bauer zum Weltmarktführer im Bereich Atemluft. Das Geschäft wurde ausgebaut mit Lieferungen für Erdgas- und Biogas-Betankungsanlagen sowie Sonderanlagen für industrielle Einsätze, wie zum Beispiel in der chemischen, petrochemischen, Automobil-, Öl-, Gas-und Kraftwerksindustrie.

Gegründet 1946 von Herren Hans Bauer, wurden zunächst Kleinkompressoren für 7–15 bar hergestellt. Durch Weiterentwicklung der Kolbenkompressoren für den Hochdruckbereich bis 350 bar schaffte das Unternehmen den Durchbruch und wurde zum Weltmarktführer im Atemluftbereich. Während einerseits mit Gründung der ersten Tochtergesellschaft in den USA die Internationalisierung des Unternehmens begann, wurden durch neu entwickelte Produkte mit Anwendungen für Erdgas und Edelgase neue Märkte erschlossen. Das erweiterte Produktportfolio mit Hochdruckverdichtern bis 500 bar für

R. Beckert (✉)
Geretsried, Deutschland
E-Mail: r.beckert@uniccomp.de

© Springer Fachmedien Wiesbaden GmbH 2017
R. Koether und K.-J. Meier (Hrsg.), *Lean Production für die variantenreiche Einzelfertigung*, DOI 10.1007/978-3-658-13969-8_14

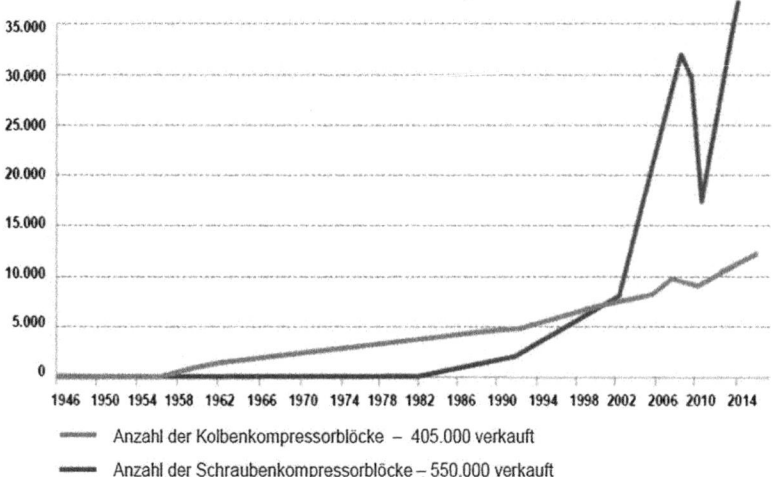

Abb. 14.1 Entwicklung des Produktionsvolumens in der BAUER GROUP seit 1946. (Quelle: Unternehmenspräsentation der BAUER GROUP)

Luft und Gas sowie die Produktpalette mit Schraubenkompressoren machten dies möglich. Die gewählte Strategie führte zu einem rasanten Umsatzwachstum für die BAUER GROUP. Ende der 1970er-Jahre hatte BAUER bereits 100.000 Hochdruckkompressor-Blöcke verkauft. Anfang der 2000er-Jahre waren schon 250.000 Kolbenkompressoren und 300.000 Schraubenkompressoren in Summe weltweit ausgeliefert worden. Der konsequente Ausbau der Vertriebsgesellschaften weltweit durch Herrn Bayat, Vorsitzender der Geschäftsführung und verantwortlich für den Vertrieb, und das Erschließen neuer Märkte und Anwendungen waren Voraussetzungen dazu, dass bereits 10 Jahre später 400.000 Kolbenkompressoren, 500.000 Schraubenkompressoren und 1500 Erdgastankstellen in Summe verkauft worden waren – s. Abb. 14.1.

An dieser Stelle stellt sich die Frage, wie eine Produktion diese rasante Geschäftsentwicklung umsetzen und dabei die Kundenzufriedenheit erhöhen kann. Die Antwort der Eigentümer darauf war der Aufbau der Firma UNICCOMP GmbH, eines neuen Werkes für Kompressor-Blöcke und Komponenten im Jahr 2002 und dessen Erweiterung im Jahr 2006 in Geretsried bei München. Während andere Unternehmen ihre Produktionen in diesen Jahren in Billiglohnländern aufbauten, entschied sich Heinz Bauer, der das Unternehmen von seinem Vater Hans übernommen hatte, für den Standort Deutschland, weil tief verwurzelt und ein bedeutender Wettbewerbsvorteil die hohe Qualität der Bauerprodukte ist. In der BAUER GROUP gilt „Quality. Our DNA". Damit wurde UNIC-COMP Lieferant des „Herzstückes" aller Bauer Produkte für Neuanlagen und Ersatzteile aller Tochtergesellschaften weltweit und zwar für Kolbenkompressoren (s. Abb. 14.2), Schraubenkompressoren (s. Abb. 14.3) und Komponenten.

Abb. 14.2 Kolbenverdichter, gefertigt von UNICCOMP

Abb. 14.3 Schraubenverdichter, gefertigt von UNICCOMP (Kompaktreihe und Blöcke)

14.1.1 Die Ausgangssituation

Das Werk UNICCOMP (s. Abb. 14.4) wurde mit modernster Technologie, Anlagen, Ressourcen (Abb. 14.5) und einer funktionalen Unternehmensorganisation ausgestattet, um das stetig steigende Volumen produzieren und ausliefern zu können. Es wurden zweistellige Millionenbeträge investiert in einen modernen Maschinenpark, in automatisierte Montagelinien und Prüfkabinen und mehr als 10.000 m^2 Produktionsfläche. Um die

Abb. 14.4 Werk UNICCOMP

Mechanische Fertigung 》 **Montage** 》 **Qualitätssicherung**

Abb. 14.5 Produktionsablauf bei UNICCOMP

erforderlichen Fachkräfte zu bekommen, wurde eine eigene gewerbliche Ausbildungs-
abteilung für Zerspanungs- und Industriemechaniker aufgebaut, da die Region bis heute
unter Fachkräftemangel leidet.

In kürzester Zeit hatte UNICCOMP sich auf die Lieferung der extrem wachsenden
Stückzahlen mit hohen Lieferlosen eingestellt, und es wurden jährlich neue Rekorde
erreicht. Hoch qualifizierte, engagierte Mitarbeiter und ein Top-Management schrieben

die Erfolgsgeschichte von UNICCOMP fort. Den Produktionsablauf zur Herstellung der Produkte zeigt Abb. 14.5.

Mit Einbruch der Weltwirtschaft Ende 2008 reduzierten sich nicht nur die bestellten Stückzahlen bei UNICCOMP, auch das Bestellverhalten der Kunden änderte sich. Waren es vorher dreistellige Stückzahlen je Lieferung, die die Kunden bestellten, so wurden es danach kleine Losgrößen von eins bis maximal zweistellig. Zusätzlich erwarteten die Kunden kürzere Lieferzeiten, Rückverfolgbarkeit der Teile, umfangreiche Zeugnisse und Dokumentationsunterlagen für die speziellen Einsatzbereiche.

Die Anforderungen für das Block- und Komponentenwerk UNICCOMP hatten sich fast schlagartig geändert. UNICCOMP belieferte jetzt volatile Märkte, und das Geschäft war produktbezogen auch starken saisonalen Schwankungen ausgesetzt. Der Kostendruck auf das Werk am teuren Standort Deutschland wurde verstärkt durch hohe Lohnkosten und einen wachsenden Wettbewerbsdruck.

14.1.2 Die Vision für UNICCOMP

Dass UNICCOMP diese neuen Herausforderungen mit vielen kleinen Verbesserungen nicht meistern konnte, war schnell klar. Der Eigentümerfamilie war es wichtig, dem Werk eine neue Richtung und Identität zu geben, die Kultur zu verändern, um den Standort weiter zu stärken. Der dabei über Erfolg oder Misserfolg entscheidende Faktor ist wie immer der Faktor Mensch. Es galt, den Weg aufzuzeigen, wie man Anpassungsfähigkeit und Flexibilität erreichen kann, ohne an Rentabilität einzubüßen. Obwohl jeder Mitarbeiter bisher sein Bestes für die Firma gegeben hatte und UNICCOMP so viele erfolgreiche Jahre vorweisen konnte, wurde den Mitarbeitern erläutert, dass die zu tätigenden Veränderungen zwingend notwendig sind, um die Wettbewerbsfähigkeit des Standortes zu sichern. Die große Herausforderung bestand darin, den Mitarbeitern zu vermitteln, dass die Sicherung der Zukunft für das Unternehmen nicht durch Verwalten des Status quos geschieht. Kunden stellten neue Anforderungen und wurden anspruchsvoller. Neue Kunden mussten gewonnen werden, zusätzliche Märkte waren zu erobern, kürzere Zyklen zur Einführung neuer Produkte wurden erwartet. Für die UNICCOMP war ein vollständiger Umbruch erforderlich. Viel zu oft wird gerade an dieser Stelle unterschätzt, wie viel Energie und Zeit für ein Umdenken bzw. einen „change of mindset" in der Organisation aufzuwenden ist, bis die Veränderungen auch nachhaltig sind. Auch ist es von größter Bedeutung, dass alle an den Prozessen beteiligten Fachabteilungen den Veränderungsprozess konsequent unterstützen. Bevor man sich auf den Weg macht, braucht man Ziele und Orientierung. Die UNICCOMP-Vision wurde in Workshops mit den Führungskräften und Leistungsträgern des Unternehmens gemeinsam erarbeitet (s. Abb. 14.6).

**Wir sind ein zuverlässiger, marktorientierter Lieferant für unsere
beiden Kunden RC und BKM
in Bezug auf Liefertermine, Qualität, Preise, *Kurze Reaktionszeiten* und Flexibilität.**

**Wir sind ein anerkannter Partner für die
Entwicklungsabteilungen, Logistik, Einkauf und *Kundendienst-Ersatzteile*
unserer beiden Schwestergesellschaften RC und BKM.**

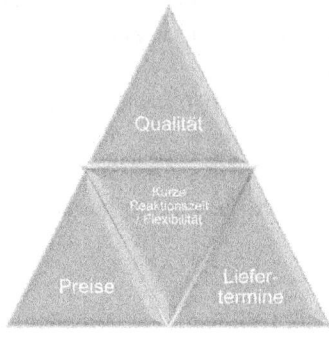

Dieses stellen wir sicher durch:

→ die Zuverlässigkeit, die Flexibilität, Aktionsgeschwindigkeit und das Expertenwissen unserer Mitarbeiter.

→ die hochwertigen Anlagen, Betriebsmittel und Infrastruktur.

→ eine lernende Organisation.

→ *eine schlanke, prozessorientierte Organisation.*

→ *prozesssichere Produkte, Technologien, Abläufe.*

Abb. 14.6 Vision der UNICCOMP

14.2 FIT4FUTURE-Programm

Der Erfolg eines Veränderungsprozesses ist eng damit verbunden, einen genügend großen Anteil der Belegschaft dafür zu gewinnen, sich mit den neuen Aufgaben zu identifizieren und in der Breite der Organisation als „change agents" zu wirken. Diese klare Identifikation verleiht der Veränderung Kraft. Sehr schnell wurde auch bewusst, dass die vorhandene funktionale Organisation die Voraussetzungen zur Erreichung der Vision nicht erfüllte. Flexibilität, kurze Entscheidungswege, Verantwortung zu übernehmen sind Merkmale, die eine Prozessorganisation kennzeichnen. Das bedeutet, dass Werkzeuge und Regeln erforderlich sind, damit fokussiert und zielorientiert der Umbruch gestaltet werden kann. Dieser „Werkzeugkasten" wurde im „FIT4FUTURE"-Programm mit Prinzipien und Methoden ausgestattet (s. Abb. 14.7).

In der ersten Phase wurden zwei Projekte gestartet mit je einem Repräsentanten aus den Produktlinien und mit Unterstützung externer Berater. Bei den untersuchten Produktlinien handelte es sich um Schraubenkompressoren (mit hohen Stückzahlen und hohem Standardisierungsgrad) sowie um Großblöcke für Kolbenkompressoren (mit niedrigen Stückzahlen und Kundeneinzelausführungen). Zum Einsatz kam in beiden Fällen die Wertstromanalyse. Das gemeinsam mit dem IPL durchgeführte Projekt brachte als Ergebnis für die Schraubenkompressoren die Einführung von Kanban-Kreisläufen und einer Mixed-Model-Line für die Montageprozesse. Für die Großblöcke der Kolbenkompressor-Reihe wurde mit Beratung durch Trumpf-Consulting der Aufbau einer Taktmontage mit auftragsbezogener Bereitstellung gestartet.

Abb. 14.7 Programm FIT4FUTURE

Altbewährte und bekannte Lean-Werkzeuge wurden gezielt ausgewählt und angepasst an die Unternehmensbedürfnisse. So gelang es, durch Reduzierung einer Vielzahl von Verschwendungen die Produktivität in der mechanischen Fertigung und in der Montage signifikant zu steigern, Bestände in der Montage und im Zentrallager drastisch zu reduzieren und Durchlaufzeiten in der Montage um bis zu 50 % zu verkürzen. Die herausragenden Erfolge in den Montagebereichen und in der Logistik ließen sich nicht ohne Weiteres auf den Bereich der mechanischen Fertigung übertragen. Trotz durchgängiger Einführung der Kanban-Logik sowie der auftragsbezogenen Fertigung in der Montage und der mechanischen Fertigung schienen die Pufferbestände und die Durchlaufzeiten in diesem Bereich zunächst nicht verrückbar zu sein.

Natürlich führte dies zu einer Vielzahl von Fragen. Hatten wir etwas übersehen? Wieso wirkten die Lean-Methoden an dieser Stelle nicht mit dem gleichen Hebel wie in der Montage? Auf der Suche nach einer Erklärung und einer Methodik, um unsere Ziele auch in der mechanischen Fertigung zu erreichen, stießen wir auf das Quick Response Manufacturing (QRM).

14.3 Pilotprojekt: Durchlaufzeitverkürzung in der Rotorenfertigung

Bis zu diesem Zeitpunkt wurden klassische Maßnahmen zur Erhöhung der Maschinenbelegungszeiten und damit zur Steigerung der Produktivität sehr erfolgreich umgesetzt. Ein zeitnahes Controlling der Kennzahlen bestätigte uns, den richtigen Weg eingeschlagen zu haben – s. Abb. 14.8. Trotzdem kostete es viel Kraft, die eingeleiteten Maßnahmen nachhaltig zu

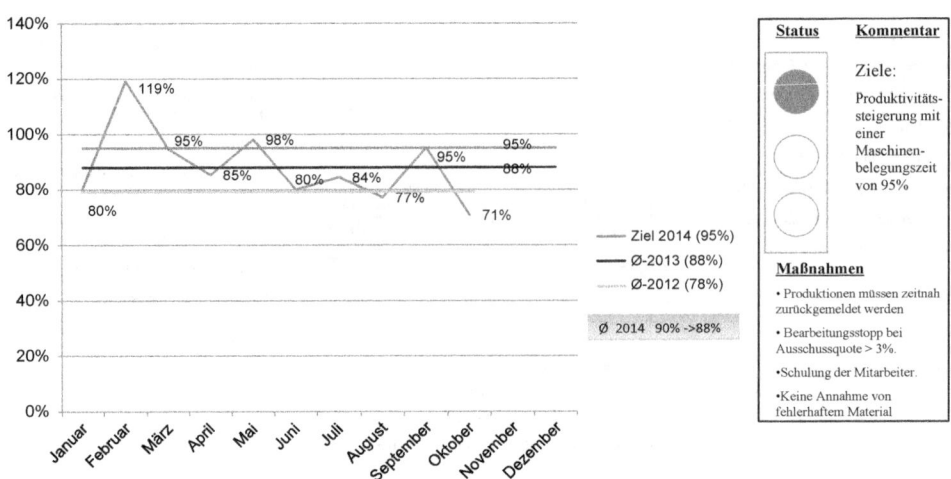

Abb. 14.8 Ziele für die Auslastung in der Rotorenfertigung vor Start des QRM-Projektes

verankern. Von einer Stabilisierung der Prozesse waren wir damals noch weit entfernt. Die Bestände und Durchlaufzeiten hatten sich nicht verbessert.

QRM als ganzheitlicher Ansatz fokussiert auf die Durchlaufzeitreduzierung im gesamten Unternehmen. Nach Identifikation der Durchlaufzeittreiber werden die Prozesse vereinfacht, die Flexibilität erhöht und die Kosten reduziert. Die Methode gibt Antworten auf Zusammenhänge, wie sich Variantenvielfalt, Maschinenauslastung, Losgrößen auf Bestände und Durchlaufzeiten auswirken. Genau diese Herausforderungen müssen heute die Unternehmen beherrschen und meistern, wenn sie den Kunden mit kurzen Lieferzeiten, wettbewerbsfähigen Preisen, Top-Qualität für die angebotenen und maßgeschneiderten Lösungen, Produkte und Services an sich binden wollen.

Damit schien der Schlüssel zur Reduzierung der Bestände in der mechanischen Fertigung gefunden zu sein. Aus dem gesamten Prozess (s. Abb. 14.9) wurde die Fertigungsinsel zur Fertigung von Rotoren für Schraubenkompressoren für das Pilotprojekt ausgewählt und mit der neuen Methodik durchleuchtet. Zusammen mit dem IPL wurden mit dem Konzept von QRM Potenziale identifiziert, um in dem ausgewählten Fertigungsbereich eine signifikante Reduzierung der Durchlaufzeiten und damit eine Reduzierung der Pufferbestände zwischen den einzelnen Arbeitsabschnitten zu erreichen. Der Fokus zur Reduzierung der Durchlaufzeiten richtete sich auf die Rüstzeiten und die Maschinenauslastung als maßgebliche Einflussfaktoren in der Fertigungszelle. Den allgemeingültigen Zusammenhang zwischen Durchlaufzeit und Auslastung zeigt Abb. 14.10.

Die von uns bisher eingeleiteten Maßnahmen zur permanenten Verbesserung der Maschinenbelegung in der mechanischen Fertigung wirkten sich bisher also kontraproduktiv auf die Durchlaufzeiten und auf die Bestände in diesem Bereich aus. Nach QRM-Philosophie sollte das Augenmerk vielmehr auf der Schaffung freier Ressourcen liegen

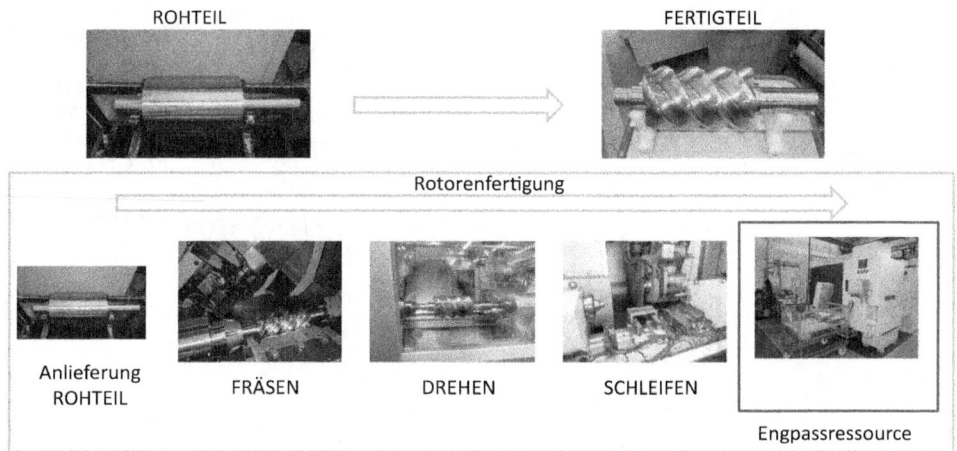

Abb. 14.9 Produktionsablauf in der Rotorenfertigung

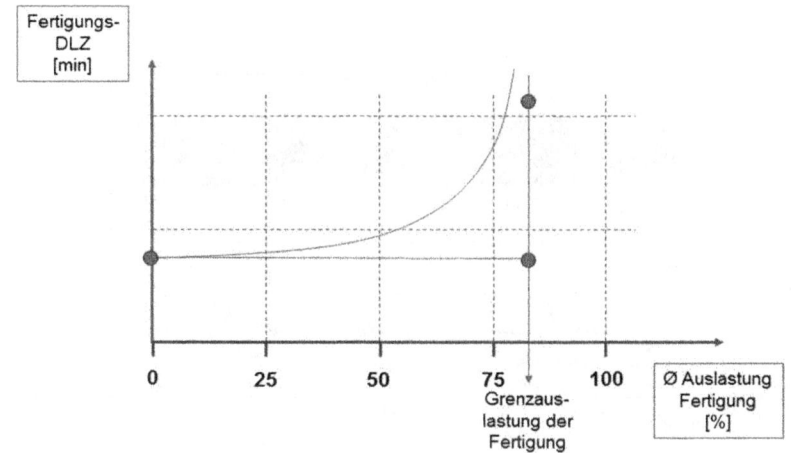

Abb. 14.10 Zusammenhang zwischen Durchlaufzeit und Auslastung. (Quelle: IPL)

und nicht auf dem Erreichen einer Maschinenbelegung von 100 % (s. Abb. 14.11). Durch freie Reserveressourcen wird die Organisationseinheit flexibler und kann besser kurzfristige Aufträge bearbeiten, ohne die vorliegenden Feinplanungen permanent anpassen zu müssen.

An dieser Stelle übernahm IPL die Schulungen der Mitarbeiter der Fertigungszelle. Im Rahmen eines Workshops wurden die QRM-Methodik und die Vorgehensweise geschult. Nach QRM-Ansatz wird in die Bewertung der Durchlaufzeiten eines Prozesses zu den tatsächlichen Bearbeitungszeiten des Loses in den einzelnen Prozessschritten auch noch die Reichweite der Bestände zwischen den einzelnen Prozessschritten hinzuaddiert. Eine

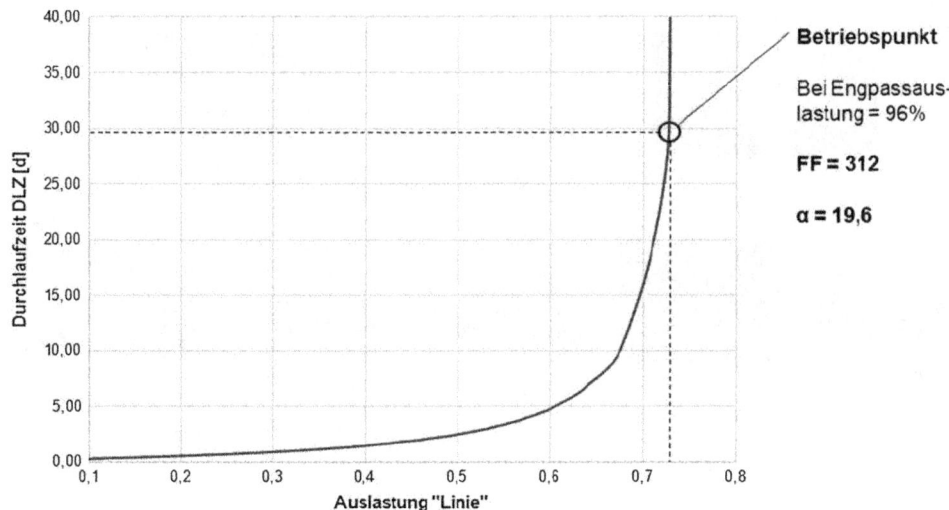

Abb. 14.11 Auslastung und Durchlaufzeit

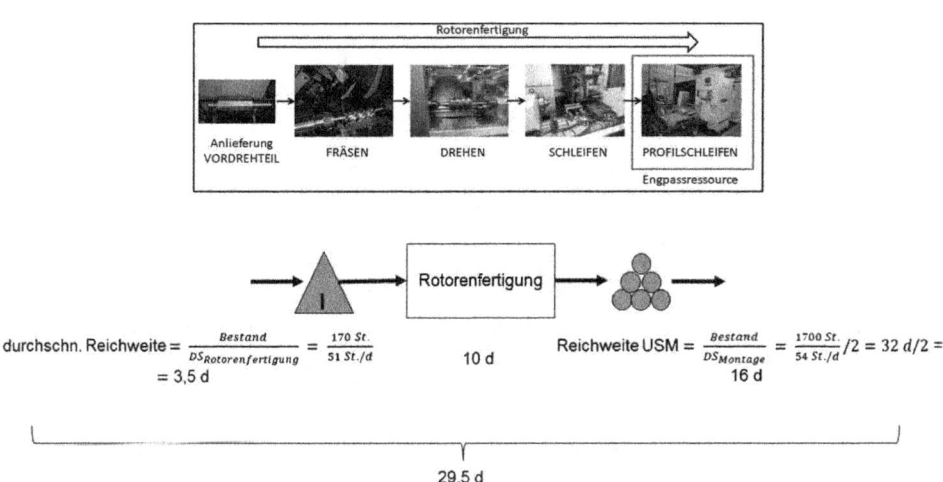

Abb. 14.12 Analyse der DLZ für die Rotorenfertigung

Konzentration auf die Analyse und Reduzierung der Durchlaufzeiten entlang der Prozesskette schafft schnell und pragmatisch Transparenz bezüglich der Engpässe und Schwachstellen im Prozess, vgl. Abb. 14.12. Dann galt es zu bewerten, mit welchen Maßnahmen signifikante Reduzierungen der Durchlaufzeit erreicht werden können.

In der Durchlaufzeitbewertung der Rotoren im Rahmen des Projektes ergab dies eine neue Sichtweise für unsere Bestände. Das Ergebnis stellte dar, dass von dem ersten Span zur Bearbeitung des Rotors, bis dieser Rotor eingebaut wurde, 30 Arbeitstage verstrichen. Dabei sind in dieser Betrachtung die Anteile der Durchlaufzeit für die Disposition, Beschaffung und den Transport des Rohmaterials vom Rohteilelieferanten bis zum Puffer vor der Maschine vernachlässigt.

Aus dem Diagramm (in Abb. 14.11), das den Zusammenhang zwischen Durchlaufzeit und Auslastung aufzeigt, lässt sich ableiten, dass jede Maßnahme, die zu einer Abflachung der Kurve führt, damit bei gleicher Auslastung eine Reduzierung der Bestände ermöglicht. Dies kann zum Beispiel durch eine Erweiterung der Ressourcen erreicht werden. Eine Erweiterung der Ressourcen bedeutet nicht gleich Zusatzinvestitionen oder Überstunden mit teuren Zuschlägen. In der QRM-Welt spricht man davon, Reserveressourcen zu schaffen. Diese können auch durch kürzere Bearbeitungszeiten mit neuen Programmen, Werkzeugen und Vorrichtungen oder durch Erhöhung der Maschinenverfügbarkeit entstehen.

Der Fokus der Analyse der Durchlaufzeit in der Fertigungsinsel fiel recht schnell auf das Profilschleifen als Engpassressource. Für unser Projekt wählten wir ein Tool aus dem „Lean-Methodik-Kasten", und zwar SMED, aus. Spannend dabei war die Erkenntnis am vorliegenden Beispiel, dass sich die beiden Methoden Lean und QRM durchaus gut verzahnen lassen (s. Abb. 14.13, 14.14, 14.15).

Als Maßnahmen zur Reduzierung der Rüstzeiten und der damit verbundenen Erhöhung der Maschinenbelegungszeit wurde die Qualitätsfreigabe von dem Rüstprozess entkoppelt, wurden Rüstsätze bereitgestellt, Rüstvorgänge parallel für 2 Mitarbeiter erarbeitet, Rüstabläufe standardisiert und dokumentiert und die Mitarbeiter auf die neuen Standards trainiert.

Nach bisher geltenden kostenbasierten Ansätzen hätte man die Rüstkostenreduzierung als Einsparung für die Produktkosten ausgewiesen. In Anlehnung an den zeitbasierten QRM-Ansatz wurden die Fertigungslose reduziert bei gleichbleibenden Rüstkosten.

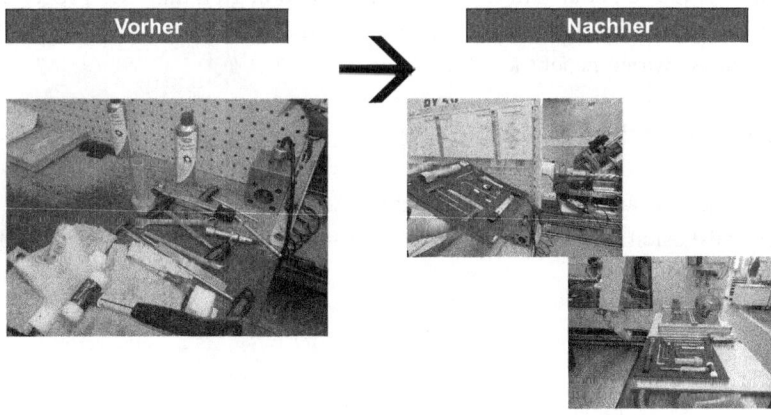

Abb. 14.13 Rüstworkshop in der Rotorenfertigung/Rüstsätze

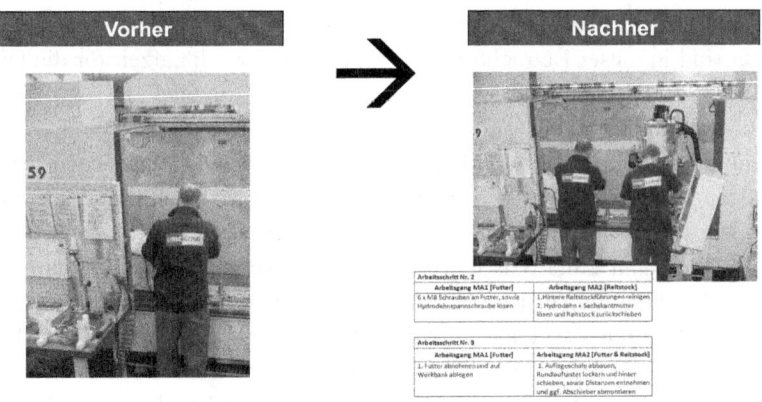

Abb. 14.14 Rüstworkshop in der Rotorenfertigung/Paralleles Rüsten

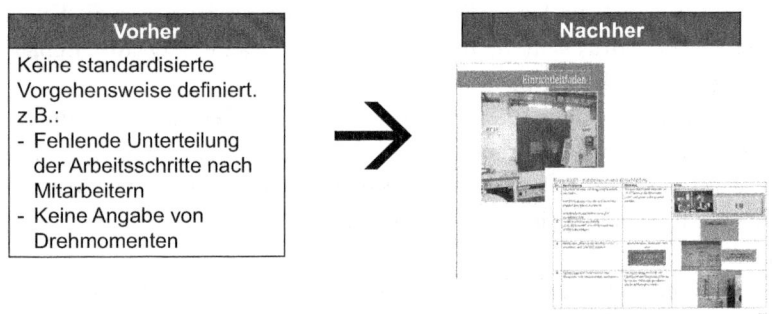

Abb. 14.15 Rüstworkshop in der Rotorenfertigung/Standardisierung

Der Vorteil liegt hier eindeutig in der Bestandsreduzierung entlang der Prozesskette und einer Erhöhung der Flexibilität durch kleinere Losgrößen.

Die Ergebnisse waren beachtlich:

- Die Rüstzeiten wurden >50 % reduziert.
- Die Losgrößen wurden um 50 % reduziert.
- Die Durchlaufzeit wurde um 50 % reduziert.
- Die Bestandskosten wurden um 50 % reduziert bei gleichbleibender Auslastung.

14.4   Ausblick

Die Kombination der Lean-Methodik mit der QRM-Methodik hatte beeindruckende Ergebnisse gezeigt. Weitere Ansätze wurden bereits aufgegriffen, auf UNNICOMP angepasst und anschließend umgesetzt. Dabei wurde das Streben nach einer dezentralen Organisationsstruktur aus Abb. 14.7 verknüpft mit den Anregungen aus der QRM-Methodik für autonome Organisationseinheiten, den sogenannten Q-ROCs. Q-ROC steht für den Umbau der funktionalen Organisation in eine Prozessorganisation. Motivationsfaktoren, wie die Übernahme von Verantwortung für einen gesamten Prozess, Job Empowerment, Job Enrichment, Job Enlargement wirken dabei wie Triebfedern bei der Neuausrichtung des Werkes UNICCOMP GmbH.

Über den Autor

Dipl.-Ing. Roland Beckert ist Werksleiter bei der Firma UNICCOMP GmbH, einem Unternehmen der BAUER GROUP.

Printed by Photoscan Oud en Germany

MIX
Papier aus verantwortungsvollen Quellen
Paper from responsible sources
FSC® C105338
FSC
www.fsc.org

Printed by Books on Demand, Germany